面向21世纪高等学校规划教材

Visual Basic 程序设计基础教程

主　编　吕生荣　赵希武　刘东升

副主编　雷　燕　王　强　刘海波

参　编　朱丽波　张丽萍　翟　晔　徐巧枝

王　莉　闫春梅　于海清

西安电子科技大学出版社

内 容 简 介

本书由多年从事 Visual Basic 程序设计教学的一线教师，根据教学实际，结合多年的教学经验编写而成。全书共 10 章，详细介绍了 Visual Basic 可视化编程的基本方法，包括 VB 集成开发环境的使用、常用控件的使用、VB 语言基础、数据的输入和输出、程序控制结构、数组的定义和使用、过程的建立和调用、菜单设计、文件的基本操作、数据库访问技术等内容。每章还提供了适量的示例、练习题和上机实验，便于读者自学。此外，书末还附有近年来全国计算机二级等级考试(VB)的笔试试题及参考答案。

本书的文字叙述通俗易懂，强调实用性和可操作性，注重学习者编程能力的培养。

本书可作为高等学校学生学习 Visual Basic 程序设计的教材，也可作为参加全国计算机等级考试(二级 Visual Basic)人员及编程初学者的参考用书。

图书在版编目(CIP)数据

Visual Basic 程序设计基础教程/吕生荣，赵希武，刘东升主编.

—西安：西安电子科技大学出版社，2011.2(2014.1 重印)

面向 21 世纪高等学校规划教材

ISBN 978-7-5606-2542-3

Ⅰ. ① V…　Ⅱ. ① 吕…　② 赵…　③ 刘…　Ⅲ. ① BASIC 语言—程序设计—高等学校—教材

Ⅳ. ① TP312

中国版本图书馆 CIP 数据核字(2011)第 005282 号

策　　划　杨丕勇

责任编辑　买永莲　杨丕勇

出版发行　西安电子科技大学出版社（西安市太白南路 2 号）

电　　话　(029)88242885　88201467　邮　　编　710071

网　　址　www.xduph.com　　　　电子邮箱　xdupfxb001@163.com

经　　销　新华书店

印刷单位　陕西天意印务有限责任公司

版　　次　2011 年 2 月第 1 版　2014 年 1 月第 2 次印刷

开　　本　787 毫米×1092 毫米　1/16　印张　22.5

字　　数　532 千字

印　　数　3001～6000 册

定　　价　33.00 元

ISBN 978－7－5606－2542－3／TP・1267

XDUP 2834001-2

前　　言

为了进一步深化大学计算机基础课程的教学改革，依据教育部高等学校非计算机专业计算机基础课程教学指导分委员会制定的《关于进一步加强高等学校计算机基础教学的意见暨计算机基础课程教学基本要求(试行)》(2006 年)和教育部高等学校文科计算机基础教学指导委员会的《大学计算机教学基本要求》(2008 年)的基本精神，我们组织长期从事计算机教育并有先进教学理念和丰富教学经验的一线教师编写了本书。

本书较之于大量的 Visual Basic 教材，在内容的安排和设计上都有很大的改变。例如在常用控件的使用方面，根据每个控件的使用特点将其巧妙地穿插于各种控制结构之中，使学习者可以很好地掌握各种控件的使用方法。这是为了更好地激发学生学习 Visual Basic 的兴趣，从而尽快掌握 Visual Basic 程序设计方法和技术。此外，在知识点的介绍中穿插了大量的示例，且每个示例都给出了详细的设计步骤，便于初学者掌握。

本书的内容包括 Visual Basic 的程序设计方法和运行机制、Visual Basic 语言基础、数据的输入和输出、程序的控制结构(选择结构和循环结构)、数组的定义和使用、过程的建立和调用、菜单设计、鼠标和键盘事件、文件及其基本操作、数据库访问技术以及常用控件的使用等。每章都提供有形式多样的练习题和上机实验，可供读者实践。附录部分还给出了近年来国家二级等级考试(VB)的笔试题和答案、常用的 ASCII 码表、VB 内部函数和颜色常数，可为读者的学习提供方便。

本书可作为高等学校学生学习 Visual Basic 程序设计的教材，也可作为参加全国计算机等级考试(二级 Visual Basic)人员及编程初学者的参考用书。

全书由内蒙古师范大学计算机信息与工程学院的刘东升、赵希武、刘海波和吕生荣统稿，由吕生荣、雷燕、王强、王莉、朱丽波、闫春梅、徐巧枝、翟晔、张丽萍、于海清等共同编写。本书在编写的过程中，还得到本学院其他许多老师的大力帮助，在这里对所有关心和支持本书编写的同志一并表示衷心的感谢。

由于编者水平有限，书中难免有疏漏和不妥之处，敬请广大读者批评指正。

编者 E-mail：cieclsr@imnu.edu.cn。

编　者

2010 年 10 月

前言

目　　录

第 1 章　Visual Basic 概述

本章教学目标：

- 了解程序设计的基本概念、程序设计语言的类型；
- 掌握 Visual Basic 6.0 集成开发环境 IDE 的初步使用；
- 掌握创建应用程序的步骤；
- 掌握 Visual Basic 6.0 工程的管理。

1.1　程序设计概述

在介绍 Visual Basic 语言之前，首先介绍几个有关程序设计的基本概念。

1.1.1　基本术语

1．程序

程序是能够完成特定功能的指令序列。一般来讲，程序通常由两部分构成，一是描述问题的每一个对象及它们之间的关系，二是描述对这些对象进行处理的规则。前者所描述的内容涉及有关数据结构的内容，后者所描述的处理规则是求解问题的算法。由此可表示为

程序 = 算法 + 数据结构

2．算法

算法就是求解问题的计算方法，它是在有限步骤内求解某一问题所使用的一组定义明确的规则。通俗地讲，算法描述的是计算机解题的过程。

算法应该具有以下四个重要的特征：

(1) 有穷性：一个算法必须保证执行有限步后能够结束操作。

(2) 确切性：正确的算法不能存在二义性。

(3) 可知性：较好的算法要有一个或多个输出，以反映对数据进行加工后的结果。

(4) 可行性：算法原则上能够精确有序地运行。

3．数据结构

数据结构是数据存在的形式，它用来反映一个数据的内部构成，即一个数据由哪些成分的数据构成，以什么方式构成，呈现什么样的结构。数据结构有逻辑上的数据结构(数据的逻辑结构)和物理上的数据结构(数据的物理存储结构)之分。通常，算法的设计取决于数

据的逻辑结构，算法的实现取决于数据的物理存储结构。

数据结构是信息的一种组织方式，其目的是提高算法的效率。它通常与一组算法的集合相对应，通过这组算法集合可以对数据结构中的数据进行某种操作。

4．程序设计

程序设计通常指形成解题思路和编写程序的过程。在这个过程中，首先，根据所要解决的问题，设计解决问题的数据结构和算法；然后，根据数据结构和算法用计算机语言编写相应的程序代码；最后，测试代码的正确性，直至能够得到正确的运行结果为止。

1.1.2　程序设计语言

语言是一套具有语法、词法规则的系统。语言是思维的工具，思维是通过语言来表述的。程序设计语言(Programming Languages)是计算机可识别的语言，是一组用来定义程序的语法规则。通俗地讲，程序设计语言是用于描述计算机解决问题的程序的，也可以说是用于定义算法和数据结构的。

程序设计语言分为机器语言、汇编语言和高级语言。只有使用机器语言编写的程序才可以被计算机直接执行，而使用汇编语言或高级语言编写的源程序只有在经过编译或解释后才可以运行。

机器语言和汇编语言与特定的机器有关，虽然功效高，但使用复杂、繁琐、费时且易出差错。高级语言的表示方法更接近于自然语言，其特点是在一定程度上能屏蔽机器的细节，易学、易用且易维护。高级程序设计语言又分为面向过程的语言(如 Pascal、BASIC 和 C 语言)和面向对象的语言(如 C++、Java、Visual Basic 和 Visual C 语言)两种。

程序设计语言是由语法和语义构成的。语法是一组规则，它描述程序的结构形式和规律，只有合法的程序(语法正确)才能被编译和执行。语义是一组规则，它定义的是程序的执行意义。程序设计语言的基本成分有以下四种：

(1) 数据成分：用于描述程序所涉及的数据。

(2) 运算成分：用于描述程序中所包含的运算。

(3) 控制成分：用于描述程序中所包含的控制流程。

(4) 传输成分：用于描述程序中数据的传输。

1.1.3　程序的基本结构

Visual Basic 程序以工程或工程组为基本元素。工程或工程组由多个对象组成，而每一个对象必须描述属性、事件和方法三个要素。其中，事件程序代码的基本结构包括变量说明、过程说明、模块和过程代码。

过程代码的基本结构又分为顺序结构、选择结构、循环结构、子过程和函数过程。

1.1.4　程序设计的一般步骤

从软件工程的角度讲，软件的生产过程大致分为可行性分析、需求分析、规划设计、详细设计、实现、组装测试、使用和维护等几个阶段。程序设计是详细设计阶段应完成的任务。详细设计阶段的一般步骤如下：

(1) 分析问题：对实际问题进行详细分析；
(2) 提出算法：找出解决问题的算法；
(3) 确定算法：对算法进行分析，检验其正确性，并给出最佳算法；
(4) 编写程序：选择一种程序设计语言，描述“数据结构”和“算法”；
(5) 调试运行程序：该步是为了保证程序的正确性。

1.2　中文 Visual Basic 6.0 概述

Visual Basic 是 Microsoft 公司推出的基于 Windows 环境的计算机程序设计语言，它继承了 BASIC 语言简单易学的优点，同时增加了许多新的功能。由于 Visual Basic 采用面向对象的程序设计技术，摆脱了面向过程语言的许多细节，而将主要精力集中在解决实际问题和设计友好界面上，因此使开发 Windows 应用程序更迅速和简捷。

1.2.1　Visual Basic 的发展过程

1991 年，Microsoft 公司推出 Visual Basic 1.0 版，它虽然存在一些缺陷，但仍受到了广大程序员的青睐。随后，Microsoft 公司又分别在 1992 年、1993 年、1995 年和 1997 年相继推出了 2.0、3.0、4.0 和 5.0 等多个版本，其功能和性能都大大增强了，同时还提供了新的、灵巧的数据库和 Web 开发工具。

Visual Basic 6.0(后面均简称为 VB)有三个版本，分别为学习版、专业版和企业版。学习版使编程人员能轻松开发 Windows 和 Windows NT(R)的应用程序。该版本包括所有的内部控件以及网格、选项卡和数据绑定控件，它提供的文档有 Learn VB Now CD 和包含全部联机文档的 Microsoft Developer Network CD。专业版为专业编程人员提供了一整套功能完备的开发工具。该版本包括学习版的全部功能以及 ActiveX 控件、Internet Information Sever Application Designer、集成的 Visual Database Tools 和 Data Environment、Active Data Objects 和 Dynamic HTML Page Designer 等，它提供的文档有 Visual Studio Professional Features 手册和包括全部联机文档的 Microsoft Developer Network CD。企业版使得专业编程人员能够开发功能强大的组内分布式应用程序。该版本包括专业版的全部功能以及 Back Office 工具(如 SQL Sever、Microsoft Transaction Sever、Internet Information Sever、Visual SourceSafe、SNA Sever 等)，它提供的文档有 Visual Studio Enterprise Features 手册以及包括全部联机文档的 Microsoft Developer Network CD。

这三个版本是在相同的基础上建立起来的，用以满足不同层次用户的需求。对大多数用户来说，专业版即可满足要求。本书使用的是 Visual Basic 6.0 企业版(中文)，而书中介绍的内容尽量做到与版本无关。

1.2.2　Visual Basic 6.0 的特点

1．提供了面向对象的可视化编程工具

Visual Basic 采用的是面向对象的程序设计方法(OOP)，它把程序和数据封装在一起，视作一个对象。设计程序时只需从现有的工具箱中“拖”出所需的对象，如按钮、滚动条

等，并为每一个对象设置属性，就可以在屏幕上“画”出所需的用户界面，因而程序设计的效率可大大提高。

2．事件驱动编程方式

传统的程序设计是一种面向对象的方式，程序总是按事先设计好的流程运行，而不能将后面的程序放在前面运行，即用户不可以随意改变、控制程序的流向，这不符合人类的思维习惯。在 Visual Basic 中，用户的动作——事件控制程序的流向，每个事件都能驱动一段程序的运行。程序员只需编写响应用户动作的代码，而每个动作之间不一定有联系，这样的应用程序代码一般比较短，所以程序易于编写与维护。

3．结构化的程序设计

尽管 Visual Basic 是面向对象的程序设计语言，但在具体的事件或过程编写中，仍要采用结构化的程序设计。Visual Basic 具有丰富的数据类型和结构化的程序结构，而且简单易学。此外，作为一种程序设计语言，Visual Basic 还有以下独到之处：

(1) 增强了数值和字符串处理功能，和传统的 BASIC 语言相比有很多改进；

(2) 提供了丰富的图形及动画指令，可方便地绘制各种图形；

(3) 提供了静态和动态数组，有利于简化内存管理；

(4) 增加了递归；

(5) 过程调用使程序更为简练；

(6) 提供了一个可供应用程序调用的包含多种类型的图标库；

(7) 具有完善的调试、运行和出错处理机制。

4．提供了易学易用的应用程序开发环境

在 Visual Basic 的集成开发环境中，用户可设计界面、编写代码、调试程序，直至将应用程序编译成可执行文件并在 Windows 上运行。

5．支持多种数据库系统的访问

数据访问特性允许对包括 Microsoft SQL Sever 和其他企业数据库在内的大部分数据库格式来建立数据库和前端应用程序，以及可调整的服务器端部件。利用数据库控件可访问 Microsoft Access、dBase、Microsoft Foxpro、Paradox 等，也可以访问 Microsoft Excel、Lotusl1-2-3 等多种电子表格。

6．支持动态数据交换(DDE)、动态链接库(DLL)和对象的链接与嵌入(OLE)

动态数据交换是 Microsoft Windows 除了剪贴板和动态链接数据库以外，在 Windows 内部交换数据的第三种方式，利用这项技术可使 Visual Basic 开发的应用程序与其他 Windows 应用程序之间建立数据通信。

动态链接库中存放了所有 Windows 应用程序可以共享的代码和资源，这些代码或函数可以用多种语言写成。Visual Basic 利用这项技术可以调用任何语言产生的 DLL，也可以调用 Windows 应用程序接口(API)函数，实现 SDK(Software Development Kit，软件开发工具包)所能实现的功能。

对象的链接与嵌入是 Visual Basic 访问所有对象的一种方法。利用 OLE 技术，Visual Basic 将其他应用软件作为一个对象嵌入到应用程序中进行各种操作，也可以将各种基于 Windows

的应用程序嵌入到 Visual Basic 应用程序中，实现声音、图像、动画等多种媒体的功能。

7. 完备的联机帮助功能

与 Windows 环境下的其他软件一样，在 Visual Basic 中，利用帮助菜单和 F1 功能键，用户随时都可方便地得到所需的帮助信息。Visual Basic 帮助窗口中显示了有关的示例代码，通过复制、粘贴操作可获得大量的示例代码，为用户学习和使用提供了极大的方便。

另外，Visual Basic 6.0 与以前的版本不同，它是 Visual Studio 家族的一个组件，保留了 Visual Basic 5.0 的优点。例如，在开发环境上的改进，增加了工作组，在代码编辑器中提供了控件属性/方法的自动提示，能编译生成本机代码，大大提高了程序的执行速度等。同时，VB 在数据技术、Internet 技术及智能化向导等方面都有了许多新的特点。读者可通过阅读 VB 的帮助系统来了解新特点。

1.3　Visual Basic 6.0 的集成开发环境

1.3.1　Visual Basic 6.0 的启动

Visual Basic 6.0 的启动有以下几种方法：

方法一：依次选择菜单中的“开始”→“程序”→“Microsoft Visual Basic 6.0 中文版”选项。

方法二：利用资源管理器查找 VB 可执行文件并运行。

方法三：依次选择菜单中的“开始”→“运行”选项，进入“运行”窗口，输入 VB 可执行文件并单击“确定”按钮。

当采用上述任一种方法启动 VB 后，均可以出现图 1-1 所示的窗口。该窗口中列出了该环境下可以建立的工程类型。其中使用 VB 可以建立 13 种类型的应用程序。

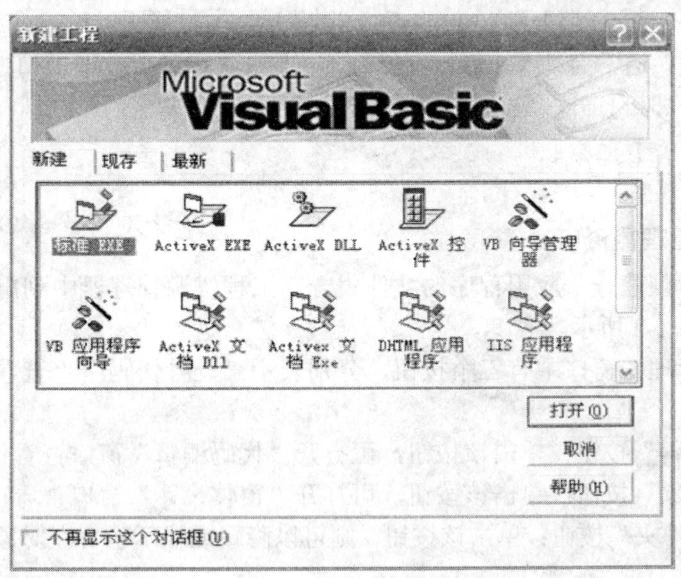

图 1-1　Visual Basic 6.0 的新建工程窗口

该图中有如下三个选项卡。

(1) 新建：该选项卡中列出了可生成的工程类型。

(2) 现存：该选项卡中列出了可以选择和打开的现有工程。

(3) 最新：该选项卡中列出了最近使用过的工程，用户可以选择和打开一个自已操作过的工程。

选择“新建”选项卡中的“标准 EXE”图标并单击“打开”按钮，即可进入 VB 的集成开发环境。

1.3.2 主窗口

当成功启动 VB 后，屏幕上会出现如图 1-2 所示的窗口，此即 VB 的集成开发环境窗口。

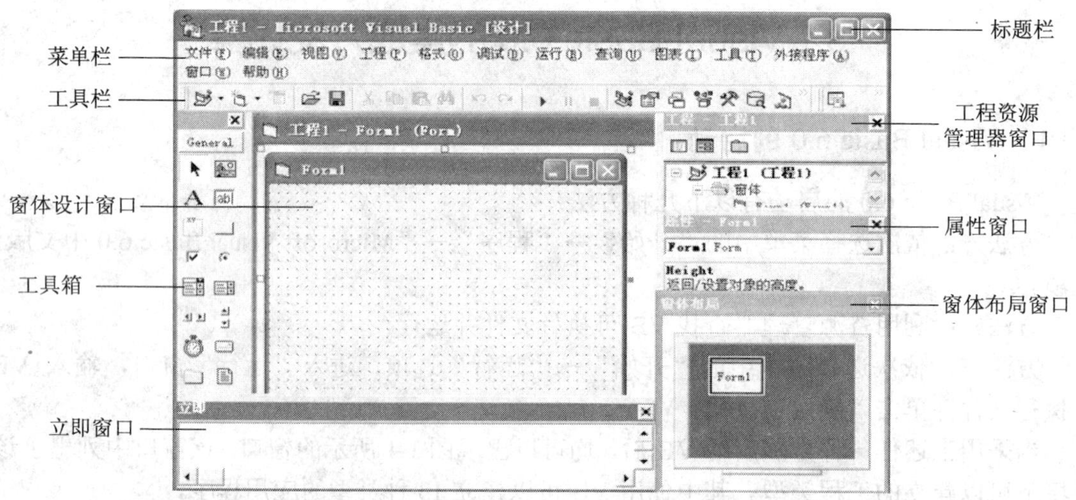

图 1-2 Visual Basic 6.0 的集成开发环境窗口

需要说明的是，通常启动 VB 后，可能看不见图 1-2 中的“立即窗口”，但通过“视图”菜单中的相应命令即可打开和关闭该窗口及其他窗口。

1.3.3 常用的工作窗口

1. 工程资源管理器窗口

工程是指用于创建一个应用程序的文件集合。工程资源管理器中列出了当前工程中的窗体和模块，如图 1-3 所示。

在工程资源管理器窗口中有三个按钮，分别表示“查看代码”、“查看对象”和“切换文件夹”。

(1) “查看代码”按钮：单击该按钮，可打开“代码编辑”窗口查看代码。

(2) “查看对象”按钮：单击该按钮，可打开“窗体设计”窗口查看正在设计的窗体。

(3) “切换文件夹”按钮：单击该按钮，则可以隐藏或显示包含在对象文件夹中的个别项目列表。

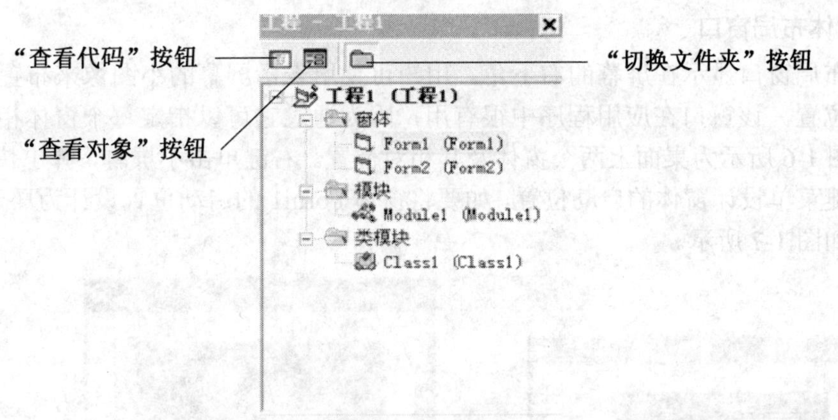

图 1-3 工程资源管理器窗口

2. 窗体设计窗口

窗体设计窗口也称对象窗口。Windows 的应用程序运行后都会打开一个窗口，而窗体设计窗口是应用程序最终面向用户的窗口，位于集成开发环境窗口的中央。通过在窗体中添加控件并设置相应的属性可完成应用程序界面的设计。

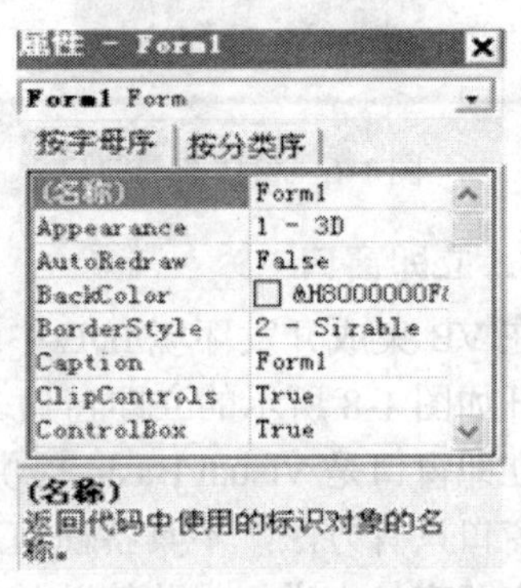

图 1-4 属性设置窗口

3. 属性窗口

属性指对象的特征，如大小、标题或颜色等。在 VB 设计模式中，属性窗口(如图 1-4 所示)列出了当前选定窗体的属性及其值，用户可以对这些属性值进行设置。例如，要设置 Command1 命令按钮上显示的字符串，可以找到属性窗体的"Caption"属性，输入"登录"之类的字符串。

4. 代码编辑器窗口

在模式设计中，通过双击窗体或窗体上的任何对象，或者单击工程资源管理器窗口中的"查看代码"按钮，都可以打开代码编辑器窗口。代码编辑器是输入应用程序代码的编辑器，如图 1-5 所示。应用程序的每个窗体或标准模块都有一个单独的代码编辑器窗口。

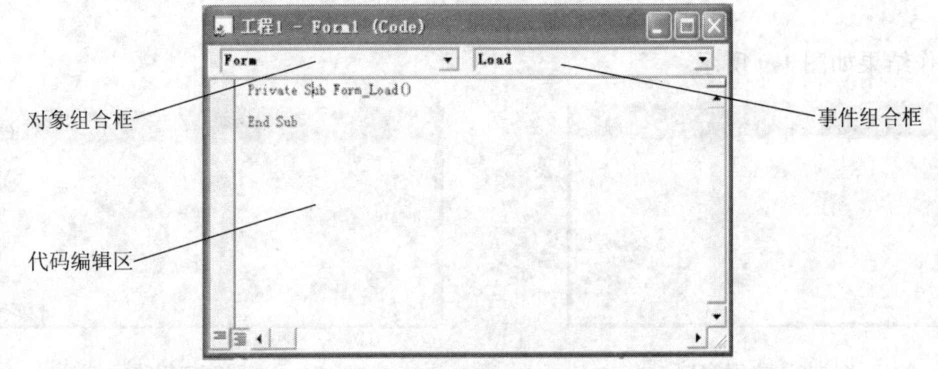

图 1-5 代码编辑器窗口

5．窗体布局窗口

窗体布局窗口显示在屏幕的右下角。用户可使用表示屏幕的小图像来布置应用程序中各窗体的位置。该窗口在应用程序中很有用，因为通过它可以指定每个窗体相对于主窗体的位置。图 1-6 所示为桌面上两个窗体及其相对位置。右键单击小屏幕，弹出快捷菜单，可通过该快捷菜单设计窗体的启动位置，如要将窗体 Form1 的启动位置设计为居于屏幕中心，则其操作如图 1-7 所示。

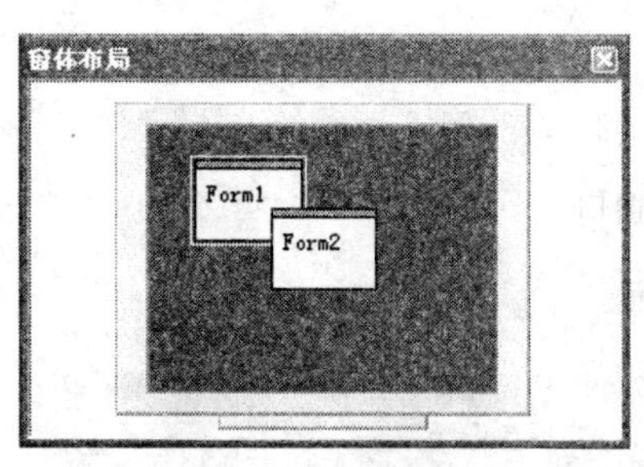

图 1-6　窗体布局窗口

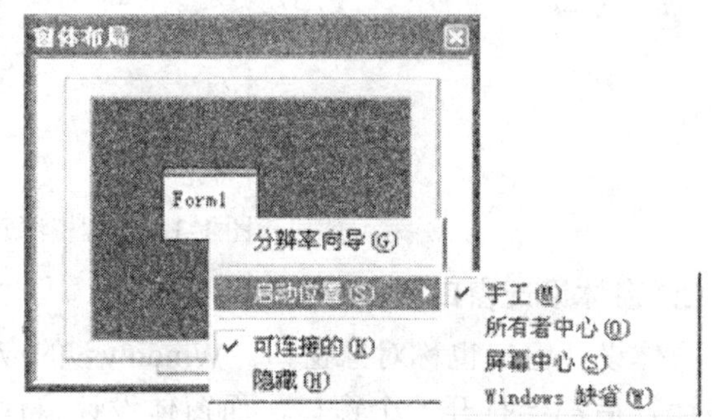

图 1-7　设计窗体的启动位置

6．立即窗口

在 VB 集成开发环境 IDE 中，执行“视图”→“立即窗口”命令或使用快捷键“Ctrl+G”，可打开如图 1-8 所示的立即窗口。

立即窗口是 Visual Basic 提供的一个系统对象，也称为 Debug 对象，供调试程序使用。立即窗口只有方法，不具备任何事件和属性，通常使用的是 Print 方法。在设计状态下，可以在立即窗口中进行一些简单的命令操作，如给变量赋值，用“?”或 Print(两者等价)输出一些表达式的值。

例如，在立即窗口中使用赋值符给变量赋值，即输入：

```
x=3：y=2
```

使用“? 表达式”或“print 表达式”输出其表达式的值。操作如下：

```
? x+y
5                                  '输出结果
print x+y
5                                  '输出结果
```

操作结果如图 1-9 所示。

图 1-8　立即窗口

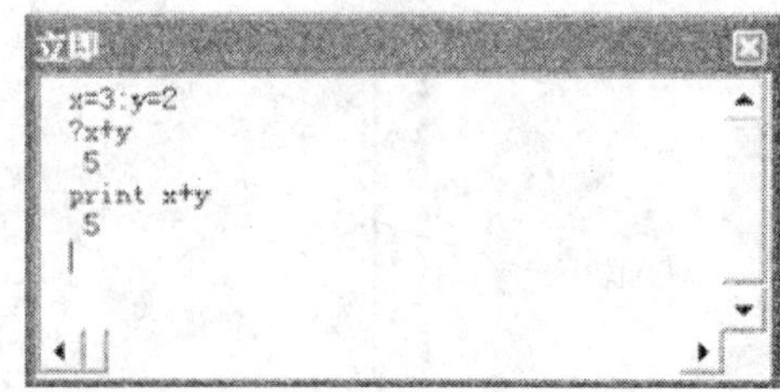

图 1-9　立即窗口操作示例

7. 工具箱

系统启动后默认的 General 工具就会出现在集成开发环境窗口的左边，其中每个图标表示一种控件，常用的控件就显示在其中，如图 1-2 工具箱部分所示。

对于不在工具箱中的 ActiveX 控件，可以通过“工程”菜单中的“部件”命令(或从“工具箱”的快捷菜单中选择“部件…”)打开部件对话框，就会显示系统所安装的所有 ActiveX 控件清单，如图 1-10 所示。如果要将某控件加入到工具箱中，单击要添加控件前面的方框，然后单击“确定”按钮即可。

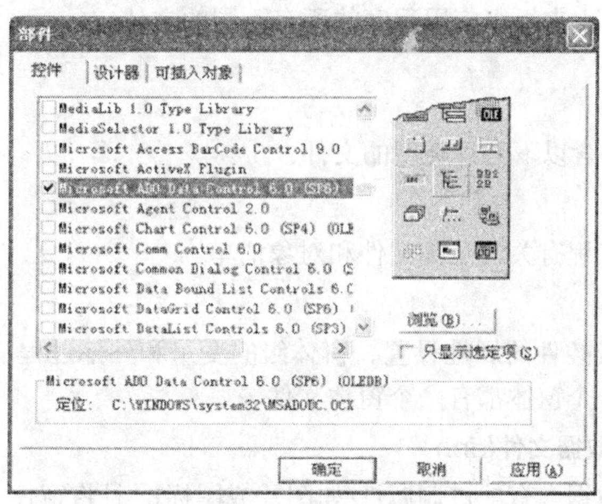

图 1-10　“部件”对话框

此外，VB 中还有两个非常有用的附加窗口：本地窗口和监视窗口。它们都供调试应用程序时所用，只有在运行工作模式下才有效。

VB 的工作模式有如下三种。

(1) 设计模式：在此模式下，可以设计 VB 应用程序的界面及编写代码。

(2) 运行模式：在此模式下，应用程序处于运行状态，这时不能编辑程序界面及代码。

(3) 中断模式：在此模式下，程序运行暂时停止，这时可以修改程序代码，但是不能修改程序的界面。按 F5 键或执行“运行”菜单中的“继续”命令可以使程序继续运行。

1.3.4　Visual Basic 6.0 的退出

在 VB 系统环境下，退出系统可以使用以下几种方法。

方法一：在 VB 系统环境下，选择“文件”菜单，然后执行“退出”命令。

方法二：在 VB 系统环境下，选择“文件”菜单，然后按“Alt+Q”组合键。

方法三：在 VB 系统环境下，按“Ctrl+Alt+Del”组合键，打开“任务管理器”窗口，选择“Microsoft Visual Basic 6.0”，单击“结束任务”按钮。

1.4　Visual Basic 6.0 工程的组成与管理

在使用 VB 开发应用程序的时候，每个应用程序的源程序就是一个工程。工程里可以包含多种文件，比如窗体。程序中的的每个窗体都是一个独立的窗体文件，我们可以在其他应用程序中重用以前创建的窗体，在修改某个窗体的时候也不会影响工程的其他部分。

VB 工程有多种类型，每种类型都有自己的特点和用途。其中最常用的工程类型是标准 EXE 工程，也就是本书所创建的最多的工程，此后出现的工程，如没有特别说明，都是标准工程。这种类型的工程可以编译成扩展名为 exe 的可执行文件。其他常用的工程类型还有 ActiveX.EXE 工程、ActiveX.DLL 工程、ActiveX 控件工程等。

当用户建立一个工程后，实际上 VB 系统就已经根据应用程序的功能建立了一系列的文件，而且这些文件的有关信息将保存在工程文件中，在每次保存工程时，这些信息都要被更新。在 VB 中通过工程来组织应用程序的所有不同的文件。

1.4.1　工程的构成

一个 VB 工程共包含以下七种类型的文件。

1. 工程文件(.vbp)

该文件包含与该工程有关的全部文件和对象清单。

2. 窗体文件(.frm)

该文件包含窗体及控件的属性设置、窗体级的变量和外部过程的声明以及事件过程和用户自定义过程。每一个窗体都有一个窗体文件。

3. 窗体的二进制数据文件(.frx)

当窗体或控件的数据含有二进制属性(如图片或图标)，且将窗体文件保存时，系统将自动产生同名的 .frx 文件。

4. 标准模块文件(.bas)

该文件包含模块级的变量和外部过程的声明以及用户自定义的、可供本工程内各窗体调用的过程。该文件可选。

5. 类模块文件(.cls)

该文件用于创建含有属性和方法的用户自定义的对象。该文件可选。

6. 资源文件(.res)

该文件包含不必重新编辑代码就可以改变的位图、字符串和数据。该文件可选。

7. ActiveX 控件的文件(.ocx)

该文件可以添加到工具箱并在窗体中使用。

1.4.2　创建工程

创建工程的方法有两种。

方法一：启动系统直接创建工程。其操作步骤如下：

(1) 当启动 VB 系统程序后，即显示“新建工程”窗口，如图 1-1 所示。

(2) 在“新建工程”窗口，选择所要创建的工程类型，然后单击“打开”按钮。

方法二：在 VB 系统菜单下，选择“文件”菜单创建工程。该方法适用于 VB 集成开发环境已经启动时。其操作步骤如下：

(1) 单击“文件”菜单，执行“新建工程”命令。

(2) 在“新建工程”对话框(见图 1-11)中，选择所要创建的工程类型，然后单击“确定”按钮。

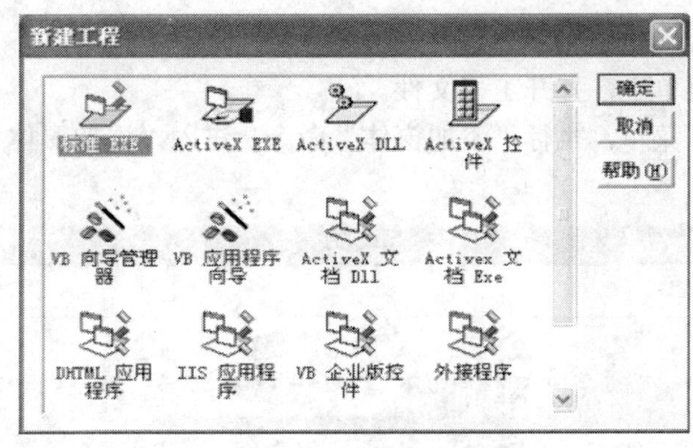

图 1-11　“新建工程”对话框

1.4.3　保存工程

当工程创建完成，或在创建工程的过程中需进行工程的保存时，可先逐一将工程中的各个部分(如窗体、模块等)保存为独立的文件，然后保存工程文件本身。

操作方法是：在窗体、模块等文件已保存的情况下，在 VB 系统菜单下，选择“文件”菜单，执行“保存工程”命令。

1.4.4　工程的使用

1. 打开工程

打开工程的操作步骤如下：

(1) 单击“文件”菜单，执行“打开工程”命令，出现图 1-12 所示的对话框，根据具体情况单击其中的“是”或“否”按钮关闭当前工程。

(2) 在“打开工程”对话框(如图 1-13 所示)中选择用户自己要操作的工程，单击“打开”按钮即可。

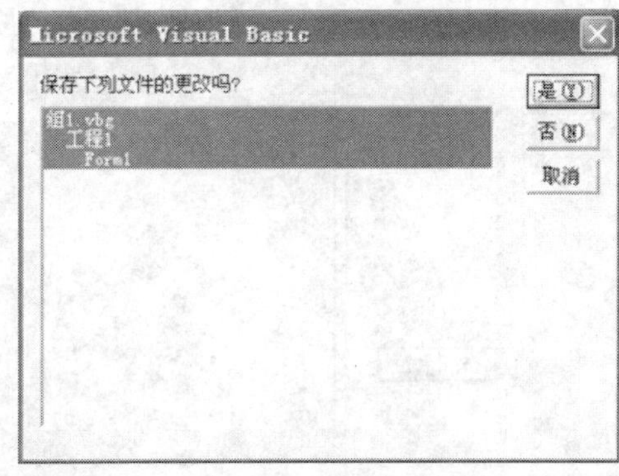

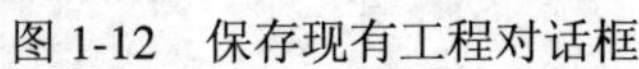
图 1-12　保存现有工程对话框

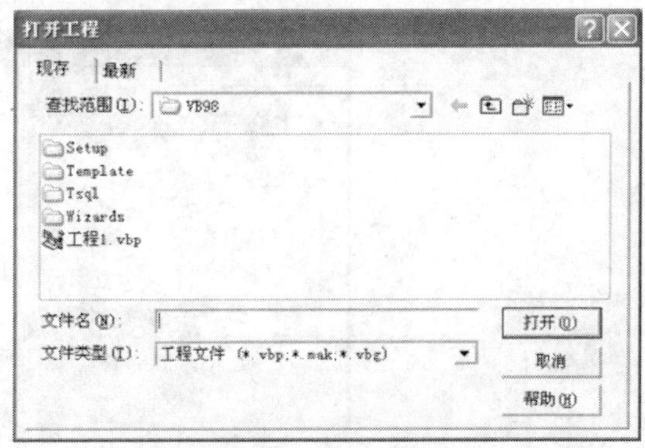

图 1-13　“打开工程”对话框

在“打开工程”对话框中有“现存”和“最新”两个选项卡，其含义与图 1-1 中的对应选项卡一致。

2. 添加窗体

一个应用程序中可以包含多个窗体。窗体的添加步骤如下：

(1) 在 VB 系统菜单下，打开工程文件。

(2) 选择“工程”菜单，执行“添加窗体”命令，进入“添加窗体”对话框，如图 1-14 所示。

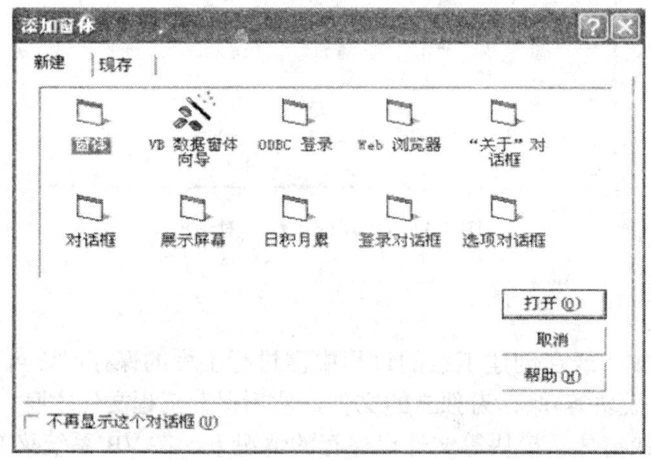

图 1-14　“添加窗体”对话框

(3) 在“添加窗体”对话框中，若选择“新建”选项卡，则可以新建一个窗体，并将新窗体添加到工程文件中；若选择“现存”选项卡，则可以向工程文件中添加一个已有的窗体。

3. 添加模块

添加模块的操作步骤如下：

(1) 在 VB 系统菜单下，打开工程文件。

(2) 选择“工程”菜单，执行“添加模块”命令，进入“添加模块”对话框，如图 1-15 所示。

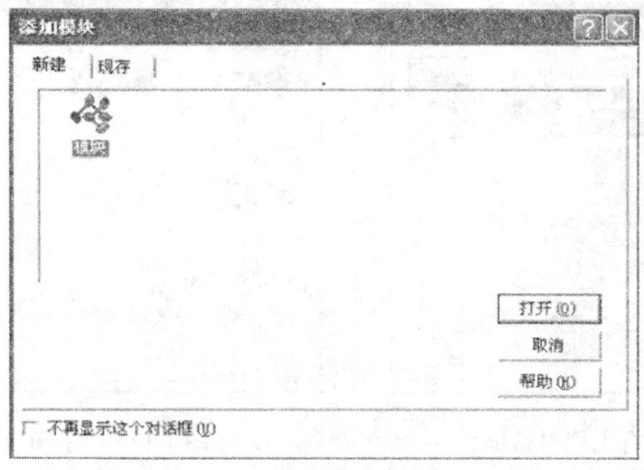

图 1-15　“添加模块”对话框

(3) 在“添加模块”对话框中，若选择“新建”选项卡，则可以新建一个模块，并将新模块添加到工程文件中；若选择“现存”选项卡，则可以向工程文件中添加一个已有的模块。

4. 其他操作

在工程资源管理器窗口中选择一个工程文件，然后单击鼠标右键，可以打开一个快捷菜单，如图 1-16 所示。执行该快捷菜单中的命令可以实现对工程文件对应的操作。

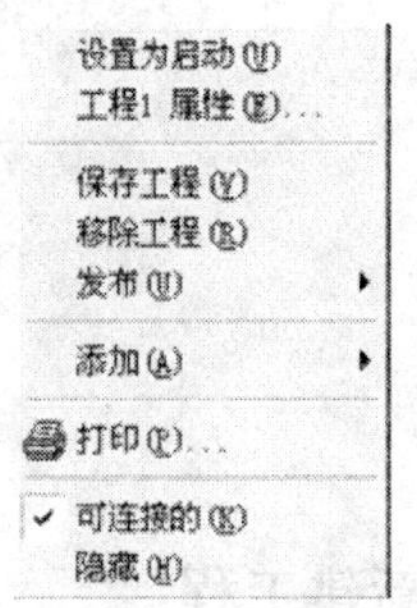

图 1-16　快捷菜单

1.4.5　更改工程属性

一个工程通常用工程名称、版本号码、程序标题栏标题等参数来描述，用户可以根据应用程序的需要，通过工程属性对话框来定义，或者默认系统原有的参数。工程属性参数设置对话框如图 1-17 所示。

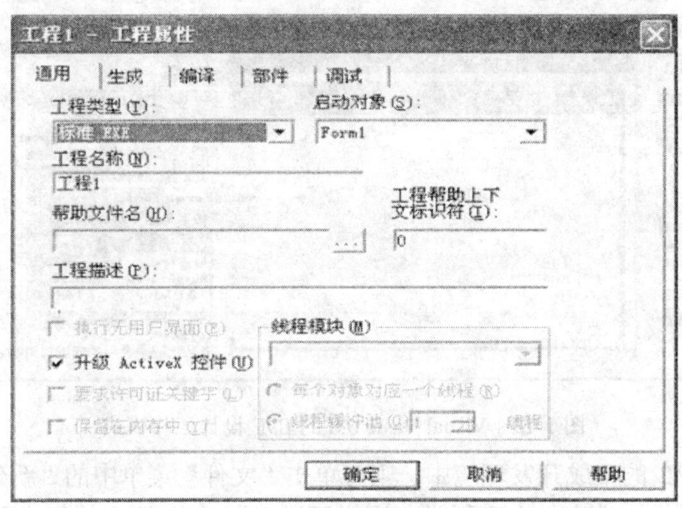

图 1-17　“工程属性”对话框

打开“工程属性”对话框有以下两种方法。

方法一：在工程资源管理器窗口中，选择要设置参数的工程，用鼠标右键单击，在出现的快捷菜单中执行“XXX 工程属性…”命令。

方法二：在 VB 系统菜单下，选择“工程”菜单，执行“工程属性…”命令。

1.5　简单 Visual Basic 6.0 应用程序创建实例

【例 1.1】 设计一个简单的应用程序，在窗体上放置一个文本框及两个命令按钮，用户界面如图 1-18 所示。程序的功能是：单击第一个命令按钮时在文本框中显示“一个简单 Visual Basic 应用程序”；单击第二个命令按钮时程序结束。

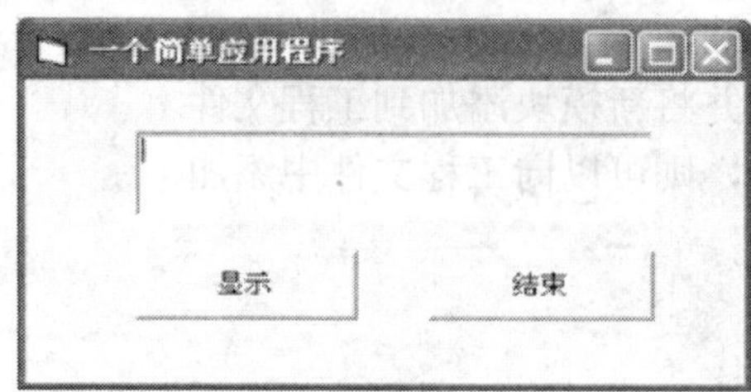

图 1-18　程序界面

1.5.1　新建工程

启动 VB，在出现的“新建工程”对话框中选择“标准 EXE”，然后单击“确定”按钮，即进入 VB 的“设计工作模式”。这时 VB 创建了一个带有单个窗体的新工程。系统默认的工程名为“工程 1”，如图 1-19 所示。

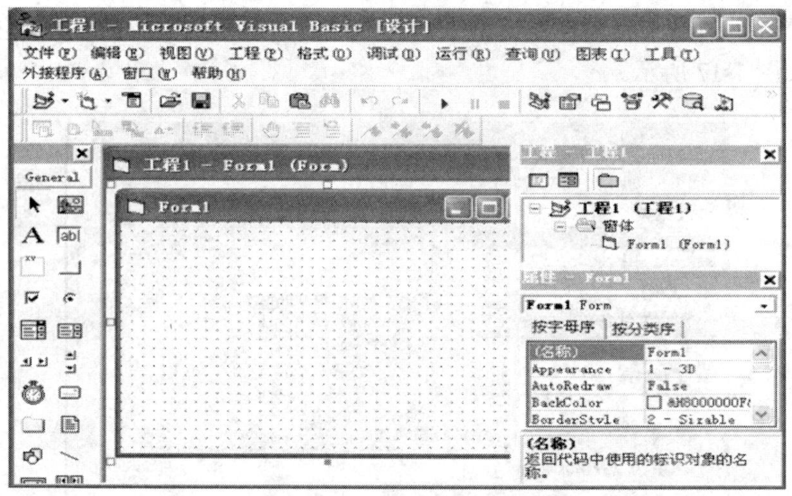

图 1-19　Visual Basic 6.0 的 IDE 设计工作模式

如果已处于 VB 的集成开发环境中，则可单击“文件”菜单中的“新建工程”命令，从“新建工程”对话框中选定一个工程类，同样可进入图 1-19 所示的集成环境。

1.5.2　程序界面设计

1. 在窗体上放置控件

在窗体上放置控件的方法是：在工具箱中选择 abl 图标，当鼠标停留在其上时会出现“TextBox”字样。单击它，则图案变亮并凹下去，此时鼠标变为十字形状。这时把十字形的鼠标指针移动到设计窗体上，选定适当位置后按下鼠标左键拖出一个矩形框，松开鼠标后就会在窗体上出现一个文本框，如图 1-20 所示。文本框的名称被系统自动命名为“Text1”，文本框的文本属性(Text1.Text)被自动设为“Text1”。

使用同样的方法在窗体上放置两个命令按钮，控件上默认的显示为(控件的标题“Caption”属性)Command1 和 Command2，如图 1-21 所示。通过属性窗口可以看到系统默认的控件名称(即“Name”属性)为 Command1 和 Command2。

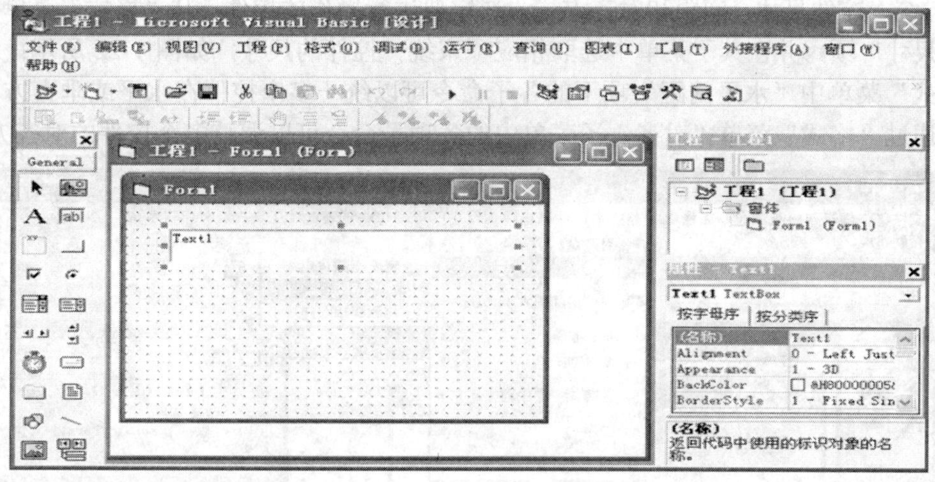

图 1-20　放入文本框后的设计界面

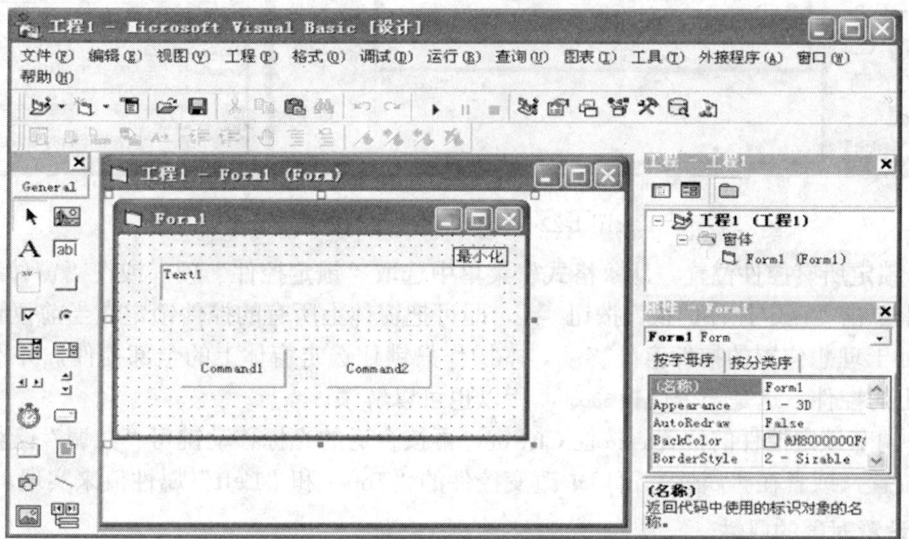

图 1-21　添加了命令按钮的程序设计界面

2. 调整控件的大小、位置和锁定控件

(1) 调整控件的尺寸。单击要调整尺寸的控件，选定的控件上即出现尺寸句柄，如图 1-21 所示是 Form1 被选中的情况。将鼠标指针定位到尺寸句柄上，拖动该尺寸句柄直至控件达到希望的大小。角上的尺寸句柄可以同时调整控件水平和垂直方向的大小，而边上的尺寸句柄则只能调整控件一个方向的大小。如果选定了多个控件，则不能使用此方法改变多个控件的大小，但可以使用 Shift 键加光标移动键来调整选定控件的尺寸大小。

(2) 移动控件的位置。用鼠标把窗体上的控件拖动到一个新的位置，或在属性窗口中改变对应控件的“Top”和“Left”属性值，都可以实现控件的移动。此外，还可以在选定控件后，用 Ctrl 键加光标移动键每次将控件移动一个网格单元来实现。如果关闭该网格，则控件每次移动一个像素。

(3) 统一控件尺寸、间距和对齐方式。选定要进行操作的控件，从“格式”菜单中选取“统一尺寸”项，并在其子菜单中选取相应项来统一控件的尺寸，如图 1-22 所示；通过选取“格式”菜单中“水平间距”项下的各子命令可以统一多个控件在水平或垂直方向上的布局；通过“格式”菜单“对齐”子菜单中的各项子命令可以调整多个控件的对齐方式。

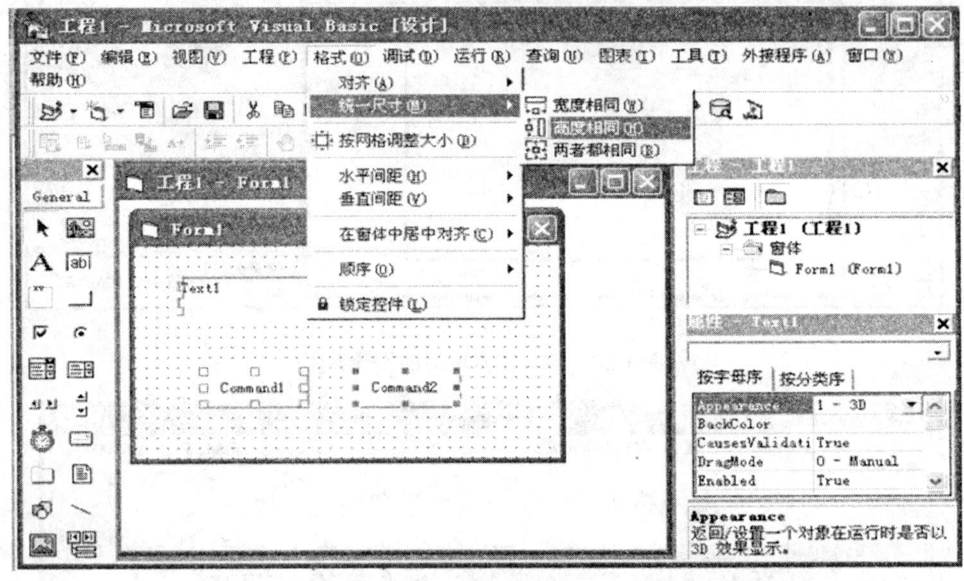

图 1-22　统一选定控件的尺寸

(4) 锁定所有控件位置。从“格式”菜单中选取“锁定控件”项，或在“窗体编辑器”工具栏上单击“锁定控件切换”按钮，即可把窗体上所有的控件锁定在当前位置，从而防止已处于理想位置的控件意外移动。本操作只锁住选定窗体上的全部控件，并不影响其他窗体上的控件。这是一个切换命令，所以也可以解锁。

(5) 调节锁定控件的位置。按住 Ctrl 键，再按合适的光标移动键可“微调”已获得焦点的控件位置，或者在“属性”窗口中改变控件的“Top”和“Left”属性值来实现。

3. 设置对象的属性

按照例 1-1 的要求设置各对象的主要属性值，如表 1-1 所示。

表 1-1　各对象的主要属性值

对　象	属　性	取　　值
Form1	Caption	一个简单应用程序
Text1	Text	""
Command1	名称	Cmd1
	Caption	显示
Command2	名称	Cmd2
	Caption	结束

例如，选中命令按钮(如 Command1)，在属性窗口中选择 Caption 并设置为“结束”。其他属性可依此设置。

1.5.3　编写相关代码

编写相关代码的步骤如下：

(1) 用鼠标双击窗体或其上的任何对象，或者单击工程资源管理器窗口中的“查看代码”按钮进入代码编写窗口。

(2) 从对象组合框的下拉列表中选择“cmd2”对象，再从事件组合框的下拉列表中选择“Click”事件(命令按钮单击事件)，则在代码窗口中出现事件过程的框架，如图 1-23 所示。

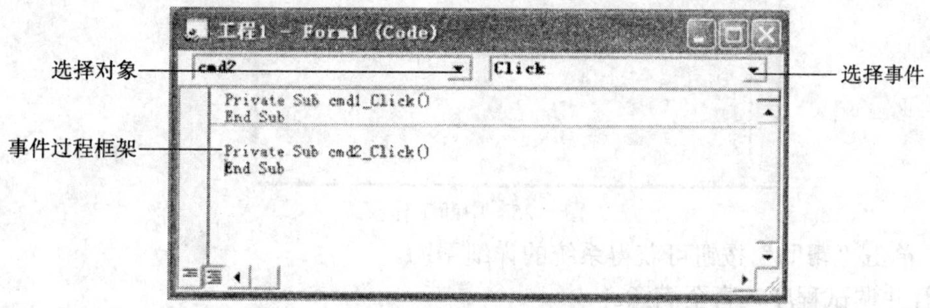

图 1-23　编写事件代码窗口

(3) 在“Click”事件的代码窗口中输入如下代码：

```
Private Sub cmd1_Click()
    Text1.Text = "一个简单 Visual Basic 应用程序"    '在文本框中显示对应信息
End Sub

Private Sub cmd2_Click()
    End                                            '结束程序的运行
End Sub
```

1.5.4　运行及调试程序

选择“运行”菜单中的“启动”项或按 F5 键，或单击工具栏中的 ▶ 按钮，即进入程序运行状态。单击“显示”按钮，若程序代码没有错，就得到图 1-18 所示的界面；若代码有错，如将“text1”错写成了“txt1”，则会出现如图 1-24 所示的信息提示框。

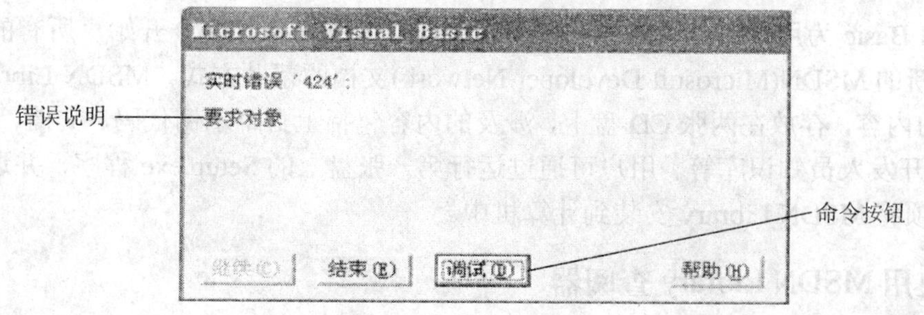

图 1-24　程序运行出错提示框

在该提示框中有以下三种选择：

(1) 单击“结束”按钮，则结束程序的运行，回到设计工作模式，从代码窗口中修改错误代码。

(2) 单击“调试”按钮，则进入中断工作模式，此时出现代码窗口，光标停在出错的行上，并用黄色显示错误行，如图 1-25 所示。修改错误后，可按 F5 键或工具栏中的 ▶ 按钮继续运行。

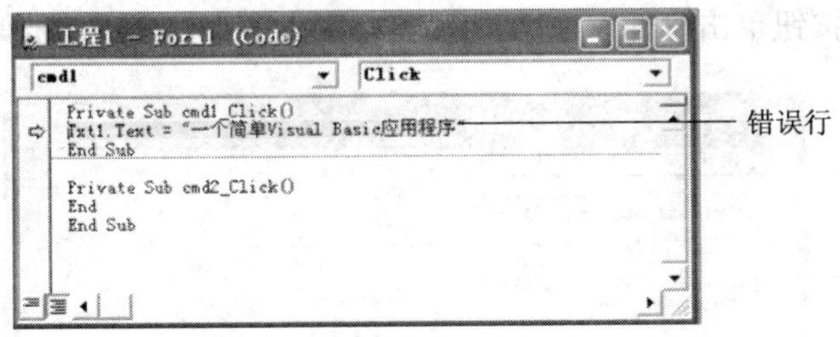

图 1-25　中断工作模式

(3) 单击“帮助”按钮可获得系统的详细帮助。

运行并调试程序，直至满意。

1.5.5　生成可执行文件

VB 提供了两种运行程序的方式：解释执行方式和编译执行方式。一般调试程序就是解释执行方式，因为解释执行方式是边解释边执行，在运行中如果遇到错误，则自动返回代码窗口并提示错误语句，这样便于程序调试。当程序调试运行正确后，以后如要多次运行或是提供给其他用户使用该程序，就要将该程序编译成可执行程序。

在 VB 集成开发环境下生成可执行文件的步骤如下：

(1) 执行“文件”菜单中的“生成 XXX.exe”命令(此处的 XXX 为当前要生成可执行文件的工程文件名)，系统弹出“生成工程”对话框。

(2) 在“生成工程”对话框中选择生成可执行文件存放的文件夹并指定可执行文件名。

(3) 单击“确定”按钮，编译和链接生成可执行文件。

注意：生成的可执行文件只能在安装了 VB 的机器上使用。

1.6　Visual Basic 6.0 帮助系统的使用

Visual Basic 为用户提供了完备的帮助功能。从 Visual Basic 6.0 开始，所有的帮助文件都采用全新的 MSDN(Microsoft Developer Network)文档的帮助方式。MSDN Library 中包含了 1 GB 的内容，存放在两张 CD 盘上，涉及的内容包括上百个示例代码、文档、技术文章、Microsoft 开发人员知识库等。用户可通过运行第一张盘上的 Setup.exe 程序，并通过“用户安装”选项将 MSDN Library 安装到计算机中。

1.6.1　使用 MSDN Library 查阅器

在 VB 中，执行“帮助”菜单中的“内容”或“索引”命令，即可打开“MSDN Library VB”窗口，如图 1-26 所示。其中“目录”选项卡列出了一个完整的主题分级列表，可通过目录树来查找信息；“索引”选项卡可按索引方式通过索引表查找信息；“搜索”选项卡可通过全文搜索查找信息。

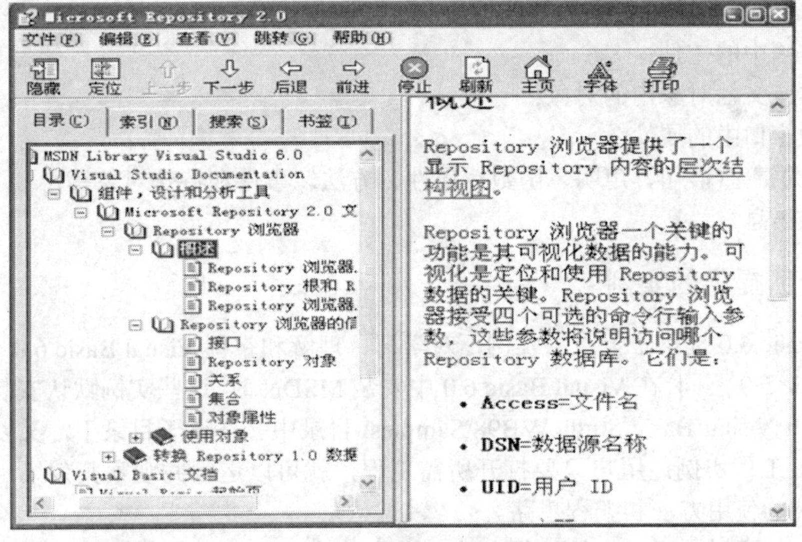

图 1-26　MSDN 帮助窗口

1.6.2　上下文帮助

Visual Basic 6.0 的许多部分是上下文相关的。上下文相关意味着不必搜寻“帮助”菜单就能直接获得有关这部分内容的帮助。例如，为了获得有关 Visual Basic 语言中关键字“Select Case”的帮助，只需将插入点置于代码窗口中的关键字“Select Case”上，并按 F1 键，即可进入与“Select Case”相关的帮助内容，如图 1-27 所示。

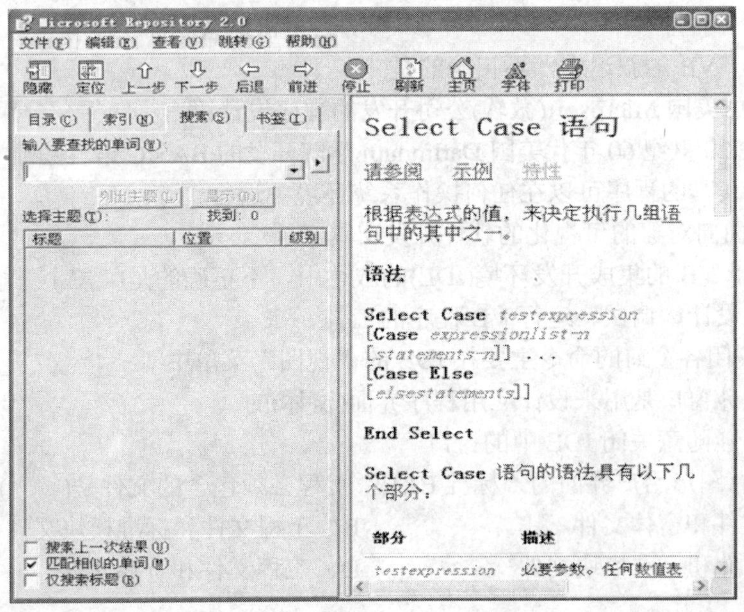

图 1-27　“Select Case”帮助窗口

在 Visual Basic 6.0 界面的任何上下文相关部分按 F1 键，即可显示有关该部分的信息。上下文相关部分包括：

(1) Visual Basic 中的每个窗口(属性窗口、代码窗口等)；

(2) 工具箱中的控件；

(3) 窗体或文档对象内的对象；

(4) 属性窗口中的属性；

(5) VB 关键字(语句、声明、函数、属性、方法、事件和特殊对象等)；

(6) 错误信息。

1.6.3 运行所提供的实例

Visual Basic 6.0 提供了上百个实例，对学习、理解和掌握 Visual Basic 6.0 有很大帮助。与 Visual Basic 5.0 不同，在 Visual Basic 6.0 中安装 MSDN 时，这些实例默认安装在 \Program Files\Microsoft Visual Basic Studio\VB98\Samples\ 目录中。在该子目录下，又以不同的子目录存放了许多工程实例，用户只要打开所需工程，就可以运行并观察其效果，也可查看代码学习各控件的使用方法和编程思路。

当需要时，可以同已建立的工程文件一样，通过“文件”菜单中的“打开工程”命令，根据实例安装的路径，打开所需的实例。

习　　题

一、选择题

1. 不需要编译，计算机便可直接执行的程序是(　　)。

A．C 语言程序　　B．Visual Basic 语言程序

C．汇编语言程序　　D．机器语言程序

2. 下面关于 VB 的叙述中，不正确的是(　　)。

A．VB 是由美国 Microsoft(微软)公司开发的程序设计语言

B. VB 是在 20 世纪 60 年代美国 Dartmouth 学院开发的 BASIC 语言基础上发展而形成的

C．用 VB 编写的程序可以在任何操作系统环境中运行

D．VB 是面向对象的可视化的软件开发工具

3. 下面关于 VB 的集成开发环境(IDE)的叙述中，不正确的是(　　)。

A．IDE 是设计、调试、运行 VB 程序的工具

B．打开/关闭各窗口的命令主要在 IDE 的“视图”菜单中

C．窗体设计窗口是用来设计应用程序界面(窗体)的

D．用户不能随意关闭 IDE 中的窗口

4. 一个具有图形用户界面的“标准 EXE”工程必须包含的文件是(　　)。

A．工程文件和窗体文件　　B．工程文件和标准模块文件

C．窗体文件和标准模块文件　　D．工程文件和资源文件

二、填空

1. __________是能够完成特定功能的指令序列。

2. 过程代码的基本结构又分为顺序结构、________、________、子过程和函数过程。

3. 程序设计语言分为机器语言、汇编语言和________。

4. 高级程序设计语言分为面向过程程序设计语言和__________，Visual Basic 语言属于____________程序设计语言。

5. 如果进入 VB 的集成开发环境后，发现没有“工具箱”，那么可以打开________菜单并选择“工具箱”菜单项，就可使“工具箱”出现。

6. ________窗口用来管理一个应用程序所包含的各种资源文件。

7. “代码编辑器窗口”用来编写应用程序的________。

三、判断

1. 不同类型的计算机(CPU)有不同的指令系统和汇编语言。　(　)

2. 计算机可以直接执行用汇编语言编写的程序。　(　)

3. 计算机不能执行高级语言程序。　(　)

4. 用 VB 开发的应用程序只能在 Windows 操作系统环境下运行。　(　)

5. IDE 的“属性窗口”用来设置控件的属性，它显示了控件的全部属性。　(　)

6. 每个工程都有一个工程文件(*.VBP)，它用来存储工程的属性及工程所包含的相关内容。　(　)

7. 在 IDE 中将一个工程包含的全部内容存入磁盘后，不可以用 Windows 的重命名功能对其除工程文件之外的文件重命名。　(　)

8. 工程的名称与工程文件的名称必须一致。　(　)

9. 当一个工程包含多个窗体时，程序员可以设置某个窗体作为工程的启动窗体。(　)

上机实验

1．实验名称：设计一个欢迎程序。

2．实验目的：

(1) 认识 Visual Basic 6.0 程序及其编制过程；

(2) 了解 IDE 中各窗口的作用：资源管理器窗口、窗体设计窗口、属性窗口、工具箱窗口、代码编辑器窗口；

(3) 掌握工程的创建、组成、保存和修改；

(4) 初步了解应用程序以及界面元素的使用：窗体、标签、命令按钮。

3．实验内容：建立一个界面如图 1-28 所示的程序。程序功能：程序运行时在标签 2 上不断显示系统的当前时间；当用户用鼠标单击“显示”按钮时，在窗体上显示“您单击了我”； 当用户用鼠标单击“清除”按钮时，清除窗体上显示的文字。

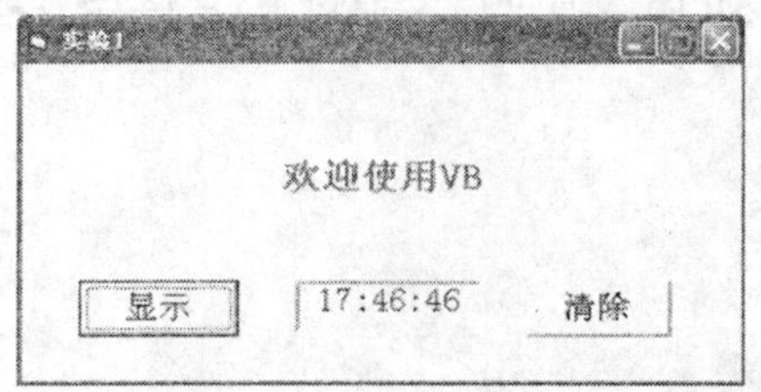

图 1-28　程序设计界面

程序界面中涉及的控件属性设置如表 1-2 所示。

表 1-2　程序的界面元素及属性设置

对 象	属 性	取 值	对 象	属 性	取 值
Form1	名称(Name)	frm1	Label2	名称(Name)	Lbl2
	Caption	实验 1		Alignment	2
	BorderStyle	1		BorderStyle	1
	MaxButton	False	Command1	名称(Name)	cmdShow
	Font	宋体、四号		Caption	显示
	MinButton	True		Font	宋体、四号
Label1	名称(Name)	Lbl1	Command2	名称(Name)	cmdClear
	Caption	欢迎使用 VB		Caption	清除
	Font	宋体、四号		Font	宋体、四号
	ForeColor	红色	Timer1	Interval	100

4．程序代码：

```
Private Sub cmdShow_Click()
  CurrentX = 1500
  Print "您单击了我"
End Sub

Private Sub cmdClear_Click()
  Cls
End Sub

Private Sub Timer1_Timer()
  Lbl2.Caption = Time
End Sub
```

5．实验步骤：

(1) 教师给学生演示该程序的编制过程，并讲解 IDE 的功能、使用及工程的保存等相关知识；

(2) 学生自己设计该程序，并建立一个文件夹，命名为“第一章实验”，然后将程序存储在文件夹中，调试并运行程序；

(3) 调试通过后，通过 FTP 将存放程序的文件夹上交到教师机的作业文件夹中。

第 2 章　简单的 Visual Basic 程序设计

本章教学目标:

- 了解 Visual Basic 6.0 中对象、类、属性、事件和方法等基本概念;
- 掌握窗体、标签、文本框和命令按钮的常用属性;
- 灵活运用窗体、标签、文本框和命令按钮的事件和方法;
- 灵活运用数据的输入和输出方法;
- 理解注释语句、结束语句和暂停语句的功能。

2.1　Visual Basic 的基本概念

2.1.1　对象

对象(Object)是现实世界中某个客观存在的事物，它可以是有形的，也可以是无形的。对象是构成客观事物的一个“单位”，具有静态特征和动态特征。其中，静态特征是指客观事物的属性，动态特征是指客观事物的行为和动作。

从面向对象的观点来看，所有的面向对象应用程序都是由描述客观事物的一个个实体(对象)组成的。也可以说，对象是组成应用程序的一个基本单位，由一组属性和一组行为构成。其中，属性是描述对象静态特征的数据项，行为是描述对象动态特征的操作序列。因此，设计者需考虑应用程序应由哪些对象组成，对象间的关联是什么，对象间如何进行“消息”传递，如何利用“消息”的协调配合来完成应用程序的任务和功能。

在现实世界中，如果把一辆车看成一个对象，用一组名词就可以描述它的基本特征。例如：别克、灰色和 1.8 排量等，这是汽车作为对象的静态特征；按操作说明对车辆进行发动、前进、后退、刹车等操作，这是对象的动态特征，是车辆的内部功能。这一现实世界中的物理实体在计算机中的逻辑表示，就是对象以及对象所具有的特征描述。

在 VB 程序中，任何对象都有属性、事件和方法三个要素，属性描述对象的静态特征，事件和方法描述对象的动态特征。设计对象属性、事件和方法的过程，便是设计 VB 应用程序的独立元素的过程，而完成的 VB 应用程序就是由若干个独立的对象结合而成的。

2.1.2　类

人类在认识客观事物时，通常采用的方法是把众多纷杂的事物进行分类归纳，把具有共同性质的事物划为一类，得出一个抽象的概念。类(Class)就是同类对象的属性和行为特征的抽象描述。例如，“大学生”是一个抽象的名称，是整体概念。我们把“大学生”看成一个类，而一个个具体的“大学生”，比如“张三”、“李四”等，便是这个类的实例，也就是“大学生”这个类的“具体”对象。

类与对象是面向对象程序设计语言的基础。类是从相同类型的对象中抽象出来的一种“数据类型”，它是所有具有一定共性的对象的抽象。类的构成不仅包含描述对象属性的数据，还有对这些数据进行操作的事件代码，即对象的行为(或操作)，类的属性和行为是封装在一起的。类的封装性是指类的内部信息，对用户是隐蔽的，仅通过可控的接口与外界交互。而属于类的某一个对象则是一个类的实体，是类的一个实例化结果。

VB 系统程序的面向对象技术，不仅实现了类的数据抽象，而且通过抽象出相关的类的共性，形成了一般的“基类”，用户可以使用类的继承性和封装性，对“基类”增添不同的特性，或完全继承从而派生出各种各样的对象，完成程序设计任务。

VB 中将类划分成容器类和控件类两种。

(1) 容器类：该类可以容纳其他对象，并且允许访问所包含的对象。

(2) 控件类：该类不能容纳其他对象。由控件类创造的对象是不能单独使用和修改的，它只能作为容器类中的一个元素，通过容器类来创造、修改或使用。

VB 系统工具箱的各个控件并不是对象，而是各个不同类的代表。程序设计者通过对类的实例化，得到所创建的对象。

例 1-1 中的窗体是一个容器类控件，它容纳了一个文本框控件和两个命令按钮控件。一旦创建了窗体，就将该类转换为对象，即创建了一个窗体对象；当我们将文本框和命令按钮添加到窗体后，就又创建了文本框对象和命令按钮对象，如图 2-1 所示。

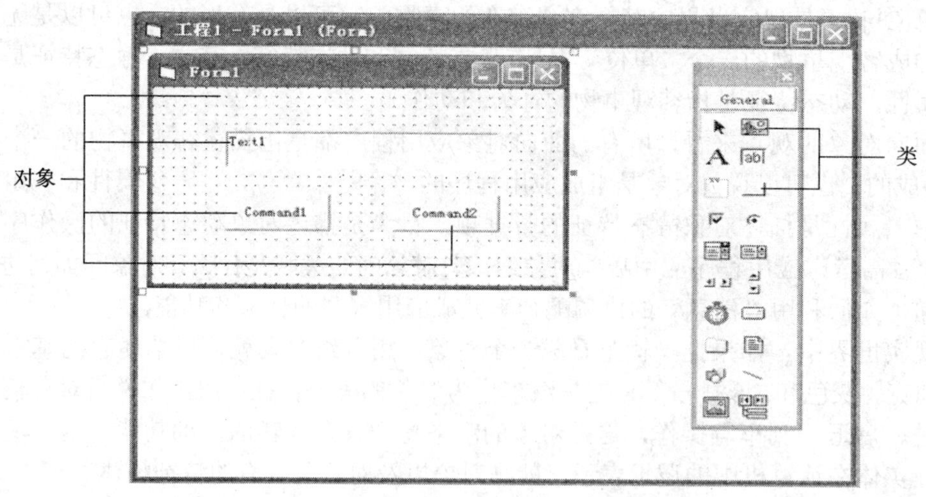

图 2-1　类与对象

2.1.3　属性

属性(Attribute)是用来描述对象的静态特征的数据项。属性不仅决定了对象的外观，也决定了对象的行为。在 VB 系统中，每个对象拥有几十个属性，对象的属性可以通过“属性”窗口设置，也可以在程序运行时通过事件代码进行设置。

属性的设置方法如下：

对象名.属性名=<表达式>

2.1.4　事件

事件(Event)就是每个对象能用以识别和响应的某些行为和动作。当用 VB 创建一个应用程序时，实际上就开始了事件驱动方式编程的工作，即通过“事件过程”定义事件的代码，所有事件代码将会在用户与应用程序交互，或在对象间进行“消息”传递，或在系统传递“消息”时被执行。

通常，一个对象可以识别和响应一个或多个事件。

事件过程定义的语句格式如下：

```
Private Sub 对象名称_事件名称([(参数列表)])
<程序代码>
End Sub
```

说明：“对象名称”指的是对象(名称)属性定义的标识符，这一属性必须在“属性”窗口中进行定义；“事件名称”是 VB 系统定义好的某一对象能够识别和响应的事件；“程序代码”是 VB 系统提供的操作语句及特定的方法。多数情况下，事件是通过用户的操作行为引发的(如单击鼠标、移动鼠标、按下某个键等)。事件发生时，对应的事件过程将被调用，其中的代码将被执行。有的事件适用于专门控件，有的适用于多种控件。表 2-1 中给出了 VB 系统中的常用事件。

表 2-1　Visual Basic 6.0 常用事件

事　件	触发事件的操作
Click	单击鼠标时执行该事件代码
DblClick	双击鼠标时执行该事件代码
DragDrop	拖动鼠标至控件上然后放开鼠标时执行该事件代码
GotFocus	对象具有焦点时执行该事件代码
LostFocus	对象失去焦点时执行该事件代码
KeyPress	在键盘上按下和松开某按键时执行该事件代码
KeyUp	对象具有焦点的前提下，释放一个键时执行该事件代码
MouseDown	按下鼠标时执行该事件代码
MouseMove	移动鼠标时执行该事件代码
MouseUp	释放鼠标时执行该事件代码
Scroll	拖动滚动按钮时执行该事件代码
SelChange	当前文本的选择发生改变时执行该事件代码
Load	窗体被装载时执行该事件代码
UnLoad	窗体从屏幕上删除时执行该事件代码

2.1.5　方法

方法(Method)是面向对象程序设计语言为编程者提供的用来完成特定操作的过程和函

数。在 VB 中已将一些通用的过程和函数编写好并封装起来，作为方法供用户直接调用，这给用户的编程带来了极大的方便。因为方法是面向对象的，所以在调用时一定要指明对象。对象方法的调用格式如下：

[对象.]方法[参数列表]

其中，若省略了对象，则表示是当前对象，一般指窗体。

例如，在窗体 Form1 上输出“欢迎学习 Visual Basic”，可使用窗体的 Print 方法：

```
Form1.Print   "欢迎学习 Visual Basic "
```

若当前窗口是 Form1，则上述语句也可以写成：

```
Print   "欢迎学习 Visual Basic "
```

两者的效果是相同的。

在 VB 应用程序中，窗体和控件是具有自己的属性、方法和事件的对象，可以把属性看做对象的性质，把方法看做对象的动作，而把事件看做对象对外界的响应。例如：

请把那辆红色的桑塔纳轿车开过来。

在这句话中，就包括了 VB 的对象、属性和方法。其中，“轿车”就是对象，“红色”、“桑塔纳”是用来描述对象的特征的，是属性，而“开过来”就是对轿车的处理，是方法。

2.2 窗　　体

窗体是设计图形用户界面的基本平台，是一个容器，所有的控件都放置在窗体上，是应用程序在实际运行时的窗口(设计时称窗体，运行时称窗口)。窗体有自己的属性、事件和方法，当向工程中添加了一个新的窗体时，设计窗体的第一步就是设置或修改窗体的属性，以使窗体的外观特征符合设计的要求。

2.2.1　窗体的主要属性

窗体的属性决定了窗体的外观和操作。大部分窗体的属性，既可以在设计状态下通过属性窗口进行设置，也可以在程序运行时通过代码进行设置，只有少数的属性只能在设计状态或运行状态下设置。

1. Name 属性

该属性即名称属性，用于设置窗体的名称，中英文均可，默认名称为 Form1。该属性只能在设计阶段的属性窗口中进行设置。

2. Caption 属性

该属性用于设置窗体标题栏中显示的文本，默认为“Form1”。该属性可在设计阶段进行设置或在程序运行状态中进行设置。

3. Height、Width 属性

该属性用于设置窗体的高度和宽度，即窗口的大小。可在程序设计阶段或程序运行状态时对其进行设置，其单位为“缇”(Twip)，1 Twip=1/20 点=1/1440 英寸=1/567 厘米。

4. Left、Top 属性

该属性用于设置窗体左上角的坐标位置，即窗体左上角距屏幕左边和顶边的距离。其

坐标单位为“缇”，可在程序设计阶段或程序运行状态时对其进行设置。

5. Font 属性

该属性用于改变窗体或对象上文本的外观。它包括以下六个子属性：

(1) FontName 属性：字符类型，用于设置窗体或对象上文本的字体(系统默认字体为宋体)。

(2) FontSize 属性：整型，用于设置窗体或对象上文本的字体大小，单位为磅。

(3) FontBold 属性：逻辑型，该属性为 True 时窗体或对象上的文本为粗体。

(4) FontItalic 属性：逻辑型，该属性为 True 时窗体或对象上的文本为斜体。

(5) FontStrikethru 属性：逻辑型，该属性为 True 时窗体或对象上显示的文本加一删除线。

(6) FontUnderline 属性：逻辑型，该属性为 True 时窗体或对象上显示的文本加一下划线。

Font 属性可以在属性窗口或代码窗口中通过代码进行设置。在属性窗口中设置的方法是：单击 Font 设置框右边的“…”按钮，打开 Font(字体)属性对话框，如图 2-2 所示。其设置方法与 Word 中的字体设置方法相同。

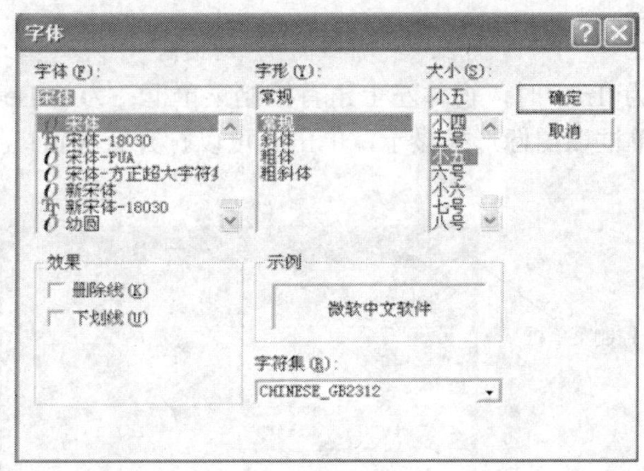

图 2-2　“字体”设置对话框

在代码码窗口中的设置方法是：

对象名.属性名=属性值

6. Enabled 属性

该属性用于决定是否允许操作窗体。True 为允许，False 为不允许。

7. Visible 属性

该属性用于决定程序运行时窗体是否可见。True 为可见，False 为不可见。

8. MaxButton、MinButton 属性

该属性用于设置窗体右上角的最大化、最小化按钮。MaxButton 属性为 True 时，窗体右上角显示最大化按钮；为 False 时，窗体的右上角不显示最大化按钮。MinButton 属性为 True 时，窗体右上角显示最小化按钮；为 False 时，窗体右上角不显示最小化按钮。该属性

只能在程序设计阶段的属性窗口中进行设置。

9. Icon 图标和 ControlBox(控制菜单框)属性

在属性窗口中，单击 Icon 设置框右边的“…”按钮可打开一个“加载图标”对话框，如图 2-3 所示，用户可以选择一个扩展名为 .ico 或 .cur 的图标文件载入，当窗体最小化时以该图标显示。Icon 属性在代码窗口中的设置方法是：

窗体名.Icon=LoadPicture(图标文件标识符，即盘符路径及图标文件名)

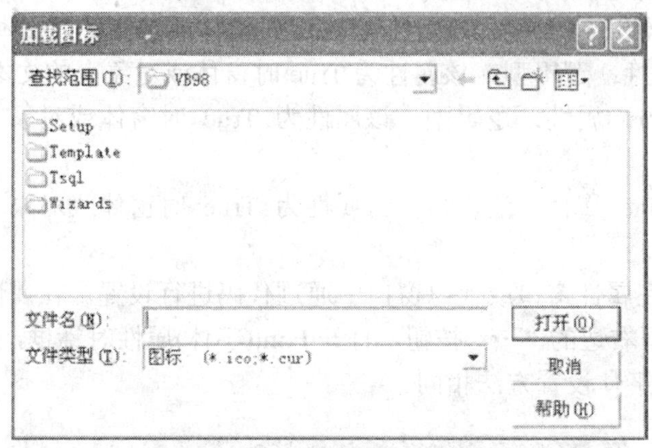

图 2-3 “加载图标”对话框

ControlBox 属性为 True 时，窗体左上角有控制菜单框；为 False 时，窗体左上角没有控制菜单框。控制菜单框以图标形式显示，单击它可以打开有关窗口操作的菜单，如图 2-4 所示。

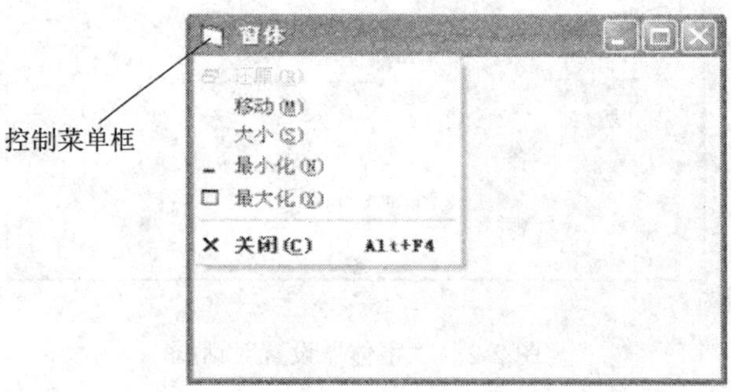

图 2-4 控制菜单框

10. BackColor 属性

该属性用于设置窗体或对象的背景色。可以在界面设计阶段对属性窗口进行设置，也可以在程序运行阶段通过代码的执行修改背景色。在属性窗口的设置方法是：在属性窗口中选择 BackColor，然后单击▼按钮，将弹出一个列表，用户可以选择调色板进行设置或使用系统颜色进行设置。

在程序运行阶段的设置方法是：

[对象名.]BackColor=RGB(参数 1，参数 2，参数 3)

或

[对象名.]BackColor=颜色常量

关于 RGB 函数的使用请查阅常用内部函数部分(本书 3.4 节)，表 2-2 给出了部分 VB 颜色常量，更多颜色常量见附录 D。

表 2-2　Visual Basic 颜色常量

常　数	值	描　述
vbBlack	&H0	黑色
vbRed	&HFF	红色
vbGreen	&HFF00	绿色
vbYellow	&HFFFF	黄色
vbBlue	&HFF0000	蓝色
vbMagenta	&HFF00FF	洋红
vbCyan	&HFFFF00	青色
vbWhite	&HFFFFFF	白色

11. ForeColor 属性

该属性用于设置窗体的前景色。对于窗体，前景色是窗体上用 Print 方法输出的文本的颜色，程序运行后才能看到。其设置方法与背景色的方法相同，具体如下：

[对象名.]ForeColor=RGB(参数 1，参数 2，参数 3)

或

[对象名.]ForeColor=颜色常量

12. BorderStyle 属性

该属性用于设置窗体的边框样式。具体的取值如下：

0-None：窗体无边框，程序运行时无法移动及改变窗体的大小；

1-Fixed Single：窗体为单线边框；

2-Sizable：窗体为双线边框，可移动并可改变大小；

3-Fixed Dialog：窗体为固定对话框，不可改变大小；

4-Fixed ToolWindow：窗体外观与工具栏相似，有关闭按钮，但不能改变大小；

5-Sizable ToolWindow：窗体外观与工具栏相似，有关闭按钮，且能改变大小。

13. Picture 属性

该属性用于设置窗体中要显示的图片。可在程序设计阶段进行设置，也可以在程序运行时进行设置。在程序设计阶段的设置方法是：单击 Picture 属性设置框右边的“…”按钮，打开一个“加载图片”对话框，用户可以选择一个图形文件载入。

在程序运行阶段的设置方法是：

[窗体名.]Picture=LoadPicture(图形文件的源路径及文件名)

14. Windows State 属性

该属性用于设置窗体的状态。具体的取值如下：

0-Normal：正常窗口状态，有窗口边界；

1-Minimized：最小化状态，以图标方式运行；

2-Maximized：最大化状态，无边框，充满整个屏幕。

以上是窗体的常用属性，读者可以通过属性窗口进一步了解和掌握其他属性。

2.2.2　窗体的事件

窗体事件是识别窗体的动作。与窗体有关的事件较多，但平时在编写程序时是不需要对所有事件都编写代码的，因此读者只需掌握一些常用事件，了解这些事件的触发机制即可。下面介绍几个常见的窗体事件。

1. Click 事件

在程序运行时单击窗体内的某个位置，VB 将调用窗体的 Click 事件。如果单击窗体内的某个控件对象，则只能调用对应控件对象的 Click 事件。

2. DblClick 事件

在程序运行时双击窗体内的某个位置，这时会触发两个事件：第一次按下鼠标时，触发的是 Click 事件；第二次按下鼠标时，触发的是 DblClick 事件。

3. Load 事件

程序运行时，窗体被装入工作区，将触发它的 Load 事件，所以该事件通常应用在应用程序启动时以及对属性和变量进行初始化时。

4. Unload 事件

卸载窗体时触发该事件。

5. Resize 事件

无论是用户交互，还是通过代码调整窗体的大小时，都会触发 Resize 事件。

2.2.3　窗体的方法

与窗体相关的方法较多，常用的方法有以下几种。

1. Print 方法

格式：[对象名.]Print [表达式列表][,/;]

功能：在窗体上输出文本字符串或表达式的值。

2. Cls 方法

格式：[对象名.]Cls

功能：清除程序运行时在窗体中显示的文本或图形。

3. Move 方法

格式：[对象名.]Move Left[，Top [，Width[，Height]]]

功能：移动窗体或控件对象，同时改变其大小。Move 方法实质上是改变窗体的 Left 和 Top 属性值。

说明：(1) 其中的 Left、Top、Width 和 Height 均为单精度数值型数据，分别用来表示窗体相对于屏幕的左边界和上边界。

(2) Left、Top、Width 和 Height 的大小是以 Twip(缇)为单位的。

4. Show 方法

格式：[对象名.]Show [vbModal | vbModeless]

功能：使指定的窗体在屏幕上可见。该方法的功能与设置窗体的 Visible 属性为 True 的效果相同。

说明：(1) 该方法有一个可选参数，它有两种取值：1(系统常量 vbModal)或 0(系统常量 vbModeless)。若未指定参数，则默认为 vbModeless。Show 方法的可选参数表示从当前窗体或对话框切换到其他窗体或对话框之前用户必须采用的动作。当参数为 vbModal 时，要求用户必须先关闭当前显示的窗体或对话框，才能在本应用程序中进行其他操作。当参数为 vbModeless 时，用户可以不对显示的窗体或对话框进行操作，就可以在本应用程序中进行其他操作。

(2) 如果要显示的窗体事先没有装入，该方法会自动装入该窗体并显示。

5. Hide 方法

格式：[对象名.]Hide

功能：隐藏指定窗体。

说明：(1) 当一个窗体从屏幕上隐去时，其 Visible 属性被设置为 False，并且该窗体上的控件也变得不可访问，但对程序运行期间的数据引用无影响。

(2) 若要隐去的窗体没有装入，则 Hide 方法会装入该窗体，但不显示。

【例 2-1】 创建一个工程，功能如下：在窗体 Form1 被加载时，在标签 Label1 上显示系统的当前时间；单击窗体 Form1 时，其大小为屏幕大小的 50%，并居中显示；单击命令按钮“问候”时，窗体上显示“见到你真高兴！”；单击命令按钮“清除”时，窗体上的输出内容被擦除；单击命令按钮“显示”时，窗体 Form2 显示，同时 Form1 隐藏；单击 Form2 上的命令按钮“再见”时，窗体 Form2 隐藏，Form1 显示。

操作步骤如下：

(1) 创建一个工程，参照表 2-3 在窗体 Form1 中添加控件。

表 2-3 例 2-1 中窗体 1 及其对象属性的取值

对象	属性	取值	对象	属性	取值
Form1	名称	frm1	Command2	Caption	清除
	Caption	窗体 1	Command3	Caption	显示
	Font	楷体	Label1	Caption	""
	ForeColor	红色	Timer1	Interval	100
Command1	Caption	问候			

(2) 添加一个窗体(Form2)，参照表 2-4 在其中添加控件。

表 2-4 例 2-1 中窗体 2 及其对象属性的取值

对象	属性	取值	对象	属性	取值
Form2	名称	frm2	Form2	BorderStyle	4
	Caption	窗体 2	Command1	Caption	再见
	Picture	任一图片			

(2) 打开属性窗口，分别参照表 2-3 和表 2-4 设置窗体及其他对象的属性。

(3) 打开窗体 1 的代码编辑器窗口，设计窗体及对象的事件代码。

在窗体的代码编辑器窗口中，通过对象组合框选择 Command1 对象、事件组合框选择 Click 事件，录入如下代码：

```
Private Sub Command1_Click()
  Print "见到你真高兴！"
End Sub
```

通过对象组合框选择 Command2 对象、事件组合框选择 Click 事件，录入如下代码：

```
Private Sub Command2_Click()
  frm1.Cls
End Sub
```

通过对象组合框选择 Command3 对象、事件组合框选择 Click 事件，录入如下代码：

```
Private Sub Command3_Click()
  frm1.Hide
  frm2.Show
End Sub
```

通过对象组合框选择 frm1 对象、事件组合框选择 Click 事件，录入如下代码：

```
Private Sub frm1_Click()
  frm1.Width = Screen.Width / 2
  frm1.Height = Screen.Height / 2
  frm1.Left = (Screen.Width - frm1.Width) / 2
  frm1.Top = (Screen.Height - frm1.Height) / 2
End Sub
```

通过对象组合框选择 frm1 对象、事件组合框选择 Load 事件，录入如下代码：

```
Private Sub frm1_Load()
  Label1.Caption = Time
End Sub
```

通过对象组合框选择 Timer1 对象、事件组合框选择 Timer 事件，录入如下代码：

```
Private Sub Timer1_Timer()
  Label1.Caption = Time
End Sub
```

在窗体 2 的代码编辑器窗口中，通过对象组合框选择 Command1 对象、事件组合框选择 Click 事件，录入如下代码：

```
Private Sub Command1_Click()
  frm2.Hide
  frm1.Show
End Sub
```

(4) 运行程序，结果如图 2-5 和图 2-6 所示。

(5) 保存窗体，再保存工程。

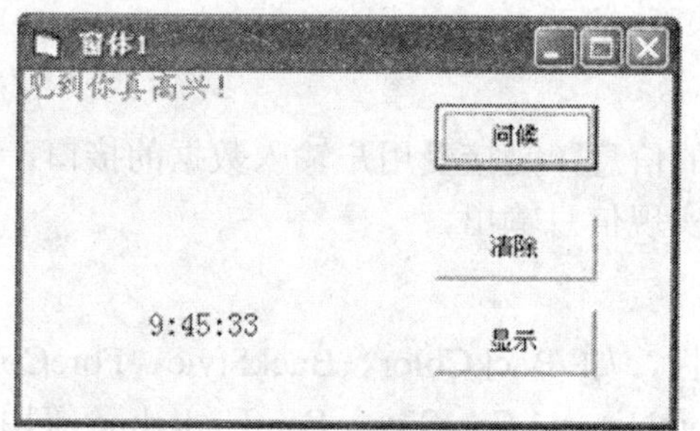

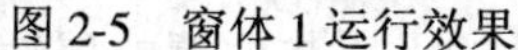

图 2-5　窗体 1 运行效果

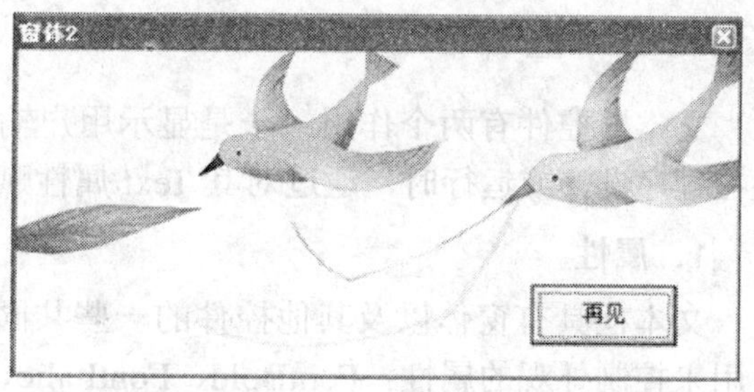

图 2-6　单击窗体 1 中“显示”按钮后的效果

2.3 基 本 控 件

2.3.1　标签

标签控件(Label)是用来显示文本信息的控件。该控件和文本框控件都是专门对文本进行处理的控件，但是标签控件没有输入文本的功能。

标签控件具有窗体以及其他控件的一些共同属性，如 BackColor、BackStyle、ForeColor 等用来控制外观的属性；FontBold、FontItalic、FontName、FontSize、FontUnderline 等用来描述字体的属性；Height、Width、Top、Left 等用来描述控件的大小与位置的属性；Enabled、Visible 等用来描述控件行为能力的属性。

1. 属性

标签控件除了具有上述属性外，还具有表 2-5 所示的属性。

表 2-5　标签控件的常用属性

属 性 名	属 性 值	说　　明
Caption	字符型	显示在标签上的文本
Alignment	0	靠右对齐
	1	靠左对齐
	2	居中对齐
AutoSize	True	根据显示的标题自动调整标签的大小
	False	标签的大小保持设计时的大小
BackStyle	0	标签透明
	1	标签覆盖背景
BorderStyle	0	标签无边框
	1	标签有边框

2. 事件

和其他控件一样，标签也可以触发事件，但标签主要是用来显示文本信息的，很少用来触发事件。

2.3.2 文本框

文本框控件有两个作用：一是显示用户输入的信息，是接受用户输入数据的接口；二是在程序设计或运行时，通过对其 Text 属性赋值实现信息输出。

1. 属性

文本框具有窗体以及其他控件的一些共同属性，如 BackColor、BackStyle、ForeColor 等用来控制外观的属性；FontBold、FontItalic、FontName、FontSize、FontUnderline 等用来描述字体的属性；Height、Width、Top、Left 等用来描述控件的大小与位置的属性；Enabled、Visible 等用来描述控件行为能力的属性。除此之外，文本框还有表 2-6 所示的属性。

表 2-6 文本框的常用属性

属 性 名	属 性 值	说 明
Text	字符型数据	文本框中显示的内容
MaxLength	数值型数据	用来设置文本框中允许输入的最大字符数。默认值为 0，表示没有字符数的限制
MultiLine	True	文本框内允许输入多行文字
	False	文本框内只能输入一行文字
PasswordChar	字符型数据	设置口令的输入。默认值为空，此时在文本框中输入的信息原样显示；如非空，则在文本框中输入的信息用该字符显示
ScrollBars	0(默认)	文本框无滚动条
	1	只有水平滚动条
	2	只有垂直滚动条
	3	同时拥有水平和垂直滚动条
SelStart	数值型数据	定义当前选择的文本在文本框中的起始位置，第一个字符的位置为 0，依次类推。该属性只能在程序中进行设置
SelLength	数值型数据	文本框中被选中的字符个数。该属性只能在代码中使用
SelText	字符型数据	文本框中被选中的文本内容，若没有选择文本，该属性的值为空字符串。该属性只能在代码中使用
Locked	True	不能编辑文本框中的内容
	False	可以编辑文本框中的内容

2. 事件

文本框与窗体一样支持 Click 和 DblClick 事件，另外还支持以下常用事件。

(1) Change 事件。当文本框的 Text 属性的值发生改变(如用户正在输入信息，或对文本框的 Text 属性重新赋值)时，将触发 Change 事件。

(2) GotFocus 事件。当文本框获得焦点时，触发该事件。

(3) LostFocus 事件。当文本框失去焦点时，触发该事件。

(4) KeyPress 事件。在文本框获得焦点后，当用户在键盘上按下某一个键时触发 KeyPress 事件。

3. 方法

文本框常用的方法是 SetFocus 方法。调用该方法，可以使文本框获得焦点。

【例 2-2】 创建一个窗体，设计如图 2-7 所示的程序运行界面，其中各控件属性如表 2-7 所示。程序功能：用户在文本框 1 中输入字符串的同时，在文本框 2 中密码显示对应字符串，文本框 3 中按“华文行楷”字体显示对应字符串，文本框 4 中多行显示对应字符串。单击命令按钮“结束”，结束程序的运行；单击命令按钮“清空”，各文本框的内容消失。

表 2-7　例 2-2 中窗体及其各对象属性的取值

对象	属性	取值	对象	属性	取值
Form1	Caption	文本框常用事件及属性	Text1	名称	txtInput
	BackColor	&H0000FF00&(绿色)		Text	""
Label1	名称	lblInput	Text2	名称	txtSecret
	Caption	请输入：		Text	""
	BackStyle	0		PasswordChar	*
Label2	名称	lblSecret		Enabled	False
	BackStyle	0	Text3	名称	txtCenter
	BorderStyle	1		Alignment	2
	Caption	以密码方式显示		Font	华文行楷
Label3	名称	lblCenter		Text	""
	Caption	居中显示	Text4	名称	txtMultiLine
Label4	名称	lblMultiline		MultiLine	True
	Caption	多行显示:		ScrollBars	2
Command1	名称	cmdClear	Command2	名称	cmdEnd
	Caption	清空		Caption	结束

操作步骤如下：

(1) 创建一个工程，参照图 2-7 在窗体中添加控件。

(2) 打开属性窗口，参照表 2-7 设置窗体及其他控件的属性。

(3) 打开代码编辑器窗口，设计窗体及对象的事件代码。

在代码编辑器窗口中，通过对象组合框选择 cmdClear 对象、事件组合框选择 Click 事件，录入如下代码：

```
Private Sub cmdClear_Click()
  txtInput.Text = ""
  txtSecret.Text = ""
  txtCenter.Text = ""
  txtMultiLine.Text = ""
End Sub
```

通过对象组合框选择 cmdEnd 对象、事件组合框选择 Click 事件，录入如下代码：

```
Private Sub cmdEnd_Click()
  End
```

```
End Sub
```

通过对象组合框选择 txtInput 对象、事件组合框选择 Change 事件，录入如下代码：

```
Private Sub txtInput_Change()
  txtSecret.Text = txtInput.Text
  txtCenter.Text = txtInput.Text
  txtMultiLine.Text = txtInput.Text
End Sub
```

(4) 运行程序，结果如图 2-7 所示。

(5) 保存窗体，再保存工程。

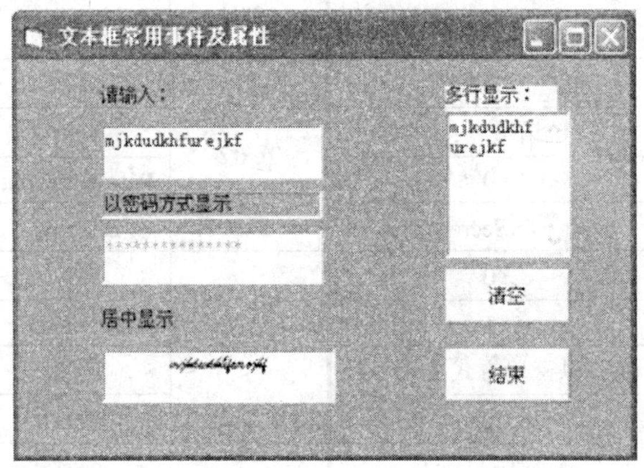

图 2-7　例 2-2 的运行效果

【例 2-3】 创建一个工程，设计一个简单的文本编辑器，实现文本的选择、剪切、复制和粘贴。程序运行结果如图 2-8 所示，各控件的属性如表 2-8 所示。

表 2-8　例 2-3 中窗体及其各对象属性的取值

对 象	属 性	取 值	对 象	属 性	取 值
Form1	名称	frm1	Command1	Caption	剪切
	Caption	文本编辑器	Command2	名称	cmdCopy
	AutoRedraw	True		Caption	复制
Text1	名称	txtEditor	Command3	名称	cmdPaste
	MultiLine	True		Caption	粘贴
	ScrollBars	2	Command4	名称	cmdEnd
Command1	名称	cmdCut		Caption	结束

操作步骤如下：

(1) 创建一个工程，参照图 2-8 在窗体中添加控件。

(2) 打开属性窗口，参照表 2-8 设置窗体及其他控件的属性。

(3) 打开代码编辑器窗口，设计窗体及对象的事件代码。

在代码编辑器窗口中，通过对象组合框选择“通用”，输入如下代码定义窗体级变量 str：

```
Dim str As String
```

通过对象组合框选择 cmdCopy 对象、事件组合框选择 Click 事件，录入如下代码：

```
Private Sub cmdCopy_Click()
  str = txtEditor.SelText
End Sub
```

通过对象组合框选择 cmdCut 对象、事件组合框选择 Click 事件，录入如下代码：

```
Private Sub cmdCut_Click()
  str = txtEditor.SelText
  txtEditor.SelText = ""
End Sub
```

通过对象组合框选择 cmdEnd 对象、事件组合框选择 Click 事件，录入如下代码：

```
Private Sub cmdEnd_Click()
  End
End Sub
```

通过对象组合框选择 cmdPaste 对象、事件组合框选择 Click 事件，录入如下代码：

```
Private Sub cmdPaste_Click()
  txtEditor.SelText = str
End Sub
```

通过对象组合框选择 Form 对象、事件组合框选择 Load 事件，录入如下代码：

```
Private Sub Form_Load()
  txtEditor.Text = ""
End Sub
```

(4) 运行程序，结果如图 2-8 所示。

(5) 保存窗体，再保存工程。

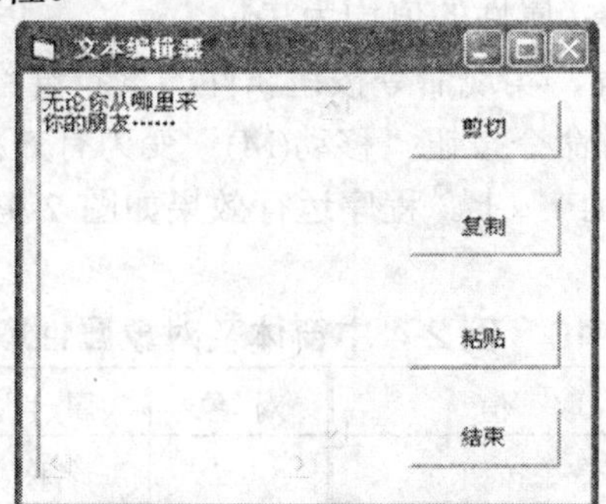

图 2-8　文本编辑器运行效果

2.3.3　命令按钮

在 VB 应用程序中，命令按钮(Command)是使用最多的控件对象之一，常常用它来接受用户的操作信息，激发某些事件，实现一个命令的启动、中断、结束等操作。

命令按钮接受用户输入的命令可以有三种方式：鼠标单击；按 Tab 键跳转到该按钮后再按回车键；使用快捷键(Alt + 有下划线的字母)。

1. 属性

命令按钮的 Name、Height、Width、Top、Left、Enabled、Visible、Font 等基本的常用

属性的使用方法和意义与窗体的对应属性相同。其他的常用属性如表 2-9 所示。

表 2-9　命令按钮的常用属性

属 性 名	功　　能
Caption	设置命令按钮上显示的文字
Default	设置 Enter 键的默认按钮
Cancel	设置 Esc 键的默认按钮
Style	设置命令按钮的显示方式。0－只能显示文字；1－显示文字或图形
Picture	设置按钮上显示的图形。只有在 Style 设置为 1 时该属性才可用
ToolTipText	设置命令按钮的提示文本

2. 事件

对命令按钮控件来说，Click 事件是最常用的触发方式。单击命令按钮将触发该事件，并调用和执行已经写入到 Click 事件中的代码。多数情况下，主要是针对该事件进行代码编写。

3. 方法

1) Move *方法*

格式：[对象名.]Move Left[，Top[，Width[，Height]]]

功能：移动窗体或控件对象，同时改变其大小。Move 方法实质上是改变命令按钮的 Left 和 Top 属性值。

2) SetFocus *方法*

格式：[对象名.] SetFocus

功能：设置指定的命令按钮获得焦点。使用该方法之前，必须使命令按钮处于可见和可用状态，即 Visible 和 Enabled 属性的值均为 True。

【例 2-4】 创建一个工程，实现命令按钮属性的重新设置。程序功能：单击窗体时，“命令按钮一(F)”显示，同时命令按钮“移动(M)”变为有效；单击命令按钮“移动(M)”时，将其移动到“命令按钮一(F)”上。程序运行效果如图 2-9～图 2-11 所示，其中各控件属性的初值如表 2-10 所示。

表 2-10　例 2-4 中窗体及对象属性取值

<table>
<tr><th>对 象</th><th>属 性</th><th>取　值</th><th>对 象</th><th>属 性</th><th>取　值</th></tr>
<tr><td>Form1</td><td>Caption</td><td>命令按钮</td><td rowspan="4">Command2</td><td>名称</td><td>cmdMove</td></tr>
<tr><td rowspan="3">Command1</td><td>名称</td><td>cmdFirst</td><td>Caption</td><td>移动(M)</td></tr>
<tr><td>Caption</td><td>命令按钮一(F)</td><td>ToolTipText</td><td>将该按钮移动到按钮一上</td></tr>
<tr><td>Visible</td><td>False</td><td>Enabled</td><td>False</td></tr>
</table>

操作步骤如下：

(1) 创建一个窗体，参照表 2-10 添加控件。

(2) 打开属性窗口，参照表 2-10 设置窗体及其他控件的属性。

(3) 打开代码编辑器窗口，设计窗体及对象的事件代码。

在代码编辑器窗口中，通过对象组合框选择 cmdMove 对象、事件组合框选择 Click 事件，录入如下代码：

```
Private Sub cmdMove_Click()
  cmdMove.Left = cmdFirst.Left
  cmdMove.Top = cmdFirst.Top
End Sub
```

通过对象组合框选择 Form 对象、事件组合框选择 Click 事件，录入如下代码：

```
Private Sub Form_Click()
  cmdFirst.Visible = True
  cmdMove.Enabled = True
End Sub
```

(4) 运行程序，结果如图 2-9 所示。

(5) 保存窗体，再保存工程。

图 2-9　程序运行界面

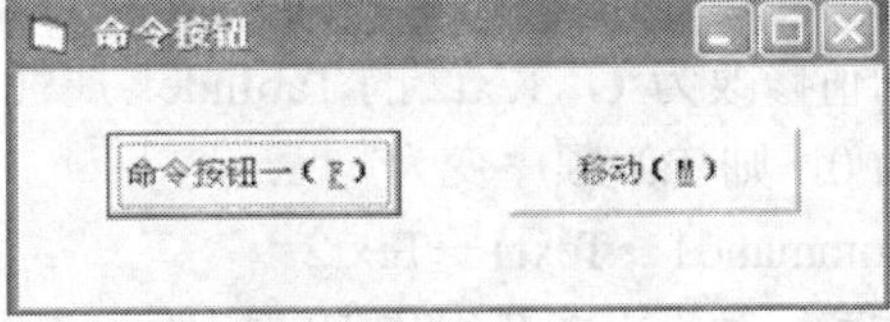

图 2-10　单击窗体后

图 2-11　单击命令按钮“移动(M)”后

2.3.4　焦点与 Tab 顺序

焦点和 Tab 顺序是使用 VB 控件接受用户输入时的相关概念。

1．焦点

焦点是指控件对象接受鼠标或键盘输入的能力。当某一控件对象具有焦点时，就可以接受用户的输入操作，并且只有具有焦点的控件对象才能接受用户自鼠标和键盘的输入。

当某一控件对象获得焦点时，将触发该控件对象的 GotFocus 事件；当失去焦点时，将触发 LostFocus 事件。大多数控件都支持以上两个事件，但并非所有的控件都能接受焦点，程序设计人员只需要查看代码窗口的事件列表就可知道这一点。

注意：对于窗口，只有当前窗口内所有的控件对象都不能接受焦点时它才能接受焦点。

控件对象获得焦点的方法有以下两种。

方法一：直接操作。可用 Tab 键移动，或使用快捷键，或用鼠标直接单击等。

方法二：在程序代码中调用 SetFocus 方法。如语句 Text1.SetFocus 使控件 Text1 对象获得焦点。

注意：当一个控件获得焦点时，就意味着其他对象失去了焦点，也就是说，任何时候只能有一个对象获得焦点。

2. Tab 顺序

在程序运行期间，当用户按下 Tab 键时，焦点将在该程序的控件对象上顺序移动，这就是 Tab 顺序。每个窗体都有自己的 Tab 顺序。

通常，在设计应用程序的界面过程中，Tab 顺序由各控件对象在窗体上建立的顺序决定，如在窗体上依次设置了 Text1、Text2 和 Command1 这样三个控件对象，则该窗体内的 Tab 顺序为

Text1→Text2→Command1

当应用程序运行时，Text1 首先获得焦点，此后每按一次 Tab 键，焦点将在这三个控件对象上顺序移动。当 Command1 获得焦点时按下 Tab 键后，焦点又返回到 Text1 对象上。

对于能获得焦点的控件对象，都有一个 TabIndex 属性，其值按 Tab 顺序来编号，如上例中 Text1 的 TabIndex 属性的值为 0，Text2 的 TabIndex 属性的值为 1，Command1 的 TabIndex 属性的值为 2。当然，在设计界面时也可以根据需要修改 Tab 顺序。如果将 Text1 的 TabIndex 属性的值修改为 1，Text2 的 TabIndex 属性的值修改为 2，Command1 的 TabIndex 属性的值修改为 0，则 Tab 顺序变为

Command1→Text1→Text2

注意：对于不能获得焦点的控件，以及 Enabled 或 Visible 属性值为 False 的控件，将不包含在 Tab 顺序中。

【例 2-5】 创建一个工程。实现命令按钮属性的重新设置。功能：计算圆的周长和面积。当用户在文本框中输入圆的半径后，单击命令按钮“计算”，将计算结果显示在计算结果文本框中；单击命令按钮“清除”，各文本框中的信息消失；单击命令按钮“退出”，程序结束运行。程序运行效果如图 2-12 所示，其中各控件属性的初值如表 2-11 所示。

表 2-11　例 2-5 中窗体及其对象属性取值

对 象	属 性	取 值	对 象	属 性	取 值
Form1	Caption	计算圆的周长和面积	Command1	Caption	计算
	BorderStyle	1		名称	cmdCalculate
	MinButton	True		TabIndex	1
	BackColor	&H000080FF&(红色)	Command2	Caption	清除
Label1	Caption	请输入半径		名称	cmdClear
	Font	宋体、四号		TabIndex	2
	BackStyle	0	Command3	Caption	退出
Label2	Caption	计算结果		名称	cmdExit
	Font	宋体、四号		TabIndex	3
	BackStyle	0	Text2	Text	空
Text1	Text	空		MultiLine	True
	TabIndex	0		ScrollBars	1
	Font	宋体、四号		Locked	True
				TabStop	False

操作步骤如下：

(1) 创建一个窗体，参照表 2-11 添加控件。

(2) 打开属性窗口，参照表 2-11 设置窗体及其他控件的属性。

(3) 打开代码编辑器窗口，设计窗体及对象的事件代码。

在代码编辑器窗口中，通过对象组合框选择“通用”，录入如下代码定义窗体级常量 PI：

```
Const PI = 3.14
```

通过对象组合框选择 cmdCalculate 对象、事件组合框选择 Click 事件，录入如下代码：

```
Private Sub cmdCalculate_Click()
  Dim r!, c!, s!              'r 是圆的半径，c 是圆的周长, s 是圆的面积
  r = Val(Text1.Text)
  c = 2 * PI * r
  s =PI * r ^ 2
  Text2.Text = "周长为： " + Str(c) + Chr(13) + Chr(10)
  Text2.Text = Text2.Text + "面积为： " + Str(s)
End Sub
```

通过对象组合框选择 cmdClear 对象、事件组合框选择 Click 事件，录入如下代码：

```
Private Sub cmdClear_Click()
  Text1 = ""
  Text2 = ""
  Text1.SetFocus
End Sub
```

通过对象组合框选择 cmdExit 对象、事件组合框选择 Click 事件，录入如下代码：

```
Private Sub cmdExit_Click()
  End
End Sub
```

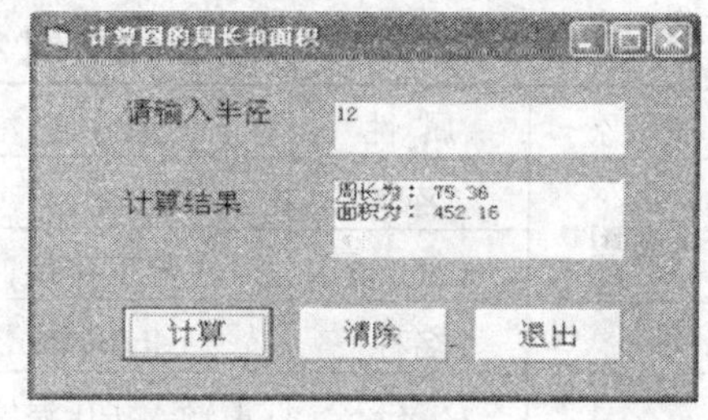

图 2-12　计算圆的周长和面积

(4) 运行程序，结果如图 2-12 所示。

(5) 保存窗体，再保存工程。

2.3.5　控件的默认属性

控件的默认属性是指在书写代码时，通过控件名称属性就可以改变其值的属性，不必指定控件的属性。

例如，文本框的默认属性是 Text，如果要修改文本框 Text1 的 Text 属性的值为“Hello!”，则下面的两条语句是等价的。

```
Text1.Text=" Hello "
Text1=" Hello "
```

表 2-12 列出了 VB 中部分常用控件的默认属性。

表 2-12　部分常用控件的默认属性

控　件	默认属性	控　件	默认属性
文本框	Text	标签	Caption
命令按钮	Default	图形、图像框	Picture
单选按钮	Value	复选框	Value

2.4　数据的输入和输出

一个计算机程序通常可分为数据的输入、数据处理和数据的输出三个部分，计算机通过输入操作接受用户的输入信息，然后对其进行处理，再将处理的结果输出给用户。VB 为程序设计者提供了多种形式的输入和输出手段。

2.4.1　利用标签进行数据的输出

标签主要用于显示文本信息，通常用于标注本身不具有 Caption 属性的控件，也常用于程序运行结果的输出。输出的方式只能通过设置或修改标签控件的 Caption 属性来实现。

【例 2-6】 设计一程序，由用户输入一个华氏温度 F，程序将其转换为摄氏温度℃，转换公式为℃=5/9*(F−32)。要求：用户通过文本框进行数据输入，将转换结果显示在标签 Label2 上；单击命令按钮“转换”时，进行温度转换，同时将结果输出到标签上；单击命令按钮“结束”时，程序结束。程序运行界面如图 2-13 所示，窗体中各对象属性取值如表 2-13 所示。

表 2-13　例 2-6 中窗体及对象属性取值

对 象	属 性	取　值	对 象	属 性	取　值
Form1	名称	frm1	Label3	名称	lblCon
	Caption	温度转换		Caption	""
Label1	名称	lblInput		BorderStyle	1
	Caption	请输入华氏温度：		BackColor	&H0000FF00&(绿色)
Label2	名称	lblConsult	Command1	名称	cmdChange
	Caption	转换结果为：		Caption	转换
Text1	名称	txtInput	Command2	名称	cmdEnd
	Text	""		Caption	结束

操作步骤如下：

(1) 创建一个工程，参照图 2-13 在窗体中添加控件。

(2) 打开属性窗口，参照表 2-13 设置窗体及其他对象的属性。

(3) 打开代码编辑器窗口，设计窗体及对象的事件代码。

在代码编辑器窗口中通过对象组合框选择 cmdChange 对象、事件组合框选择 Click 事件，录入如下代码：

```
Private Sub cmdChange_Click()
 Dim f As Single
```

```
    f = Val(txtInput.Text)
    lblCon.Caption = Str(5 / 9 * (f - 32))
End Sub
```

通过对象组合框选择 cmdEnd 对象、事件组合框选择 Click 事件，录入如下代码：

```
Private Sub cmdEnd_Click()
    End
End Sub
```

(4) 运行程序，结果如图 2-13 所示。

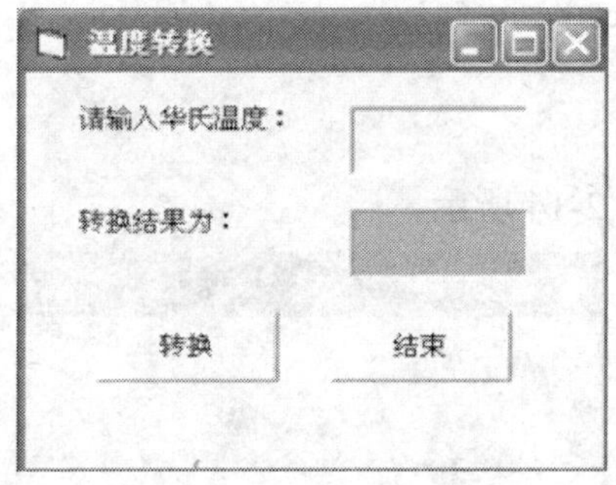

图 2-13　程序运行界面

(5) 保存窗体，再保存工程。

2.4.2　利用文本框控件输入输出数据

文本框是一个文本编辑区域，在程序设计阶段或程序运行期间都可以在该区域中输入、编辑和显示文本，类似于一个简单的文本编辑器。它常用于在程序运行期间接受用户输入的数据，也可以使用它输出数据。

【例 2-7】 修改例 2-6 的要求，将转换结果输出到文本框中。程序运行界面如图 2-14 所示，窗体中各控件属性取值如表 2-14 所示。

表 2-14　例 2-7 中窗体及对象属性取值

对 象	属 性	取 值	对 象	属 性	取 值
Form1	名称	frm1	Text1	Text	""
	Caption	温度转换	Text2	名称	txtConsult
Label1	名称	lblInput		Text	""
	Caption	请输入华氏温度:	Command1	名称	cmdChange
Label2	名称	lblConsult		Caption	转换
	Caption	转换结果为:	Command2	名称	cmdEnd
Text1	名称	txtInput		Caption	结束

操作步骤如下：

(1) 创建一个工程，参照图 2-14 在窗体中添加控件。

(2) 打开属性窗口，参照表 2-14 设置窗体及其他对象的属性。

(3) 打开代码编辑器窗口，设计窗体及对象的事件代码。

在代码编辑器窗口中，通过对象组合框选择 cmdChange 对象、事件组合框选择 Click 事件，录入如下代码：

```
Private Sub cmdChange_Click()
  Dim f As Single
  f = Val(txtInput.Text)
  txtConsult.Text = Str(5 / 9 * (f - 32))
End Sub
```

通过对象组合框选择 cmdEnd 对象、事件组合框选择 Click 事件，录入如下代码：

```
Private Sub cmdEnd_Click()
  End
End Sub
```

(4) 运行程序，结果如图 2-14 所示。

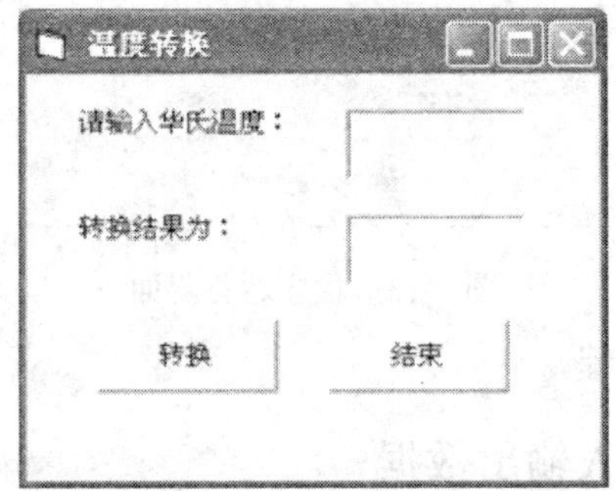

图 2-14　程序运行界面

(5) 保存窗体，再保存工程。

2.4.3　InputBox()函数

InputBox()函数用于接收用户输入的数据，执行该函数后，会弹出一个输入对话框，如图 2-15 所示。对话框内有提示信息、输入框、“确定”、“取消”按钮等。在输入框内输入信息后，单击“确定”按钮，函数将用户输入的内容作为结果返回。

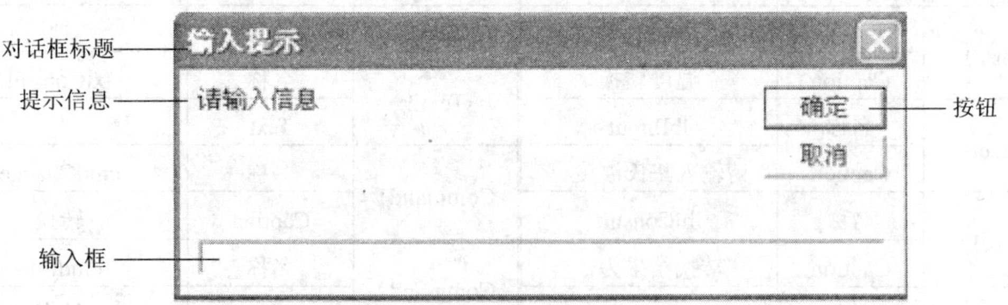

图 2-15　InputBox 对话框

格式：InputBox(<提示信息>[，<对话框标题>][，<输入区的默认值>][，<对话框坐标>])

说明：该函数的返回值默认为字符串。如果要把返回值进行其他类型的处理，需事先声明返回值的类型或对返回的字符串进行类型转换。(注意：一个 InputBox 函数只能接受一个值的输入。)

<提示信息>：必选项，提示用户在输入框中输入信息，长度不能超出 1024 个字符。

<对话框标题>：在对话框的标题栏显示的标题信息。如果省略，则标题为当前的“工程名”。

<输入区默认值>：指用户在输入框中输入信息之前在其中显示的内容。

<对话框坐标>：是两个整型数，作为对话框左上角在屏幕上的点坐标，单位是缇(Twip)。若省略，则对话框显示在屏幕中心向下约 1/3 处。

【例 2-8】 修改例 2-6 的要求，数据的输入通过 InputBox 实现，转换结果输出到文本框内；单击命令按钮“转换”时，弹出对话框进行数据输入，输入结束后进行温度转换，并将转换结果输出到文本框；单击命令按钮“结束”时，程序结束。

操作步骤如下：

(1) 创建一个工程，参照图 2-16 在窗体中添加控件。

(2) 打开属性窗口，参照表 2-15 设置窗体及其他对象的属性。

表 2-15　例 2-8 中窗体及对象属性取值

对 象	属 性	取 值	对 象	属 性	取 值
Form1	名称	frm1	Text1	Text	""
	Caption	温度转换	Text2	名称	txtSS
Label1	名称	lblFS		Enabled	False
	Caption	华氏温度		Text	""
Label2	名称	lblSS	Command1	名称	cmdZH
	Caption	摄氏温度		Caption	转换
Text1	名称	txtFS	Command2	名称	cmdJS
	Enabled	False		Caption	结束

(3) 打开代码编辑器窗口，设计窗体及对象的事件代码。

在代码编辑器窗口中，通过对象组合框选择 cmdJS 对象、事件组合框选择 Click 事件，录入如下代码：

```
Private Sub cmdJS_Click()
  End
End Sub
```

通过对象组合框选择 cmdZH 对象、事件组合框选择 Click 事件，录入如下代码：

```
Private Sub cmdZH_Click()
  Dim f As String
  f = InputBox("请输入华氏温度：", "请输入华氏温度", 100)
  txtFS.Text = f
  txtSS.Text = Str(5 / 9 * (Val(f) - 32))
End Sub
```

(4) 运行程序，结果如图 2-16 和图 2-17 所示。

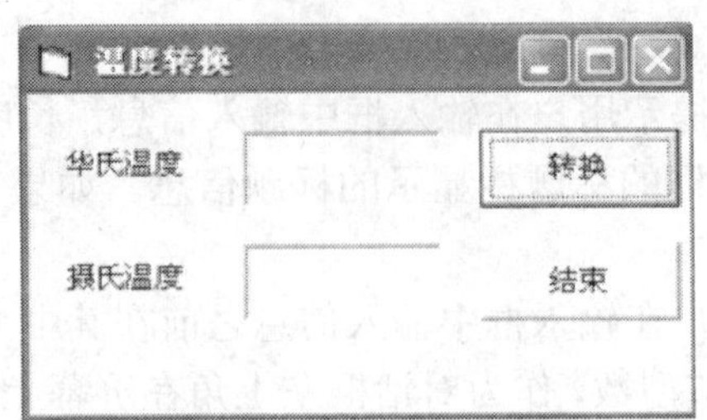

图 2-16　程序运行界面

图 2-17　输入华氏温度的对话框

(5) 保存窗体，再保存工程。

2.4.4　Print 方法及相关函数

1. Print 方法

格式：[<对象名>.]Print [<表达式列表>][,|；]

功能：在指定的对象上输出<表达式列表>中各元素的值。

说明：

<对象名>：可以是窗体名(Form)、图片框名(PictureBox)。在立即窗口可省略对象名或写成“Debug”。在窗体中，若省略对象，则表示在窗体上输出。

<表达式列表>：是一个或多个表达式，若省略此项则输出一个空行。

[,|;]：表达式列表中有多个表达式时可以使用“，”或“；”分隔。其中，“；”是紧凑格式，“，”是标准格式。最后一个表达式后有“，”或“；”表示不换行，即下一个 Print 的输出项和当前 Print 的输出项在同一行。

2. Print 的相关函数

1) Tab()函数

格式：Tab(N)

功能：把光标向后移动 N 个字符的位置，与输出的内容要用“；”分隔。如果 N 大于行宽，则显示位置为 N Mod (行宽)；如果 N < 0，则从第一列输出；如果当前光标的位置超出了 N，则光标下移一行。

例如：Print Tab(12);Abs(−10)

2) Spc()函数

格式：Spc(N)

功能：与 Tab 函数的功能类似，用于跳过 N 个空格输出。

注意： Tab 函数从第一列开始计数，N 是绝对偏移量；Spc 函数是从前面的输出项后开始计数，N 是相对偏移量。

【例 2-9】 创建一个工程，将窗体的 Caption 属性设为“tab 函数示例”，在代码编辑器窗口中通过对象组合框选择 Form 对象、事件组合框选择 Click 事件，录入如下代码：

```
Private Sub Form_Click()
 Print
 Print Tab(10); "商品名称"; Tab(20); "单价"; Tab(30); "数量"
 Print
 Print Tab(10); "电视机"; Tab(20); "2568"; Tab(30); "150"
 Print
 Print Tab(10); "电脑"; Tab(20); "6600"; Tab(30); "5"
End Sub
```

运行结果如图 2-18 所示。

图 2-18　Tab 函数示例

【例 2-10】 创建一个工程，将窗体的 Caption 属性设为“Spc 函数示例”，在代码编辑器窗口中通过对象组合框选择 Form 对象、事件组合框选择 Click 事件，录入如下代码：

```
Private Sub Form_Click()
 Print
 Print Spc(10); "商品名称"; Spc(20); "单价"; Spc(30); "数量"
 Print
 Print Spc(10); "电视机"; Spc(20); "2568"; Spc(30); "150"
 Print
 Print Spc(10); "电脑"; Spc(20); "6600"; Spc(30); "5"
End Sub
```

运行结果如图 2-19 所示。

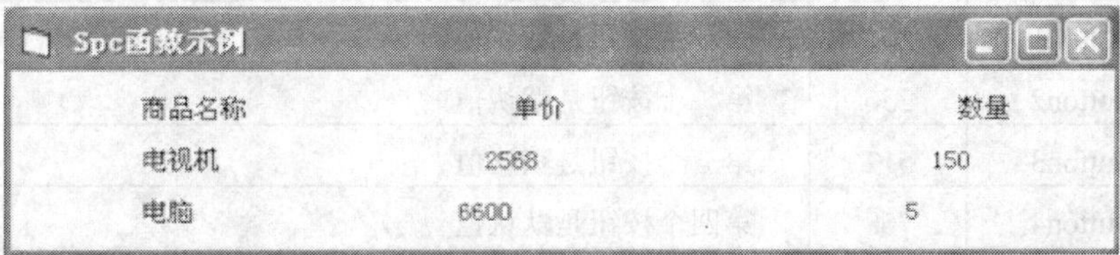

图 2-19　Spc 函数示例

2.4.5　MsgBox()函数

MsgBox()函数可以向用户传送信息，并通过用户在对话框上的选择，接收用户所做的响应，返回一个整型数，以决定其后的操作。

格式：MsgBox(<提示>[，<按钮类型>][，<标题>])

说明：MsgBox 函数的返回值是 1～7 的整数，或相应的符号常量，分别与对话框的七种命令按钮相对应，见表 2-16。

表 2-16　MsgBox 函数的返回值

符 号 常 量	值	描 述
vbOk	1	确定
vbCancel	2	取消
vbAbort	3	终止
vbRetry	4	重试
vbIgnore	5	忽略
vbYes	6	是
vbNo	7	否

<提示>：与 InputBox 函数的<提示信息>参数意义相同。

<按钮类型>：设置按钮的数目和形式、使用的图标样式、默认的按钮以及消息框的强制返回级别等。该参数是一个数值表达式，是各种选择值的总和，默认值为 0。表 2-17 中列出了按钮类型参数的取值。

表 2-17　消息框按钮类型参数的取值

符 号 常 量	值	描 述
vbOkOnly	0	只显示“确定”按钮
vbOkCancel	1	显示“确定”及“取消”按钮
vbAbortRetryIgnore	2	显示“终止”、“重试”及“忽略”按钮
vbYesNoCancel	3	显示“是”、“否”及“取消”按钮
vbYesNo	4	显示“是”、“否”按钮
vbRetryCancel	5	显示“重试”和“取消”按钮
vbCritical	16	显示图标×
vbQuestion	32	显示图标？
vbExclaimation	48	显示图标！
vbInformation	64	显示图标 i
vbDefaultButton1	0	第一个按钮是默认值
vbDefaultButton2	256	第二个按钮是默认值
vbDefaultButton3	512	第三个按钮是默认值
vbDefaultButton4	768	第四个按钮是默认值
vbApplicationModal	0	应用程序强制返回，当前应用程序被挂起，直到用户对消息框做出响应后才继续工作
vbSystemModal	4096	系统强制返回，系统全部应用程序都被挂起，直到用户对消息框做出响应后才继续工作

<标题>：用来显示消息框标题的信息。

MsgBox 函数也可写成语句形式：

MsgBox <提示信息>[，<按钮类型>][，<标题>]

说明：其中各参数与 MsgBox 函数完全相同。但作为语句没有返回值，所以常被用于简单信息的显示。

【例 2-11】 创建一个工程，在窗体的单击事件中输入如下代码：

```
Private Sub Form_Click()
'50 是 48+2 的组合，其中 48 显示警告图标，2 显示终止、重试和忽略三个命令按钮
 MsgBox "注意：你输入的数据不正确", 50, "错误提示"
End Sub
```

运行该程序，单击窗体，出现图 2-20 所示的对话框。

图 2-20　MsgBox 对话框

2.5　其他常用语句

2.5.1　注释语句 Rem

程序注释是对所编写程序的说明和注解，这样便于程序的阅读、编辑和调试。

在 VB 系统中，注释语句的格式如下：

Rem <注释信息>

说明：Rem 及其引出的注释信息只起到说明和解释程序的作用，不会参与程序的编译和执行。在 Rem 和注释信息之间要加一个空格。如果在其他语句行后面使用 Rem 关键字，则必须使用冒号将两条语句隔开。常常使用一个单引号(')来代替 Rem 关键字，因为使用单引号引出的注释可以直接跟在其他语句行后面，而不必使用冒号分隔。正确的注释语句在代码窗口以绿色显示。

2.5.2　结束语句 End

结束语句的格式如下：

End

说明：程序运行时遇到 End 语句就终止运行。

例如下述事件过程，当相应事件被激活时，这个事件过程将结束程序的运行：

```
Private Sub Command1_Click()
 End
End Sub
```

End 语句除了用来结束程序外，在不同的环境中还有其他一些用途。

(1) End Sub：结束一个 Sub 过程。

(2) End Function：结束一个 Function 过程。

(3) End If：结束一个 If 语句块。

(4) End Type：结束一个记录类型的定义。

(5) End Select：结束一个 Select 语句。

当在程序中执行 End 语句时，将终止当前程序，重置所有变量，并关闭所有数据文件。

为了保证程序的完整性，特别是要求生成 .exe 文件的程序时，应该含有 End 语句，并且通过 End 语句结束程序的运行。

2.5.3　暂停语句 Stop

暂停语句的格式如下：

```
Stop
```

说明：暂停程序的运行。它可以放在任何位置。使用 Stop 语句就相当于在程序中设置断点。

习　　题

一、选择题

1. 要使命令按钮在程序运行时不可见，可以将其(　　)属性设置为 False。

A．Enabled　　B．Default　　C．Cancel　　D．Visible

2. 要使命令按钮在运行时丧失能力(不能用)，Enabled 属性应设置为(　　)。

A．True　　B．False

3. 要使鼠标指向命令按钮时出现一个提示文本，应设置其(　　)属性。

A．Caption　　B．Picture　　C．ToolTipText　　D．Style

4. 使命令按钮获得“焦点”的方法是(　　)。

A．LinkSend　　B．Move　　C．SetFocus　　D．Refresh

5. 要使标签控件的大小随 Caption 属性值而自动调整，应设置其(　　)属性。

A．Width　　B．AutoSize　　C．Caption　　D．Alignment

6. 要设置标签控件字体的大小，应设置其(　　)属性。

A．Height　　B．Width　　C．Caption　　D．Font

7. 要使标签控件的标题内容居中显示，应设置其(　　)属性。

A．Alignment　　B．Appearance　　C．BackStyle　　D．ToolTipText

8. 程序运行时，要使用户不能修改文本框中的内容，应设置(　　)。

A．Enabled=False　　B．MultiLine=False

C．Locked=True　　D．PasswordChar="*"

9. 当设置文本框的 ScrollBars=Both 而文本框却没有显示出滚动条时，原因是(　　)。

A．文本框中没有内容　　B．文本框的 MultiLine=False

C．文本框的 Locked=True　　　　D．文本框的 MultiLine=True

10. 程序运行时，要限制文本框的输入长度，应设置(　　)属性。

A．Enabled　　B．MultiLine　　C．Locked　　D．MaxLength

11. 一个窗体上有三个文本框，按放置顺序分别是 Text1、Text2 和 Text3，若使程序运行时 Text3 首先获得“焦点”，那么应设置其(　　)属性值为 0。

A．Top　　B．Tag　　C．TabIndex　　D．Index

12. 一个窗体上有两个文本框，按放置顺序分别是 Text1、Text2，要想在 Text1 中按回车键后“焦点”自动转到 Text2 上，应在(　　)事件过程中编写程序。

A．Private Sub Text1_KeyPress(KeyAscii As Integer)

B．Private Sub Text1_LostFocus()

C．Private Sub Text2_GotFocus()

D．Private Sub Text1_Click()

13. 假设窗体上有一个标签控件(Label1)和一个时钟控件(Timer1)，要想每隔 1 秒钟在标签 Label1 上显示一次系统当前时间，应在(　　)事件过程中编写实现该功能的程序。

A．Private Sub Label1_Change()　　B．Private Sub Label1_Click()

C．Private Sub Label1_DblClick()　　D．Private Sub Timer1_Timer()

14. 当窗体被关闭时，系统自动执行该窗体的(　　)事件过程。

A．Click　　B．Load　　C．Unload　　D．LostFocus

15. 如果 Print 方法在窗体的 Load 事件过程中不起作用，则是因为(　　)属性值为 False。

A．AutoRedraw　　B．Moveable　　C．MaxButton　　D．ControlBox

16. 若设置窗体的 BorderStyle=1，则在程序运行时窗体的行为是(　　)。

A．窗体没有最大化和最小化按钮，窗体既不能移动，也不能改变大小

B．窗体没有最大化和最小化按钮，窗体可以移动，但不能改变大小

C．窗体有最大化和最小化按钮，窗体既可以移动，也可以改变大小

D．窗体有最大化和最小化按钮，窗体可以移动，但不能改变大小

17. 要使窗体运行时充满整个屏幕，应设置其(　　)属性。

A．Height　　B．Width　　C．WindowState　　D．AutoRedraw

18. 用一个对象来表示“一只白色的足球被踢进球门”，那么白色、足球、踢、进球门分别是(　　)。

A．属性、对象、方法、事件　　B．属性、对象、事件、方法

C．对象、属性、方法、事件　　D．对象、属性、事件、方法

19. 下面关于对象属性的叙述中，不正确的是(　　)。

A．属性是对一个对象特征的描述

B．属性都有名称、取值类型和值

C．属性的值必须在设计时确定

D．有些属性的值可以在程序运行时改变

二、填空题

1. 程序的错误可分成三大类：编译错误、逻辑错误和＿＿＿＿＿＿＿。

2. 当双击控件工具箱中的控件时，系统默认地把控件放到__________中。

3. 一般来说，对象有属性、方法、事件，__________是指对象具有做某种事的能力。

4. 要使标签背景透明(与其容器的背景一致)，应设置其__________属性值为 0。

5. 文本框的 MaxLength=0 的含义是__________。

6. 向当前工程中添加窗体的操作步骤是：打开________菜单，选择________命令。

三、判断题

(1) 语句 End 的功能是结束应用程序。 (　　)

(2) VB 程序代码中用到的标点必须是英文的。 (　　)

(3) 在一个控件的事件过程中编写的代码，只有在该控件发生此事件时计算机才会执行。 (　　)

四、窗体设计

1. 设计一个窗体，在窗体界面内单击鼠标时，标签中显示“快乐、轻松学 Visual Basic”；当单击命令按钮“退出”时，结束程序的运行。程序运行结果如图 2-21 所示，界面中对象属性的取值如表 2-18 所示。

图 2-21　显示文字

表 2-18　窗体及对象属性取值

对 象	属 性	取 值	对 象	属 性	取 值
Form1	名称	frm1	Label1	名称	lblShow
	Caption	显示文字		Caption	""
Command1	名称	cmdExit		Autosize	True
	Caption	退出		Font	宋体、加粗、四号

(2) 设计一个窗体，运行程序后，文本框的背景色为黑色，显示的内容为“这里的世界真奇妙！”；当单击命令按钮“红色”时，文字变为红色；当单击命令按钮“黄色”时，文字变为黄色；当单击命令按钮“退出”时，结束程序的运行。程序运行结果如图 2-22 所示，界面中对象属性的取值如表 2-19 所示。

表 2-19　窗体及其对象属性取值

对 象	属 性	取 值	对 象	属 性	取 值
Form1	名称	frmColor	Command2	Caption	红色
	Caption	文字颜色的变化	Command3	名称	cmdYellow
Command1	名称	cmdExit		Caption	黄色
	Caption	退出	Text1	名称	txtWord
Command2	名称	cmdRed		Text	""

图 2-22　文字颜色的变化

上 机 实 验

1. 实验名称：基本控件的应用。

2. 实验目的：

(1) 通过本程序的制作，使学生理解、掌握常用界面对象：窗体、标签、文本框、命令按钮及其属性、方法、事件。

(2) 理解界面对象的 Tab 顺序。

3. 实验内容：创建一个工程，首先在窗体 1 中按照表 2-20 添加控件并设置其属性，然后在工程中添加窗体 2，按照表 2-21 添加控件并设置其属性。

表 2-20　窗体 1 及其各对象属性的取值

对 象	属 性	取　值	对 象	属 性	取　值
Form1	名称	frm1	Command1	Caption	确定
	Caption	实验 2-1		名称	cmdSure
Label1	名称	lbl1		TabIndex	1
	Caption	""	Command2	Caption	继续
	AutoSize	True		名称	cmdContinue
	BackStyle	0		TabIndex	2
Text1	名称	txtName	Command3	Caption	结束
	Text	""		名称	cmdEnd
	TabIndex	0		TabIndex	3

表 2-21　窗体 2 及其各对象属性的取值

对 象	属 性	取　值	对 象	属 性	取　值
Form2	名称	frm2	Command2	名称	cmd2
	Caption	实验 2-2		Caption	Command2
	AutoRedraw	True	Command3	名称	cmd3
Label1	名称	lbl1		Caption	Command3
	Caption	Label1	Command4	名称	cmd4
	BackColor	&H000080FF&		Caption	Command4
Command1	名称	cmd1	Command5	名称	cmd5
	Caption	Command1		Caption	Command5

窗体 1 实现的功能是：当程序运行后，在标签上显示“你好，请输入你的姓名：”，焦

点定位在文本框中，如图 2-23 所示；当用户输入姓名并单击命令按钮“确定”后，窗体中用黑体、18 磅、红色显示“×××同学，你好！愿你在学习中找到快乐。”，同时窗体上出现两个命令按钮“继续”和“结束”，如图 2-24 所示。单击“继续”按钮，窗体又返回到图 2-23；单击“结束”按钮，程序结束运行。

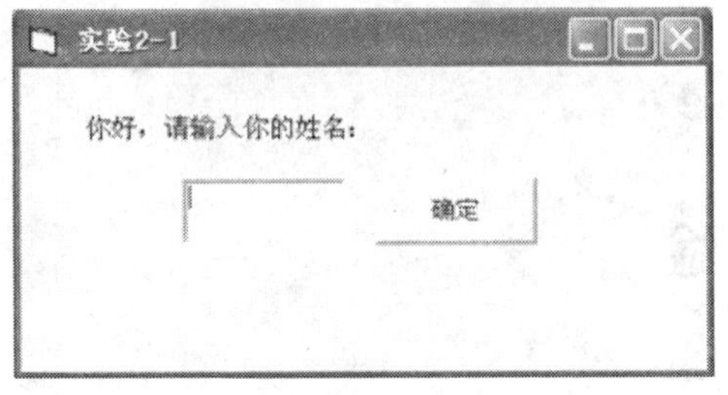

图 2-23 程序运行界面

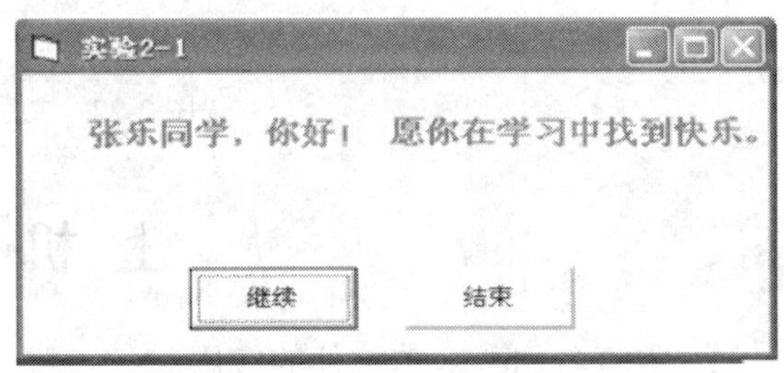

图 2-24 单击“确定”按钮后的效果

窗体 2 实现的功能是：程序运行后，5 个命令按钮分别显示“放大”、“加粗”、“下划线”、“还原”和“移动”，标签显示“VB 程序设计”。单击“放大”按钮，标签上的文字放大 2 倍；单击“加粗”按钮，标签上的文字加粗；单击“下划线”按钮，标签上的文字加下划线；单击“还原”按钮，标签上的文字回到初始状态；单击“移动”按钮，标签的位置发生改变，如向左移动。运行界面如图 2-25 所示。

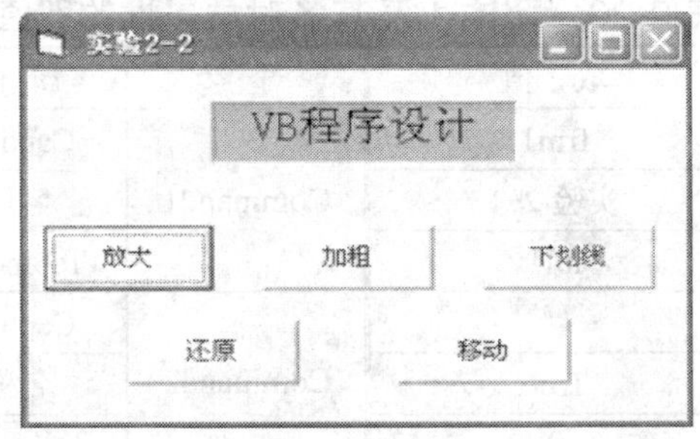

图 2-25 窗体 2 运行界面

4. 实验步骤：

(1) 学生自己设计该程序，并建立一个文件夹，命名为“第二章实验”，将程序存储在该文件夹中；

(2) 设置工程的属性，将启动对象设置为 frm1，调试并运行程序；

(3) 修改工程的属性，将工程的启动对象设置为 frm2，调试并运行程序；

(4) 调试通过后，通过 FTP 将存放程序的文件夹上交到教师机中。

第 3 章　Visual Basic 语言基础

本章教学目标：

- 了解 Visual Basic 6.0 的语言字符集以及编码规则；
- 掌握 Visual Basic 6.0 的数据类型；
- 理解常量和变量的含义；
- 掌握常量、变量的声明及其使用方法；
- 理解内部函数的意义，掌握常用内部函数并灵活运用；
- 掌握表达式的书写。

3.1　Visual Basic 6.0 语言字符集及编码规则

3.1.1　Visual Basic 6.0 的字符集

Visual Basic 6.0 字符集是指用 VB 编写程序时所能使用的所有字符的集合。若在编程时使用了超出字符集的符号，系统会提示错误信息，因此首先一定要弄清楚 VB 字符集包括的内容。VB 的字符集与其他高级程序设计语言的字符集相似，包括字母、数字和专用字符三类，共 89 个字符。

表 3-1　Visual Basic 6.0 专用字符

符 号	说　明	符 号	说　明
%	百分号(整型数据的类型说明符)	=	等于号(关系运算符、赋值号)
&	和号(长整型数据的类型说明符)	(	左圆括号
!	感叹号(单精度数据类型的说明符)	)	右圆括号
#	磅号(双精度数据类型的说明符)	'	单引号
$	美元号(字符串数据类型的说明符)	"	双引号
@	画 a 号(货币数据类型的说明符)	,	逗号
+	加号	;	分号
–	减号	:	冒号
*	星号(乘号)	.	实心句号(小数点)
/	斜杠(除号)	?	问号
^	上箭头(乘方号)	_	下划线
>	大于号	〈CR〉	回车键
<	小于号		空格

字母：大写英文字母 A～Z；小写英文字母 a～z。

数字：0～9。

专用字符：共 27 个，如表 3-1 所示。

3.1.2 编码规则与约定

为了编写高质量的程序，从一开始就必须养成一个良好的习惯，培养和形成良好的程序设计风格。首先，必须了解 VB 的代码编写规则并严格遵守，否则编写出来的代码就不能被计算机正确识别，会产生编译或者运算错误。其次，遵守一些约定，这有利于对代码的理解和维护。

1. 编码规则

(1) Visual Basic 代码中不区分字母的大小写。

(2) 在同一行上可以书写多条语句，但语句之间必须用冒号分隔。

(3) 一条语句一般在同一行上书写，在特别需要时，可以换行，但换行时需在本行后加入续行符(即一个空格加下划线“_”)。

(4) 一行最多允许 255 个字符。

(5) 注释以 Rem 开头，也可以使用半个单引号(')。

2. 约定

(1) 为了提高程序的可读性，对于 VB 中的关键字，其首字母须大写，其余字母小写。若关键字由多个英文单词组成，则每个单词的首字母都应大写，如 TeacherType 等。

事实上，在 VB 的集成环境中无论写成大写或小写，系统都会按照上述约定自动地进行书写的转换。但要注意，对于用户自己定义的变量、过程名，VB 以第一次定义的为准，以后输入的将自动向首次定义的转换。

(2) 注释有利于程序的维护和调试，因此要养成注释的习惯。在 VB 中，有专门的设置/取消注释的功能，使得将若干行语句或文字设置为注释或取消注释十分方便。

(3) 通常不使用行号。VB 源程序也可以向高级 BASIC 语言那样使用行号，但这不是必需的，通常不使用。

(4) 对象名命名约定。每个对象的名字由 3 个小写字母组成的前缀(指明对象的类型)和表示该对象作用的缩写字母组成。前缀一般由对象类名的前 3 个字母组成，但也有例外，如命令按钮 Command 的前缀为 cmd，标签 Label 的前缀为 lbl，窗体 Form 的前缀为 frm，文本框 Text 的前缀为 txt。缩写字母部分一般由用户自己定义，如 cmdCancel 表示一个取消按钮，txtName 表示一个姓名文本框等。

3.2 数 据 类 型

Visual Basic 6.0 的数据类型分为标准数据类型和自定义数据类型。

3.2.1 Visual Basic 6.0 的标准数据类型

标准数据类型是 VB 系统定义的数据类型，用户可以直接使用它们来定义常量和变量，VB 中的标准数据类型如表 3-2 所示。

表 3-2　Visual Basic 6.0 的标准数据类型

数据类型	关键字	类型符	前缀	占字节数	取值范围
字符型	String	$	str	与字符串的长度有关	定长字符串：0～65 535 个字符 变长字符串：0～20 亿个字符
字节型	Byte	无	byt	1	0～255
整型	Integer	%	int	2	-32 768～32 767
长整型	Long	&	lng	4	-2 147 483 648～2 147 483 647
单精度型	Single	!	sng	4	负数：-3.402 823E38～1.401 298E-45 正数：1.401 298E-45～3.402 823E38
双精度型	Double	#	dbl	8	负数：-1.797 693 134 862 32D308～4.940 656 458 412 47D-324 正数：4.949 656 458 412 47D～324-1.797 693 134 862 32D308
货币型	Currency	@	cur	8	-922 337 203 685 477.5808～922 337 203 685 477.5807
逻辑型	Boolean	无	bln	2	True 与 False
日期型	Date	无	dtm	8	01/01/100～12/31/9999
对象型	Object	无	obj	4	任何对象引用
变体型	Variant	无	vnt	按需分配	

对于 VB 中的数据(变量或常量)，首先应确定以下几点：

(1) 数据的类型；

(2) 此类数据的取值范围；

(3) 数据能参加的运算；

(4) 此类数据在内存中的存储形式、占用的字节数；

(5) 数据的有效范围(是全局、局部，还是模块级数据)、生存周期(是动态还是静态变量)等。有关这一内容将在本书的第 7 章介绍。

例如，对于整型(Integer)数据，它在内存中占用 2 个字节、以定点数据的形式存储，数据的取值范围是 -32 768～32 767。若程序中某个计算值可能大于 32 767，就不能使用整型变量来存储，应选择长整型数据、单精度型或双精度型数据来表示。如果数据中有小数点，应选用单精度或双精度型数据表示。

3.2.2　用户自定义类型

如果用户需要增加新的数据类型，可以通过 VB 中的标准型数据组合成一个新的数据类型。例如：一个教师的“教工号”、“姓名”、“性别”、“工资”等数据，为了处理方便，常常需要把这些数据定义成一个新的数据类型(如 Teacher)，这种结构称为“记录”。VB 提供了 Type 语句供用户自己定义新的数据类型，其格式如下：

```
Type <数据类型名>
成员名 1 As  数据类型
成员名 2 As  数据类型
成员名 3 As  数据类型
          ⋮
成员名 n As  数据类型
End Type
```

例如：

```
Type Teacher
    Id As String
    Name As String
    Sex As String
    Salary As Single
End Type
```

3.3 变量与常量

3.3.1 变量

在程序运行过程中，其值可以发生变化的量称为变量。一个变量必须有一个名称和相应的数据类型，变量的值通过变量名来引用，而数据类型则决定了该变量的存储形式，在内存中占用的空间大小以及能够参加的运算。

在 VB 中，变量有两种形式，即对象的属性变量和内存变量。在一个对象被创建时，系统自动为它创建一组变量，即属性变量，并为每一个属性变量设置默认值。这类变量供程序员直接使用。内存变量也就是通常所说的变量，它由用户自己根据需要定义。

1. 变量的命名规则

在 VB 中，给一个变量命名的规则如下：

(1) 必须以字母或汉字开头，是由字母、汉字、数字和下划线组成的字符串;

(2) 变量名最长为 255 个字符;

(3) 不能使用 VB 系统的关键字(如语句、函数名、系统常量名)。

(4) 字符之间必须并排书写，不能出现上下标。

例如，以下变量名为合法变量名：

name，c_1

以下变量名为非法变量名：

1_book	不能以数字开头
Cv tt	不能有空格
vbRed	不能使用系统常量
while	不能使用语句

2. 变量的声明

在大多数的编程语言中，要求变量“先声明，后使用”。声明变量就是说明变量名和变量的数据类型，以决定系统为其分配的存储空间。在 VB 中可以不事先声明变量而直接使用。因此，VB 中声明变量分为显式声明和隐式声明两种。

(1) 显式声明。在程序中使用 Dim 语句声明变量就是显式声明。

Dim 语句的格式：

Dim <变量名 1>[As <类型关键字>][,<变量名 2>[As <类型关键字>]][,…]

或

Dim <变量名 1>[<类型符>][,<变量名 2>[<类型符>]][,…]

说明：

① <类型关键字>：为表 3-2 中所列关键字。

② <类型符>：为表 3-2 中所列类型符。

③ 上面两种语句格式完全等价，但当要声明没有类型符的变量时，只能使用第一种格式。

例如，声明 Name 为字符串，Age 为整型，Salary 为双精度型。

```
Dim Name As String, Age As Integer, Salary As Double
```

此语句等价于：

```
Dim Name$, Age%, Salary#
```

④ 声明时，如果不提供数据类型，则指定变量为变体类型。

例如，Dim r,s As Double 语句中，变量 r 为变体类型，s 为双精度型。

⑤ 对于字符串类型，根据其存放的字符串定长与否，其定义方法有两种：

Dim <字符串变量名> As String

Dim <字符串变量名> As String*字符个数

例如：

```
Dim strS1 As String        '声明为变长字符串
Dim strS2 As String*20     '声明为可存放 20 个字符的定长字符串
```

VB 中的变长字符串变量，其长度由存入字符串的实际长度确定，最多可存放 2M 个字符。对于定长字符串变量，若赋予的字符个数少于其指定的长度，则尾部用空格补足；若赋予的字符个数超出指定的长度，则系统将多余部分截去。

除了使用 Dim 语句声明变量外，还可以使用 Static、Public、Private 等关键字声明变量，它们所声明的变量的作用域和生存期是不同的，有关内容将在第 7 章详细介绍。

(2) 隐式声明。VB 允许用户在编写应用程序时，不声明变量而直接使用，系统临时为新变量分配存储空间并使用，这就是隐式声明。所有隐式声明的变量都是变体类型。VB 根据程序中赋予变量的值来自动调整变量的类型。

例如，下面一段代码，其中的 a、b 事先没有声明。

```
Private Sub Form_Click()
  a = 5:b = 3:sum=a+b
  Print "sum="; sum
End Sub
```

(3) 强制显式声明——Option Explicit 语句。虽然 VB 系统允许用户不强制声明变量而直接使用，给初学者带来了方便，但是这一方便可能给程序带来不易发现的错误，同时降低了程序的执行效率。例如上面的例子中，若用户在输入时将 Print "sum="; sum 误输为 Print "sum=";sun，则系统将 sun 当成新变量处理，使程序运行结果出现错误。

一般良好的编程习惯都应该是“先声明变量，后使用变量”，这样做可以提高程序的运行效率，同时也使得程序便于调试。VB 中可以强制显式声明，在窗体模块、标准模块和类模块的通用声明段中加入语句：

```
Option Explicit
```

用户可在“工具”菜单中执行“选项”命令，然后在打开的对话框中选择 “编辑器”

选项卡(如图 3-1 所示)，再选择“要求变量声明”选项，这样就可以在新模块中自动插入 Option Explicit 语句。当在插入了 Option Explicit 的模块中编写代码时，凡是发现未经显式声明的变量名，VB 都会自动发出错误警告，这就保证了变量名使用的正确性。

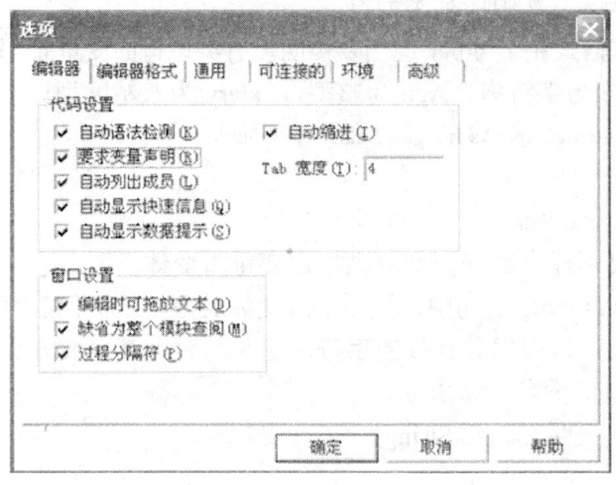

图 3-1　“编辑器”选项卡

3. 变量的默认值

当执行变量的声明语句后，VB 就给变量赋予一个默认值(初值)，在变量首次赋值之前，一直保持这个默认值。对于不同类型的变量，默认值也不尽相同，具体如表 3-3 所示。

表 3-3　不同类型变量的默认值

变量类型	默 认 值
数值型	0 (或 0.0)
逻辑型	False
日期型	#0:00:00
变长字符串	空字符串
定长字符串	空格字符串，其长度等于定长字符串的字符个数
对象型	Nothing
变体类型	Empty

3.3.2　常量

在程序运行过程中，其值不能被改变的量称为常量。在 VB 中有三类常量：普通常量、符号常量和系统常量。普通常量一般可从字面上区分其数据类型；符号常量就是用一个字符串(称之为符号或常量名)代替程序中的某一个常数；系统常量是 VB 系统定义的常量，它存于 VB 系统的对象库中。

1. 普通常量

普通常量也称为直接常量，可从字面形式上判断其类型，如 12、0、−9 等为整型常量，3.5、−12.3 等为实数常量；"a"、"abc" 等为字符串常量；#1/10/2010# 为日期常量。

1) 整型常量

通常所说的整型常量指的是十进制整数，但 VB 中还可以使用八进制和十六进制形式的常量，因此整型常量有如下几种形式。

(1) 十进制整数：如 123、0、−90。

(2) 八进制整数：以 & 或 &O(字母 O)开头的整数是八进制整数，如 &43、&O17 分别表示八进制整数$(43)_8$、$(17)_8$，分别等于十进制的 35 和 15。

(3) 十六进制整数：以 &H 开头的整数是十六进制整数，如 &H43 表示十六进制整数，即$(43)_{16}$，等于十进制的 67。

说明：上面表示的整数都是整型(Integer)的，若要表示长整型(Long)整数，则在数的最后加上表示长整型的类型符号“&”。如：12&、&43&、&H43& 分别表示十进制、八进制和十六进制长整型常量 12、$(43)_8$、$(43)_{16}$。

2) 实数常量

VB 的实数有单精度实数和双精度实数两种，它们在计算机内存中以浮点数形式存放，所以称为浮点实数。

实数常量有两种表示形式。

(1) 十进制小数形式：它是由正负号(+、−)、数字(0～9)和小数点(.)或类型符号(!、#)组成的，如 n.n、n!、n#，其中 n 是 0～9 的数字。

例如：−23.98、123!、123# 等都是十进制小数形式。

(2) 指数形式：±nE±m、 ±n.nE±m、 ±nD±m、±n.nD±m。

例如：1.25E − 4、1.25D + 3 相当于 0.000125、1250.0 或者 1.25×10^3。

说明：

(1) 当幂为正数时，正号可以省略。即 1.25D + 3 等价于 1.25D3。

(2) 同一个实数可以有多种表示形式，如 1250.0 可以表示为 1.25E + 3、0.125E + 4 等。一般将 1.25×10^3 称为规范化的指数形式。

(3) VB 系统默认情况的直接实数形式为双精度类型，即 123.45 和 123.45# 是等价的常数。除非在其尾部加上类型符“!”才表示单精度实数。

3) 字符串常量

VB 中的字符串常量是使用双引号“ " ”括起来的一串字符，如 "ABC"、"abcde"、"123"、"1"、"欢迎" 等。

说明：

(1) 字符串中的符号可以是西文字符、汉字、标点符号等。

(2) ""表示空字符串，而" " 表示有一个空格的字符串。

(3) 若字符串中有双引号，如 abc"ert，则用连续两个双引号表示，即 "abc""ert"。

4) 逻辑常量

逻辑型常量只有两个值，即 True 和 False。将逻辑数据转换成整型时 True 为 −1，False 为 0；其他数据转换为逻辑数据时，非 0 为 True，0 为 False。

5) 日期常量

日期型数据按 8 字节的浮点数来存储，表示的日期范围为公元 100 年 1 月 1 日～公元 9999 年 12 月 31 日，而时间范围为 0:00:00～23:59:59。

一种在字面上可被认作日期和时间的字符，只要用号码符“#”括起来，都可以作为日期型常量。例如：#09/02/99#、#January 4,1989#、#2008-5-4 14:30:00PM# 都是合法的日期型常量。

2．符号常量

在程序中，某个常数被多次使用，则可以使用一个符号来代替该常量。例如，数学运算的圆周率常数 π(3.1415926…)，如果使用符号 PI 来表示，在程序中使用到该常量时，就不必每次输入 3.1415926…，可以用 PI 来代替，这样不仅书写方便，而且有效地增强了程序的可读性和可维护性。

VB 中使用关键字 Const 声明符号常量。其格式如下：

Const 常量名[类型符 | As 类型关键字] = 常数表达式

例如：语句

```
Const PI#=3.1415926
```

声明 PI 为双精度型常量，其值为 3.1415926。下面的语句与它完全等价：

```
Const PI As Double=3.1415926
```

说明：

(1) 常量名：常量名的命名规则与变量名相同。为了与一般的变量区分，符号常量常用大写字母表示。

(2) 类型符|As 类型关键字：说明符号常量的数值类型。若省略该项，则数据类型由右边的常数表达式值的数据类型来确定。

(3) 常数表达式：可以是直接常量、在此前已经声明了的符号常量、系统常量或由这些常量与运算符所组成的表达式，在其中不能有函数和变量。

3.4　常用内部函数

VB 提供了大量的内部函数，并把这些内部函数都编写成了 VB 语言库中的一个个子程序。用户在使用这些函数时，只需写出它的函数名，提供对应的参数就可以直接引用。

注意：参数必须用括号括起来，若参数有多个，参数之间必须用逗号分隔。若函数不需要参数，则调用时直接写出函数名即可。

3.4.1　数学函数

VB 中的数学函数与数学中的定义一致，但三角函数中的参数 x 采用弧度制。常用数学函数如表 3-4 所示。

说明：对于 Sgn(x)函数，当 x>0 时，函数返回 1；当 x<0 时，函数返回 −1；当 x=0 时，函数返回 0。例如，写出一个表达式，其计算结果为[20,70]之间的一个随机整数。

```
Int(Rnd*51)+20
```

分析：Rnd 函数得到一个随机数，其范围为(0,1)，根据乘法的性质得 51*Rnd 的结果应为(0，51)，而 Int 函数的功能是返回 x 的整数部分，故可知 Int(Rnd*51)的计算结果应为[0, 50]。

如果要得到[A,B](其中 A>B，且为整数)，则计算公式为 Int(Rnd*(B−A+1))+A。

表 3-4　常用数学函数

函数名称	功 能 说 明	示　例	示 例 结 果
Abs(x)	计算 x 的绝对值	Abs(−12)	12
Atn(x)	计算反正切值	Atn(1)	0.785 398 163 397 488
Cos(x)	计算 x 的余弦	Cos(45*3.14/180)	0.707
Exp(x)	e 的指数	Exp(2)	7.389
Fix(x)	x>0，返回 x 的整数部分； x<0，返回大于等于 x 的最小整数	Fix(3.78) Fix(−3.78)	3.78 −3
Int(x)	x>0，返回 x 的整数部分； x<0，返回小于等于 x 的最大整数	Int(3.78) Int(−3.78)	3 −4
Log(x)	计算 x 的自然对数	Log(2.732)	1
Rnd()	返回一个随机数	Rnd	0～1 之间的数
Sgn(x)	返回一个正负号或 0	Sgn(−5)	−1
Sin(x)	计算 x 的正弦值	Sin(45*3.14/180)	0.7068
Sqr(x)	计算 x 的平方根	Sqr(4)	2
Tan(x)	计算 x 的正切值	Tan(45*3.14/180)	0.9992

3.4.2　字符串函数

字符串函数主要用于各种字符串的处理。VB 中的字符串长度是以字为单位的，也就是说每一个西文字符和每一个汉字都作为一个字，存储时占用两个字节。

VB 中采用的是 Unicode 编码，使用国际标准化组织(ISO)的字符标准来存储和操作字符串。Unicode 全部用两个字节表示一个字符集。为了保持与 ASCII 码的兼容性，保留了 ASCII 码，仅将其字节数变为两个，增加的字节以零填入。常用的字符串函数如表 3-5 所示。

表 3-5　常用的字符串函数

函 数 名 称	功 能 说 明
InStr(Str1,Str2)	在字符串 Str1 中找字符串 Str2 首次出现的位置
InStrRev(Str1,Str2)	与 InStr 函数的功能类似，从 Str1 的尾部开始找 Str2
Lcase[$](Str)	将 Str 中的所有字母转换成小写字母返回
Left[$](Str,N)	取出字符串左边的 N 个字符作为一个新串
Len(Str)	计算字符串的长度，即字符个数
LenB(Str)	计算字符串存储时占用的字节数
LTrim[$](Str)	去掉字符串左侧的空格
Mid[$](Str,N,M)	从字符串中间去掉子串
Right[$](Str,N)	取出字符串右边的 N 个字符
RTrim[$](Str)	去掉字符串右侧的空格
Trim[$](Str)	去掉字符串左右两侧的空格
Space[$](N)	产生 N 个空格组成的字符串
String[$](N,Str)	产生由字符串的 N 个首字符组成的字符串
StrReverse(Str)	将字符串反序
Ucase[$](Str)	将 Str 中的所有字符转换为大写字母返回

3.4.3 日期与时间函数

常见的日期与时间函数如表 3-6 所示。

表 3-6 常用的日期与时间函数

函数名称	功能说明
Date()	返回当前系统日期(包括年月日)
DateAdd(C,N,Date)	返回当前日期增加 N 个增量后的日期
DateDiff(C,Date1,Date2)	返回 Date1 与 Date2 间隔的时间
Day(Date)	返回当前日期(只有日)
Hour(Time)	返回当前小时
Minute(Time)	返回当前分钟
Month(Date)	返回当前月份
Now()	返回当前日期和时间(包括年月日、时分秒)
Second(Time)	返回当前秒
Time()	返回当前时间(只包括时分秒)
WeekDay	返回当前星期
Year(Date)	返回当前年份

3.4.4 类型转换函数

类型转换函数用于数据类型或形式的转换，包括整型、浮点型、字符串型之间以及与 ASCII 码字符之间的转换。函数名后的[$]表示“$”可以省略。常用的类型转换函数如表 3-7 所示。

表 3-7 常用的类型转换函数

函数名称	功能说明	示例	示例结果
Asc(Str)	返回 Str 第一个字符的 ASCII 码	Asc("abc")	96
Chr(N)	返回 ASCII 码 N 对应的字符	Chr(96)	"a"
Str(N)	将 N 转换为字符串	Str(123)	"123"
Val(Str)	将字符串 Str 转换为数值型	Val("888.90")	888.90

3.4.5 其他函数

1. 测试函数

常用的测试函数如表 3-8 所示。

表 3-8 常用的测试函数

函数名称	功能说明
IsArray(E)	测试 E 是否为数组
IsDate(E)	测试 E 是否为日期型
IsNumeric(E)	测试 E 是否为数值型
IsNull(E)	测试 E 是否包含有效数据
IsError(E)	测试 E 是否为一个程序的错误数据
Eof()	测试文件指针是否到了文件尾

说明：E 为各种类型的表达式，测试结果为布尔型常量。

2. 格式输出函数

格式：Format(<Exp>,<Str>)

功能：将表达式 Exp 的值按指定的格式 Str 输出。

说明：格式字符串(Str)由格式说明符组成，指定输出数据的显示格式和长度。一般分为数值型说明符、字符型说明符和日期型说明符三类。常用的格式说明符如表 3-9 所示。如果省略格式字符串，则把数值表达式的值转换成字符串。

表 3-9　常用的格式说明符

格式说明符	功 能 说 明	示　例
#	数字占位符，若实际数值少于符号位数，则数值前后不加 0；若整数部分的位数多于符号字符串的位数，则按实际值显示；若小数部分的位数多于符号字符串的位数，则按四舍五入显示	Format(31.45, "###.###") 返回：31.45 Format(234.56, "##.#") 返回：234.6
0	数字占位符，若实际数字少于符号位数，则数字前后加 0；其余同#	Format(234.56, "0000.000") 返回：0234.560
.	小数点占位符，它与其他字符结合表示小数点位置	Format(31.45, "###.#") 返回：31.5
,	指定千位分隔符的位置	Format(314567, "#,###") 返回：314,567
%	百分号占位符	Format(0.314, "0.00%") 返回：31.40%
$	在数值前加$	Format(234.56, "$##.#") 返回：$234.6
+、-	指定正号和负号的位置	Format(314567, "+#,###") 返回：+314,567
E+、E-	指定指数符号的位置	Format(314567, "#.###E+") 返回：3.146E+5
@	字符占位符，有则显示，无则左补空格	Format("ABC", "@@@@@") 返回："##ABC"
&	字符占位符，有则显示，无则不补空格	Format("ABC", "&&&&&&") 返回："ABC"
!	强制右补空格，与@一起使用	Format("ABC", "!@@@@@") 返回："ABC##"
dddddd	以完整的日期格式显示	Format(Date, "dddddd") 返回：2010 年 8 月 20 日
yyyy	显示 4 位年份	Format(Date, "yyyy") 返回：2010
ttttt	以完整的时间格式显示	Format(Time, "ttttt") 返回：13:27:30

3. 颜色函数

1) QBColor 函数

格式：QBColor(N)

功能：返回一种颜色。N 为颜色代码，取值范围为 0～15。颜色代码与颜色之间的对应关系如表 3-10 所示。

2) RGB 函数

格式：RGB(N1，N2，N3)

功能：通过 N1、N2、N3 产生一种颜色(N1、N2、N3 分别是红、绿、蓝的代码，它们的取值范围为 0～255 的整数)。

表 3-10　颜色代码与颜色之间的对应关系

颜色代码	颜　色	颜色代码	颜　色
0	黑	8	灰
1	蓝	9	亮蓝
2	绿	10	亮绿
3	青	11	亮青
4	红	12	亮红
5	洋红	13	亮洋红
6	黄	14	亮黄
7	白	15	亮白

3.4.6　应用实例

【例 3-1】 创建一个应用程序，实现字符串大小写的转换。运行界面如图 3-2 所示，界面中各对象属性的取值如表 3-11 所示。

表 3-11　例 3-1 中窗体及其中各对象的属性取值

对 象	属 性	取 值	对 象	属 性	取 值
Form1	Caption	字符串函数的使用	Text2	名称	txtConsult
Label1	名称	lblInput		Enable	False
	Caption	请输入		Text	""
Label2	名称	lblConsult	Command2	名称	cmdLcase
	Caption	操作结果		Caption	转小写
Text1	名称	txtInput	Command3	名称	cmdUcase
	Text	""		Caption	转大写
	TabIndex	1	Command4	名称	cmdEnd
Command1	名称	cmdRestore		Caption	结束
	Caption	还原			

操作步骤如下：

(1) 创建一个工程，参照图在窗体中 3-2 添加控件。

(2) 打开属性窗口，参照表 3-11 设置窗体及其他对象的属性。

(3) 打开代码编辑器窗口，设计窗体及对象的事件代码。

在代码编辑器窗口中，通过对象组合框选择 cmdExit 对象、事件组合框选择 Click 事件，录入如下代码：

```
Private Sub cmdExit_Click()
  End
```

```
    End Sub
```

通过对象组合框选择 cmdLcase 对象、事件组合框选择 Click 事件，录入如下代码：

```
    Private Sub cmdLcase_Click()
     txtConsult.Text = LCase(txtInput.Text)
    End Sub
```

通过对象组合框选择 cmdRestore 对象、事件组合框选择 Click 事件，录入如下代码：

```
    Private Sub cmdRestore_Click()
     txtConsult.Text = txtInput.Text
    End Sub
```

通过对象组合框选择 cmdUcase 对象、事件组合框选择 Click 事件，录入如下代码：

```
    Private Sub cmdUcase_Click()
     txtConsult.Text = UCase(txtInput.Text)
    End Sub
```

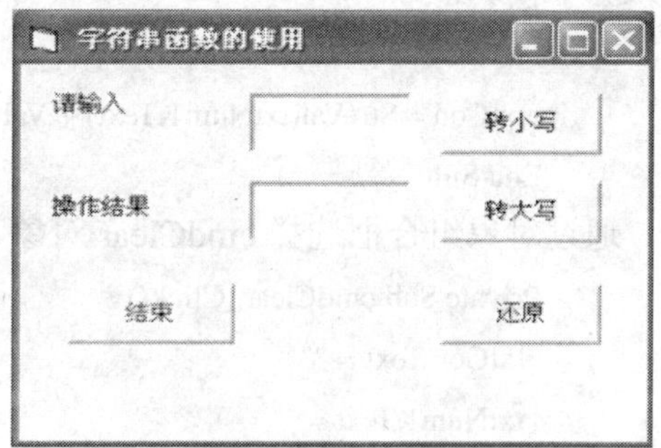

图 3-2　例 3-1 运行界面

(4) 运行程序，结果如图 3-2 所示。

(5) 保存窗体，再保存工程。

【例 3-2】 创建一个应用程序，实现简单的加、减、乘、除运算。运行界面如图 3-3 所示，界面中各控件属性的取值如表 3-12 所示。

表 3-12　例 3-2 中窗体及其中各对象属性的取值

对 象	属 性	取 值
Form1	Caption	随机函数与类型转换函数的使用
Label1	Caption	操作数 1
	BackStyle	0
Label2	Caption	操作数 2
	BackStyle	0
Label3	Caption	计算结果
	BackStyle	0
Text1	名称	txtNum1
	Locked	True
	Text	""
Text2	名称	txtNum2
	Locked	True
	Text	""
Text3	名称	txtCon
	Locked	True
	Text	""

对 象	属 性	取 值
Command1	名称	cmdAdd
	Caption	加(+)
Command2	名称	cmdSub
	Caption	减(-)
Command3	名称	cmdMul
	Caption	乘(*)
Command4	名称	cmdDiv
	Caption	整除(\)
Command5	名称	cmdNext
	Caption	下一题
Command6	名称	cmdClear
	Caption	清除
Command7	名称	cmdEnd
	Caption	结束运算

操作步骤如下：

(1) 创建一个工程，参照图 3-3 在窗体中添加控件。

(2) 打开属性窗口，参照表 3-12 设置窗体及其他对象的属性。

(3) 打开代码编辑器窗口，设计窗体及对象的事件代码。

在代码编辑器窗口中，通过对象组合框选择 cmdAdd 对象、事件组合框选择 Click 事件，录入如下代码：

```
Private Sub cmdAdd_Click()
 txtCon = Str(Val(txtNum1.Text) + Val(txtNum2.Text))
End Sub
```

通过对象组合框选择 cmdClear 对象、事件组合框选择 Click 事件，录入如下代码：

```
Private Sub cmdClear_Click()
 txtCon.Text = ""
 txtNum1.Text = ""
 txtNum2.Text = ""
End Sub
```

通过对象组合框选择 cmdDiv 对象、事件组合框选择 Click 事件，录入如下代码：

```
Private Sub cmdDiv_Click()
 txtCon = Str(Val(txtNum1.Text) \ Val(txtNum2.Text))
End Sub
```

通过对象组合框选择 cmdEnd 对象、事件组合框选择 Click 事件，录入如下代码：

```
Private Sub cmdEnd_Click()
 End
End Sub
```

通过对象组合框选择 cmdMul 对象、事件组合框选择 Click 事件，录入如下代码：

```
Private Sub cmdMul_Click()
 txtCon = Str(Val(txtNum1.Text) * Val(txtNum2.Text))
End Sub
```

通过对象组合框选择 cmdNext 对象、事件组合框选择 Click 事件，录入如下代码：

```
Private Sub cmdNext_Click()
 txtNum1.Text = Int(Rnd() * 101)
 txtNum2.Text = Int(Rnd * 101)
 txtCon.Text = ""
End Sub
```

通过对象组合框选择 cmdSub 对象、事件组合框选择 Click 事件，录入如下代码：

```
Private Sub cmdSub_Click()
 txtCon = Str(Val(txtNum1.Text) - Val(txtNum2.Text))
End Sub
```

通过对象组合框选择 Form 对象、事件组合框选择 Load 事件，录入如下代码：

```
Private Sub Form_Load()
  Form1.BackColor = RGB(0, 255, 0)
  txtNum1.Text = Int(Rnd() * 101)
  txtNum2.Text = Int(Rnd * 101)
End Sub
```

(4) 运行程序，结果如图 3-3 所示。

(5) 保存窗体，再保存工程。

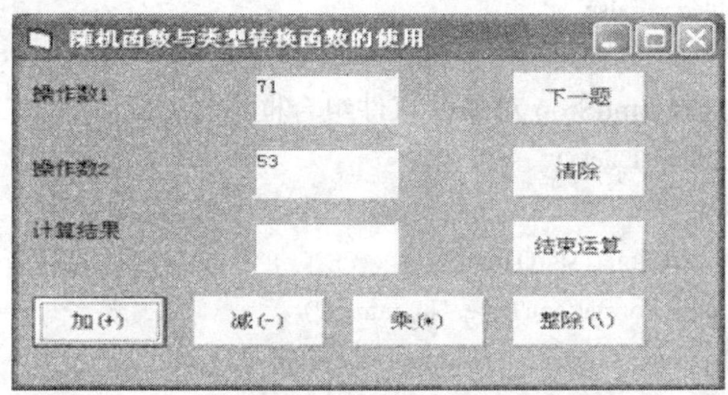

图 3-3　程序运行结果

【例 3-3】 创建一个工程，按照图 3-4 所示在窗体中添加控件，各对象的属性取值如表 3-13 所示。程序功能：秒表模拟。程序运行后，单击命令按钮“启动”后，在标签上显示系统当前时间；单击命令按钮“停止”后，在标签中分别显示系统当前时间和经过时间，同时命令按钮“启动”有效。

表 3-13　例 3-4 中窗体及其中各对象的属性取值

对　象	属　性	取　值	对　象	属　性	取　值
Form1	名称	frm1	Label4	名称	LblStart
	Caption	秒表模拟		Caption	""
Command1	名称	cmdStart		BorderStyle	1
	Caption	启动	Label5	名称	LblStop
Command2	名称	cmdStop		Caption	""
	Caption	停止		BorderStyle	1
Label1	Caption	开始时间：	Label6	名称	LblElapsed
Label2	Caption	结束时间：		Caption	""
Label3	Caption	经过时间：		BorderStyle	1

操作步骤如下：

(1) 创建一个工程，参照图 3-4 在窗体中添加控件。

(2) 打开属性窗口，参照表 3-13 设置窗体及其他对象的属性。

(3) 打开代码编辑器窗口，设计窗体及对象的事件代码。

在代码编辑器窗口中，通过对象组合框选择“通用”，录入如下代码：

```
Dim startTime As Variant
```

```
Dim endTime As Variant
Dim elapsedTime As Variant
```

通过对象组合框选择 cmdStart 对象、事件组合框选择 Click 事件，录入如下代码：

```
Private Sub cmdStart_Click()
  startTime = Now
  LblStart.Caption = Format(startTime, "hh:mm:ss")
  cmdStop.Enabled = True
  cmdStart.Enabled = False
End Sub
```

通过对象组合框选择 cmdStop 对象、事件组合框选择 Click 事件，录入如下代码：

```
Private Sub cmdStop_Click()
  endTime = Now
  elapsedTime = endTime - startTime
  LblStop.Caption = Format(endTime, "hh.mm.ss")
  LblElapsed.Caption = Format(elapsedtime, "hh:mm:ss")
  cmdStop.Enabled = False
  cmdStart.Enabled = True
End Sub
```

(4) 运行程序，单击命令按钮“启动”后，结果如图 3-4 所示。

(5) 保存窗体，再保存工程。

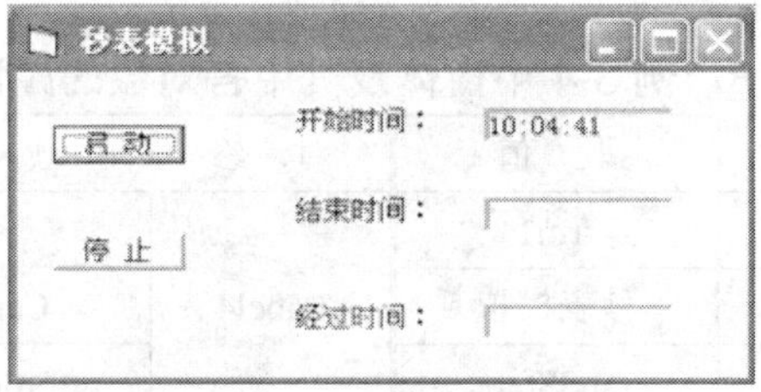

图 3-4　程序运行界面

3.5　运算符与表达式

设计程序的目的是让计算机能自动地对数据进行处理，即进行运算。高级语言对数据的处理是分类进行的，同时为每类数据规定了所能进行的运算以及运算的规则。运算是通过运算符描述的，如“+”、“−”等称为运算符。参加运算的数据(如常量、变量)称为操作数或运算量。由运算符和操作数构成的式子，目的是求出一个新的值，如 a+b，3*sin(x)等，称为表达式。表达式是程序设计语言的语言单位，它表达了一种求值规则。表达式由常量、变量、函数、运算符及括号组成。

不同类型的数据使用不同的运算符操作。因为每一个表达式都有一个计算结果，所以表达式也有类型，它表示运算结果的类型。VB 提供的运算符包括四类：算术运算符、关系运算符、逻辑运算符和字符串运算符。

3.5.1　算术运算符与算术表达式

算术运算符用来对数值型数据执行简单的计算，VB 提供了 8 种算术运算符，其含义与书写如表 3-14 所示(其中 X=2)。由算术运算符、括号、函数和操作数构成的有意义的式子称为算术表达式。

表 3-14　Visual Basic 6.0 中的算术运算符

运算符	含　义	优先级	示　例	结　果
^	乘方	1	X^2	4
–	负号	2	–X	–2
*	乘号	3	X*X*X	8
/	除	3	9/X	4.5
\	整除	4	9\X	4
Mod	取模	5	9 Mod X	1
+	加	6	10+X	12
–	减	6	10–X	8

在表 3-14 中列出的运算符中，“ – ”(负号)为单目运算符(只有一个操作数)，作取负运算，其余为双目运算符(两个操作数)。运算符的优先级表示当在同一个表达式中同时出现上述运算符时的运算顺序。

加、减、乘、除等几个运算符的含义与数学上的意义完全一致。这里介绍以下几种运算。

1. 指数运算

指数运算用来计算乘方和方根，运算符为“^”。计算 a^b 时，若左操作数为正实数，则右操作数可为任意数值；若左操作数为负实数，则右操作数必须是整数。例如：

```
10^2            '10 的平方，结果为 100
10^–2           '10 的平方的倒数，即 1/100，结果为 0.01
25^0.5          '25 的平方根，结果为 5
8^(1/3)         '8 的立方根，结果为 2
8^(–1/3)        '8 的立方根的倒数，结果为 0.5
(–8)^(1/3)      '错误
```

2. 浮点数除法与整数除法运算

浮点数除法的运算符为“/”，左、右操作数可以为整数或浮点数，运算结果的类型由其值决定。例如：

```
3/2             '结果等于 1.5，浮点数
3.6/1.8         '结果等于 2，整数
```

整数除法的运算符为“\”，整除的操作数一般为整型数。当操作数带有小数点时，VB 首先对其进行四舍五入处理为整数，然后进行整除运算。运算结果简单地截取整数部分，不做舍入处理。例如：

```
10\4            '结果等于 2
20\2.6          '结果等于 6
25.63\4.3       '结果等于 6
```

3. 取模运算

取模运算符 Mod 用于求余数，结果是第一个操作数除以第二个操作数所得的余数。如果左右操作数为实数，VB 首先对其进行四舍五入取整，然后求模。运算结果的符号取决于左操作数的符号。例如：

```
10 Mod 4          '结果为 2
20 Mod 4.7        '结果为 0
23.56 Mod 7       '结果为 3
24.78 Mod 3.23    '结果为 1
-5 Mod 3          '结果为 -2
5 Mod -3          '结果为 2
```

4. 算术运算符的优先级

VB 中的算术运算符的优先级顺序为：

指数运算符(^)、取负运算符(-)、乘除运算符(* | /)、取模运算符(Mod)、加减运算符(+ | -)

→ 优先级由高到低

当一个表达式中含有多种算术运算符时，必须按照上面给定的顺序进行计算。同一优先级的运算符按照出现的顺序从左到右依次计算。如果表达式中出现括号，则先计算括号内表达式的值；如有多层括号，则从内向外依次计算。

3.5.2　字符串运算符与字符串表达式

VB 提供了两个字符串连接运算符，分别是“+”和“&”，两者都是将位于其右边的字符串连接到位于其左边的字符串后，成为一个新串。由字符串运算符与操作数组成的表达式称为字符串表达式。

1. 运算符“+”

由于“+”号同时也是算术运算符，因此遇到“+”号时到底进行什么样的运算，要视其左右两边操作数的类型而定，不同的情况作出不同的处理，如表 3-15 所示。

表 3-15　“+”运算符的运算类型

组 合 情 况	运 算 类 型
两个操作数都是数值类型	加法运算
两个操作数都是字符串	字符串连接运算
一个是数值类型，另一个是除 Null 之外的变体类型	加法运算
一个是数值类型，另一个是可以转换为数值的字符串	加法运算
一个是数值类型，另一个是不能转换为数值的字符串	类型不匹配错误
两个操作数都是变体类型，且都为数值	加法运算
两个操作数都是变体类型，且都为字符串	字符串连接运算
两个操作数都是变体类型，一个是数值，一个是字符串	加法运算

例如：

```
"100"+123          '结果为 223，加法运算
"100"+"123"        '结果为 100123，字符串连接运算
"abc"+123          '出错
```

2. 运算符"&"

由于运算符"+"存在二义性，所以是否进行字符串连接运算要视情况而定。如果确定要进行字符串连接操作，则采用"&"运算符，该运算符仅作为字符串连接符使用。即使某一个操作数不是字符串，在使用"&"进行连接时，也会将其转换为字符串后进行连接，结果就是字符串变体类型。

例如：

```
"100"&123          '结果为 100123
"100"&"123"        '结果为 100123
"abc"&123          '结果为 abc123
```

3.5.3　关系运算符与关系表达式

关系运算符都是双目运算符，用来比较两个操作数之间的关系，由关系运算符和操作数组成的有意义的式子称为关系表达式。它是用来比较两个运算对象之间的关系的，关系表达式的运算结果为逻辑量。若关系成立，结果为 True，否则为 False。VB 中的关系运算符如表 3-16 所示。

表 3-16　Visual Basic 6.0 中的关系运算符

运算符	含　义	优 先 级	示　例	结果
<	小于	所有关系运算符的优先级相同。低于算术运算符，高于逻辑运算符"Not"	15+20<30	False
<=	小于或等于		10<=10	True
>	大于		13>90	False
>=	大于或等于		"abc">="abd"	False
=	等于		"abc"="abd"	False
<>	不等于		"abc"<>"abd"	True
Like	字符串匹配		"BCDE" Like "*DE*"	True
Is	对象引用比较			

关系运算符两边的操作数除了可以是数值型的数据，还可以是字符串甚至变体类型。若进行字符串比较，则是将两个字符串的字符从左到右一一对应逐个比较。字符的大小按其 ASCII 码的大小来决定，字母的 ASCII 码值大小请参阅附录 A。

Like 运算符用来比较字符串表达式和 SQL 表达式中的样式，主要用于数据库查询。Is 运算符用于两个对象变量的引用比较，它还可以在 Select 语句中使用。

当关系运算符两边的操作数类型相同时，进行相同类型的比较；反之，则根据组合情况来决定比较方式，如表 3-17 所示。

表 3-17　比较方式的组合规则

其中一个操作数	另一个操作数	比 较 方 式
数值类型	可转换成数值型的字符串型或变体类型	数值类型比较
数值类型	不能转换成数值型的字符串型或变体类型	产生类型不匹配的错误
字符串型	除了 Null 以外的变体类型	字符串比较
值为数值型的变体类型	值为数值型的变体类型	数值类型比较
值为字符串型的变体类型	值为字符串型的变体类型	字符串比较
值为数值型的变体类型	值为字符串型的变体类型	数值类型(字符串)比较
值为数值型的变体类型	值为 Empty 的变体类型	数值类型比较
值为字符串型的变体类型	值为 Empty 的变体类型	字符串比较

注意：可以转换成数值类型的字符串型或变体类型是指由纯数字和相关符号组成的字符串型或变体型数据，如 "13.6"。

3.5.4　逻辑运算符与逻辑表达式

逻辑运算又称布尔运算。逻辑运算符的操作数要求是逻辑量。由逻辑运算符、关系表达式、逻辑常量、变量和函数构成的式子称为逻辑表达式或布尔表达式。逻辑表达式的运算结果是逻辑值 True 或 False。VB 中的逻辑运算符如表 3-18 所示，其中 T 表示 True，F 表示 False。

表 3-18　Visual Basic 6.0 逻辑运算符

逻辑运算符	含义	优先级	说　明	示 例	结果
Not	取反	1	操作数均为假时，结果为真	Not F	T
And	与	2	两个操作数均为真时，结果为真	T And F T And T	F T
Or	或	3	两个操作数有一个为真时，结果为真	T Or F F Or F	T F
Xor	异或	3	两个操作数一真一假时，结果为真	T Xor F T Xor T	T F
Eqv	等价	4	两个操作数相同时，结果为真	T Eqv F F Eqv F	F T
Imp	蕴含	5	第一个操作数为真，第二个操作数为假时，结果为真；其余结果均为假	T Imp F T Imp T	T F

3.5.5　日期表达式

日期型数据是一种特殊的数值型数据，它们之间只能进行加(＋)、减(－)运算。由算术运算符(＋、－)、算术表达式、日期型常量、日期型变量和函数构成的式子称为日期型表达式。日期型表达式只能有下面三种情况。

(1) 两个日期型数据相减：

DateA－DateB

结果是一个数值型整数，表示两个日期之间相差的天数。

例如：

#05/08/2010#−#05/01/2010#

结果为

7

(2) 一个日期型数据与一个数值型数据做加法运算：

DateA+N

结果是一个日期型数据。

例如：

#05/01/2010#+7

结果为

#05/08/2010#

(3) 一个日期型数据与一个数值型数据做减法运算：

DateA−N

结果为一个日期型数据。

例如：

#05/08/2010#−7

结果为

#05/01/2010#

3.5.6 表达式的运算顺序

在一个表达式中可能同时出现上述运算符，计算机将按照运算符的优先级依次计算。

1. 表达式的运算顺序

表达式的运算顺序如下：

函数运算→算术运算→字符串连接运算→关系运算→逻辑运算

例如：一个数值表达式的计算顺序为

```
x / log (x * 5) ^ 2 * 2 + 6
  ↑  ↑      ↑     ↑   ↑   ↑
  ④  ②      ①     ③   ⑤   ⑥
```

例如：a=2、b=0、m=5、n=3，则下列逻辑表达式的运算顺序及最后所得的值为 False。

```
m  =  2  or  Not  n  >  0  And  (m−n)  /  a<>0
   ↑      ↑   ↑      ↑      ↑      ↑    ↑   ↑
   ③      ⑧   ⑥      ④      ⑦      ①    ②   ⑤
```

2. 运算结果的数据类型

在算术运算中，如果不同数据类型的操作数混合运算，则 VB 规定运算结果采用精度高的数据类型。其顺序如下：

Integer→Long→Single→Double→Currency

但当 Long 型数据与 Single 型数据进行运算时，结果为 Double 型数据。

3. 表达式的书写

(1) 表达式要在同一行上书写。

(2) 乘号要写成“*”，且不能省略。

(3) 括号可以改变运算顺序。表达式中只能使用圆括号，且可以嵌套，不能使用方括号和花括号。

习　　题

一、选择题

1. 下列 VB 数据类型中，占用内存最少的是(　　)。

A．Boolean　　B．Integer　　C．Byte　　D．Currency

2. 下列常量中，是 Integer 类型常量的是(　　)。

A．−38844　　B．123%　　C．123&　　D．32768

3. 下面变量名称不正确的是(　　)。

A．x1　　B．1x　　C．x_1　　D．x1y

4. 下面变量名称正确的是(　　)。

A．x□1　　B．integer　　C．x_1_y　　D．x，y

5. 表达式 16/4−2^5*8 / 4 Mod 5 \ 2 = (　　)。

A．−6　　B．4　　C．−2　　D．0

6. 数学表达式 3≤X＜5 写成 VB 表达式为(　　)。

A．3<=X<5　　B．3<=X Or X<5　　C．3<=X And X<5　　D．X>=3 And <5

7. 如果 x=2，则表达式 x+1>2 Or Sin(x)>0.9 And 3>x+3 的值为(　　)。

A．True　　B．False　　C．不能计算　　D．5

8. 将逻辑型数据转换成整型数据时，转换规则是(　　)。

A．将 True 转换为 −1，将 False 转换为 0

B．将 True 转换为 1，将 False 转换为 −1

C．将 True 转换为 0，将 False 转换为 −1

D．将 True 转换为 1，将 False 转换为 0

9. 下面正确的赋值语句是(　　)。

A．x+y=1　　B．x=y=1　　C．x=y+z1　　D．x+2=y^2+2

10. 正确的变量名是(　　)。

A．3xy　　B．xy_01　　C．sa　t01　　D．integer

11. Int(−3.1)+Round(−4.6)= (　　)。

A．−8　　B．−7　　C．−9　　D．−6

12. 对不同类型的运算符优先级的规定是(　　)。

A．字符运算符 > 算术运算符 > 关系运算符 > 逻辑运算符

B．算术运算符 > 字符运算符 > 关系运算符 > 逻辑运算符

C．算术运算符 > 字符运算符 > 逻辑运算符 > 关系运算符

D. 字符运算符 > 关系运算符 > 逻辑运算符 > 算术运算符

13. k=12.5，Len(Str(k))=(　　)。

A. 4　　B. 3　　C. 5　　D. 2

14. Len("vb 程序设计")=(__________)。

A. 5　　B. 10　　C. 2　　D. 6

15. 随机产生[10，50]之间整数的正确表达式是(　　)。

A. Round(Rnd*51)　　B. Int(Rnd*40+10)

C. Round(Rnd*50)　　D. 10+Int(Rnd*41)

16. 赋值语句 A=123 + Mid$("123456", 3, 2)执行后，A=(　　)。

A. "12334"　　B. 123　　C. 12334　　D. 57

17. Val ("123ab")= (　　)。

A. 0　　B. 123　　C. 1230　　D. 不能转换

18. 当 Ucase$(C$)>"A" and Ucase$(C$)<"Z" 为 True 时，则 C$是(　　)。

A. 大写字母　　B. 小写字母　　C. 字母　　D. 不一定

19. InStr(1, "eFCdEfGh"，"EF"，1)= (　　)。

A. 5　　B. 6　　C. 0　　D. 1

二、填空题

1. 把 X 是 5 或 7 的倍数写成 VB 表达式：__________。

2. 3.5 \ 3 + 4 Mod 3=__________。

3. x、y 有一个小于 z 的表达式为__________。

4. 数值型数据转换为逻辑型数据时，__________对应 False，__________对应 True。

5. 要使一个窗体显示出来，可以使用该窗体的__________方法。

6. 要使一个控件获得“焦点”，可以使用该控件的__________方法。

7. 表达式 Ucase(Mid("abcdefgh", 3 , 4))的计算结果是__________。

8. 若 k=123%，则 Len(Str(k))=__________。

9. 表示变量 S 是字母(不分大小写)的 VB 表达式是__________。

10. DateAdd("m", 1 , #1/25/2004#)= __________。

11. IsNumeric("123asd")=__________。

12. 取出一个三位整数 x 的十位上的数字(例如：324 十位上的数字是 2)的 VB 表达式是__________。

13. $\sin 15^\circ + \dfrac{\sqrt{x+e^3}}{|x-y|}$ 的 VB 表达式为__________。

14. Int(−3.5)+Round(2.456,2)+Round(2.416)+Fix(3.6)=__________。

15. 函数 Str( )的功能是将__________类型的数据转换成字符型数据。

16. 函数 Val( )的功能是将__________类型的数据转换成数值型数据。

17. 回车键对应的字符是__________。

18. 产生[50，100]之间随机整数的表达式为__________。

19. Visual Basic 在同一行可以书写多条语句，语句之间用__________分隔。单行语句可分为若干行书写，在每行后加__________(续行符)。

20. 在 Visual Basic 中，当没有声明变量的类型时，系统默认它为__________数据类型。

21. 在 Visual Basic 中，字符型常量应使用符号__________将其括起来，日期/时间型常量应使用__________将其括起来。

三、判断题

1. VB 规定定长字符串的最大长度为 32767。　　(　　)
2. 系统会自动把一个字符型变量的初值设置为空。　　(　　)
3. 如果是数值型变量，则系统自动赋初值为 0。　　(　　)
4. “空格”键对应的 ASCII 码是 32。　　(　　)
5. 窗体的 CurrentX 属性用来设置输出位置，在设计状态下不可用。　　(　　)

上 机 实 验

1. 实验名称：基本控件的应用。

2. 实验目的：

(1) 通过本程序的制作，使学生理解、掌握常用界面对象：窗体、标签、文本框、命令按钮及其属性、方法、事件。

(2) 掌握变量的定义以及使用方法。

(3) 掌握一些常用的内部函数。

(4) 掌握 InputBox 对话框和 MsgBox 消息框的使用。

3. 实验内容：创建一个工程，首先在窗体 1 中按照表 3-18 添加对象并设置其属性，然后在工程中添加窗体 2，按照表 3-19 添加对象并设置其属性。

表 3-18　窗体 1 及其中各对象的属性取值

对　象	属　性	取　值	对　象	属　性	取　值
Form1	名称	frm1	Text2	Enabled	False
	Caption	实验 3-1		TabStop	False
label1	名称	lblR	Text3	名称	txtS
	Caption	请输入圆的半径:		Text	""
	BackSytle	0		Enabled	False
label2	名称	lblL		TabStop	False
	Caption	圆的周长是:	Command1	名称	cmdCal
	BackSytle	0		Caption	计算
label3	名称	lblS		Enabled	False
	Caption	圆的面积是:	Command2	名称	cmdClear
	BackSytle	0		Caption	清除
Text1	名称	txtR		Enabled	False
	Text	""	Command3	名称	cmdExit
Text2	名称	txtL		Caption	退出
	Text	""			

表 3-19 窗体 2 及其中对象的属性取值

对 象	属 性	取 值	对 象	属 性	取 值
Form2	名称	frm2	Command1	名称	cmdEnd
	Caption	实验 3-2		Caption	结束

窗体 1 实现的功能是：计算圆的周长和面积。要求：程序运行后，单击窗体，窗体的背景色随机变化；在文本框中输入半径时，命令按钮“计算”和“清除”变为有效；单击命令按钮“计算”，将计算结果输出到对应文本框中；单击命令按钮“清除”，各文本框中的信息消失，同时命令按钮“计算”和“清除”失效；单击命令按钮“退出”，程序结束运行。

窗体 2 实现的功能是：计算圆的周长和面积。要求：单击窗体后弹出一对话框，在对话框中输入圆的半径；输入结束后在消息框中输出圆的周长和面积。

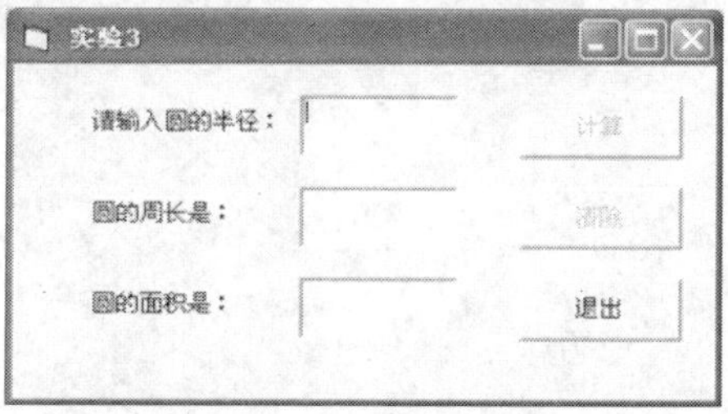

图 3-5 程序运行界面

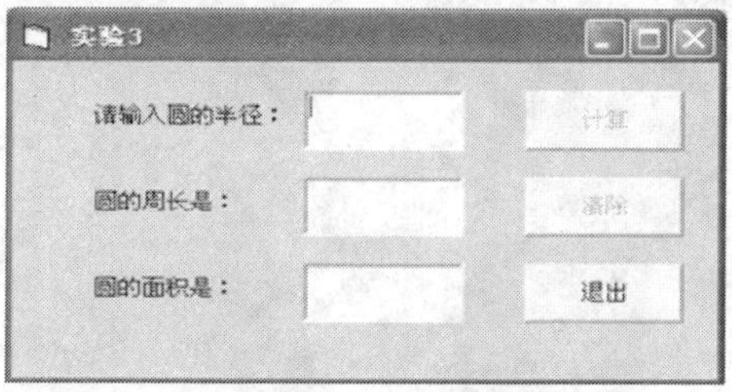

图 3-6 单击窗体后

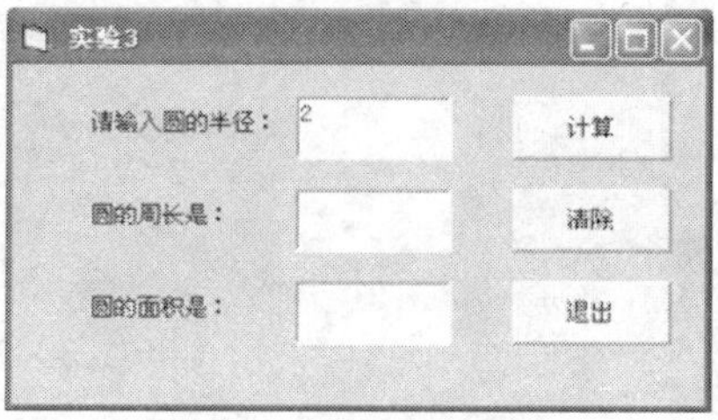

图 3-7 输入半径时

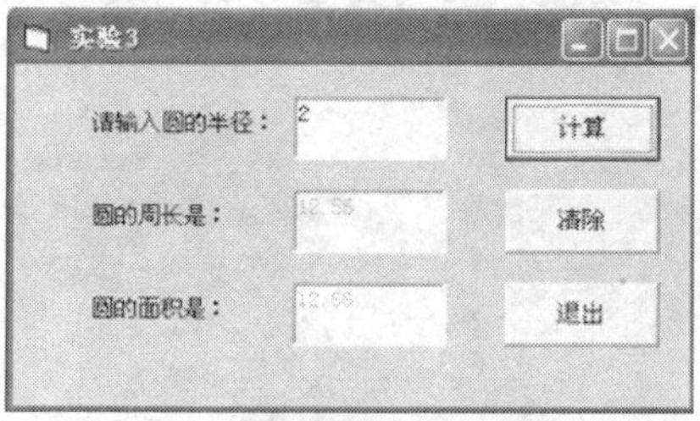

图 3-8 单击命令按钮“计算”后

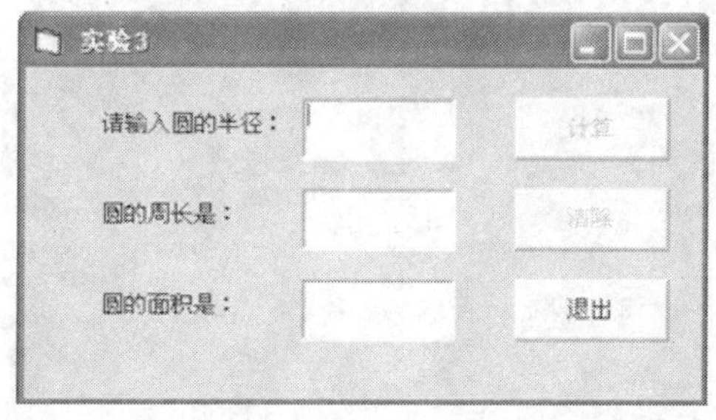

图 3-9 单击命令按钮“清除”后

图 3-10 程序运行界面

图 3-11 单击窗体后

图 3-12 半径输入结束后

4．实验步骤：

(1) 学生自己设计该程序，并建立一个文件夹，名称为“第三章实验”，将程序存储在该文件夹中；

(2) 首先设置工程的属性，将启动对象设置为 frm1，再运行程序，运行过程如图 3-5～图 3-9 所示；

(3) 修改工程的属性，将工程的启动对象设置为 frm2，运行程序，运行过程如图 3-10～图 3-12 所示；

(4) 通过 FTP 将存放程序的文件夹上交到教师机。

提示：窗体的背景色随机变化使用的函数有 RGB()、Int()和 Rnd()。

第4章 选 择 结 构

本章教学目标：

- ➢ 掌握并灵活运用行 If 语句；
- ➢ 掌握并灵活运用块 If 语句；
- ➢ 掌握并灵活运用 Else If 语句；
- ➢ 掌握并灵活运用 Select Case 语句。

在前面章节中已经介绍了工程的建立，其中任一事件代码的执行特点均为：按语句的先后排列次序执行。我们把具有这种执行特点的程序所采用的结构称为顺序结构。然而，计算机在处理日常生活和实际问题时往往需要根据条件是否成立来决定程序的执行方向，在不同的条件下进行不同的处理。例如：

$$F(x)=\begin{cases}1+x & (x\geq 0)\\ 1-2x & (x<0)\end{cases}$$

在输入变量 x 的值之后，需要根据 x 的不同取值范围做不同的处理，若使用前面学过的知识则无法解决这一问题。本章将介绍解决此类问题的三种语句：

- 单行结构条件语句：If…Then…Else…
- 块结构条件语句：If…Then…End If
- 多分支选择语句：Select Case…End Select

以上语句统称为条件语句，其功能都是根据条件或表达式的值有选择地执行一组语句。

4.1 If 语句

4.1.1 简单分支结构

简单分支结构分为单分支选择结构和双分支选择结构语句形式。

1. 单分支选择结构

格式一：

```
If <条件> Then
    <语句块>
End If
```

格式二：

If <条件> Then <语句>

功能：先计算<条件>的值，若值为 True，则执行<语句块>或<语句>操作，否则跳过<语句块>或<语句>操作，直接执行 End If 后面的语句。其执行流程如图 4-1 所示。

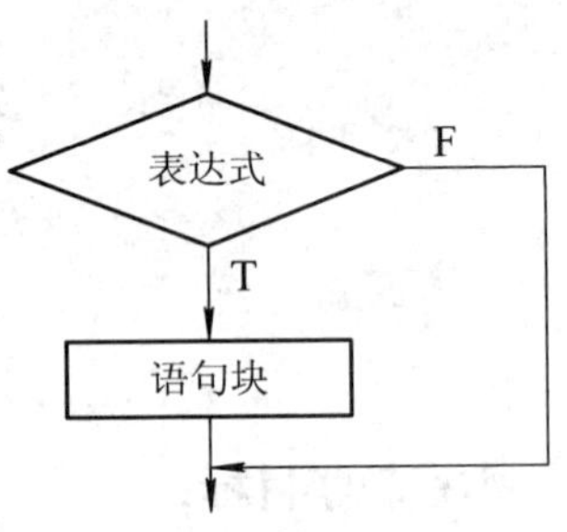

图 4-1　单分支选择结构流程

说明：

(1) 条件：一般为关系表达式、逻辑表达式，也可为算术表达式。表达式的值非零时为 True(即条件成立)，零时为 False(即条件不成立)。

(2) 语句块：可以是一条或多条语句。若用简单的“格式二”表示，则只能有一条语句或语句间用冒号分隔，而且必须在一行上书写。

2. 单分支选择结构使用示例

【例 4-1】 在文本框内输入三个数，“排序”按钮对它们从小到大进行排列。界面如图 4-2 所示。

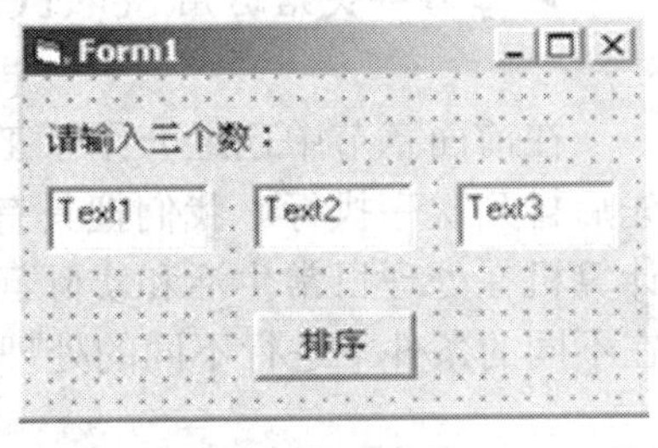

图 4-2　例 4-1 界面

分析：首先确定 A 和 B 两个数的排序算法：

(1) 先将三个文本框中的数值分别赋给变量 A、B、C。

(2) A 与 B 比较，小的数放入 A，大的数放入 B。

(3) A 与 C 比较，小的数放入 A，大的数放入 C。通过这样两次比较，A 便是最小数了。

(4) B 和 C 比较，小的数放入 B，大的数放入 C。这样 A、B、C 就按从小到大排列了。

(5) 将 A、B、C 的值分别放入三个文本框中。

两数互换使用语句组：X = A: A = B: B = X

程序代码如下：

```
Option Explicit
Private Sub Command1_Click()
Dim A As Single, B As Single, C As Single, X As Single
  A = Val(Text1.Text): B = Val(Text2.Text)
  C = Val(Text3.Text)
  If A > B Then X = A: A = B: B = X
  If A > C Then X = A: A = C: C = X
  If B > C Then X = B: B = C: C = X
  Text1.Text = A: Text2.Text = B: Text3.Text = C
End Sub
```

注意：本题很简单，重要的是学会编程时两个变量数值的交换方法，一般情况下，交换两个变量的值需要借助于第三个变量来实现。

3. 双分支选择结构

格式一：

```
If  <条件>  Then
    <语句块 1>
Else
    <语句块 2>
End If
```

格式二：

```
If <条件> Then <语句 1> Else <语句 2>
```

功能：先计算<条件>的值，如果值为 True，则执行 Then 后的语句块 1，然后结束 If 语句的执行；如果值为 False 则执行 Else 后的语句块 2，然后结束 If 语句的执行，其执行流程如图 4-3 所示。

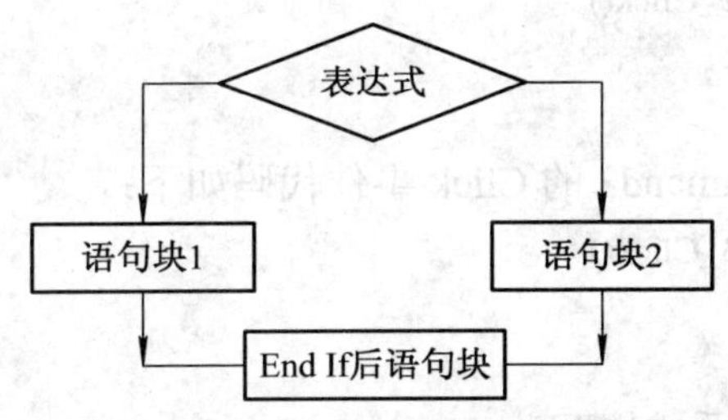

图 4-3　双分支选择结构流程

4. 双分支选择结构使用示例

【例 4-2】 任意输入一个数，判定该数的奇偶性。

分析：判定某个数的奇偶性，就是检查该数是否能被 2 整除。若能被 2 整除，则该数为偶数；否则为奇数。可以利用 Mod 运算来实现被 2 整除。

操作步骤如下：

(1) 建立界面，如图 4-4 所示。

(2) 设置对象属性，参见图 4-5。

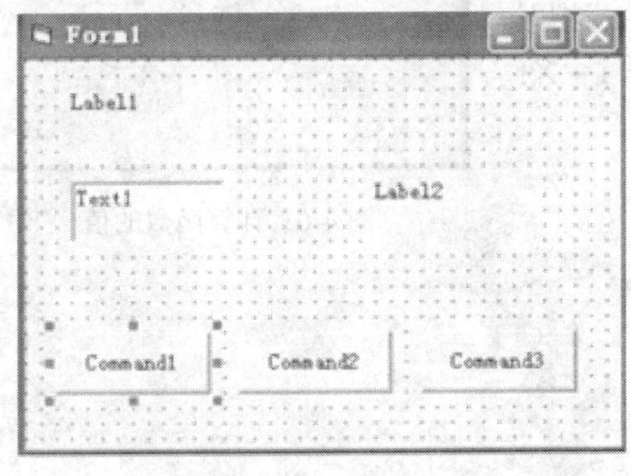

图 4-4　用户界面

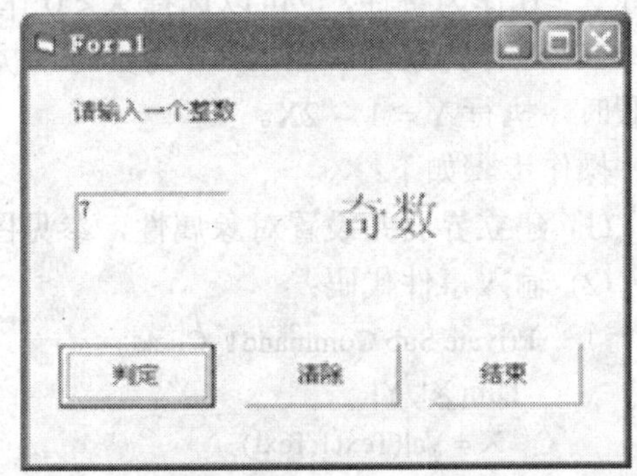

图 4-5　运行界面

(3) 输入事件代码。

“判定”命令按钮 Command1 的 Click 事件代码如下：

```
Private Sub Command1_Click()
```

```
        Dim x%
          x = Val(Text1.Text)
          Label2.FontSize = 20
      If x Mod 2 = 0 Then
        Label2.Caption = "偶数"
      Else
        Label2.Caption = "奇数"
      End If
    End Sub
```

“清除”命令按钮 Command2 的 Click 事件代码如下：

```
    Private Sub Command2_Click()
        Text1.Text = ""
    End Sub
```

“结束”命令按钮 Command3 的 Click 事件代码如下：

```
    Private Sub Command3_Click()
       End
    End Sub
```

【例 4-3】 X、Y 的关系式如下：

$$Y=\begin{cases}1+X & (X\geq 0)\\ 1-2X & (X<0)\end{cases}$$

设计程序，输入 X，可计算出 Y 的值，程序界面如图 4-6 所示。

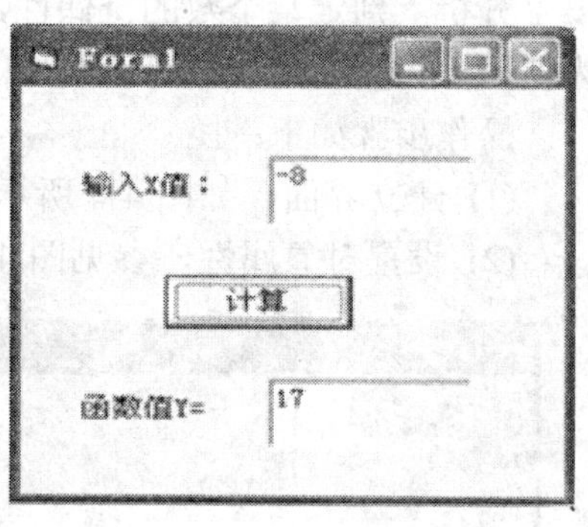

图 4-6　计算函数的值

分析：该题是数学中的一个分段函数，它表示当 X≥0 时，用公式 Y = 1 + X 计算 Y 的值；当 X < 0 时，用公式 Y = 1 – 2X 计算 Y 的值。在选择条件时，既可以选择 X≥0 作为条件，也可以选择 X < 0 作为条件。这里，选择 X≥0 作为条件。当 X≥0 为真时，执行 Y = 1 + X；为假时，执行 Y = 1 – 2X。

操作步骤如下：

(1) 建立界面并设置对象属性，参见图 4-6。

(2) 输入事件代码：

```
    Private Sub Command1_Click()
     Dim X!, Y!
      X = Val(Text1.Text)
      If X >= 0 Then Y = 1 + X Else Y = 1 - 2 * X
      Text2.Text = Y
    End Sub
```

思考：例 4-2 和例 4-3 各有什么特点和不同？读者可以从语句的结构和书写的格式中观察。

4.1.2　条件语句的嵌套

1. If 语句的嵌套

If 语句的嵌套是指 If 或 Else 后面的语句块中又包含有 If 语句。

格式：

```
If <表达式 1> Then
    If   <表达式 2> Then
        …
    End If
        …
    Else
        …
End If
```

说明：

(1) 对于嵌套结构，为了增强程序的可读性，书写时采用锯齿型布局；

(2) 嵌套的每个 If 语句都必须与 End If 配对。

2. If 语句的嵌套使用示例

【例 4-4】 账号密码校验程序，要求如下：

(1) 账号只能是数字且不能超过 10 位；密码为 6 位，假设为 123456。

(2) 密码输入时的显示形式为“*”。

(3) 账号输入为非数字或密码输入错误时，提示重新输入。

运行的效果图如图 4-7 和图 4-8 所示。

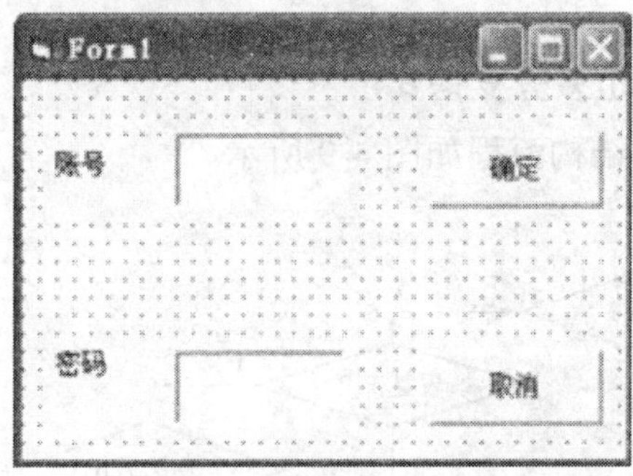

图 4-7　例 4-4 运行界面

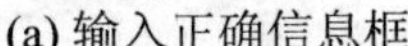
(a) 输入正确信息框　(b) 非法账号信息框　(c) 密码错误信息框

图 4-8　例 4-4 信息框

程序代码如下：

(1) “确定”按钮代码：

```
Private Sub Command1_Click()
   Dim n%
   If Not IsNumeric(Text1.Text) Then                 '如果 Text1.Text 不是数字
         MsgBox "账号必须是数字", vbExclamation, "重新输入账号"
         Text1.Text = ""
         Text1.SetFocus
  End If
If Text2.Text = "123456" Then
         MsgBox "输入正确"
Else
    n = MsgBox("密码错误", 5 + vbExclamation, "重新输入")
If n <> 4 Then
         End
Else
          Text2.Text = ""
          Text2.SetFocus
End If
End If
End Sub
```

(2) “取消”按钮代码：

```
Private Sub Command2_Click()
   End
End Sub
```

3. If…Then…ElseIf 语句(多分支语句)

If…Then…ElseIf 语句的结构流程如图 4-9 所示。

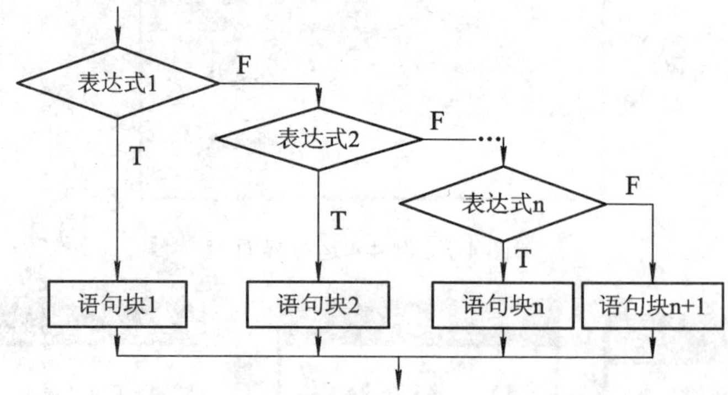

图 4-9　If…Then…ElseIf 语句的结构流程

格式：

If <表达式 1> Then

　　<语句块 1>

```
ElseIf <表达式 2>Then
        <语句块 2>
        …
[Else
        <语句块  n+1> ]
End If
```

功能：根据不同的表达式确定执行哪个语句块。VB 测试条件的顺序为表达式 1、表达式 2、…一旦遇到表达式值为真(即非零)，则执行该条件下的语句块。

说明：

(1) 不管有几个分支，程序执行了一个分支后，其余分支不再执行。

(2) ElseIf 不能写成 Else If。

(3) 当多分支中有多个表达式同时满足时，则只执行第一个与之匹配的语句块。因此要特别注意多分支中表达式的书写次序，防止某些值的过滤。

4. If…Then…ElseIf 语句使用示例

【例 4-5】 已知变量 strC 中存放了一个字符，判断该字符是字母字符、数字字符还是其他字符，并作相应的显示。

程序代码如下：

```
Private Sub Command1_click()
    Dim str As String*1                                    ' String*1 表示 str 中存放一个字符
    Str=inputbox("input")
  If Ucase(strC) >="A" And Ucase (strC) <="Z" Then         ' 大小字母均考虑
      Print   strC + "是字母字符"
  ElseIf strC >="0"    And strC <="9"    Then              ' 表示是数字字符
      Print   strC + "是数字字符"
  Else
      Print   strC + "其他字符"                            ' 除上述字符以外的字符
  End If
End Sub
```

4.1.3　IIF 函数

1. IIf 函数形式

IIf(表达式，当表达式为 True 时的值，当表达式为 False 时的值)

例如：

```
IIf(x>0, 1, 2)
```

如果 x>0 则返回 1；如果 x<0 则返回 2。

2. Choose 函数形式

Choose(数字类型变量，值为 1 的返回值，值为 2 的返回值，…)

例如，Nop 是 1～4 的值，转换成 +、–、×、÷ 运算符的语句如下：

```
Op= Choose(Nop，"+"，"–"，"×"，"÷")
```

Nop=1 时：返回“+”；

Nop=2 时：返回“–”；

Nop=3 时：返回“*”；

Nop=4 时：返回“/”；

Nop=其他时：返回 NULL。

3. IIf 函数使用示例

【例 4-6】 比较两个数的大小，并在标签中显示比较结果。

程序运行界面如图 4-10 和图 4-11 所示。

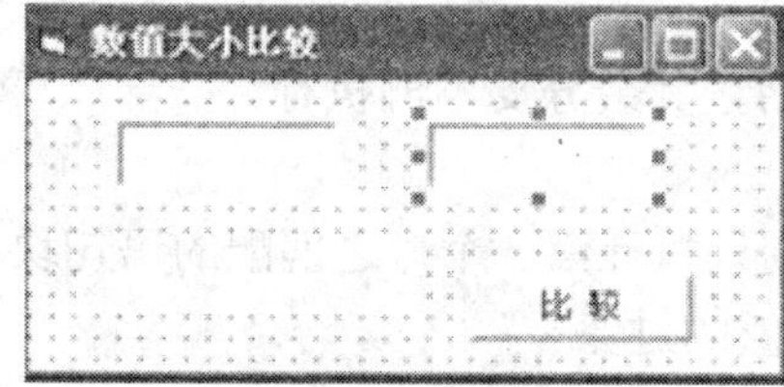

图 4-10　用户界面

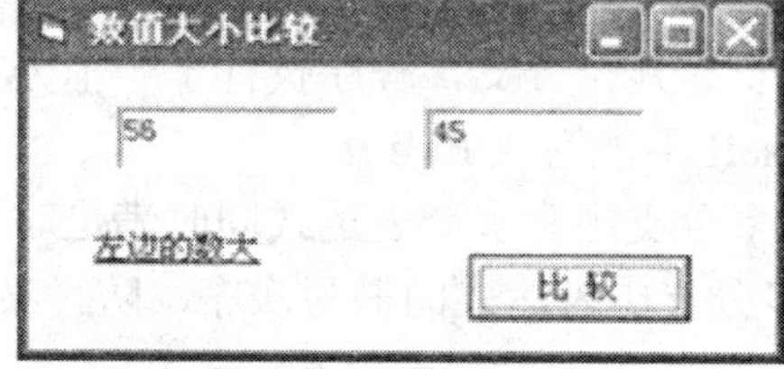

图 4-11　程序运行界面

程序代码如下：

```
Private Sub Command1_Click()
    Dim a As Long
    Dim b As Long
    a = Val(Text1.Text)
    b = Val(Text2.Text)
    Label1.Caption = IIf(a > b, "左边的数大", IIf(a = b, "左边和右边一样", "右边的数大"))
End Sub
```

【例 4-7】 根据当前日期函数 Now 和 Weekday 函数，利用 Choose 函数显示今天是星期几。

分析：Now 或 Date 函数可获得今天的日期；Weekday 函数可获得指定日期是星期几的整数，规定星期日是 1，星期一是 2，依此类推。

程序代码如下：

```
Private Sub Command1_Click()
    t = Choose(Weekday(Now), "星期日", "星期一", "星期二", "星期三", "星期四", "星期五", "星期六")
    MsgBox ("今天是:" & Now & "是:" & t)
End Sub
```

程序运行界面如图 4-12 所示。

图 4-12　程序运行界面

4.1.4　多分支语句

使用If语句的嵌套可以实现多分支选择，但仍不够便捷。为此，VB提供了多分支选择语句Select Case来实现多分支选择。这样，当需要根据某一表达式的结果执行多种可能的动作时，使用Select Case语句更为简洁。

1. Select Case语句

Select Case语句也称情况语句，是多分支结构的另一种表示形式，其特点是：语句条件表示直观，但必须符合其规定的语法规则。其结构流程如图4-13所示。

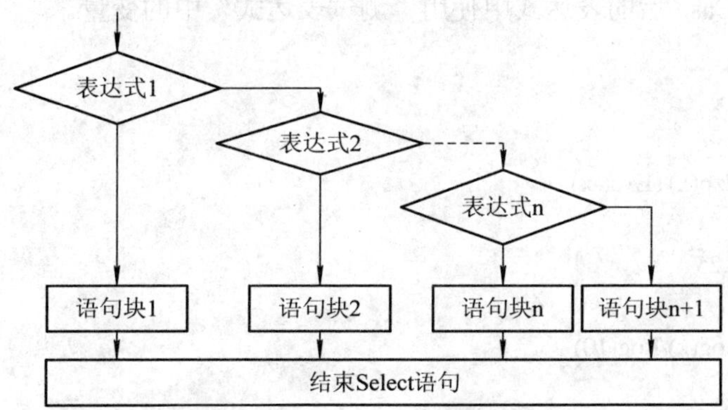

图4-13　多分支结构流程

格式：

```
Select Case <测试表达式>
  Case <表达式列表 1>
       <语句块 1>
  Case <表达式列表 2>
       <语句块 2>
   ...
  [Case Else
       <语句块 n+1>]
End Select
```

功能：根据“测试表达式”的值选择第一个符合条件的语句块执行。

Select Case语句的执行过程是：先求“测试表达式”的值，然后顺序测试该值符合哪一个Case子句的情况，如果找到了，则执行该Case子句下面的语句块，然后执行End Select下面的语句；如果没有找到，则执行Case Else下面的语句块，然后执行End Select下面的语句。

说明：

(1) “测试表达式”可以是数值型或字符串型表达式。

(2) “表达式列表”有以下三种形式。

① 一个表达式或用逗号隔开的若干个表达式。

例如：

```
Case 2,4,6,8            ' 表示测试表达式的值等于 2、4、6、8 之一
```

② 格式为：表达式 1 To 表达式 2

例如：

```
Case 80 To 90           ' 表示 80≤测试表达式≤90
```

③ Is 关系运算符表达式。

例如：

```
Case Is>x^2             ' 表示测试表达式>x^2
```

(3) "测试表达式"的类型应与 Case 后的表达式类型一致。

(4) 不可以在 Case 后的表达式中使用"测试表达式"中的变量。

例如：

```
Select Case x
  Case x<0
      Y=Exp(x)+Exp(-x)
  Case x=0
      Y=1.25
  Case x>0
      Y=Log(x)/Log(10)
End Select
```

(5) "测试表达式"只能是一个变量或一个表达式，而不能是变量表达式或表达式表。

例如，检查变量 X1、X2、X3 之和是否小于零，不能写成：

```
Select Case X1,X2,X3
   Case X1+X2+X3<0
     …
End select
```

(6) Select Case 语句也可以嵌套，但每个嵌套的 Select Case 语句必须要有相应的 End Select 语句。

(7) 不要在后面直接使用布尔运算符来表示条件。

例如，要表达条件 0<X<100 成立，不能写成：

```
Select Case X
      Case X>0 And x<100
  …
End Select
```

(8) Select Case 必须与 End Select 成对出现。

(9) Case 与"表达式值"之间必须有空格，可以写成一行或多行。

(10) 每个语句块可以是一条或多条语句，可以写成一行或多行。

2. 多分支语句使用示例

【例 4-8】 用 Select Case 语句修改例 4-5 中的代码。

程序代码如下：

```
Select Case   strC
  Case "a" To "z"，"A" To "Z"
```

```
        Print   strC + "是字母字符"
    Case "0" To "9"
        Print   strC + "是数字字符"
    Case Else
        Print   strC + "其他字符"
End Select
```

【例 4-9】 编写一个程序，输入一个学生的百分制成绩，然后转换成“优秀”、“良好”、“中等”、“及格”、“不及格”五级制成绩。规则如下：若 x>=90，则输出“优秀”；若 x>=80 And x<90，则输出“良好”；若 x>=70 And x<80，则输出“中等”；若 x>=60 And x<70，则输出“及格”；若 x<60，则输出“不及格”。

程序代码如下：

```
Dim  x!
   x=Inputbox("输入学生成绩")
   Select Case  x
      Case  90  To  100                 '注意：此处写成 x>=90  And  x<=100 是错误的
         Text1 = "优秀"
      Case  80  To  89
         Text1 = "良好"
      Case  70 To  79
         Text1 = "中等"
      Case  60  To  69
         Text1 = "及格"
      Case  0  To  59
         Text1 = "不及格"
      Case Else
         Text1 = "成绩错误"
End Select
```

从以上例题可看出，对于多分支结构，用 Select Case 语句比用 If…Then…ElseIf 语句更为直观，程序可读性更强。但是要注意，不是所有的多分支结构均可用 Select Case 语句代替 If…Then…ElseIf 语句。当对多个变量进行条件判断时，只能使用 If…Then…ElseIf 语句。

4.2 选择性控件

4.2.1 单选按钮

单选按钮(OptionButton)也称做选择按钮。按钮被选中后左侧圆圈中会出现一个黑点，用户可通过单选按钮是否被选中来控制操作。通常，一组单选按钮是彼此相互排斥的选项，用户只能从中选择一项，实现一种“单项选择”的功能。

1. 单选按钮常用的属性

(1) 名称：即 Name 属性，用于设置单选按钮的名称，中英文均可，默认名称为 Option1。

该属性只能在设计阶段的属性窗口中进行设置。

(2) Caption：单选按钮的显示标题。

(3) Alignment：单选按钮在显示标题的哪一侧。

(4) Value：单选按钮是否被选中。

2. 单选按钮常用的事件

Click 是单选按钮控件最基本的事件。在 Click 事件中，单击未选中的单选按钮时，Value 属性值为 True；单击已选中的单选按钮时，Value 属性值为 False。

在一组单选按钮中，在被选中控件的 Value 属性值变成 True 的同时，其他控件的 Value 属性值将自动变成 False。

3. 单选按钮使用示例

【例 4-10】 设计三个单选按钮，用来控制文本框中文本的字号为 10、18、36 磅。初始文字大小为 10 磅，如图 4-14 所示。

具体步骤如下：

(1) 设置控件：1 个文本框，3 个单选按钮。

(2) 确定事件：Form_Load 和各单选按钮的 Click 事件。

(3) 输入程序代码：

```
Private Sub Form_Load()
  Text1.FontSize = 10
  Option1.Value = True        ' 窗体启动时，10 磅所在的单选按钮处于选中状态
  Text1.Text = "Hello!"
End Sub

Private Sub Option1_Click()
  Text1.FontSize = 10
End Sub

Private Sub Option2_Click()
  Text1.FontSize = 18
End Sub

Private Sub Option3_Click()
  Text1.FontSize = 36
End Sub
```

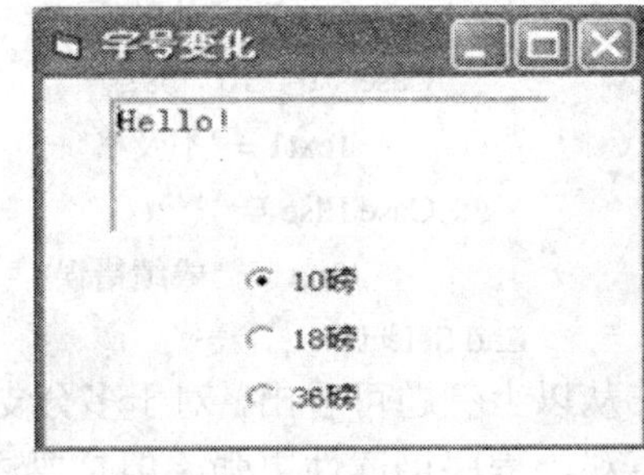

图 4-14 单选按钮的应用

4.2.2 复选框

复选框(CheckBox)也称做复选按钮，被选中后左侧方框中会出现“√”，用户可通过复选框是否被选中来控制操作。通常，多个复选框可以同时存在，允许用户从一组相互独立的复选框中选择一个选项、多个选项或一个选项也不选。

1. 复选框常用的属性

(1) 名称：即 Name 属性，用于设置复选框的名称，中英文均可，默认名称为 Check 1。该属性只能在设计阶段的属性窗口中进行设置。

(2) Caption、Alignment：同单选按钮。

(3) Value：表明复选框是否被选中。

2. 复选框常用的事件

Click 是复选框最基本的事件。单击未选中的复选框时，Value 属性值变为 1；单击已选中的复选框时，Value 属性值变为 0；单击变灰的复选框(即原 Value 属性值为 2)时，Value 属性值也变为 0。常用的代码结构为

```
If  Check1.Value=1   Then
   语句块
Else
   语句块
End If
```

或

```
Select Case Check1.Value
   Case 0
        语句块
   Case 1
        语句块
End Select
```

3. 复选框的使用示例

【例 4-11】 在窗体中有三个复选框，标题分别为“旅游”、“体育”和“音乐”；一个命令按钮，标题为“兴趣”。要求运行程序时，则显示相应的信息。例如，选中“体育”复选框，单击“兴趣”命令按钮后，在窗体上显示“我的兴趣是体育”。依此类推，分别显示“我的兴趣是旅游”和“我的兴趣是音乐”。程序运行界面如图 4-15 所示。

程序代码如下：

```
Private Sub command1_Click()
  Dim s As String
  s = "我的兴趣是"
  If Check1.Value = 1 Then
     s = s + Check1.Caption
  End If
  If Check2.Value = 1 Then
     s = s + Check2.Caption
  End If
  If Check3.Value = 1 Then
```

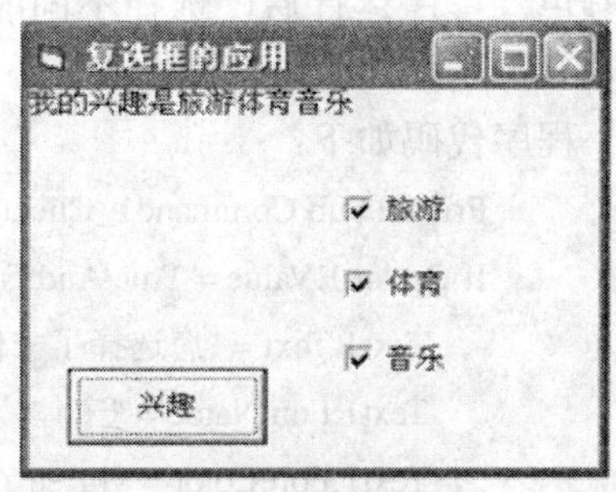

图 4-15 复选框的应用

```
        s = s + Check3.Caption
    End If
        Cls
    Print s
End Sub
```

4.2.3　框架

框架(Frame)是一个容器类控件。它和窗体一样可以容纳其他控件，用于控件分组。

1. 框架的常用属性

(1) 名称：即 Name 属性，用于设置框架的名称，中英文均可，默认名称为 Frame1。该属性只能在设计阶段的属性窗口中进行设置。

(2) Caption：框架标题。

(3) Enabled：是否可用。

(4) Visible：是否可见。

(5) BackColor：一般与窗体的 BackColor 相同。

2. 框架的常用事件

框架的常用事件有 Click 和 DblClick，但很少使用有关框架的事件过程。

3. 框架及框架内控件的创建

先在窗体上画出框架控件，再向框架添加控件。添加控件的方法有两种。

(1) 单击工具箱上要添加的控件工具，将出现的“+”指针放在框架中的适当位置，并拖出适当大小，以添加所需的控件。注意，不能使用双击工具箱上按钮的方式给框架添加控件。

(2) 将已有的控件“剪切”到剪贴板，然后选中框架，使用“粘贴”命令将其复制到框架内。

4. 框架使用示例

【例 4-12】 对于文本框中的文字，用一组单选按钮来设置字体，另一组单选按钮来设置颜色。程序运行后，选择不同的单选按钮并单击“确定”后，在文本框中显示结果，如图 4-16 所示。

程序代码如下：

```
Private Sub Command1_Click()
If Option1.Value = True And Option3.Value = True Then
    Text1.Text = "您选择了宋体红色"
    Text1.FontName = "宋体"
    Text1.ForeColor = vbRed
End If
If Option1.Value = True And Option4.Value = True Then
    Text1.Text = "您选择了宋体绿色"
```

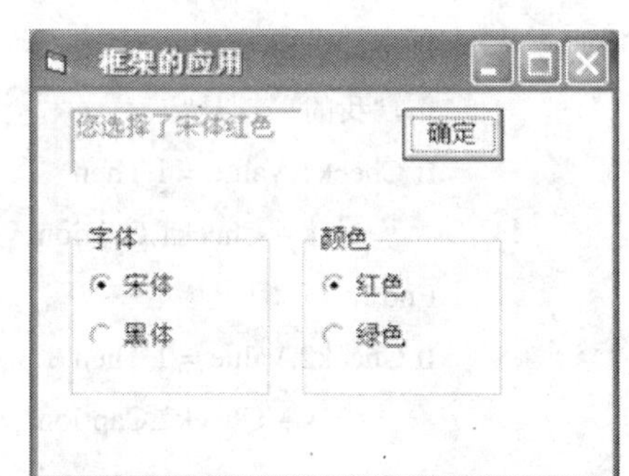

图 4-16　框架的应用

```
    Text1.FontName = "宋体"
    Text1.ForeColor = vbGreen
End If
If Option2.Value = True And Option3.Value = True Then
    Text1.Text = "您选择了黑体红色"
    Text1.FontName = "黑体"
    Text1.ForeColor = vbRed
End If
If Option2.Value = True And Option4.Value = True Then
    Text1.Text = "您选择了黑体绿色"
    Text1.FontName = "黑体"
    Text1.ForeColor = vbGreen
End If
End Sub
```

【例 4-13】 单选框、复选框和框架的综合应用，如图 4-17、图 4-18 所示。

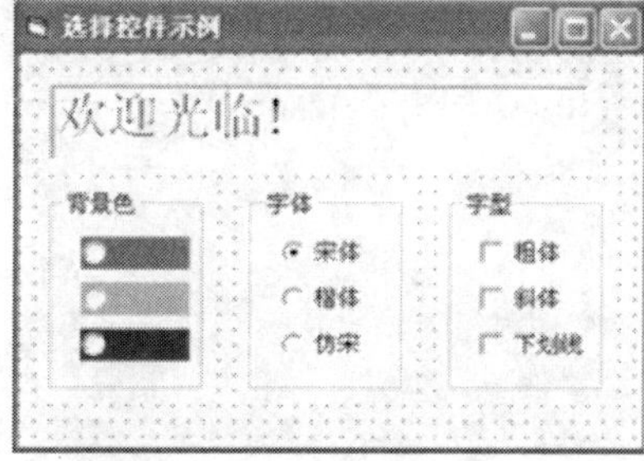

图 4-17　例 4-13 界面设置

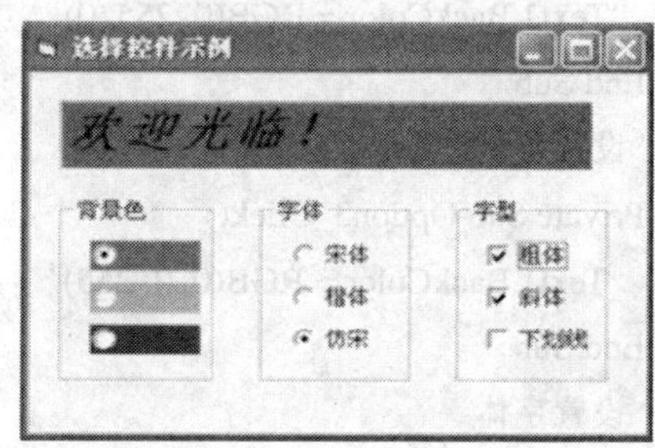

图 4-18　例 4-13 运行界面

程序代码如下：

```
Private Sub Check1_Click()
  If Check1.Value = 1 Then
      Text1.FontBold = True
  Else
      Text1.FontBold = False
  End If
End Sub

Private Sub Check2_Click()
  If Check2.Value = 1 Then
      Text1.FontItalic = True
  Else
      Text1.FontItalic = False
  End If
```

```
End Sub

Private Sub Check3_Click()
  If Check3.Value = 1 Then
      Text1.FontUnderline = True
  Else
      Text1.FontUnderline = False
  End If
End Sub
'设置红色背景
Private Sub Option1_Click()
  Text1.BackColor = RGB(255, 0, 0)
End Sub
'设置绿色背景
Private Sub Option2_Click()
  Text1.BackColor = RGB(0, 255, 0)
End Sub
'设置蓝色背景
Private Sub Option3_Click()
  Text1.BackColor = RGB(0, 0, 255)
End Sub
'设置字体
Private Sub Option4_Click()
  Text1.FontName = "宋体"
End Sub

Private Sub Option5_Click()
  Text1.FontName = "楷体_GB2312"
End Sub

Private Sub Option6_Click()
  Text1.FontName = "仿宋_GB2312"
End Sub
```

4.3 程序举例

【例 4-14】 输入系数 a、b 和 c，求二次方程 $ax^2 + bx + c = 0$ 有两个不等实数根、两个相等实数根和无实根。图 4-19 描述了解题的算法和流程。

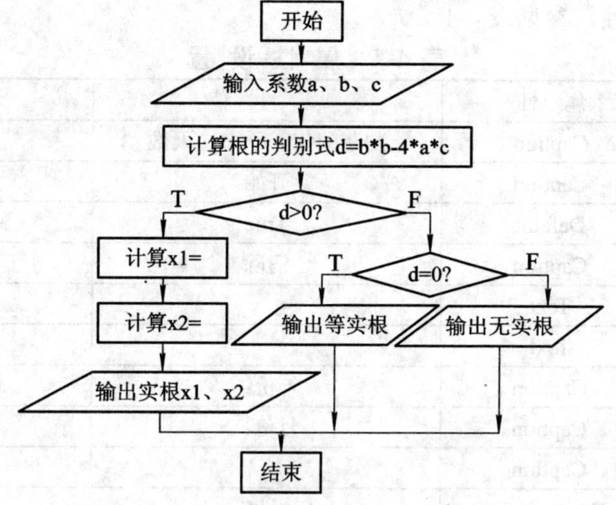

图 4-19　例 4-14 的算法和流程

程序代码如下：

```
a=Val(InputBox("请输入 a"))
b= Val(InputBox("请输入 b"))
c= Val(InputBox("请输入 c"))
d= b^2-4*a*c
If d>0 then
    x1=(-b+sqr(d))/(2*a)
    x2=(-b-sqr(d))/(2*a):
    Print "x1=";x1, "x2=";x2
Else
    If d=0    then
        Print "x1=x2=";-b/(2*a)
    Else
        Print "无实根"
   End If
End If
```

【例 4-15】 任给定一年，判断该年是否为闰年，并根据给出的月份判断是什么季节和该月的天数。闰年的条件是：年号能被 4 整除但不能被 100 整除，或者能被 400 整除。

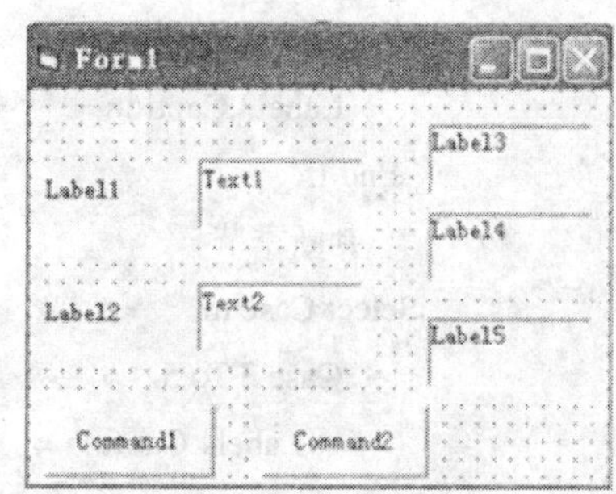

图 4-20　界面设计

分析：根据闰年的条件可得出闰年的逻辑表达式为

(y Mod 4=0 And y Mod 100<>0)Or(y Mod 400=0)

每月的天数可根据月份来判定。

设计步骤如下：

(1) 建立用户界面，参见图 4-20。

(2) 设计对象属性，参见表 4-1。

表 4-1　属 性 设 置

对　象	属　性	属　性　值	说　明
Form1	Caption	判断闰年、季节、天数	
Command1	Caption	开始	
	Default	True	默认命令按钮
Command2	Caption	清除	
Text1	Text		清空
Text2	Text		清空
Label1	Caption	年份:	
Label2	Caption	月份:	
Label3	Caption		空
	BorderStyle	1-Fixed Single	边框样式
Label4	Caption		空
	BorderStyle	1-Fixed Single	边框样式
Label5	Caption		空
	BorderStyle	1-Fixed Single	边框样式

(3) 输入事件代码。

① “开始”命令按钮 Command1 的 Click 事件代码：

```
Private Sub Command1_Click()
    Dim y%, m%, days%
    Dim leapyear As Boolean                    ' 闰年标记
      y = Val(Text1.Text)                      ' y 为年份
      m = Val(Text2.Text)                      ' m 为月份
      ' 判断闰年
    If (y Mod 4 = 0 And y Mod 100 <> 0) Or (y Mod 400 = 0) Then
       leapyear = True                         ' True 为闰年
       Label3.Caption = "闰年"
     Else
       leapyear = False                        ' False 为非闰年
       Label3.Caption = "不是闰年"
    End If
     ' 判断季节
   Select Case m
       Case 3 To 5
          Label4.Caption = "春季(Spring)"
       Case 6 To 8
          Label4.Caption = "夏季(Summer)"
```

```
          Case 9 To 11
            Label4.Caption = "秋季(Autumn)"
          Case 12, 1, 2
            Label4.Caption = "冬季(Winter)"
      End Select
        '判断月中天数
        Select Case m
            Case 1, 3, 5, 7, 8, 10, 12
              Label5.Caption = "31 天！"          '大月为 31 天
            Case 4, 6, 9, 11
              Label5.Caption = "30 天！"          '小月为 30 天
            Case 2                                '判断 2 月份的天数
              If leapyear Then
                days = 29                         '闰年为 29 天
              Else
                days = 28                         '非闰年为 28 天
              End If
                Label5.Caption = Str(days) + "天"
        End Select
          Text1.SetFocus
    End Sub
```

② "清除"命令按钮 Command2 的 Click 事件代码：

```
    Private Sub Command2_Click()
       Text1.Text = ""
       Text2.Text = ""
       Label3.Caption = ""
       Label4.Caption = ""
       Label5.Caption = ""
    End Sub
```

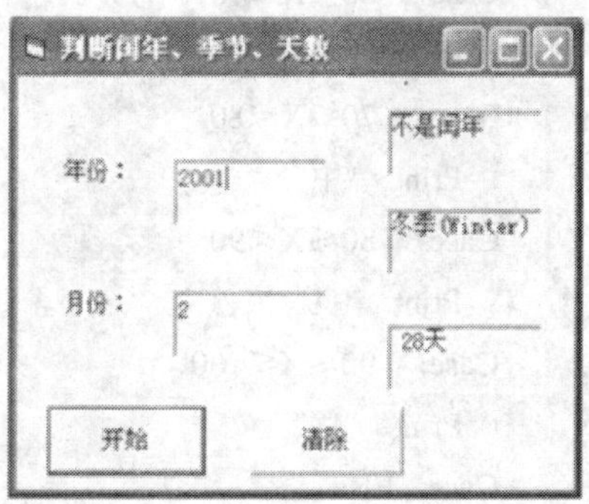

图 4-21　运行界面

运行界面如图 4-21 所示。

习　　题

一、选择题

1. 用 If 语句表示分段函数 $f=\begin{cases}\sqrt{x+1} & x\geq 1\\ x^2+3 & x<1\end{cases}$，不正确的程序段是(　　)。

A．
```
f=x^2+3
 If  x>=1 Then
  f=sqr(x+1)
End If
```

B．
```
If  x>=1  Then
  f=sqr(x+1)
else
  f=x^2+3
End If
```

C．
```
If  x>=1  Then
  f=sqr(x+1)
End If
f=x^2+3
```

D．
```
If  x>=1  Then
  f=sqr(x+1)
End If
If  x<1   Then
  f=x^2+3
End If
```

2. X 是单精度类型变量，用 Select 语句表示下列处理的正确语句是(　　)。
当 0≤X＜60 时，输出“不及格”；
当 60≤X＜70 时，输出“及格”；
当 70≤X＜80 时，输出“中”；
当 80≤X＜90 时，输出“良”；
当 90≤X≤100 时，输出“优”。

A．
```
Select  Case  X
  Case   0≤X<60
    Print  "不及格"
  Case   60≤X<70
    Print  "及格"
  Case   70≤X<80
    Print  "中"
  Case   80≤X<90
    Print  "良"
  Case   90≤X≤100
    Print  "优"
  Case  Else
 Print  "不在转换范围内"
 End  Select
```

B．
```
Select  Case  X
  Case  0  To  59
    Print  "不及格"
  Case  60  To  69
    Print  "及格"
  Case  70  To  79
    Print  "中"
  Case  80  To  89
    Print  "良"
  Case  90  To  100
    Print  "优"
  Case  Else
 Print  "不在转换范围内"
 End  Select
```

C．
```
Select  Case  X
 Case    Is <60
    Print  "不及格"
 Case    Is <70
    Print  "及格"
 Case    Is <80
    Print  "中"
 Case    Is <90
```

D．
```
Select  Case  X
 Case    Is <=100
    Print  "优秀"
 Case  Is  <90
    Print  "良好"
 Case  Is  <80
    Print  "中"
 Case  Is <70
```

```
    Print "良"
  Case Is <=100
    Print "优"
  Case Else
Print "不在转换范围内"
End Select
```

```
    Print "合格"
  Case Is <60
    Print "不及格"
  Case Else
Print "不在转换范围内"
End Select
```

3. 下列 If 语句中，语法不正确的是(　　)。

A.
```
If x>1 Then Print x
```

B.
```
If x+1>3 Then Print x
  Else
  Print "error"
End If
```

C.
```
If x>1 Then
    Print x
  If x>2 Then y=x+1
End If
```

D.
```
If x>2 Then
    y=x+1
End If
```

4. 程序运行时，如果复选框被用户选中，那么其 Value 属性值为(　　)。

A．0　　B．1　　C．True　　D．False

二、填空题

1. 若 x=5，y=12，那么 IIf(x>y , x , y)=__________。

2. 若 I=5，则 Choose(I , "+","−","*","/")=__________。

3. 若 P(x, y)是直角坐标系中的一个点，则表示 P 在第 1 或第 3 象限内的表达式为__________。

三、判断题

1. 在一个容器的一组单选按钮中，只能有一个被选中。(　　)

2. 用鼠标双击“工具箱”中的控件，便可把一个控件放到“框架”控件内。(　　)

3. 要把窗体中的某个控件放到框架内，不能通过直接拖动控件的方法。(　　)

4. 如果设置框架的 Visible 属性值为 False，那么框架内的所有控件都不可见。(　　)

四、写出下列给定代码的运行结果

```
X=Int(Rnd)+3
If x^2>8 Then y=x^2+1
If x^2=9 Then y=x^2-2
If x^2<8 Then y=x^3
    Print y
```

五、程序填空

1. 本程序用来检查输入的算术表达式中圆括号是否配对，并显示响应的结果。具体为：在文本框中输入表达式，边输入边统计，以输入回车符作为表达式输入结束，然后显示结果。

```
Dim  count1%  '在窗体的通用声明中定义
Private Sub  Text1_KeyPress(KeyAscii  As  Integer)
  If _________ ="("  Then
        count1=count1+1
  ElseIf ____________ =")"  Then

        ____________
  End  If
  If  KeyAscii=13  Then
     If ____________ Then
        Print  "左右括号配对"
     ElseIf ___________ Then
        Print  "左括号多于右括号"; count1; "个"
     Else
        Print  "右括号多于左括号";  -count1; "个"
     End  If
   End  If
End  Sub
```

2. 本程序功能：输入若干字符，统计有多少个元音字母、多少个其他字母，直到按回车键结束，并显示结果。不区分字母的大小写。变量 CountX 存放元音字母个数，变量 CountY 存放其他字母个数。

```
Dim  CountX%, CountY%  '在窗体的通用声明中定义
Private Sub  Text1_KeyPress(KeyAscii  As  Integer)
  Dim  ST$
  ST= _________________
  If  "A"<=ST  And  ST<="Z"  Then
      Select  Case  ___________
        Case  ___________
            CountX=CountX+1
        Case  ____________
            CountY=CountY+1
End  Select
   End  If
   If  ____________  Then
      Print  "元音字母有"; CountX; "个"
      Print  "其他字母有"; CountY; "个"
   End  If
End  Sub
```

六、程序设计

编写一个程序，输入三个边长 A、B、C，判断它们能否构成一个三角形(任何两个边长之和大于第三边)，如果能则计算出它的面积。面积= $\sqrt{L(L-A)(L-B)(L-C)}$，L=(A+B+C)/2。

上 机 实 验

【实验例 1】

1. 实验题目：编写一个程序。当用户单击“开始”按钮时，程序随机产生两个[1，100]之间的整数 a 和 b，并把“a+b=”字样显示在标签 Label1 中，等待用户在文本框 Text1 中输入答案；当用户在文本框 Text1 中输入了答案并按回车键后，程序开始判断答案是否正确，并将判断结果显示在标签 Label2 中，同时将“焦点”放到“开始”按钮上。

2. 实验目的：

(1) 学习使用 Rnd 函数产生指定范围的随机数。

(2) 进一步理解文本框的 KeyPress 事件的应用。

(3) 掌握获得焦点 SetFocus 的应用。

(4) 了解程序的控制流程。

3. 实验步骤：

(1) 设计界面，参见图 4-22。

图 4-22　用户界面

(2) 设置对象属性，参见表 4-2。

表 4-2　属 性 设 置

对 象	属 性	属 性 值	说　明
Form1	Caption	第四章实验例 1	
Label1	Caption	Label1	显示题目
Label2	Caption	Label2	显示判断结果
Text1	Text	Text	
Command1	Caption	开始	

(3) 输入程序代码。

① 在窗体的“通用”和“声明”中输入如下代码：

```
Dim a%, b%, c%
```

② 在命令按钮 Command1 的 Click 事件过程中，输入如下代码：

```
Label1.Caption = ""
  Label2.Caption = ""
Text1 = ""
  Randomize
  a = Round(Rnd * 99 + 1)
  b = Round(Rnd * 99 + 1)
  Label1.Caption = Str(a) + "+" + Str(b) + "="
  Text1.SetFocus
```

③ 在文本框 Text1 的 KeyPress 事件过程中，输入如下代码：

```
If  KeyAscii = 13  Then
    c = Val(Text1)
    If  c = a + b  Then
        Label2.Caption = "正确"
    Else
        Label2.Caption = "错误"
    End  If
  Command1.SetFocus
End  If
```

运行界面如图 4-23 所示。

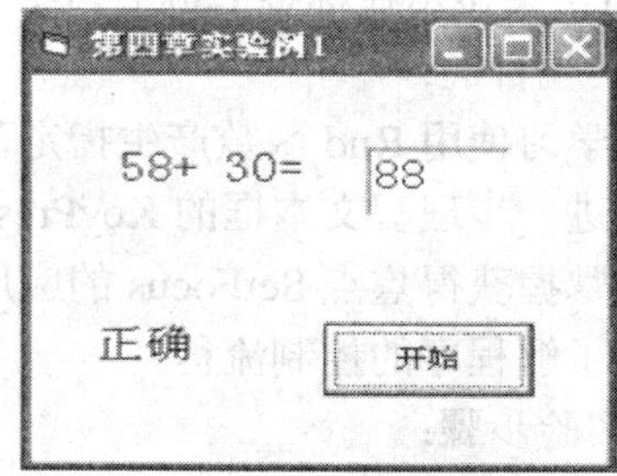

图 4-23 运行界面

【实验例 2】

1. 实验题目：设计一个程序，它由两个窗体构成，窗体 Form1 是登录窗体，如图 4-24 所示；窗体 Form2 是程序的主窗体，如图 4-25 所示。程序运行时，首先出现“登录”窗体，当用户输入正确的用户名(假定用户名是 student，密码是 123456)并点击“确定”按钮时，程序开始验证其正确性。如果正确，则关闭“登录”窗体并打开主窗体；否则要求用户重新输入用户名和密码。

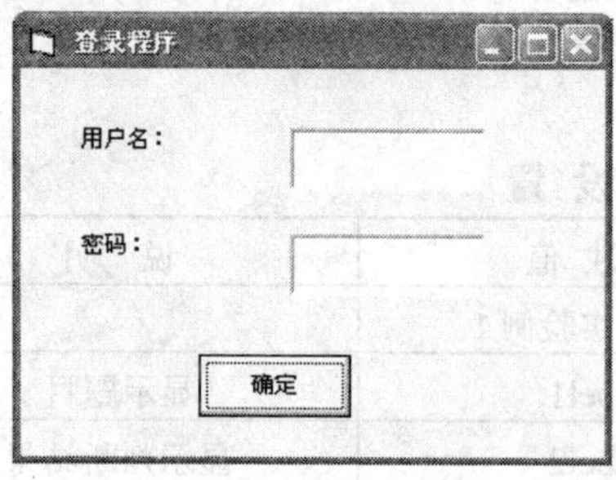

图 4-24 登录界面

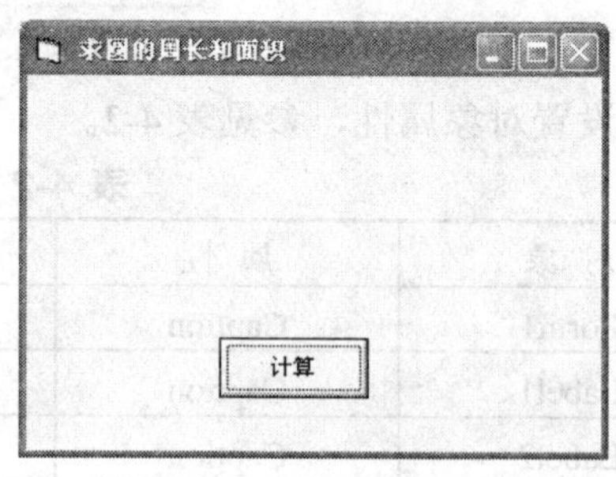

图 4-25 主窗体

2. 实验目的：

(1) 学习如何向工程中添加窗体。

(2) 学习多窗体的打开和关闭。

3. 实验步骤：

(1) 设计界面，参见图 4-24 和图 4-25。

(2) 设置对象属性，参见表4-3。

表4-3 属性设置

对象	属性	属性值	说明
Form1	Caption	登录程序	
Label1	Caption	用户名：	输入用户名
Label2	Caption	密码：	输入密码
Text1	Text	""	
Text2	PasswordChar	*	密码为“*”
Command1	Caption	确定	

(3) 输入程序代码。

```
'登录代码
Private Sub Command1_Click()
 If Trim(Text1) = "student" And Trim(Text2) = "123456" Then
     Unload Form1
     Form2.Show
 Else
     MsgBox "用户名或密码错误"
     Text1 = ""
     Text2 = ""
     Text1.SetFocus
 End If
End Sub

Private Sub Text1_KeyPress(KeyAscii As Integer)
 If KeyAscii = 13 Then
    Text2 = ""
    Text2.SetFocus
 End If
End Sub

Private Sub Text2_KeyPress(KeyAscii As Integer)
 If KeyAscii = 13 Then
      Command1.SetFocus
 End If
End Sub
'求圆的半径和周长代码
Private Sub Command1_Click()
 Dim r!, zc!, mj!, st$
```

```
    Label1.Visible = False
    Text1.Visible = False
   l1: st = Val(InputBox("请输入圆的半径:", "输入数据", 2.5))
       If Not IsNumeric(st) Then
          MsgBox "半径必须是数字"
          GoTo l1
       Else
          r = Val(st)
       End If
    zc = 2 * 3.14 * r
    mj = 3.14 * r ^ 2
    Label1.Visible = True
    Text1.Visible = True
    Text1 = ""
    Text1 = "圆的周长=" + Str(zc) + vbCrLf
    Text1 = Text1 + "圆的面积=" + Str(mj)
    Command1.SetFocus
   End Sub
```

【实验题 1】

1. 实验题目：现有一程序，功能如下：用户运行程序时，首先出现一个如图 4-26 所示的“登录”窗体。 用户在此输入用户名、密码(假定用户名为 student，密码为 123456)，然后单击“登录”按钮，程序验证用户名、密码的正确性，如果验证没有通过则打开一个提示信息框，要求用户重新输入用户名、密码；如果验证通过就启动“加法练习”窗体(如图 4-27 所示)。

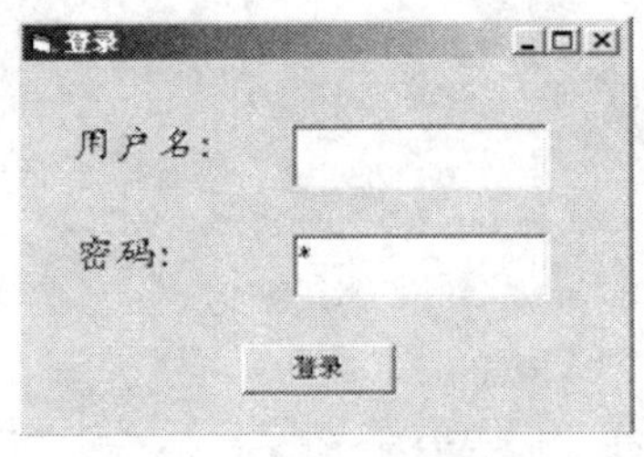

图 4-26　“登录”界面

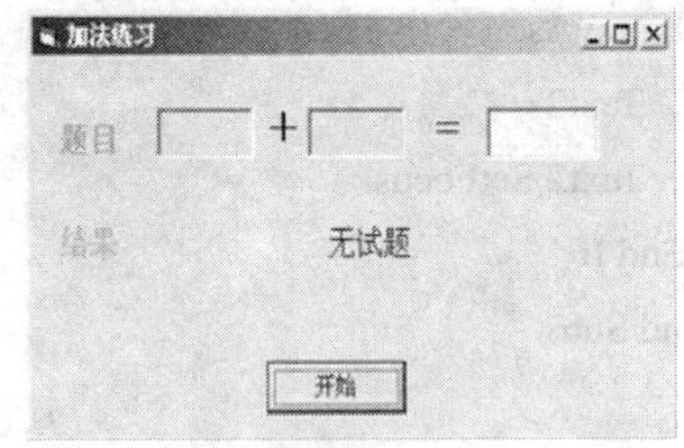

图 4-27　“加法练习”界面

用户在窗体 Form2 中单击“开始”按钮后，程序便开始出题，用户在“题目”后的“文本框”中输入该题的答案后按回车键，程序便告诉用户是否正确。

2. 修改此程序。

对“登录”窗体增加如下功能：

(1) 用户在“用户名”文本框中按回车键后，焦点自动转到“密码”文本框中。

(2) 用户在“密码”文本框中按回车键后，焦点自动转到“登录”按钮上。

(3) 当用户三次不能正确输入用户名或密码时，结束本程序。

对“加法练习”窗体作如下修改：

(1) “加法练习”窗体启动时，将你自己的“学号 姓名”显示在该窗体的标题栏中。例如：“200218001 王军”。

(2) 使程序产生[10, 50]之间的随机数。

(3) 使此窗体启动后不显示“结果”标签和“无试题”标签。

3. 源程序代码：

```
Private Sub Command1_Click()
  If Text1 = "student" And Text2 = "123456" Then
     Form2.Show
     Unload Form1
  Else
     MsgBox "用户名或密码不正确，请重新输入"
     Text1 = "": Text2 = "": Text1.SetFocus
      End If
End Sub
Private Sub Form_Load()
  Text1 = "": Text1 = ""
End Sub

Dim a%, b%
Private Sub Command1_Click()
  Text1 = ""
  Label6.Visible = False
  Label7.Visible = False
  Randomize
  a = Int(Rnd * 10 + 1)
  b = Int(Rnd * 10 + 1)
  Label2.Caption = Str(a)
  Label4.Caption = Str(b)
  Text1.SetFocus
End Sub

Private Sub Text1_KeyPress(KeyAscii As Integer)
  If KeyAscii = 13 Then
     Dim s%
     Label6.Visible = True
     Label7.Visible = True
     s = Val(Text1)
     If a + b = s Then
```

```
        Label7.Caption = "正确"
    Else
        Label7.Caption = "错误! " + "正确的答案是：  " + Str(a + b)
    End If
    Command1.SetFocus
  End If
End Sub
```

【实验题 2】

设计一个程序，具体如下。

1. 程序说明：该程序由两个窗体构成，分别是“登录”和“加法练习程序”。程序运行时，首先启动“登录”窗体，如图 4-28 所示。

图 4-28　“登录”界面

用户输入用户名、密码后，点击“登录”按钮，程序验证用户输入的用户名、密码是否正确(假定用户名为 student，密码为 123)，如果错误，则显示如图 4-29 所示的信息框，并要求用户重新输入；如果正确，则关闭“登录”窗体，打开“加法练习程序”窗体，如图 4-30 所示。

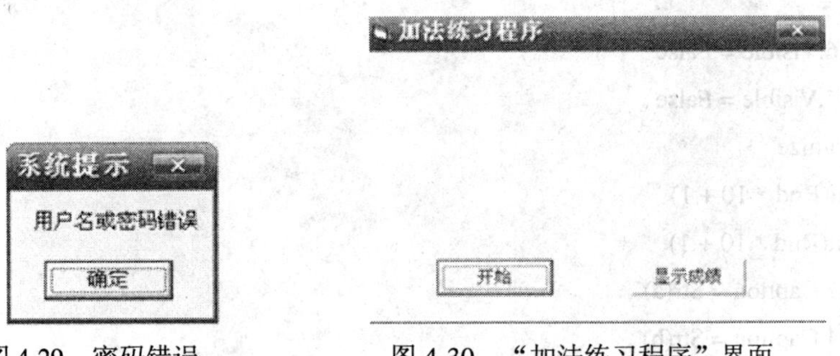

图 4-29　密码错误　　　　图 4-30　“加法练习程序”界面

用户点击“开始”按钮后出现如图 4-31 所示的界面。

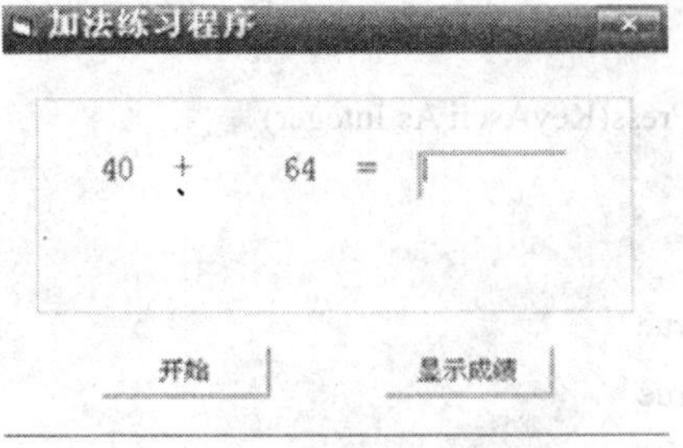

图 4-31　加法运行界面

2. 对“登录”窗体的要求：

(1) 启动“登录”窗体后，“焦点”在“用户名”标签后的文本框(Text1)中。当用户在 Text1 中按 Tab 键或回车键后，“焦点”移到“密码”标签后的文本框(Text2)中；当用户在 Text2 中按 Tab 键或回车键后，“焦点”移到“登录”命令按钮上。

(2) 如果用户三次不能正确输入“用户名”和“密码”，则打开如图 4-32 所示的信息框，并结束应用程序。

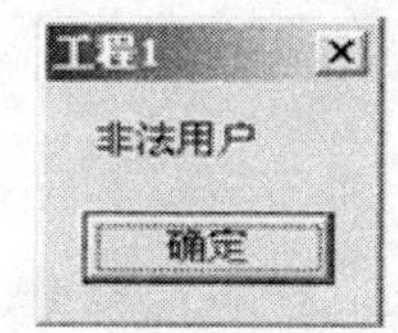

图 4-32　密码错误

3. 对“加法练习程序” 窗体的要求：

(1) 用户在“加法练习程序”窗体中点击“开始”按钮后，程序随机地产生两个两位整数，并显示出来，然后把“焦点”放到文本框(Text1)中等待用户输入答案。

(2) 用户在文本框(Text1)中输入答案后按回车键，程序便开始验证答案的正确性。如果错误，则显示图 4-33 所示的界面；否则显示图 4-34 所示的界面。然后把“焦点”放到“开始”按钮上，当用户再次单击“开始”按钮后，出现新的题目。

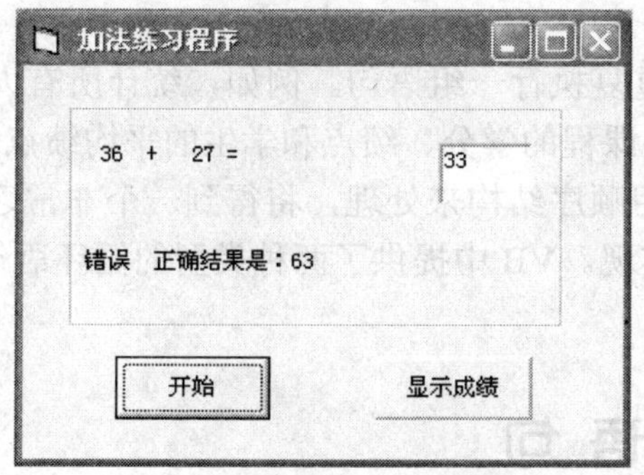

图 4-33　答案错误界面

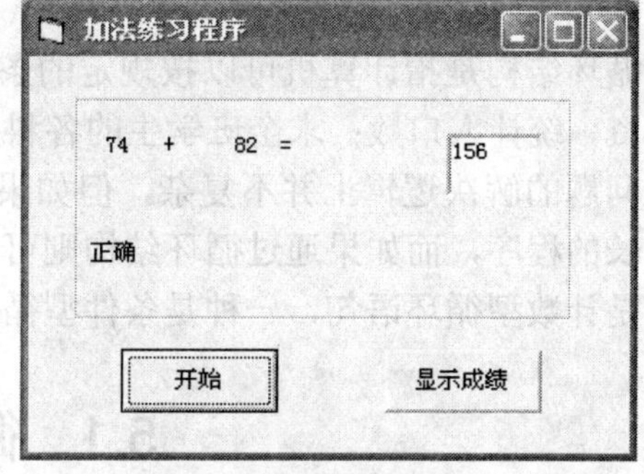

图 4-34　答案正确界面

(3) 当用户单击“显示成绩”按钮后，显示出该用户所做的题目总数以及答对和答错的题目数，如图 4-35 所示。

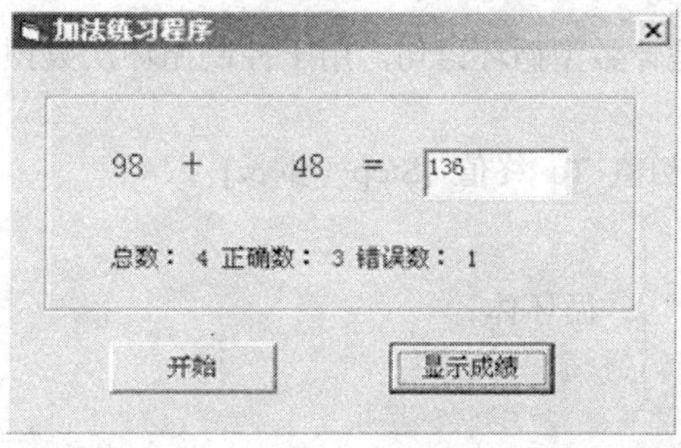

图 4-35　显示成绩界面

第5章 循环结构

本章教学目标：

- 掌握并灵活运用 For…Next 循环语句；
- 掌握并灵活运用 Do…Loop 循环语句；
- 掌握并灵活运用 While…Wend 循环语句。

循环结构是指计算机可以按规定的条件多次重复执行一组语句。例如，统计所有人员的工资，统计人口数；求全班学生的各科成绩，各课程的学分、绩点和学生的平均绩点等。这类问题的解决逻辑上并不复杂，但如果单纯采用顺序结构来处理，将得到一个非常乏味且冗长的程序，而如果通过循环结构则可方便地实现。VB 中提供了两种类型的循环语句：一种是计数型循环语句，一种是条件型循环语句。

5.1 循环语句

5.1.1 For…Next 循环语句

1. For…Next 循环语句

For…Next 循环语句是计数型循环语句，用于控制循环次数预知的循环结构。

格式：

```
For 循环变量 = 初值 To 终值 [Step  步长]
    语句块          ┐
      [Exit For]    ├ 循环体
    语句块          │
Next 循环变量       ┘
```

说明：

(1) “循环变量”为必需的参数，且为数值型，它用来控制循环的次数。

(2) “初值”和“终值”都是必要参数。“步长”可以是正数或负数，当“步长”的值为 1 时可以省略，可用它来确定循环变量增长的幅度。

(3) “语句块”是一条或多条语句构成的循环体，它是需要重复执行的语句。

(4) “Exit For”表示当遇到某语句时，退出循环，执行 Next 后的下一条语句。

2. For…Next 语句的执行过程

进入 For…Next 循环后，首先把“初值”赋给“循环变量”，检查“循环变量”的值是否超过“终值”。如果超过就停止执行循环体，跳出循环，执行 Next 后面的语句；否则执行一次循环体，然后把“循环变量”+“步长”的值赋给“循环变量”，再重复上述过程。其循环流程如图 5-1 所示。

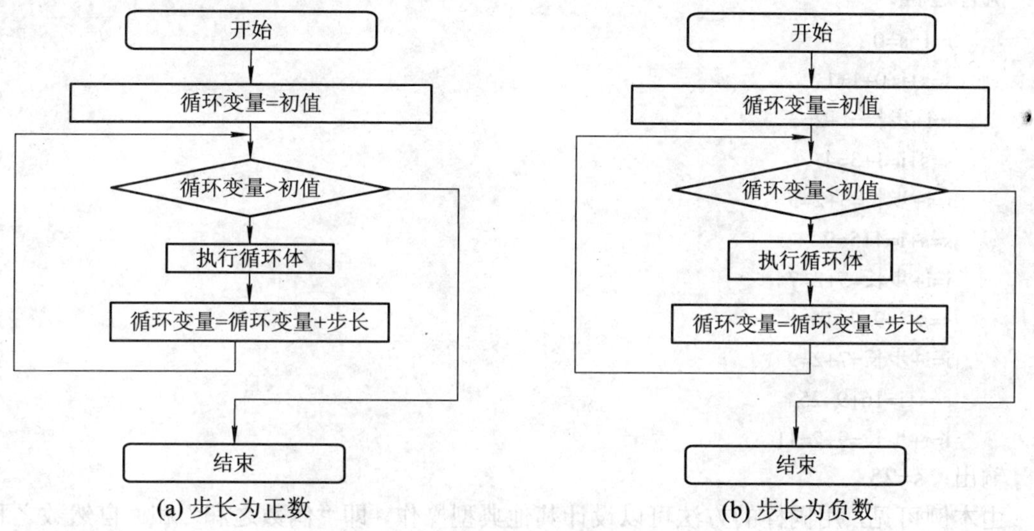

(a) 步长为正数　　(b) 步长为负数

图 5-1　For…Next 循环结构执行流程

这里所说的“超过”有两种含义，即大于和小于：

(1) 当“步长”为正值时，检查“循环变量”的值是否大于“终值”。

(2) 当“步长”为负值时，检查“循环变量”的值是否小于“终值”。

可以在循环中的任何位置放置任意个 Exit For 语句，随时退出循环。

3. For…Next 循环的循环次数

For…Next 循环遵循“先检查，后执行”的原则，即先检查“循环变量”是否超过“终值”，然后决定是否执行循环体。因此在下列两种情况下，循环体不被执行。

(1) 当“步长”为正数时，“初值”大于“终值”。

(2) 当“步长”为负数时，“初值”小于“终值”。

因此，循环的最少执行次数为 0 次。

当“初值”等于“终值”时，不管“步长”是正数还是负数，均执行一次循环体。循环次数由“初值”、“终值”和“步长”三个因素决定，可以通过下式计算：

$$\text{循环次数} = \text{int}\left(\frac{\text{终值} - \text{初值}}{\text{步长}} + 1\right)$$

如果计算出的循环次数小于或等于 0，则循环次数为 0，这时系统将不执行循环体。

4. For…Next 语句使用示例

【例 5-1】 编写一个程序，计算 s = 1 + 3 + 5 + 7 + 9。

程序代码如下：

```
Dim i%, s%
```

```
s=0                    '初始化 s
For  i=1  To  9  Step  2
     s=s+i
Next  i
Print   "s=" ; s
```

执行过程：

i=1: s=0

s=s+i=0+1=1

i=i+步长=1+2=3

s=s+i=1+3=4

i=i+步长=3+2=5

s=s+i=4+5=9

i=i+步长=5+2=7

s=s+i=9+7=16

i=i+步长=7+2=9

s=s+i=16+9=25

i=i+步长=9+2=11

输出：s=25

由本例可见，用同样的方法可以设计其他典型操作，即“偶数之和”和“自然数之和”。图 5-2 所示为本例的流程图。

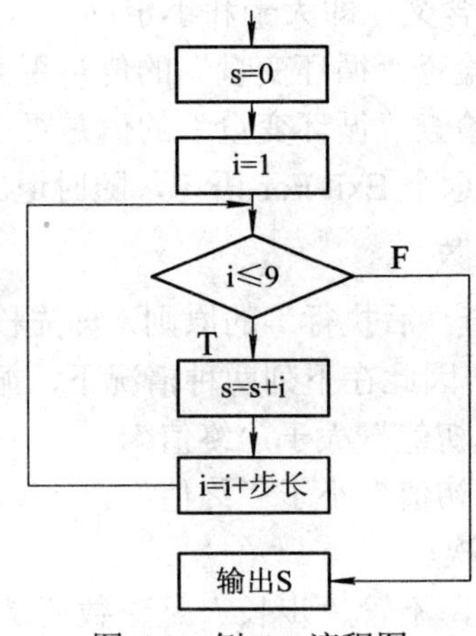

图 5-2 例 5-1 流程图

思考：如果把和的形式改为积的操作(即“偶数的积”、“奇数的积”和“N 的阶乘”)，该如何变化？

【例 5-2】 求 1～100 中 5 的倍数或 7 的倍数的和。

程序代码如下：

```
Sum = 0                                 '赋初值
For i = 1 To 100                        '初值为 1，终值为 100，步长为 1(省略)
  If i Mod 5 = 0 Or i Mod 7 = 0 Then    '判断是否为 5 的倍数或 7 的倍数
     Sum = Sum + i                      '进行累加
```

```
    End If
  Next  i
  Print Sum                          ' 输出和数
```

【例 5-3】 结束循环后，循环控制变量值的问题。

程序代码如下：

```
  For  i=2  To  13  Step  3          ' 循环执行次数
      Print  i ,                      ' 输出 i 的值分别为：
  Next i                              ' 2      5      8      11
  Print:   Print "i=", i              ' 出了循环，输出为 i=14
```

在循环体内对循环控制变量可多次引用，但最好不要对其赋值，否则影响原来的循环控制规律。

【例 5-4】 改变循环控制变量对循环的影响。

程序代码如下：

```
  Private Sub Command1_Click()
     j = 0
    For i = 1 To 20 Step 2
     i = i + 3
     j = j + 1
     Print "第"; j; "次循环 i="; i
    Next i
     Print "退出循环后 i="; i
  End Sub
```

正常情况：i=1,3,5,7,9,11,13,15,17,19

现在：i=4,9,14,19

程序运算结果如图 5-3 所示。

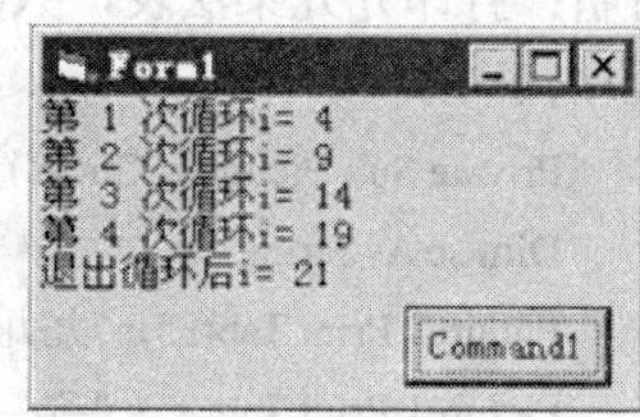

图 5-3 例 5-4 运行结果

5.1.2 For…Next 语句的循环嵌套

一个循环结构的循环体内含有另一个循环结构，称为循环嵌套，又称多重循环。处于内部的循环叫内循环，处于外部的循环叫外循环。

对于循环的嵌套，要注意以下几点：

(1) 内循环变量与外循环变量不能同名；

(2) 外循环必须完全包含内循环，不能交叉；

(3) 不能从循环体外转向循环体内，反之则可以。

例如，下面的嵌套是错误的：

```
  For a=1 To 5
  For b=3 To 9
  …
  Next a
  Next b
```

For…Next 循环的嵌套通常有以下三种形式。

(1) 一般的嵌套：

```
For a1=…
    For a2=…
        For a3=…
        …
        Next a3
    Next a2
Next a1
```

(2) (1)中 Next 后面的 a1、a2、a3 可以省略不写。

(3) 当内层循环与外层循环有相同的终点时，可共用一个 Next 语句，但是，控制变量名不能省略。例如：

```
For a=1 To 2
    For b=2 To 3
      For c=3 To 4
          Print a,b,c
Next c,b,a
```

【例 5-5】 打印九九乘法表。

分析：打印九九乘法表，只要利用循环变量作为乘数和被乘数就可方便地解决。

程序代码如下：

```
Private Sub Picture1_Click()
Dim se As String
Picture1.Print Tab(35); "九九乘法表"
Picture1.Print Tab(35); "-----------"
For i = 1 To 9
  For j = 1 To 9
    se = i & " * " & j & " = " & i * j      'se 字符串变量存放每一项表达式
    Picture1.Print Tab((j - 1) * 12); se;
  Next j
  Picture1.Print
Next i
End Sub
```

程序运行界面如图 5-4 所示。

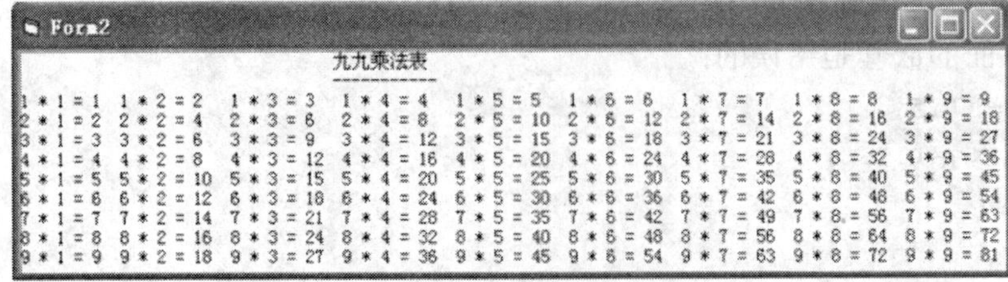

图 5-4　九九乘法表运行界面

思考：若要分别输出图 5-5、5-6 所示的结果，如何改动程序？

图 5-5 上三角九九乘法表

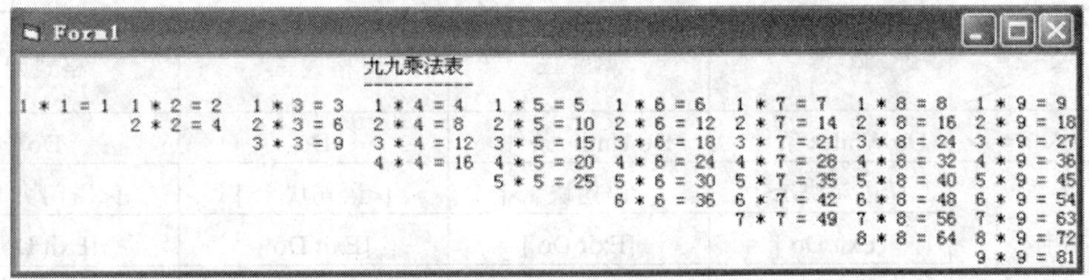

图 5-6 下三角九九乘法表

【例 5-6】 输出如图 5-7 所示的图案，它由“*”组成。

分析：上三角形中，第 I 行有 I 个，可使用循环：

For J = 1 To I : Print "* "; : Next J

因每行起点不同，而且一行结束后要换行，所以在 J 循环的前后各有一个 Print。这样的行有 7 行，故外循环使 I 从 1 至 7。下三角形中，操作过程与上三角形相似。

程序代码如下：

```
Private Sub Command1_Click()
Dim I As Integer, J As Integer
    Cls
   For I = 1 To 7
      Print Spc(20    I);     ' 打印时空 20 – I 格
         For J = 1 To I
         Print "* ";
      Next J
    Print                    ' 用于换行
  Next I
  For I = 6 To 1 Step -1
       Print Spc(20 - I);
     For J = 1 To I
       Print "* ";
     Next J
       Print
  Next I
End Sub
```

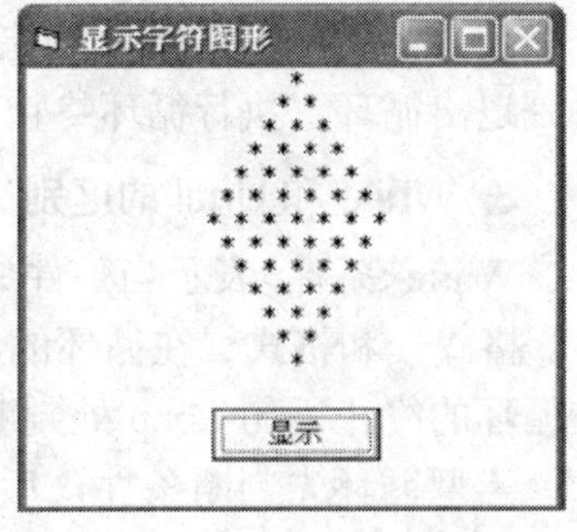

图 5-7 例 5-6 显示图

5.1.3　Do…Loop 循环语句

1. Do…LooP 循环语句

Do…Loop 循环结构有几种演变形式，但是每一种都是通过判断某条件以决定循化是否继续执行。所不同的是：是先判断条件后执行循环体(当型循环)，还是先执行循环体后判断条件(直到型循环)；是条件成立时执行循环，还是条件不成立时执行循环。因此 Do…Loop 循环结构可以具体分解为表 5-1 所示的四种格式。

表 5-1　Do…Loop 循环结构的格式

内容＼格式	格式一	格式二	格式三	格式四
循环入口	Do While<条件>	Do Until<条件>	Do	Do
循环体	[<语句块 1>]	[<语句块 1>]	[<语句块 1>]	[<语句块 1>]
	[Exit Do]	[Exit Do]	[Exit Do]	[Exit Do]
	[<语句块 2>]	[<语句块 2>]	[<语句块 2>]	[<语句块 2>]
循环体结束位置	Loop	Loop	Loop While<条件>	Loop Until<条件>

2. Do…Loop 循环语句的执行过程

表 5-1 中四种格式的区别在于<条件>的位置不同，可以在 Do 语句之后，也可以在 Loop 语句之后。另外，<条件>之前的关键字可以是 While，也可以是 Until。

使用 While<条件>时，当指定的条件为 True 时，执行循环体中的语句块；当条件为 False 时则退出循环，执行循环终止语句 Loop 之后的语句。

使用 Until<条件>时，当指定的条件为 False 时，执行循环体中的语句块；当条件为 True 时则退出循环，执行循环终止语句 Loop 之后的语句。

3. While 和 Until 的区别

While<条件>表示当条件成立时执行循环体，Until<条件>则是在条件不成立时执行循环体。格式一和格式二在循环的起始语句 Do 之后判断条件，属于当型循环；格式三和格式四在循环的终止语句 Loop 处判断条件，属于直到型循环。

当型循环先判断条件，后决定是否执行循环体，因此循环可能一次都不执行；直到型循环至少先执行一次循环体，然后再判断循环条件，因此对于可能在循环开始时循环条件就不满足要求的情况，应该选择使用当型循环。大多数情况下，两类循环是可以互相代替的。

4. Exit Do 语句的用法

Exit Do 语句用于退出循环体，执行 Loop 语句之后的语句。必要时循环体中可以放置多条 Exit Do 语句。该语句一般放在某条件结构中，用于表示当某种条件成立时，强行退出循环。当然，循环体中也可以没有 Exit Do 语句。在 Do 语句和 Loop 语句之后也可以没有条件判断，这时循环将无条件地重复，因此在这种情况下，在循环体内必须有强行退出循环的语句，如 Exit Do 语句，以保证循环在执行有限次数后退出。

5. Do…Loop 语句使用示例

【例 5-7】 以求 1～100 的自然数为例，比较 Do 循环的几种形式：

程序代码如下：

```
(1) n=1:sum=0                    (2) n=1:sum=0
     Do While n<=100                   Do Until n>100
        sum=sum+n                         sum=sum+n
        n=n+1                             n=n+1
     Loop                              Loop
(3) n=1:sum=0                    (4) n=1:sum=0
     Do                                Do
       sum=sum+n                         sum=sum+n
       n=n+1                             n=n+1
   Loop While n<=100                 Loop Until n>100
```

5.1.4 While…Wend 循环语句

While…Wend 循环语句又称当型循环语句，属条件型循环。它根据某一条件进行判断，决定是否执行循环。该语句的作用与 Do…Loop 语句相同。

格式：

```
While 条件
    [循环体]
Wend
```

功能：当给定的“条件”为 True 时，执行循环体；否则跳出循环体，执行 Wend 后面的语句。

说明：

(1) 该循环结构先测试条件，然后决定是否执行循环体。

(2) 如果“条件”总成立，则构成死循环，所以，在循环体中应该包含有修改“条件”的操作，使循环能正常结束。

(3) 当循环可以嵌套时，不允许交叉。每个 Wend 和最近的 While 相匹配。

【例 5-8】 小红今年 12 岁，她父亲比她大 30 岁，编程计算她的父亲在几年后比她年龄大一倍，那时父女的年龄各为多少？

程序代码如下：

```
Private Sub Form_Click()
  Dim age As Integer
  age = 12
  While age * 2 <> age + 30
    age = age + 1
  Wend
  Print "经过"; age - 12; " 年"
```

```
    Print "小红父女的年龄分别是："; age + 30; "和"; age
End Sub
```

5.1.5　其他辅助控制语句

1. Goto 语句

格式：Goto [标号 | 行号]

功能：无条件地转移到标号或行号指定的那一行语句，因此常被称作无条件转向语句。

说明：

(1) 标号是一个以冒号结尾的标识符；行号是一个整型数，不以冒号结尾。标号和行号标识了一个位置，使用 Goto 语句可以转到这一位置。

(2) Goto 语句中的标号和行号在程序中必须存在，且是唯一的。

(3) Goto 语句只能在一个过程内转向。

2. Exit 语句

在 VB 中，有如下几种中途跳出循环的辅助语句：

(1) Exit For：用于中途跳出 For 循环，可以直接使用，也可以用条件判断语句加以限制，在满足某个条件时才能执行此语句，跳出 For 循环。例如：在 For 循环内部添加语句“If 条件 Then Exit For”。

(2) Exit Do：用于中途跳出 Do 循环，其用法与 Exit For 类似。

(3) Exit Sub：用于中途跳出 Sub 过程。

(4) Exit Function：用于中途跳出 Function 过程。

Exit Sub 语句和 Exit Function 语句的用法将在第 6 章详细介绍。

5.2　选择性控件

5.2.1　定时器控件

定时器(Timer)又称计时器、时钟控件，用于按指定的时间间隔，有规律地重复执行程序代码。定时器是基于系统内部时钟进行计时的。在程序设计阶段，时钟控件出现在窗体中，而在程序运行时则是不可见的。

1. 定时器常用属性

(1) 名称：即 Name 属性，用于设置定时器的名称，中英文均可，默认名称为 Timer1。该属性只能在设计阶段的属性窗口进行设置。

(2) Interval：返回或设置引发 Timer 事件的时间间隔长度，单位为毫秒(ms，1 ms = 0.001 s)。

(3) Enabled：决定 Timer 控件是否开始使用。

2. 定时器常用事件

定时器的常用事件为 Timer。当 Enabled 属性值为 True 且 Interval 属性值大于 0 时，以 Interval 属性指定的时间间隔触发该事件。

3. 定时器使用示例

【例 5-9】 创建一个如图 5-8 所示的“电子时钟”窗体，通过 Command 控件进行时间和日期的切换。

程序代码如下：

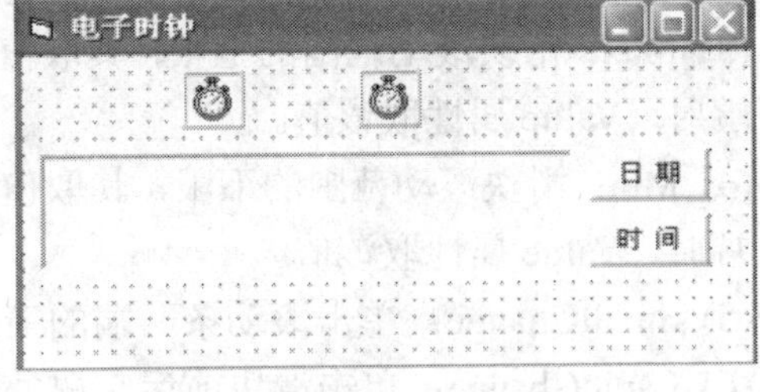

图 5-8 界面的设置

```
Option Explicit
Private Sub Command1_Click()
    Label1.Caption = ""
    Timer2.Enabled = True
    Timer1.Enabled = False
End Sub

Private Sub command2_Click()
    Label1.Caption = ""
    Timer1.Enabled = True
    Timer2.Enabled = False
End Sub

Private Sub Timer2_Timer()          ' 显示日期
  Label1.Caption = Date
End Sub

Private Sub Timer1_Timer()          ' 显示时间
  Label1.Caption = Time
End Sub
```

程序运行结果如图 5-9 所示。

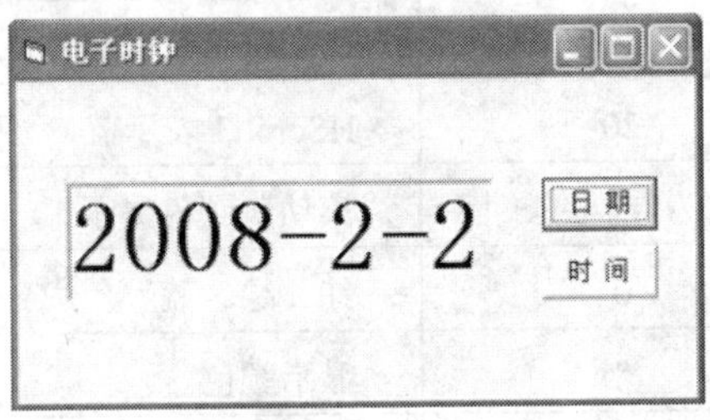

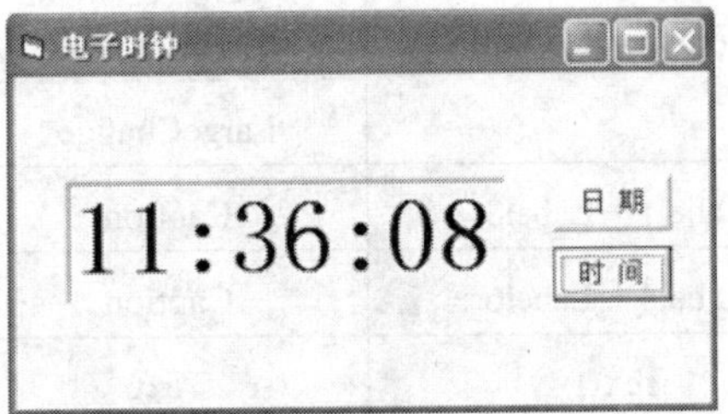

图 5-9 程序运行结果

5.2.2 滚动条控件

滚动条分为水平滚动条(HScrollBar)和垂直滚动条(VScrollBar)两种，用来附在窗口上帮助观察数据或确定位置，也可以作为数据输入工具。滚动条的操作不依赖于其他控件，它有自己的属性、事件和方法。这里介绍的滚动条与某些控件(如文本框、列表框、组合框等)内置的滚动条有所不同。

1. 滚动条常用属性

(1) 名称：即 Name 属性，用于设置滚动条的名称，中英文均可，默认名称为 HScroll1 或 VScroll1。该属性只能在设计阶段和属性窗口进行设置。

(2) Value：与滑块所处位置对应的数值。

(3) Max：滑块滚动范围的上限，其取值范围为 –32 768～32 767。当滑块位于最右端或最下端时，Value 属性取该值。

(4) Min：滑块滚动范围的下限，其取值范围为 –32 768～32 767。当滑块位于最左端或最上端时，Value 属性取该值。

(5) SmallChange：单击滚动条两端的箭头时的增量。

(6) LargeChange：单击滑块前后空白处时的增量。

2. 滚动条常用事件

(1) Scroll 事件：只在拖动滑块时发生，单击滚动条两端的箭头或滚动条空白处均不能触发此事件。

(2) Change 事件：在滚动条的滚动滑块移动时被触发，即释放滑块、通过代码改变 Value 属性值、单击滚动条两端的箭头、单击滚动条空白处时均可触发。

Scroll 事件与 Change 事件的区别：当滚动条滑块滚动时 Scroll 事件一直发生，可用于跟踪滚动条中的动态变化；Change 事件只是在滚动结束之后才发生一次，可得到滚动条滑块所在的位置值。

3. 滚动条使用示例

【例 5-10】 编写一个利用滚动条来显示颜色的程序，属性的设置如表 5-1 所示。

表 5-1 属性设置表

对 象	属 性 项	属 性 值	说 明
HScroll1～HScroll3	Max	255	HScroll1 表示红
	SmallChange	10	HScroll2 表示绿
	LargeChange	20	HScroll3 表示蓝
Label1～Label3	Caption	分别为红、绿、蓝	滚动条颜色提示
Label4～Label6	Caption	0	红、绿、蓝颜色成分值
Text1	Text	""	显示颜色
Form1	Caption	颜色示例	程序界面

程序代码如下：

```
Private Sub HScroll1_Change()
    Text1.BackColor= RGB(HScroll1.Value, HScroll2.Value, HScroll3.Value)
    Label4.Caption = Str(HScroll1.Value)
End Sub
```

```
Private Sub HScroll2_Change()
    Text1.BackColor= RGB(HScroll1.Value, HScroll2.Value, HScroll3.Value)
    Label5.Caption = Str(HScroll2.Value)
End Sub

Private Sub HScroll3_Change()
    Text1.BackColor= RGB(HScroll1.Value, HScroll2.Value, HScroll3.Value)
    Label6.Caption = Str(HScroll3.Value)
End Sub
```

程序运行结果如图 5-10 所示。

图 5-10　程序运行结果

5.3 程 序 举 例

【例 5-11】 求两个整数的最大公约数、最小公倍数。

分析：求最大公约数的算法如下：

(1) 对于已知的两个数 m、n，使得 m>n。

(2) m 除以 n 得余数 r。

(3) 若 r≠0，则令 m←n、n←r，继续相除得新的 r；直到 r=0 求得最大公约数，即结束。

数学中将上述方法称为“辗转相除法”。

程序代码如下：

```
Private Sub Form_Click()
    n1 = InputBox("输入 n")
    m1 = InputBox("输入 m")
  If m1 > n1 Then                    ' 为了求最小公倍数，增加 m、n 变量
    m = m1: n = n1
  Else
    m = n1: n = m1                   ' 使得 m>n
  End If
    r = m Mod n
  Do While r <> 0
```

```
        m = n
        n = r
        r = m Mod n
    Loop
        Print m1; ","; n1; "的最大公约数为"; n
        Print "最小公倍数=", m1 * n1 / n
End Sub
```

【例 5-12】 判断一个任意给定的整数是否为素数。

分析：所谓素数，就是指除了 1 和自身外，不能被任何数整除的自然数，如 3、7、19 等。基本方法是：依次用 2 – Sqr(2)作除数去除 n，若不能被其中任何一个数整除，则 n 即为素数，否则 n 不是一个素数。

程序代码如下：

```
Private Sub Form_Click()
    Dim n%, i%, k%
    n = Val(InputBox("n=？ "))
    k = Int(Sqr(n))
    For i = 2 To k
            If n Mod i = 0 Then Exit For
      Next i
        If i > k Then
            Print n; " 是素数"
        Else
            Print n; " 不是素数"
        End If
  End Sub
```

【例 5-13】 求自然对数 e 的近似值，要求其误差小于 0.00001，近似公式为

$$e = 1 + \frac{1}{1!} + \frac{1}{2!} + \frac{1}{3!} + \cdots + \frac{1}{i!} + \cdots = \sum_{i=0}^{\infty} \frac{1}{i!} \approx 1 + \sum_{i=1}^{m} \frac{1}{i!}$$

分析：本题涉及两个问题。

(1) 用循环结构求级数和的问题。本例根据某项值的精度来控制循环的结束与否。

(2) 累加：e=e+t 循环体外对累加和的变量清零，即 e=0。

连乘：n=n*i 循环体外对连乘积变量置 1，即 n=1。

程序代码如下：

```
Private Sub Command1_Click()
Dim i%, n&, t!, e!
        e = 0: n = 1                    ' e 存放累加和、n 存放阶乘
        i = 0: t = 1                    ' i 为计数器、t 为第 i 项的值，即加数
    Do While t > 0.00001
```

```
        e = e + t:    i = i + 1          ' 累加、连乘
        n = n * i:    t = 1 / n
    Loop
        Print "计算了 "; i; " 项的和是 "; e
End Sub
```

程序运行结果如图 5-11 所示。

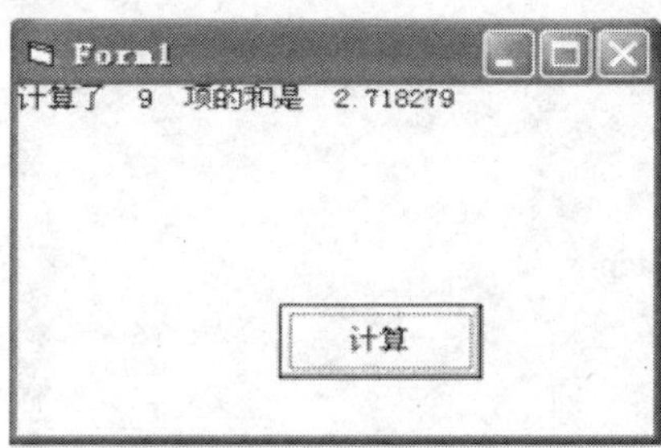

图 5-11　程序运行结果

习　　题

一、选择题

1. 下面关于 For … Next 循环的叙述中，不正确的说法是(　　)。

A．省略步长，则系统默认步长是 1

B．循环变量必须是数值型

C．循环体内必须有 Exit For 语句

D．如果初值大于终值，则不能省略“Step 步长”，否则循环不能执行

2. (　　)程序不能正确显示 1!、2!、3! 和 4! 的值。

A.
```
For i=1 To 4
    n=1
    For j=1 To i
      n=n*j
    Next j
      Print n
Next i
```

B.
```
For i=1 To 4
    For j=1 To i
      n=1
      n=n*j
    Next j
    Print n
Next i
```

C.
```
n=1
For j=1 To 4
   n=n*j
   Print n
Next j
```

D.
```
n=1 : j=1
Do While j<5
n=n*j
   Print n : j=j+1
Loop
```

3. 下列循环能正常结束的是(　　)。

A.
```
i=5
Do
```

B.
```
i=1
Do
```

```
    i=i+1
    Loop  Until  i<0
```

C.
```
    i=10
    Do
    i=i+1
      Loop  Until  i>0
```

```
    i=i+2
    Loop  Until i=10
```

D.
```
    i=6
    Do  While i>0
    i=i+2
    Loop
```

二、写出下列程序的运行结果

1.
```
Dim  I%, s%
     s=0
For  I=1  To  5  Step  -1
      s=s+I
Next  I
Print  "s="; s
```

2.
```
Dim  I% , s%
     s=0
For  I=5  To  1
      s=s+I
Next  I
Print  "s="; s
```

3.
```
Dim  I%,  n%
    n=0
    For  I =1  To  20  Step  2
I=I+2
n=n+1
    Next  I
    Print  "循环执行次数="; n , "退出循环时，循环控制变量的值="; I
```

4.
```
Dim  I%, J%
For  I=1  To  5
     Print  Spc(I);
     For  J=I  To  5
       Print  "▼";
Next  J
Print
     Next  I
```

5.
```
Dim  a%, b%, I%, j%, s$
     b=10 : a=3
For  I=b  To  a  Step  -2
       b=a+b
       a=a+b
```

```
        s="*"
    For   j=b   To   a   Step   -1
        s=s & "*"
        Print   "在 j 循环内打印的内容是：" ; s
    Next   j
    Print   "在 I 循环内打印的内容是："; s
      Next   I
```

三、程序填空

1. 下面是一个求 100 以内的素数的程序。每行输出 5 个素数。请将程序补充完整。

```
Dim    i%, j%, m%,    pd    As Boolean
 For i=2    to 100
 pd=True
   For j=2 to    i-1
         If    i Mod j =0 then
            pd=________
              Exit For
           End      If
   Next    j
   If    pd    Then
      ________
     m=m+1
     If    m Mod 5 =0 Then
            ________
       End If
 End    If
Next    i
```

2. 下面是一个计算 S = 1 + (1 + 2) + (1 + 2 + 3) + ··· + (1 + 2 + ··· + n)的程序，程序运行时，用户输入 n 的值，程序计算出 S 的值并显示出来。请在程序中的下划线处填上适当的语句，使程序完整。

```
    Dim    I%, J%, n%, T!, S!
    n=Val(InputBox( "请输入 n  的值" ))
    T=0
    ___________
  For    I=1    to      n
  T=T+I
    _______________
    Next    I
    Print    "S=" ; S
```

3. 下面是一个用辗转相除法求两个正整数 A、B 的最大公因数的程序，请在下划线处填上正确的语句。

```
Dim A%, B%, R%,
A=Val (InputBox("请输入 A="))
______________________
If   A<B   Then
____________________
End   If
Do
 R=A   Mod   B
 If   R=0   Then
____________________
 End   If
 A=B
 B=R
Loop
Print   "最大公因数是："；__________________
```

4. 下面程序的功能是：找出被 3、5、7 除后余数为 1 的最小的 5 个整数。请将程序补充完整。

```
  Dim   CountN%, N%
  CountN=0
  N=1
  Do
    N=N+1
If   N Mod 3=1   and   N Mod 5=1   and   N Mod 7=1   Then
  Print   N
  CountN= CountN+1
End   If
Loop   _________
```

四、程序设计

设计一个程序，打印出所有的“水仙花数”。水仙花数是指三位的正整数，其各位数字的立方之和等于该正整数本身。如：407=4*4*4+0*0*0+7*7*7。

上 机 实 验

【实验例 1】

1. 实验题目：编写一个程序，计算函数。

$$\sin x = x - \frac{x^3}{3!} + \frac{x^5}{5!} + \cdots + (-1)^{n-1}\frac{x^{2n-1}}{(2n-1)!} + \cdots \qquad (n=1，2，\cdots)$$

要求用户输入 x 值及精度值后，程序可计算出 sin$x$ 且误差小于精度值。

2. 实验分析：观察多项式可发现：奇数项为正，偶数项为负，各项分子的指数与分母的阶乘相同，各相邻项指数相差为 2。

3. 实验目的：

(1) 掌握循环的使用，确定循环控制条件。

(2) 掌握“递推”算法。

(3) 掌握“累加”算法。

4. 实验步骤：

(1) 设计界面，如图 5-12 所示。

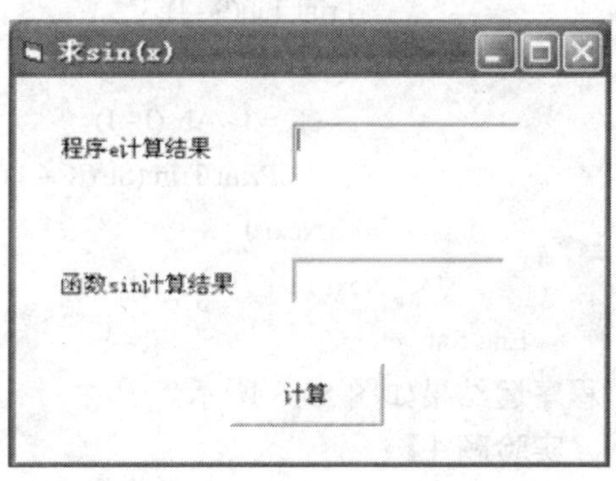

图 5-12 实验例 1 界面

(2) 输入程序代码：

```
Private Sub Command1_Click()
    Dim x!, e!, t!, s!, n!, i%, p%
    x = Val(InputBox("请输入 x"))
    i = 1: e = 0: t = x: n = 1: p = 1: s = x
    Do While t >= 0.00001
      e = e + p * t
      i = i + 1
      n = (2 * i - 1) * (2 * i - 2) * n
      s = s * x * x
      t = s / n
      If i Mod 2 = 0 Then
          p = -1
      Else
        p = 1
      End If
    Loop
    Text1 = e
    Text2 = Sin(x)
  End Sub
```

【实验例 2】

1. 实验题目：用数字显示图 5-13 所示的金字塔图案。

2. 实验分析：“数字金字塔”由左、右两部分组成，左半部分的数字从 1 开始，顺序递增，到一行中的最大值结束，右半部分的数字从一行中的最大值开始，顺序递减，到 1 结束。要显示的“数字金字塔”共有 9 层，可以通过外层循环控制“层”数，在内层循环中控制数字的输出。

3. 实验目的：

(1) 掌握 For 语句的循环嵌套的应用。

(2) 掌握 Print 输出格式。

(3) 掌握函数 Tab、Abs、Trim、Str 的应用。

4. 实验步骤：

输入程序代码：

```
Private Sub Form_Click()
Dim I As Long, J As Long, K As Long
          For I = 0 To 8
            Print Tab(9 - I);
              For J = 0 To I * 2
               K = I - Abs(J - I)
                 Print Trim(Str(K + 1));
              Next J
          Next I
End Sub
```

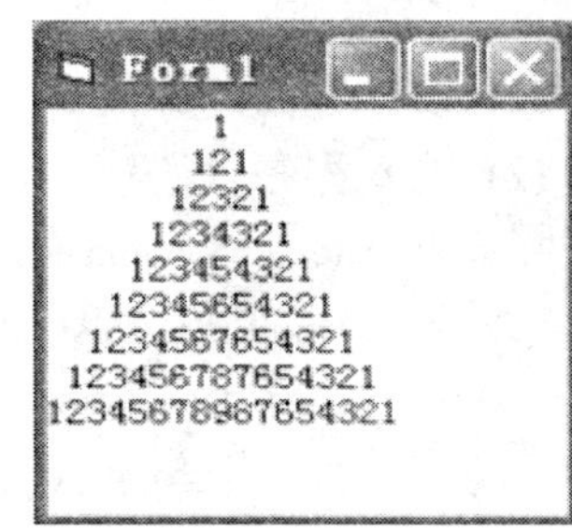

图 5-13　程序运行结果

程序运结果如图 5-13 所示。

【实验题 1】

参考实验例 1，编写程序计算

$$\cos x = 1 - \frac{x^2}{2!} + \frac{x^4}{4!} + \cdots + (-1)^n \frac{x^{2n}}{(2n)!} + \cdots \quad (n = 0,\ 1,\ 2,\ \cdots)$$

要求用户输入 x 值及精度值后，程序可计算出 cos$x$ 且误差小于精度值。

【实验题 2】

用循环语句实现图 5-14 和图 5-15 所示的界面。

提示：循环变量与 String 函数内字符个数的关系为 String(2*i−1,trim(str(i)))。

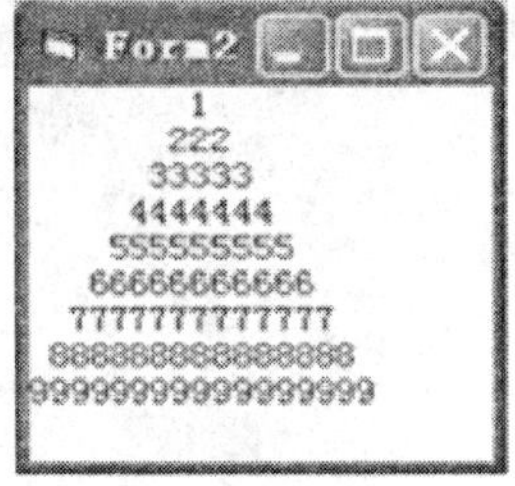

图 5-14　程序运行界面(1)

图 5-15　程序运行界面(2)

第 6 章　数　　组

本章教学目标：

- 掌握数组的概念；
- 掌握动态数组的使用；
- 掌握数组的基本操作；
- 了解控件数组的基本概念和创建方法。

6.1　概　　述

到目前为止，我们使用的变量都是一次存放一个数据。在程序处理中可以改变这些变量的值，虽然它们非常有用，但在遇到处理较大信息量的程序设计时，会使程序变得复杂。许多大型编程需要处理的信息和数据都很庞大，因此程序设计语言就需要构造新的数据表达以适应大型数据处理的需要。例如，一个学生成绩管理中会有很多的学生数据，而每个学生又有许多课程；一个企业有许多员工，而每个员工都会有不同的个人信息。处理这类问题如果使用单个变量对每个数据进行定义，那么数据表达就会很繁杂。例如，60 个学生的某个课程成绩至少需要 60 个变量，而且为了给这些变量赋值，就需要 60 条语句代码。

数组(Array)，或称为数组数据类型，就是针对这类问题而构造的一种新的数据表达。在 VB 中，数组是一组具有相同变量名和类型的数据(即数组元素)的连续存储单元。和数学表达类似，在程序设计语言中，用变量加下标的方法表示一组相同性质的变量。下标给出了数据中元素的顺序。数组和循环结构的配合，使得数据处理变得容易。假设我们有 60 个数据被定义为数据组，如果需要读入或输出数组元素的数据，通过循环改变数组的下标就可以引用数组中的元素。

数组包含的元素个数可以是固定不变的，也可以是动态改变的。比如记录报名参加比赛的学生名单，可以使用一个字符串类型的数组，数组的每个元素记载一个学生的姓名，但是在报名未结束时，根本不知道会有多少人，也就意味着数组的大小是不确定的。这时可以使用动态数组，数组随着报名的学生数的增加而增大。

数组可以有多个维。例如：存储 60 个学生 5 门科目的成绩，可以定义一个整数类型的二维数组，即一个二维表格。第一维包括 60 个元素，第二维包括 5 个元素，这个数组的元素共计 300(60 × 5)个。

多个相同类型的控件元素也可以组成控件数组，使用控件数组编程可以减少代码量。

6.2 一维数组的声明和应用

6.2.1 一维数组的声明

数组在使用前必须先声明，未经声明而直接使用数组元素将产生编译错误。声明数组的格式如下：

Dim 数组名(下标说明)[As 数据类型]

例如：

```
Dim A(10) As Integer                ' 声明了 A 数组有 11 个元素
```

或者使用 Dim A%(10)。

说明：

(1) 数组名的命名方式与变量名命名一致，但不能和简单变量名重名。

(2) 下标说明又称维定义符，定义了这个维的大小。它有两种表示格式：

上界

或

下界 To 上界

下界和上界必须使用数值型常量表达式，一般直接使用整型常数。它表示数组元素的下标应在从下界到上界的范围内，超出范围将出现运行错误。在缺省状态下，起始下标(下界)为 0，如 Dim A(50)表示声明了一个有 51 个元素的数组，它的每个元素分别为 A(0)，A(1)，…，A(50)。如果使用 Dim B(6 To 8)则表示声明的 B 数组只有 3 个元素，即 B(6)、B(7)和 B(8)。

缺省下界也可以用专用语句重新设置，如设置下界则缺省值为 1(只能为 0 或 1)。设置缺省下界的语句及格式如下：

Option Base 0 | 1

例如：Option Base 1 表示将下界缺省值设置为 1。

再如，若要用数组元素 Score(1)～Score(60)，可将数组 Score 声明为 Dim Score(1 To 60)，或在 Option Base 1 的情况下使用 Dim Score(60)。但有时也直接声明为 Dim Score(60)，只是不用下标为 0 的元素罢了。

(3) 这里的类型名与变量声明时的一样，它表示被声明的这个数组的每一个元素都是这种类型。省略类型名，则表示为 Variant 类型。

例如，要声明两个包含 60 个元素的数组，一个存放姓名，为字符串型，一个存放年龄，为整型，则声明语句为

```
Dim Name1(60) As String, Age(60) As Integer
```

上面语句也可以分两句写，分别声明。一般情况下，它们实际各包含 61 个元素。

6.2.2 一维数组的使用

数组的使用包括数组元素的引用和初始化及输入输出数组元素。

1. 引用数组元素

使用声明 Dim A(50) As Integer 时，该 A(50)不是数组元素，它只表示声明的数组名为 A，它的最大下标为 50。

使用数组元素又称为引用数组元素。其引用格式如下：

数组名(下标)

说明：

数组名应与声明时的数组名相同，下标必须用括号括起来，不能把 Score(1)写成 Score1。下标应为数值型的表达式，一般使用整型表达式，允许出现变量，且对实数自动四舍五入，其值应在下界与上界之间，否则会出现下标越界的运行错误。

例如，对上面声明的 A 数组，可以使用 A(2)、A(i)、A(k*2)等访问元素，但是要求 i 及 k*2 均要小于等于 50。

2. 给数组元素赋值

在声明好数组后，其元素的用法与简单变量用法一样，凡是可以使用简单变量的地方都可以使用同一类型的数组元素，因此对数组元素赋值也可以同样进行。例如：

```
A(k*2)=k*100
S(i)="内蒙古师范大学" & "计算机与信息工程学院"
```

只要下标不越界，声明的类型与值类型一致，以上句子就是正确的。

由于下标可以使用变量，所以经常使用循环赋值。如果希望 A(1)=1，A(2)=2，…，A(50)=50，则可用代码：

```
For i=1 To 50
    A(i)=i
Next i
```

3. 运行时通过键盘输入赋值

如果赋给数组元素的各值在运行前并不确定，需要在运行时通过输入获得，则也可以使用以前所用的方法，通过文本框或输入对话框进行赋值。例如：

```
S(3)=Text1.Text                '通过文本框对一个数组元素进行赋值
For i=1 To 50
    A(i)=Val(InputBox("请输入数据 A(" & i & ")="))
Next i
```

4. 使用 Array 函数对数组元素赋初值

如果在程序运行前已经知道了一批需要赋值给数组的数据，而数据不像 A(i)=i 那样有规律，那么可以使用 Array 函数对数组元素赋初值。另外，在程序调试时也可以先使用 Array 函数对数组元素赋初值，如果程序正确，再改用输入赋值。否则每调试运行一遍就要重新输入一次，很费时。Array 函数的使用格式如下：

数组名=Array(表达式表)

说明：

这里的表达式表是多个表达式，用逗号间隔，表达式中可以使用其他变量。Array 函数返回含有数组的 Variant 类型。因此在使用 Array 函数对数组元素赋初值前，必须先将变量名(数组名)定义为 Variant 类型。例如：

```
Dim A,B As Integer, i As Integer    '相当于 Dim A As Variant…
B=100
A=Array(3,4+B,5)
For i=0 To 2: Print A(i),: Next i
```

上面的 A 没有使用下标说明，Array 函数根据表达式的个数，决定 A 数组的元素个数。这里，A 有 3 个元素，下界为 0，上界为 2，它们的值分别为 3、104 和 5。

5. UBound 函数和 LBound 函数

这两个函数的作用是获得数组的上界和下界，对于一维数组，它们的基本格式如下：

UBound(数组名)

LBound(数组名)

例如，对 Dim C(−2 To 7)则 LBound(C)的值为−2，而对于上面用 Array 函数赋值的数组 A，则 UBound(A)的值为 2(因为它是从 0 开始的)。

6. 输出一维数组

输入一维数组实际上是指输出一维数组中的元素。输出个别元素时只要直接用如 Print A(3)这样的句子就可以了；当输出一批数组元素时，往往使用循环结构。例如：以下程序为在窗体上输出 50 个数组元素，每行显示 5 个。

```
For i=1 To 50
    Print A(i),
    If i Mod 5=0 Then Print              ' 输出 5 个元素就换一行
Next i
```

7. 访问数组

从上述的代码可以看出，对整个数组进行赋值、输出都采用循环结构，因此访问数组中各元素时也同样可以采用循环结构。

【例 6-1】 编程求某班 60 个学生某门课程考试的平均成绩，以及高于平均成绩的学生人数。

分析：(1) 声明一个大小至少为 60 的一维数组 Score，用来表示成绩；

(2) 输入 60 位学生的成绩；

(3) 计算平均成绩；

(4) 将每位学生的成绩与平均成绩比较，发现大于平均成绩的计数；

(5) 输出统计人数。

将程序代码写在 Command1 的单击事件中，程序代码如下：

```
Private Sub Command1_Click()
  Dim Score(60) As Integer, i As Integer,Avg As Single,N As Integer
  For i=1 To 60                        ' 开始输入数据
     Score(i)=Val(InputBox("请输入第" & i & "位学生的成绩: "))
  Next i
  Avg=0
  For i=1 To 60                        ' 开始计算平均分
```

```
        Avg=Avg+Score(i)
    Next i
    Avg=Avg/60
    N=0                                 '统计高于平均成绩的人数
    For i=1 To 60
        If   Score(i)>Avg Then
            N=N+1
      End If
    Next i
    Print "全班平均成绩："; Avg, "共有"; N; "人高于平均成绩"
  End Sub
```

事实上，上面程序中输入数据和计算平均分可以同时进行，这样可以去掉一次并列的循环。

6.2.3　一维数组的应用

1. 分类统计

分类统计是编程中最常用到的算法之一，一般是根据分类条件，使用计数器变量进行累加。对于分类较多的情况，使用数组作为计数器可使程序大大简化。

【例 6-2】 在例 6-1 的基础上添加统计 0～9，10～19，20～29，…，80～89，90～99 分数段以及 100 分的学生人数的功能。

分析：由于要统计各分数段的人数，故可用一个数组 Count 来实现，用 Count(0)存储 0～9 分的人数，Count(1)存储 10～19 分的人数，…，Count(9)存储 90～99 分的人数，Count(10)存储 100 分的人数。

程序代码如下：

```
Private Sub Command1_Click()
  Dim Score(60) As Integer, Count(10) As Integer
Dim i As Integer, k As Integer
  For i=1 To 60                    '开始输入数据
      Score(i)=Val(InputBox("请输入第" & i & "位学生的成绩: "))
  Next i
  For i=0 To 10                    '给数组 Count 赋初值
      Count(i)=0
  Next i
  For i=1 To 60                    '统计各分数段的人数
      k=Int(Score(i)/10)
      Count(k)=Count(k)+1
  Next i
  For i=0 To 9                     '输出各分数段的学生人数
      Print i*10; "～"; i*10+9; "分的学生人数："; Count(i)
  Next i
```

```
    Print "100 分的学生人数：";Count(i)
End Sub
```

2. 排序问题

排序是数据处理中最为常见的问题，它将一组数据按递增或递减的次序排列。例如，对一个班的学生考试成绩进行排序，对多个商场的日均销售额进行排序等。排序的算法有很多，常用的有选择法、冒泡法、合并法等。不同算法的执行效率不同，由于排序使用数组，需要消耗较多的内存空间，因此在处理数据量很大的排序时，选择适当的算法就显得非常重要了。

1) 选择法排序

对 n 个数 a(1)～a(n)，选择法排序的算法思路是(假设递增排序)：

(1) 先在 n 个数中选最小数，放在第 1 个数组元素中。即：取第 1 个数，与后面 n－1(即 2 到 n)个数逐个比较。若第 1 个数大，则 a(1)与参与比较的数组元素中的值进行互换，再将互换后的第 1 个数与剩下的数据比较，直至与所有的数都比较完。

(2) 在第 2 至第 n 个元素中，选最小数，放在第 2 个数组元素中。

(3) 重复以上步骤，直至在最后两个数中选取最小数，放在第 n－1 个数组元素中。

(4) 最后第 n 个元素即最大数了。

程序代码段如下：

```
For i=1 To n-1
    For j=i+1 To n
        If a(i)>a(j) Then
            Temp=a(i) : a(i)=a(j) : a(j)=Temp
        End If
        Next j
    Next i
```

2) 冒泡法排序

冒泡法排序的基本思路是(假设递增排序)：

(1) 将相邻的两个数进行比较，小的交换到前头。经 n－1 次两两相邻比较后，最大的数已经“沉底”，位于最后一个位置；较小的数“浮起”，位于第一个位置。

(2) 对余下的 n－1 个数(最大的数已“沉底”)按上述方法比较，经 n－2 次两两相邻比较后得到次大的数。

(3) 依次类推，n 个数共进行 n－1 趟比较，在第 i 趟中要进行 n－i 次两两比较。

程序代码段如下：

```
For i=1 To n-1
    For j=1 To n-i
        If a(j)>a(j+1) Then
            Temp=a(j)  : a(j)=a(j+1) : a(j)=Temp
         End If
        Next j
    Next i
```

【例 6-3】 用随机函数产生 50 个两位整数，并按照由小到大的顺序输出。

分析：本例中使用 1 个图片框、2 个命令按钮，在图片框中输出 50 个随机数及其排序结果。在使用 Rnd 函数之前使用产生随机数的语句 Randomize，以解决 VB 应用程序每次启动后随机数总是从同一个数开始的问题。

程序代码如下：

```
Option Base 1
Dim A(50) As Integer, N As Integer                    '定义窗体级动态数组及变量
Private Sub Command1_Click()
    Dim i As Integer
    Randomize
    N=50
    For i=1 To N
        A(i)=Int(Rnd*90)+10                           '产生[10，99]之间的随机整数
    Next i
End Sub
Private Sub Command2_Click()
    Dim temp As Integer, i As Integer, j As Integer
    Picture1.Cls
Picture1.Print "排序前数据: "
    For i=1 To N
        Picture1.Print A(i);
        If i Mod 10=0 Then                            '每行打印 10 个元素
            Picture1.Print
        End If
    Next i
    Picture1.Print
For i=1 To n-1
    For j=1 To n-i
        If a(j)>a(j+1) then
            Temp=a(j)  : a(j)=a(j+1) : a(j)=Temp
          End If
        Next j
  Next i
Picture1.Print "排序后数据: "
For i=1 To N
    Picture1.Print A(i);
    If i Mod 10=0 Then
        Picture1.Print
```

```
        End If
    Next i
    End Sub
```

6.2.4 使用 For Each…Next 语句访问数组

前面介绍了使用循环结构访问数组元素，这里介绍另一种访问方式，即采用 For Each/Next 语句。该语句可以遍历数组中的所有元素，其格式如下：

```
For Each 元素 In 数组名
  循环体
Next
```

说明：

其中的元素必须为一个 Variant 类型的变量，即使该数组只有一个元素，也会进行 For Each…Next 循环。循环的执行过程是：分别对数组中的第一个元素、第二个元素、…、最后一个元素，按序执行一次循环体。

例如，要输出数组 A 中各元素及它们的和，可以使用以下语句：

```
S=0
For Each X In A
Print X;
S=S+X
Next
Print : Print "S=";S
```

6.3 列表框与组合框

前面介绍了单选框和复选框，但当选项很多时，使用列表框和组合框可以解决单选框和复选框选项数量限制的问题。

6.3.1 列表框

列表框(ListBox)控件是一个显示多个项目列表的控件，用户可以从列表框中选择一个或多个需要的项目。使用 ListBox 控件是在有限的空间内为用户提供大量选项的有效方法。

例如通过选择字体来改变标签的文字字体。系统提供的字体有 100 多种，如果全部采用单选按钮，将会铺满窗口，这显然是不合适的。若使用了 ListBox 控件，则可以把这 100 多种字体都放入列表框，只需利用列表框的滚动条，即可方便地选择其中的任何一个。

1. 创建列表框控件

创建列表框控件的方法与创建其他控件的方法一样，在工具箱内选取列表框工具进行创建即可。

2. 列表框控件的属性

列表框控件除了控件的基本属性外，还有如表 6-1 所示的常用属性。

表 6-1　列表框的常用属性

属性项	说　明
(名称)	Name，设置列表框的名称，为字符型。缺省值为 List1
List	保存了选项值和字符串型数组。如第 i 项为 List(i – 1)，则下标从 0 开始
ListCount	列表框中的项目总数，项目下标为 0～ListCount – 1
ListIndex	选中的项目在列表框中的位置。位置由索引值(下标)给定，第一项的索引值为 0，第二项的索引值为 1，依次类推
Selected	列表框某项的选中状态，为布尔型数组。选中为 True，否则为 False
Sorted	用来对列表框中的项目进行排序，为布尔型。值为 True 时，项目以字母升序排列；值为 False 时，列表框中的项目按加入的顺序排列
Text	最后一次选中的列表框选项的文本，不能直接修改 Text 属性值
MultiSelect	确定列表框是否允许多选。可设置 0、1、2 三个值。0—不能多选，为缺省值；1—可用鼠标单击或按空格键实现复选；2—能多选(可与 Shift、Ctrl 键合用)
SelCount	列表框中选中的项目数

若列表框名称为 List1，则代码 Str=List1.List(2)表示将列表框中第 3 项的文字赋给变量 Str。代码 If List1.Selected(i) Then MsgBox List1.List(i)表示如果第 i+1 项被选中，则将其项目文字显示在消息框中。另外，当处于单选状态时，即 MultiSelect 值为 0 时，List1.List(List1.ListIndex)与 List1.Text 是等价的。

3. 列表框控件的方法

列表框控件主要使用以下方法：

(1) AddItem 方法。该方法用于建立列表框数据项，即把项目添加到列表框中。其格式如下：

列表框对象名称.AddItem 项目字符串[，索引值]

说明：

索引值表示添加的位置，如索引值为 3，则表示现在添加的项目在列表框中的下标为 3，原来下标为 3 至 ListCount – 1 的项目依次后移。省略索引值，则将项目添加在列表框的最后。

例如：

```
List1.AddItem "Hello"        '直接将"Hello"添加到 List1 列表框的最后
List1.AddItem "Hello",3      '将"Hello"添加到 List1 第 2 条的后面
```

(2) RemoveItem 方法。该方法用于清除列表框中的数据项，即从列表框中删除一条项目。其格式如下：

列表框对象名称.RemoveItem 索引值

RemoveItem 方法通过索引值删除列表框中的指定项目。例如：

```
List1.RemoveItem 2           '删除 List1 中下标为 2(第 3 条)的项目
```

(3) Clear 方法。该方法用于清除列表框中的所有项目。其格式如下：

列表框对象名称.Clear

4. 列表框控件的事件

列表框控件常用的事件有：

(1) Click 事件：用鼠标单击列表框项目或键盘选择列表框项目时，驱动事件代码执行。

(2) DblClick 事件：用鼠标双击列表框项目时，驱动事件代码执行。

【例 6-4】 通过选择字体来改变标签的文字字体。程序运行界面如图 6-1 所示。

分析：VB 允许调用 Screen 这个系统对象，它是指整个 Windows 桌面，它的 FontCount 属性提供了可以使用的字体数目，它的 Fonts 属性数组提供了具体的字体，如 Fonts(i)表示索引号为 i 的字体名称(其中 0≤i≤FontCount－1)。

本例使用两个控件：1 个标签和 1 个列表框。通过窗体的 Load 事件实现标签属性的设置，并利用 Screen 对象的 FontCount 和 Fonts 属性，把各种字体放入列表框中；列表框的 Click 事件实现标签字体的修改。

图 6-1　运行界面

程序代码如下：

```
Private Sub Form_Load()
    Dim i As Integer
    Label1.FontSize = 18
    Label1.Caption = "内蒙古师范大学 Computer"
    For i = 0 To Screen.FontCount - 1        '把所有字体放入列表框中
        List1.AddItem Screen.Fonts(i)
    Next i
End Sub
Private Sub List1_Click()
    Label1.FontName = List1.Text
End Sub
```

【例 6-5】 编写一个程序，输入要采购的书籍名称，单击“添加”按钮后，将输入的内容添加到一个采购列表框中，同时也可以选中列表框中的某书，单击“删除”按钮从列表框中删除。界面效果如图 6-2 所示。

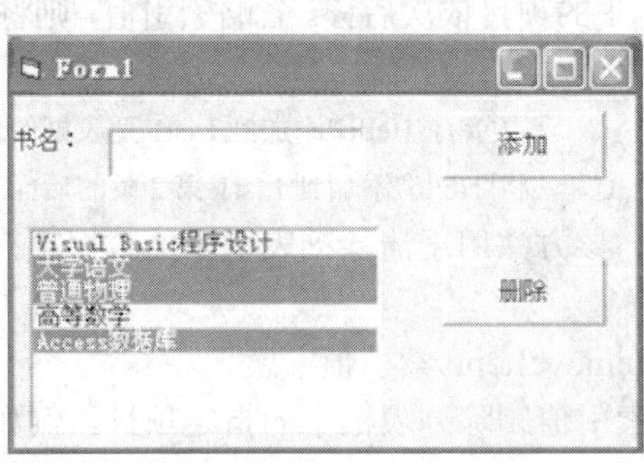

图 6-2　界面效果

分析：列表框 List1 的 MultiSelect 属性设为 2-Extended，允许多选。对于“删除”按钮，由于删除一个，ListCount 的值就会减 1，而且如果删除了一个索引号为 3 的项目，则原来索引号为 4 的项目索引号就会变为 3，所以按顺序往下删除就要注意多个问题。由于删除只使该项目后面的索引号发生改变，一个简单的办法就是从索引号 ListCount－1 到 0 判断是否要删除，即反向进行删除。

程序代码如下：

```
Private Sub Form_Load()
    Label1.Caption = "书名："
    Text1.Text = ""
    Command1.Caption = "添加"
    Command2.Caption = "删除"
End Sub
Private Sub Command1_Click()                     '添加
    List1.AddItem Text1.Text
    Text1.Text = ""
    Text1.SetFocus
End Sub
Private Sub Command2_Click()                     '删除
    Dim i As Integer
    For i = List1.ListCount - 1 To 0 Step -1
        If List1.Selected(i) Then List1.RemoveItem i
    Next i
End Sub
```

6.3.2　组合框

组合框(ComboBox)兼有文本框和列表框两者的功能，它既允许用户输入文本，也允许用户在列表中选择项目。

1. 创建组合框控件

创建组合框控件的方法与创建其他控件的方法一样，在工具箱内选取组合框工具进行创建即可。

组合框控件除了控件的基本属性外，还有与列表框控件相同的 List、ListCount、ListIndex、Sorted 等属性，与文本框控件相同的 Locked、SelStart、SelLength、SelText 等属性。其常用属性如表 6-2 所示。

表 6-2　组合框的常用属性

属性项	说　明
(名称)	Name，设置组合框的名称，为字符型。缺省值为 Combo1
Text	用户输入的文本内容或选中的文字
Style	确定组合框的性能和样式。可设置 0、1、2 三个值。0—下拉组合框，包括 1 个下拉式列表和 1 个文本框，是缺省值；1—简单组合框，包括 1 个文本框和 1 个不能下拉的列表；2—下拉式列表，只能选择，不能输入

2. 组合框控件的方法

与列表框控件一样，组合框控件主要使用的方法是 AddItem、RemoveItem 和 Clear 方法。

3. 组合框控件的事件

组合框控件常用的事件有：

(1) Click 事件：当鼠标在组合框中选择项目时，驱动事件代码执行。

(2) Change 事件：当 Style 为 0 或 1，且用户在组合框控件的文本框部分输入文字时，驱动事件代码执行。

【例 6-6】 编制一个设置字体、字型和字号的演示程序。程序运行时，设置的效果反映在预览框内，其界面如图 6-3 所示。

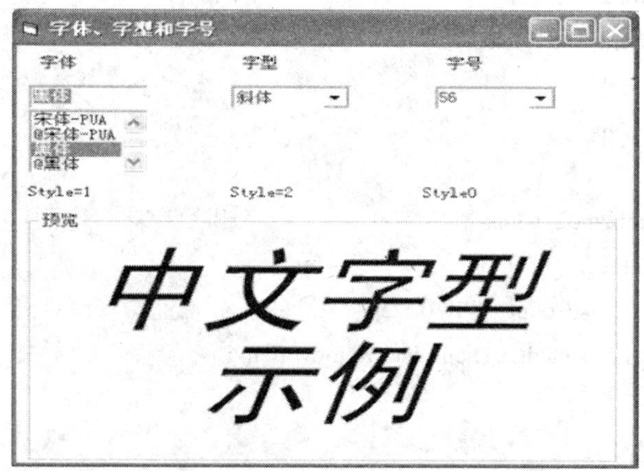

图 6-3　程序运行界面

分析： 本例使用 6 个用于提示的标签，1 个用于显示预览效果的标签(在框架内)，1 个框架，3 个组合框。其中字体、字型和字号组合框的 Style 属性值分别设置为 1、2、0。

程序代码如下：

```
Option Explicit
Private Sub Combo1_Click()                          ' 通过选择改变字体
    Label7.FontName = Combo1.Text
End Sub

Private Sub Combo1_KeyPress(KeyAscii As Integer)
    Dim i As Integer
    If KeyAscii = 13 Then
        For i = 0 To Screen.FontCount - 1
            If Combo1.Text = Screen.Fonts(i) Then Exit For
        Next i
        If i < Screen.FontCount Then Label7.FontName = Combo1.Text
    End If
End Sub
```

```
Private Sub Combo2_Change()                   '通过选择改变字型
    Label7.FontName = Combo1.Text
End Sub

Private Sub Combo2_Click()
    Select Case Combo2.Text
        Case "粗体"
            Label7.FontBold = True: Label7.FontItalic = False
        Case "斜体"
            Label7.FontBold = False: Label7.FontItalic = True
        Case "粗体斜体"
            Label7.FontBold = True: Label7.FontItalic = True
        Case "标准"
            Label7.FontBold = False: Label7.FontItalic = False
    End Select
End Sub

Private Sub Combo3_Change()                   '通过输入字号改变字号
    Dim n As Integer
    n = Val(Combo3.Text)
    If n >= 6 And n <= 150 Then Label7.FontSize = n
End Sub
Private Sub Combo3_Click()                    '通过选择改变字号
Label7.FontSize = Val(Combo3.Text)
End Sub

Private Sub Form_Load()
    Dim i As Integer
    For i = 0 To Screen.FontCount -1  '定义字体表项
        Combo1.AddItem Screen.Fonts(i)
    Next i
    For i = 6 To 26 Step 2                    '定义字号大小表项
        Combo3.AddItem i
    Next i
    For i = 28 To 72 Step 4
        Combo3.AddItem i
    Next i
    Combo2.AddItem "标准"                     '定义字型表项
    Combo2.AddItem "粗体"
```

```
        Combo2.AddItem "斜体"
        Combo2.AddItem "粗体斜体"
        Combo1.Text = "隶书"                  ' 初始化组合框
        Combo2.Text = "斜体"
        Combo3.Text = 26
        Form1.Caption = "字体、字型和字号"
    End Sub
```

6.4 控件数组

前面介绍了具有简单结构类型的变量——数组，以及具有与数组处理类似的控件——列表框和组合框。若数组名为 A，列表框名称为 List1，则它们的第 i 项(i 从 0 开始)可分别表示成 A(i)和 List1.List(i)。列表框中的每个元素都是字符串型，数组 A 中的每个元素也具有相同的类型。

本节介绍控件数组。当窗体中有一批同类且功能类似的控件时，可以把它们创建成控件数组，以简化编程。控件数组中的每一个元素都是同类控件，并且具有相同的名称。比如有 10 个命令按钮，它们的名称均为 Command1，则可用索引值 Index 属性区分它们。

6.4.1 控件数组的概念

控件数组由一组相同类型的控件组成，这些控件共用一个相同的控件名字，具有同样的属性设置。数组中的每个控件都有唯一的索引号(Index Number)，即下标，其所有元素的 Name 属性必须相同。

当有若干个控件执行大致相同的操作时，控件数组是很有用的，控件数组共享同样的事件过程。例如，假定一个控件数组含有 3 个命令按钮，则不管单击哪一个按钮，都会调用同一个 Click 过程。

控件数组的每个元素都有一个与之关联的下标，或称索引(Index)，下标值由 Index 属性指定。由于一个控件数组中的各个元素共享 Name 属性，所以 Index 属性与控件数组中的某个元素有关。也就是说，控件数组的名字由 Name 属性指定，而数组中的每个元素则由 Index 属性指定。和普通数组一样，控件数组的下标也放在圆括号中，例如 Option1(0)。

为了区分控件数组中的各个元素，VB 把下标值传送给一个过程。例如，假定在窗体上建立了两个命令按钮，将它们的 Name 属性都设置为 Comtest。设置完第 1 个按钮的 Name 属性后，如果再设置第 2 个按钮的属性，则 VB 会弹出一个对话框，询问是否要建立控件数组。此时单击对话框中的“是”按钮，对话框消失，然后双击窗体上的第 1 个命令按钮，打开程序代码窗口，可以看到在事件过程中加入了一个 Index 参数，即

```
    Sub Comtest_Click(Index As Integer)
    End Sub
```

现在，不论单击哪一个命令按钮，都会调用这个事件过程，按钮的 Index 属性会传送给过程，由它指明单击了哪一个按钮。

在建立控件数组时，VB 给每个元素赋予了一个下标值，通过属性窗口中的 Index 属性，可以知道这个下标值是多少。可知，第 1 个命令按钮的下标值为 0，第 2 个命令按钮的下标值为 1，依次类推。在程序设计阶段，可以改变控件数组元素的 Index 属性，但不能在程序运行时改变。

控件数组元素通过数组名和括号中的下标来引用。例如：

```
Sub Comtest_Click(Index As Integer)
    Comtest(Index).Caption=Format$(Now," hh:mm:ss")
End Sub
```

当单击某个命令按钮时，该按钮的标题将被设置为当前时间。

控件数组多用于单选按钮。在一个框架中，有时候可能会有多个单选按钮，可以把这些按钮定义为一个控件数组，然后通过赋值语句使用 Index 属性或 Caption 属性。

6.4.2　控件数组的建立

控件数组是针对控件建立的，因此与普通数组的定义不同，可以通过以下两种方法来建立：

方法一，步骤如下：

(1) 在窗体上画出作为数组元素的各个控件。

(2) 单击要包含到数组中的某个控件，将其激活。

(3) 在属性窗口中选择“(名称)”属性，键入控件的名称。

(4) 对每个要加到数组中的控件重复步骤(2)、(3)，键入与步骤(3)中相同的名称。

当对第 2 个控件键入与第 1 个控件相同的名称后，VB 将显示一个对话框，询问是否要建立控件数组。单击“是”按钮将建立控件数组，单击“否”按钮则放弃建立操作。

方法二，步骤如下：

(1) 在窗体上画出一个控件，将其激活。

(2) 执行“编辑”菜单中的“复制”命令(热键为 Ctrl + C)，将该控件放入剪贴板。

(3) 执行“编辑”菜单中的“粘贴”命令(热键为 Ctrl + V)，显示一个对话框，询问是否建立控件数组，单击对话框中的“是”按钮，窗体的左上角出现一个控件，它就是控件数组的第 2 个元素。

(4) 执行“编辑”菜单中的“粘贴”命令，建立控件数组的其他元素。

控件数组建立后，只要改变一个控件的 Name 属性值，并把 Index 属性置为空(不是 0)，就能把该控件从控件数组中删除。控件数组中的控件执行相同的事件过程，并通过 Index 属性决定控件数组中的相应控件所执行的操作。

6.4.3　控件数组的使用

访问控件数组元素与访问普通数组元素一样，通过控件名称(索引值)来确定每个控件。例如，控件数组名为 Command1，现要对索引为 2 的命令按钮设置 Caption 属性为“问候”，则可以使用代码：

```
Command1(2).Caption="问候"
```

如果是一批很规律的操作，一般可以通过循环结构实现。

需要注意的是，如果先创建了 0～5 共 6 个元素的控件数组，后又删除了索引值为 3 的控件数组，则将导致索引不连续，此时再访问索引值为 3 的数组元素(即控件)将导致程序出错。解决的方法是修改 Index 属性值。

【例 6-7】 设计如图 6-4 所示的界面，创建一个选项按钮控件数组，其中包含 7 个选项按钮。程序运行时，当按下某一选项按钮时，对图形设置相应的填充颜色。

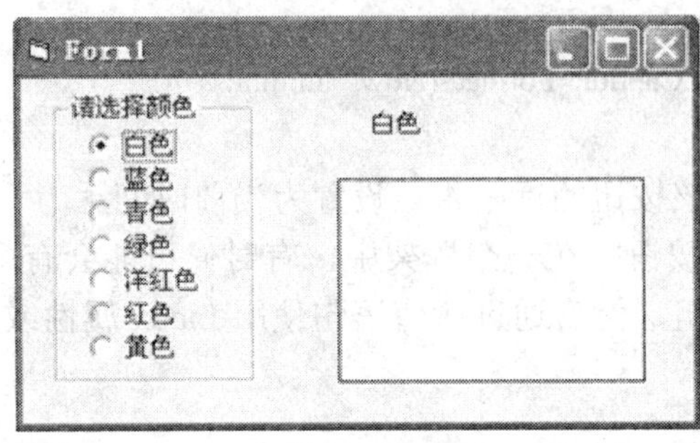

图 6-4　程序运行界面

分析：本例使用 1 个框架控件、1 个选项按钮控件数组、1 个标签控件和 1 个图形控件。界面设计步骤如下：

(1) 使用工具箱中的 Frame 控件在窗体上画一个框架，把这个框架用作选项按钮的容器。

(2) 在框架中创建选项按钮控件数组。首先选中框架 Frame1，然后从工具箱中选取选项按钮控件 OptionButton，在框架中画第一个选项按钮 Option1，复制 Option1，再选中框架，执行粘贴，这时会提示是否创建控件数组，单击“是”按钮。继续在框架中粘贴其他选项按钮，这些选项按钮构成了一个选项按钮数组 Option1(0)～Option1(6)，依次设置各选项按钮的 Caption 属性为“白色”、“蓝色”、……(见图 6-4)。将“白色”选项按钮的 Value 属性设置为 True，使其处于选中状态，与图形的初始填充颜色(白色)一致。

(3) 使用工具箱中的 Shape 控件在界面上画一个长方形，设置其填充风格属性 FillStyle 为 0-Solid(实心的)，填充颜色 FillColor 属性为白色。

(4) 在 Shape 控件的上方添加标签 Label1，将其 AutoSize 属性设置为 True。

由于 7 个选项按钮为一个控件数组，因此能共享同一个事件过程，在选项按钮数组的 Click 事件过程中可以根据 Index 参数值判断在哪一个选项按钮上发生了单击事件，以决定对图形设置相应的颜色。

在界面上双击任何一个选项按钮，都可以打开选项按钮数组的 Click 事件过程。

程序代码如下：

```
Private Sub Form_Load()
    Option1(0).Caption = "白色"
    Option1(1).Caption = "蓝色"
    Option1(2).Caption = "青色"
    Option1(3).Caption = "绿色"
    Option1(4).Caption = "洋红色"
    Option1(5).Caption = "红色"
```

```
        Option1(6).Caption = "黄色"
        Label1.Caption = "白色"
        Frame1.Caption = "请选择颜色"
    End Sub

    Private Sub Option1_Click(Index As Integer)
        Select Case Index
            Case 0
                Shape1.FillColor = vbWhite
            Case 1
                Shape1.FillColor = vbBlue
            Case 2
                Shape1.FillColor = vbCyan
            Case 3
                Shape1.FillColor = vbGreen
            Case 4
                Shape1.FillColor = vbMagenta
            Case 5
                Shape1.FillColor = vbRed
            Case 6
                Shape1.FillColor = vbYellow
        End Select
        Label1.Caption = Option1(Index).Caption
    End Sub
```

【例 6-8】 编写一个运行界面如图 6-5 所示的程序，其中“+”、“-”、“×”、“÷”为命令按钮控件数组，2 个文本框用于输入数据，当单击 4 个运算符按钮中的任一个时，开始计算，并在 Label1、Label2 和 Label3 上分别显示运算符、等号和运算结果。

分析：通过创建控件数组的方法创建 4 个命令按钮，根据单击 4 个命令按钮之一时产生的 Index 值来决定执行什么运算。

本例将文本框和标签的初始显示文字设置为“ ”，其他对象的 Caption 属性设置如图 6-5 所示。

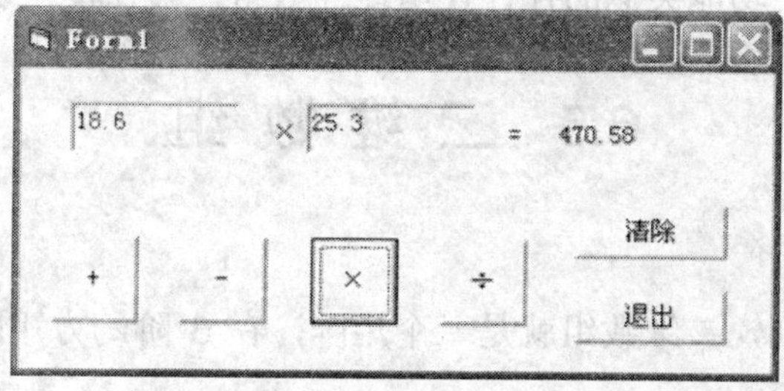

图 6-5　程序运行界面

程序代码如下：

```
Option Explicit
Private Sub Command1_Click(Index As Integer)
    Label1.Caption = Command1(Index).Caption   '将对应的运算符显示在 Label1 上
    Select Case Index
        Case 0
            Label3.Caption = Val(Text1.Text) + Val(Text2.Text)
        Case 1
            Label1.Caption = "-"
            Label3.Caption = Val(Text1.Text) - Val(Text2.Text)
        Case 2
            Label1.Caption = "×"
            Label3.Caption = Val(Text1.Text) * Val(Text2.Text)
        Case 3
            If Val(Text2) = 0 Then
                MsgBox "0 做除数"
            Else
                Label1.Caption = "÷"
                Label3.Caption = Val(Text1.Text) / Val(Text2.Text)
            End If
    End Select
End Sub

Private Sub Command2_Click()                  '“清除”按钮
    Text1.Text = "":      Text2.Text = ""
    Label1.Caption = "":  Label2.Caption = "":  Label3.Caption = ""
    Text1.SetFocus
End Sub

Private Sub Command3_Click()                  '“退出”按钮
    End
End Sub
```

由此可见，对同一类功能类似的控件使用控件数组，会使程序设计更为方便。

6.5 二 维 数 组

一维数组是一个队列，二维数组就是一个矩阵，在 3 阶幻方矩阵 $\boldsymbol{A}=\begin{bmatrix}2 & 9 & 4\\7 & 5 & 3\\6 & 1 & 8\end{bmatrix}$ 中，每

个元素都需要两个下标(行、列)来确定位置，如 ***A*** 中值为 7 的元素的行为 2、列为 1，它们共同确定了元素 7 在矩阵 ***A*** 中的位置，可以用 A(2，1)来表示。

6.5.1　声明二维数组

声明二维数组的格式如下：

Dim 数组名(下标说明，下标说明)[As 类型名]

说明：

数组名、下标说明的要求和格式与一维数组一样，只是多了一个下标说明。

例如，要声明 2 个二维数组，一个含 10×10 个字符串型的元素；另一个的第一维的上、下界分别为 5 和 3，第二维的上、下界分别为 20 和 0，并且存放整型数据。声明语句为：

```
Dim A(9,9) As String, B(3 To 5, 20) As Integer        '缺省状态下，下标下界一般为 0
```

二维数组可以与其他变量在同一个 Dim 语句中声明。

6.5.2　使用二维数组

二维数组的使用包括数组元素的引用和输入输出。

1. 引用数组元素

在声明了二维数组后，计算机就为它分配了存储空间，程序中就可以引用其中的元素了。

引用二维数组元素的格式如下：

数组名(下标，下标)

比如在声明了 Dim A(9,9) As String, B(3 To 5, 20) As Integer 后，就可以使用 A(1,1)、A(i,j)、A(k*2,3)、B(4,15)等访问元素，但是要求 i、j 及 k*2 均要小于 10。而使用 A(7)、B(1，3)都是错误的，一是维数不正确，二是下标越界。

2. 给数组元素赋值

在声明好数组后，就可以对元素赋值了。例如：

```
A(0，0)="内蒙古师范大学计算机与信息工程学院"
```

由于下标可以使用变量，所以经常使用二重循环对二维数组元素赋值。例如，建立矩阵 $\boldsymbol{A}=\begin{bmatrix}1 & 2 & 3 & 4\\ 5 & 6 & 7 & 8\\ 9 & 10 & 11 & 12\end{bmatrix}$ 的数组，可以使用如下代码：

```
Dim a(3, 4) As Integer, N As Integer, i As Integer, j As Integer
N = 1
For i = 1 To 3
    For j = 1 To 4
        a(i, j) = N
        N = N + 1
    Next j
Next i
```

3. 运行时通过输入赋值

运行时通过输入赋值，可以采用以下代码形式：

```
For i = 3 To 5
    For j = 0 To 20
        B(i, j) = Val(InputBox("请输入数据"))
    Next j
Next i
```

4. 输出二维数组

输出二维数组是指输出二维数组中的元素。当输出所有数组元素时，使用二重循环。以下程序段输出上面的矩阵 ***A***，即每行显示 4 个，共 3 行。

```
For i = 1 To 3
    For j = 1 To 4
        Print a(i, j),
    Next j
    Print                                   ' 换行
Next i
```

5. 访问数组

访问数组是对数组元素的操作。其实每个元素都可以像简单变量一样使用，而当成批操作时，又可以通过循环来进行。

【例 6-9】 设某个班共有 60 名学生，期末考试共有 5 门课程，请编一程序评定学生的奖学金，要求输出一、二等奖学金学生的学号和各门课成绩。奖学金评定标准是：总成绩超过全班总平成绩 20%的发给一等奖学金，超过全班总平成绩 10%的发给二等奖学金。

程序代码如下：

```
Option Base 1
Const NUM = 60, KCN = 5                     ' 定义存放学生人数和课程数目的符号常量
Private Sub Form_Click()
  Dim x(NUM, KCN + 1) As Single             ' 存放学生成绩，第 6 列为该学生的总成绩
  Dim i%, j%, k%, sum!, avg!
  avg = 0
  For i = 1 To NUM
    sum = 0                                 ' 求第 i 个学生的总成绩
    For j = 1 To KCN
      x(i, j) = Val(InputBox("输入第" & i & "位学生的第" & j & "门课程成绩"))
      sum = sum + x(i, j)
    Next j
    x(i, KCN + 1) = sum
    avg = avg + sum
  Next i
```

```
        avg = avg / NUM                    '计算全班的总平均成绩
        Print "学号" & KCN & "考试课程成绩和奖学金等级"
        For i = 1 To NUM
            If x(i, KCN + 1) >= 1.2 * avg Then
                Print i;
                For j = 1 To KCN
                    Print "   "; x(i, j);
                Next j
                Print "一等奖学金"
            End If
        Next i
        For i = 1 To NUM
            If x(i, KCN + 1) >= 1.1 * avg and x(i, KCN + 1) < 1.2 * avg Then
                Print i;
                For j = 1 To KCN
                    Print "   "; x(i, j);
                Next j
                Print "二等奖学金"
            End If
        Next i
    End Sub
```

6.6 动态数组

前面在声明一维或二维数组的同时，还指定了数组的上、下界，因此也就确定了数组的大小，对于这类声明的同时固定大小的数组称为固定数组。如果在编写程序时无法确定数组的大小，需要在程序运行时才能知道，这时可以使用动态数组，或称为可调数组。

VB 中动态数组的使用非常方便，可以在任何时候改变数组的大小，有利于节省存储空间。如果只能使用固定数组，则往往要把数组声明得尽可能大，否则就有可能造成下标越界。

6.6.1 声明动态数组

声明并使用动态数组可以分为以下两步。

1. 声明动态数组

声明动态数组的格式如下：

Dim 数组名() [As 类型名]

说明：事实上，它声明了一个空维数组，表明该数组是动态数组。例如 Dim a() As Integer 表示声明了一个数组名为 a 的动态整型数组。

2. 用 ReDim 语句分配数组的实际元素个数

ReDim 语句是一个可执行语句，它只能出现在过程中，其作用是为数组分配实际空间。其格式如下：

ReDim 数组名(下标说明 [，下标说明])

例如，已经输入了一个正整数到变量 n，则可以使用 ReDim a(n)，也可以使用 ReDim a(n,n) 对 a 数组分配实际的元素个数，可以将 a 数组作为一维数组，也可以作为多维数组。ReDim 语句可以反复改变数组的元素个数或维数个数。

在分配了实际元素个数后，就可以像使用静态数组一样地使用该数组了。

6.6.2 保留动态数组中存放的数据

当动态数组中已经存放了一些数据后，如果再次执行 ReDim 语句，原有的数据就会全部丢失。如果希望保留原来存在的数据，则可以在 ReDim 语句中使用 Preserve 关键字。其使用格式如下：

ReDim Preserve 数组名(下标说明[，下标说明])

说明：如果针对多维数组，则使用 Preserve 关键字只能改变数组中最后一维的上界，否则会导致运行错误。

【例 6-10】 编写程序，输出如图 6-6 所示的杨辉三角形(亦称 Pascal 三角形)。

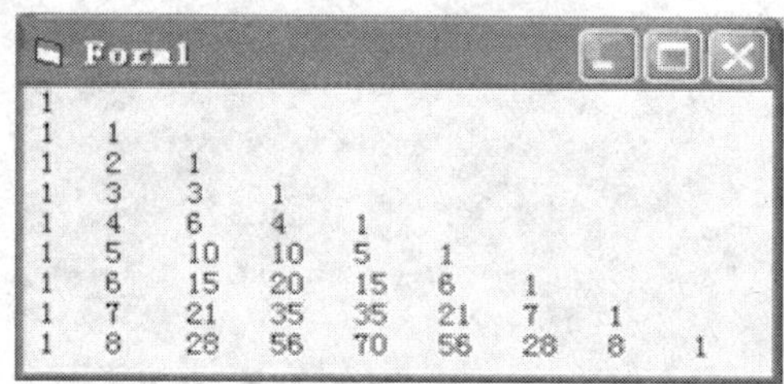

图 6-6 程序运行界面

分析：杨辉三角形中的各行就是二项式展开式中各项的系数，根据图 6-6 中的数据排列式，可以用一个 n×n 方阵表示，其第 1 列和对角线上的元素全是 1，其余元素都是它上一行的前一列元素和同一列元素之和，即 a(i, j) = a(i − 1, j − 1) + a(i − 1, j)。

程序代码如下：

```
Private Sub Form_Click()
  n% = Val(InputBox("n=?"))
  Dim a&()
  ReDim a(n, n)
  For i = 0 To n
    a(i, 0) = 1: a(i, i) = 1
  Next i
  For i = 2 To n
    For j = 1 To i - 1
      a(i, j) = a(i - 1, j - 1) + a(i - 1, j)
    Next j
```

```
    Next i
    For i = 0 To n
        For j = 0 To i
            Print Tab(5 * j); a(i, j);
        Next j
        Print
    Next i
End Sub
```

6.7　程序举例

数组是程序设计中使用最多的一种数据结构，它和循环结构结合使用，为成批和有规律的数据的处理带来了很多方便，简化了编程的工作量，缩短了代码的长度并使之更有效率。

前面例题中介绍了利用数组进行一些数值计算、数据统计操作，并介绍了两种排序算法，为了加深对数组的理解，下面结合一些常用算法的编程来更深入地学习和使用数组。

6.7.1　寻找最大、最小值

【例 6-11】 用随机函数产生 30 个 60～100 之间的整数并存于数组中，求其中的最大元素和所在下标及各元素之和。

程序代码如下：

```
Private Sub Form_Click()
Dim Max As Integer, Maxi As Integer, sum As Integer, i As Integer
Dim a(30) As Integer
Randomize
For i = 1 To 30                              ' 产生 30 个随机数
    a(i) = Int(Rnd * 41 + 60)
Next i
Max = a(1): Maxi = 1: sum = a(1)             ' 求最大值和下标及和
For i = 2 To 30
    If Max < a(i) Then
        Max = a(i): Maxi = i
    End If
    sum = sum + a(i)
Next i
For i = 1 To 30         '输出
    Print a(i);
    If i Mod 10 = 0 Then Print
Next i
```

```
Print "这些随机数的最大值为：" ; Max, "所在下标为：" ; Maxi, "总和为：" ; sum
End Sub
```

6.7.2　检索问题

【例 6-12】 用随机函数产生 30 个两位整数，然后从键盘输入一个两位整数 X，判断 X 是否在这 30 个数之内，若与其中一个数相同，则输出与该数相同的第一个数的下标；若没有相同的数，则显示“找不到”；若输入的 X 不是两位整数，则结束该事件。

分析：这是一个检索(查找)问题，关键是如何在 A(1)～A(30)个数据中检索数据。一个简单的方法是采用顺序检索(又称线性查找法)，即：将键盘输入的数据 X 与 A(1)～A(30)逐一比较，若与某个 A(i)相符，则找到，否则找不到。

程序代码如下：

```
Private Sub Form_Click()
Dim x As Integer, i As Integer, a(30) As Integer
Randomize
For i = 1 To 30                        ' 产生 30 个随机数并输出
    a(i) = Int(Rnd * 90 + 10)
    Print a(i);
    If i Mod 10 = 0 Then Print
Next i
x = Val(InputBox("请输入要查找的两位数"))
If x >= 10 And x < 100 Then            ' 顺序查找开始
  For i = 1 To 30
    If x = a(i) Then Exit For
  Next i
  If i > 30 Then
    MsgBox "找不到" & x, , "提示"
  Else
    MsgBox x & "是第" & i & "个数", , "提示"
  End If
Else
    MsgBox "数据输入有错！", vbCritical, "出错"
End If
End Sub
```

6.7.3　交换数组中各元素

交换数组中的各元素，实际上是找下标之间的规律，这在数组操作时会经常使用。

【例 6-13】 交换的要求是将数组第 1 个元素与最后一个元素交换，第 2 个元素与倒数第 2 个元素交换，依次类推。

程序代码如下：

```
Option Base 1
Private Sub Form_Click()
Dim a(), t As String, i As Integer
a = Array("a", "b", "c", "d", "e", "f", "g", "h", "i", "j")
Print "交换前：";
For i = 1 To 10
    Print a(i); " ";
Next i
For i = 1 To 10 \ 2
    t = a(i): a(i) = a(10 - i + 1): a(10 - i + 1) = t
Next i
Print: Print: Print "交换后：";
For i = 1 To 10
    Print a(i); " ";
Next i
End Sub
```

程序运行结果如图 6-7 所示。

图 6-7　程序运行结果

思考：若将数组中前一半的元素与后一半的元素交换，即第 1 个与第 6 个、第 2 个与第 7 个……交换，则上述程序如何修改？

习　　题

一、选择题

1. 语句 Dim X(0 To 4, 4 To 5)定义的数组 X 可以存放(　　)个元素。

A．6　　　　B．8

C．10　　　　D．20

2. 下面(　　)语句声明的数组不是动态数组。

A．Dim X()　　　　B．Dim X(5)

C．ReDim X(10)　　　　D．以上都不是

3. 在 VB 中，要遍历一个对象集合中的元素，应使用(　　)语句。

A．For…Next　　　　B．For Each…Next

C．With…End With　　　　D．Do…Loop

4. 程序运行时，组合框控件 Combo1 中所选择的项目可以表示为(　　)。

A．Combo1.Text　　B．Combo1.List

C．Combo1.ListIndex　　D．Combo1.ListCount

5. 下列有关 VB 的表述中，正确的是(　　)。

A．列表框中的项目可以设定成允许多选

B．组合框中的项目可以设定成允许多选

C．数组默认的下标下界可以设置为负数

D．数组名可以与简单变量名同名

6. 声明 Dim A(1 To 3, 4)后，在缺省状态下，使用(　　)将出现下标越界。

A．A(1,1)　　B．A(1,0)

C．A(0,1)　　D．A(3,4)

二、程序阅读题

1. 写出以下程序在运行后，单击窗体，窗体上显示的内容。

```
Option Base 0
Private Sub Form_Click()
    Dim a,i As Integer
    A=Array(1,2,3,4,5,6,7,8,9)
    For i=0 To 3
        Print a(5-i);
    Next i
End Sub
```

2. 写出以下程序的运行结果。

```
Option Base 1
Private Sub Form_Click()
    Dim a(4, 4),i As Integer, j As Integer
    For i=1 To 4
        For j=1 To 4
          a(i,j)=(i-1)*3+j
        Next j
    Next i
    For i=3 To 4
        For j=3 To 4
          Print a(j,i);
        Next j
        Print
    Next i
End Sub
```

3. 写出以下程序的运行结果。

```
Private Sub Form_Click()
```

```
    Dim a(-5 To 6),i As Integer
    For i=LBound(a) To UBound(a)
        a(i)=i
    Next i
    Print a(LBound(a));a(UBound(a))
End Sub
```

4. 写出下列程序段的运行结果。

```
Dim a(10, 10),i As Integer，j As Integer
For i=2 To 4
    For j=4 To 5
        a(i,j)=i*j
    Next j
Next i
Print A(2,5)+A(3,4)+A(4,5)
```

三、程序填空题

本程序要求利用随机函数产生 10 个[1，200]之间的随机整数，输出其中是 7 的倍数的数并求其和。请在下划线处填上正确的内容。

```
Private Sub Command1_Click()
    For m=1 To 10
        X=Int(rnd*200+1)
        If ________ Then Print x; : sum=sum+x
    Next m
    Print
    Print "sum=";sum
End Sub
```

四、编程题

1. 利用随机函数生成两个 4×4 矩阵 ***A***、***B***(矩阵 ***A*** 的每个数在 1～9 之间，矩阵 ***B*** 的每个数在 10～20 之间)，要求：

(1) 将两个矩阵相乘，结果放入矩阵 ***C*** 中(注意矩阵的乘法规则)。

(2) 统计矩阵 ***C*** 中最大值和下标及最小值和下标。

(3) 求矩阵 ***A*** 两条对角线元素的平均值。

(4) 将矩阵 ***A*** 按列的次序把其中各元素放入一维数组 D 中，并显示结果。

2. 设某数组中有 10 个数，用冒泡法按递增顺序进行排序。

3. 编写程序，建立并输出一个 10×10 的矩阵，该矩阵对角线元素为 1，其余元素均为 0。

上 机 实 验

1. 实验名称：设计一个统计学生成绩的程序。

2. 实验目的：

(1) 掌握数组的声明、数组元素的引用以及静态数组和动态数组的使用差别；

(2) 掌握与数组有关的常用算法；

(3) 掌握控件数组的建立与编程。

3. 实验内容：建立一个界面如图 6-8 所示的程序。输入 n 个学生的学号及其成绩，求平均成绩并找出高于平均成绩的学生的学号、成绩。

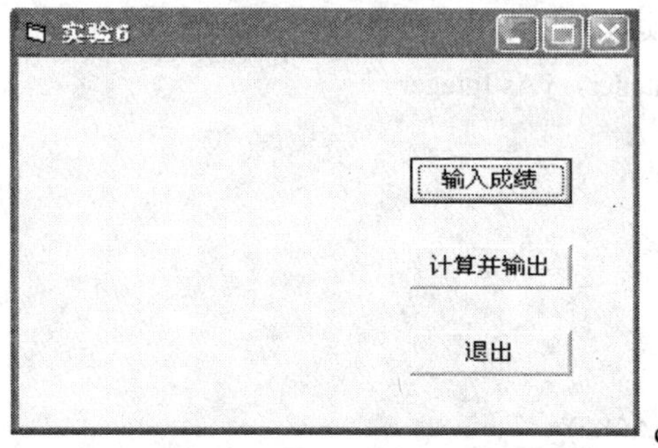

图 6-8　程序设计界面

4. 程序代码：

```
Dim num()   As String, score() As String
Dim aver As Single, sum As Single
Dim n As Integer
Dim nx As String, sx, n1 As String
Private Sub cmdExit_Click()
  End
End Sub
Private Sub cmdIn_Click()
  n1 = InputBox("请输入学生人数", "数据输入框", Defalt)
  n = Val(n1)
  ReDim num(n), score(n)
  For i = 1 To n
    nx = "请输入第" & i & "个学生的学号"
    sx = "请输入第" & i & "个学生的成绩"
    num(i) = InputBox(nx, "数据输入框", Defalt)
    score(i) = InputBox(sx, "数据输入框", Defalt)
  Next i
  cmdOut.Enabled = True
End Sub
Private Sub cmdOut_Click()
  For i = 1 To n
    sum = sum + Val(score(i))
  Next i
```

```
    aver = sum / n
    Print
    Print "平均成绩："; aver
    Print
    Print "高于平均成绩学生的学号与成绩"
    Print "学号", "成绩"
    For i = 1 To n
      If score(i) > aver Then Print num(i), score(i)
    Next i
  End Sub
```

5. 实验步骤：

(1) 界面设计。按照图 6-8 所示将控件放置在窗体的合适位置。

(2) 属性设置。本题中涉及的控件属性设置如表 6-3 所示。

表 6-3　程序的界面元素及属性设置

默认控件名	设置的控件名(Name)	标题(Caption)	其他属性
Form1	frmStu	实验 6	AutoRedraw=True
Command1	cmdIn	输入成绩	
Command2	cmdOut	计算并输出	Enabled=False
Command3	cmdExit	退出	

(3) 学生自己设计该程序，用自己的学号+姓名为名，并建立一个文件夹，将程序存储在文件夹中。

(4) 通过 FTP 将存放程序的文件夹上交到教师机。

第7章 过　　程

本章教学目标：

- 掌握定义过程和函数的方法；
- 掌握参数的按值传递和引用传递；
- 了解过程的嵌套和递归调用；
- 掌握变量的作用域；
- 了解过程的作用域和 Sub Main 过程。

在设计程序时，有些程序代码经常需要重复执行，或者许多程序都要进行同类的操作。这些重复执行的程序是相同的，只不过每次都以不同的参数进行重复罢了。可将这些重复执行的程序分割成一些较小的、相对独立的程序段，进而简化程序设计，这些程序段就称为过程。使用过程主要基于以下两方面的原因。

1. 可以把复杂的问题简单化

当遇到一个大任务时，可以将它分解为若干个子任务，甚至可以将子任务再分解，然后对一个个小任务编写一个个过程来实现它，可使程序结构清晰、易读，也便于调试和维护。

2. 可以实现代码的重复使用

当一段代码相同时，如果使用过程调用，则可以只编写其中的一个过程代码，其他需要相同代码的地方，只要用一句过程的调用语句就可以了。这样不仅可以避免繁琐的重复编写，而且可以减少出错。

7.1 通 用 过 程

7.1.1 Sub 过程

在 VB 中，Sub 过程有通用过程和事件过程。本书前面各章所介绍的程序都是编写在事件过程当中的，其语法格式及创建大家已熟知，它的调用则与通用过程的调用方式相同，故本节只介绍通用过程。

1. 通用过程的定义

定义通用过程用 Sub…End Sub 语句，它可以定义在窗体模块的通用对象中，也可以定义在标准模块中。其语法格式如下：

```
Sub 过程名([参数列表])
    [语句块]
End Sub
```

说明：

(1) 关于格式。过程名的命名方式与变量名的命名方式一致。

参数列表用于指明过程调用时传递给 Sub 过程的参数，参数之间用逗号隔开。Sub 过程也可以没有参数，但括号不可省略。参数的常用语法是：

参数名[As 类型说明]

过程定义时参数列表中的参数又称为形式参数，简称形参。形参表示定义过程时需要的信息，一般只有提供了这些信息过程才能正常运行。例如编写一个过程，对张三显示“张三你好！”，对李四显示“李四你好！”，这时只要给定姓名，就显示相应的字符串，因此可以将姓名作为参数，这样当运行时提供了某个姓名XXX，就会显示出“XXX 你好！”

Sub 和 End Sub 必须成对出现，且 Sub 必须在 End Sub 之前出现，否则会出现编译错误。

(2) 关于语句块。语句块即过程体，它与事件过程的代码编写一样，用于完成某一功能，包含变量声明和可执行的语句、方法等。它可以由顺序、分支、循环三种结构综合而成。

定义过程时，若含有参数列表，过程体中可直接使用列表中的参数，就好像参数是已知的量一样。

注意：在语句块中不能对形式参数重复声明，否则会出现编译错误。

(3) 过程定义步骤。以在窗体模块 Form1 中定义过程 Hello 为例。Hello 过程实现以姓名为参数显示“XXX 你好！”的简单功能(XXX 的具体内容由参数决定)，编写时先打开 Form1 的代码窗口，在对象组合框中选择“通用”，再输入 Sub Hello(XXX As String)，按回车键后，VB 自动显示成：

```
Sub Hello(XXX As String)
End Sub
```

然后输入过程体就可以了。即该过程的完整代码应为

```
Sub Hello(XXX As String)
    MsgBox XXX & "你好！"
End Sub
```

以上过程的过程名为 Hello，形式参数为 XXX 且是字符串型，过程体只用了一句 MsgBox，并同时使用了参数 XXX。

2. 通用过程的调用

一旦定义了过程，则程序中就可以用调用语句调用 Sub 过程了，即让程序转去运行 Sub 过程中的过程体。过程运行完毕或跳出过程运行后，VB 将继续执行调用语句后面的其他代码。

如果调用语句与定义的过程在同一个模块(可以是窗体模块或标准模块)中，或者过程定义在标准模块中而调用语句在其他模块中，都可以使用以下两种格式之一：

过程名 [实参数列表]

或

Call 过程名[(实参数列表)]

例如，调用上面的 Hello 过程，可以使用：

```
Hello "王小红"
```

或

```
Call Hello("王小红")
```

若程序要调用定义在另一个窗体模块中的过程，则应采用以下两种格式之一：

窗体名.过程名 [实参数列表]

或

Call 窗体名.过程名[(实参数列表)]

过程调用时使用的参数称为实际参数，简称实参。它可以是变量、常量或表达式。

实参与形参的个数应相同、类型应一致，若实参是表达式，则先计算表达式的值，再将值送给对应的形参。实参和形参可以使用同名变量。

如果定义的过程没有形参，则调用时就没有实参，且括号()也可以省略。

特别要注意的是，使用 Call 调用时，实参部分要加上括号；若不使用 Call 关键字，直接用过程名调用，则参数部分不加括号，但过程名和第一个参数之间要有空格。

例如，在 Command1 的 Click 事件中，要求输入姓名，调用 Hello 过程显示问候信息，则程序编写如下：

```
Private Sub Command1_Click()
Dim S As String
S=InputBox("请输入姓名")
    Hello S
End Sub
```

【例 7-1】 分析以下程序，在 Form1 窗体模块中，当单击窗体的命令按钮时，程序是如何运行的？窗体上显示了什么？

程序代码如下：

```
Sub A(n As Integer)
    Dim i As Integer
    For i = 1 To n
 Print i;
Next i
    Call B
    Print
End Sub
Sub B()
    Print "BBBBBB"
End Sub
Private Sub Command1_Click()
    Call A(9)
```

```
    B
End Sub
```

程序运行步骤分析如下：

(1) 当单击 Command1 时，程序以 9 作为参数调用过程 A，在过程 A 运行时先循环输出“1 2 3 4 5 6 7 8 9”且没有换行。

(2) 遇到 Call B 调用过程 B 时，转去运行过程 B，在 9 后面直接输出“BBBBBB”并换行。

(3) 遇到过程 B 的 End Sub 时返回到过程 A 中 Call B 的下一句。

(4) 输出一个空行，又遇到过程 A 的 End Sub，返回到事件过程 Command1_Click 中 Call A(9)的下一句。

(5) 遇到 B 则再次调用过程 B，输出“BBBBBB”并换行。

(6) 遇到过程 B 的 End Sub 时返回到事件过程 Command1_Click 中 B 的一句，也就是 End Sub，结束整个事件过程的执行。因此，窗体上输出的内容如图 7-1 所示。

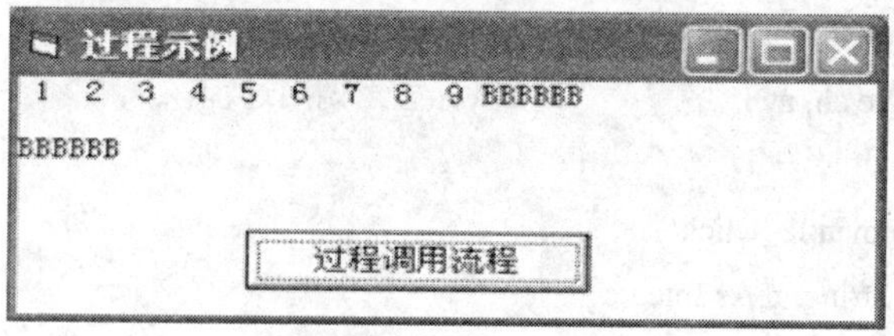

图 7-1　运行界面

【例 7-2】 设计一个程序，显示如图 7-2 所示的字符图案。(显示的字符可以为“*”、“A”或“6”等，行数也由输入决定，形状可以是正三角形或倒三角形。)

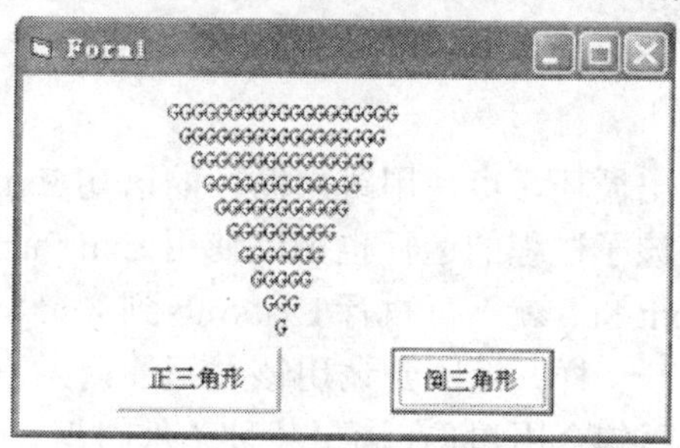

图 7-2　运行界面

分析：输出正三角形或倒三角形的代码类似，用一个标志可以表示是正的还是倒的三角形。鉴于代码的相似性，可以编写一个用于输出的通用过程 Print_triangle 供两个命令按钮调用。

由于显示的行数和字符可以任意，所以该过程需要三个参数，分别表示显示的字符 s、行数 line 和形状标志 flag。

程序代码如下：

```
Option Explicit
Sub Print_triangle(s As String, line As Integer, flag As Integer)
    Dim a As Integer, b As Integer, i As Integer, j As Integer
    Cls
```

```
        Print
        If flag = 1 Then a = 1: b = line Else a = line: b = 1
        For i = a To b Step flag             ' 正三角形从小到大循环，倒三角形从大到小循环
            Print Tab(23 - i);
            For j = 1 To 2 * i - 1
                Print s;
            Next j
            Print
        Next i
    End Sub
    Private Sub Command1_Click()
      Dim ch As String*1,n As Integer        'ch 为定长字符串，只容纳 1 个字符
        ch = InputBox("请输入一个字符")
        n = Val(InputBox("请输入行数"))
        Print_triangle ch, n, 1              ' 以标志 1 调用过程
    End Sub
    Private Sub Command2_Click()
        Dim ch As String, n As Integer
        ch = InputBox("请输入一个字符")
        n = Val(InputBox("请输入行数"))
        Print_triangle ch, n, -1             ' 以标志 –1 调用过程
    End Sub
```

3. Exit Sub 语句

需要在循环结构中途跳出循环，可使用跳出循环的语句 Exit For 或 Exit Do。同样在子过程中，如果需要中途结束该子过程的运行也可以使用 Exit Sub 语句。

程序执行中如果遇到 Exit Sub 就不再执行 Exit Sub 到 End Sub 之间的代码，而是直接退出该过程，就像遇到 End Sub 一样，返回到调用该过程的调用语句后继续执行程序。

Exit Sub 语句一般与 If 语句合用，即在满足某种条件时退出该过程，返回调用处。例如，修改例 7-2 中的 Print_triangle 过程，当 line 参数小于等于 0，flag 参数不等于±1 时，显示“参数错误”并退出 Print_triangle 过程，则可以在 Print_triangle 过程的 Cls 前增加如下语句：

```
If line <=0 Or Abs(flag)<>1 Then MsgBox "参数错误"：Exit Sub
```

不仅在通用的过程中可以使用 Exit Sub 语句，在事件过程中，如果需要也可以使用 Exit Sub 语句。

7.1.2　Function 过程

尽管 VB 提供了许多内部函数(如 Rnd、Sqr、Val 等)供程序设计者使用，但还是不可能完全满足应用程序设计的需要。当在程序中需要多次用到某一公式或处理某一函数关系，而又没有现成的内部函数能够使用时，可以用 Function 语句编写自定义函数过程(Function

过程)实现相应的功能。在程序中可以像使用内部函数一样使用 Function 过程。

Function 过程也是一个独立的过程，可读取参数、执行一系列语句并改变其参数的值，这一点与前述的 Sub 过程是一样的。Function 过程与 Sub 过程(子过程)不同的是，子过程没有返回值，只能作为独立的基本语句被调用，不能出现在表达式中；而 Function 过程有返回值，既可以出现在表达式中，也可以作为独立的语句被调用。

1. 定义 Function 函数过程

定义 Function 函数过程使用 Function…End Function 语句，同样，它可以定义在窗体模块的通用对象中，也可以定义在标准模块中。其定义格式如下：

```
Function  函数名([参数列表]) [As  类型说明]
        [函数体]
End Function
```

说明：

(1) 关于格式。函数名的命名方式与变量名的命名方式一致。

参数列表中的参数称为形式参数，用法和格式与 Sub 过程中的参数列表相同。

Function 必须在 End Function 之前出现，且必须成对，否则会出现编译错误。

Function 语句中的类型说明是返回值的类型。例如编写一个函数，判断整型参数 n 是否为素数，判断结果用 True 或 False 表示，则表明函数返回值为 Boolean 类型，函数首行可写为

```
Function Prime(n As Integer) As Boolean
```

(2) 关于函数体。函数体是一系列用于完成某一功能的代码，同样包含了变量声明和可执行语句，可以由顺序、分支、循环三种结构综合而成。其一般形式为

```
[语句块]
函数名=表达式
[语句块]
```

一般说来，函数体中若有“函数名=表达式”的代码，则该表达式的值就作为函数的返回值，因此该表达式的类型应该与函数的类型说明一致。如果没有“函数名=表达式”的代码，则该函数往往只能当子过程一样使用，基本失去了函数的功能。

(3) 函数定义步骤。定义步骤以在窗体模块中定义函数过程 max 为例。max 过程实现求三个数的最大值，参数为 a、b 和 c。同编写过程一样，进入窗体的“通用”对象代码窗口，并输入以下代码：

```
Function max(a As Integer, b As Integer, c As Integer) As Integer
    max = a
    If b > max Then max = b
    If c > max Then max = c
End Function
```

以上函数过程的过程名为 max，形式参数 a、b、c 为整型，函数体中多次使用了函数名 max，并使用了参数 a、b、c。也可以另设一个变量 Temp 暂时存放最大值，在函数过程运行结束前，把这个变量 Temp 的值赋给函数名 max。

注意：不能使用“函数名(参数)=表达式”的形式，如不能写成 max(a,b,c)=a。

2. 调用 Function 函数过程

一旦定义了函数过程，则程序中就会像调用系统函数一样，调用用户自定义的 Function 函数过程，即让程序转去运行 Function 函数过程中的函数体。当函数运行完毕或跳出函数过程运行时，VB 会把返回值带回给调用函数过程的地方，然后继续执行后面的其他代码。

如果过程定义在当前模块或标准模块中，则调用 Function 函数过程可以采用以下格式：

　　函数名[(实参数列表)]

调用函数往往在可以使用表达式的代码中出现，只要类型相同就可以了。如对上面的 max 函数过程，可以使用：

```
A=max(1,45,37):Print max(max(4,6,32),76,123)
```

如果函数定义在窗体模块中而调用语句在其他模块中，则调用时应在函数名前加上对象名，即所属的窗体名。

函数过程调用时的实参用法和要求，与子过程实参的用法和要求相同。

【例 7-3】 计算组合数 $C_m^n=\dfrac{m!}{n!(m-n)!}$，将结果显示在标签上。程序运行界面如图 7-3 所示。要求用函数过程 factorial(n)实现 n! 的计算。

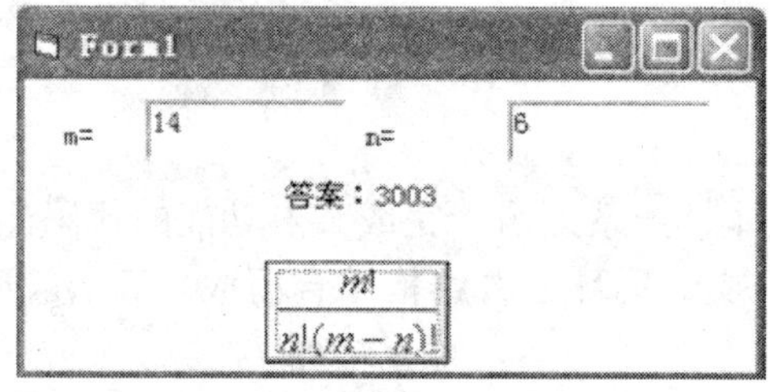

图 7-3　运行界面

分析：本例共用 2 个文本框、3 个标签和 1 个命令按钮。本题主要是有关函数过程的编写和调用。由于本题中要计算 3 个阶乘值，而求阶乘的程序是类似的，因此先编写求阶乘的函数，然后调用函数过程，就可以大大简化程序。

对于求 n!，可以将 n 定义为整型，但 n!值可能会相当大，因此可将函数返回值类型定义为 Double 类型，这样，函数首先就应为

```
Function factorial(n As Integer) As Double
```

调用时，只要给定 m 和 n，就可使用表达式：

```
factorial(m) / (factorial(n) * factorial(m - n))
```

本例大部分属性可在 Form_Load 中设置，而对于命令按钮，则是把公式作为图形而制作的图形按钮，要将 Style、Caption 和 Picture 属性分别更改为 1-Graphical、空和 Bitmap。

程序代码如下：

```
Function factorial(n As Integer) As Double    '通用函数过程，求 n!
Dim i As Integer, t As Double
t = 1
For i = 1 To n
```

```
            t = t * i
        Next i
        factorial = t
    End Function
    Private Sub Command1_Click()
        Dim m As Integer, n As Integer
        m = Val(Text1): n = Val(Text2)
        If m < n Then
            MsgBox "m 必须大于等于 n。", , "提示"
            Text1 = "": Text2 = ""
            Text1.SetFocus
            Exit Sub
            End If
            Label3.Caption = "答案：" & factorial(m) / (factorial(n) * factorial(m - n))    '调用函数
    End Sub
```

3. Exit Function 语句

与 Exit Sub 语句跳出 Sub 过程类似，使用 Exit Function 语句可跳出 Function 函数过程。而且 Exit Function 语句一般也与 If 语句合用，即在满足某种条件时退出该函数过程，返回调用处。

例如，修改例 7-3 中的 factorial 过程，在 t=1 前增加如下语句：

```
If n<0 Then factorial=1:MsgBox "参数错误":Exit Function
```

7.2 参数传递

过程(包括函数过程)定义时的参数称为形式参数，调用时的参数称为实际参数。当程序运行中调用过程时，实际参数向形式参数传递数据，传递的方法分为“按地址传递”和“按值传递”，又称“按地址调用”和“按值调用”。

本节介绍按地址调用、按值调用、数组参数、可选参数和可变参数的使用。

7.2.1 按地址调用

按地址调用时，形式参数变量与实际参数变量共享同一个内存单元。这时，如果在过程中对这个形式参数进行修改，则对应的实际参数变量也同时发生更改，即可以实现把过程中对形参修改的结果带回调用过程。

在前述格式中，使用的参数都可以按地址调用，除非实际参数是一个表达式。

对于按地址调用的形式参数的说明，还可以使用以下格式：

　　ByRef 参数名[As 类型说明]

缺省 ByRef 表示按地址调用。例如通用过程 A 和事件过程 Command1_Click 的代码如下：

```
Sub a1(n As Integer)
```

```
        n = n + 5
    End Sub
    Private Sub Command1_Click()
        Dim n1 As Integer
        n1 = 3: Call a1(n1): Print n1
    End Sub
```

由于采用了按地址调用，运行程序，单击 Command1 后，n1 和 n 实际上是同一个内存单元，过程 a 中对 n 值进行修改时，也就对 n1 进行了修改，所以 n1 的值就变成了 8。窗体上最终显示的是 8。

7.2.2　按值调用

参数采用按值调用方式时，实际参数的值被复制到形式参数中。如果实际参数使用变量，则相当于两者使用了不同的存储单元，因此对形式参数的操作不会影响对应的实际参数的内容。对按值调用的形式参数的说明，使用以下格式：

ByVal 参数名[As 类型说明]

此外，即使形式参数的说明中没有用 ByVal 限定，但调用中实际参数是一个表达式，则调用时先计算表达式的值，然后以按值调用的方式调用过程。例如以下过程和事件过程代码：

```
    Sub a2(ByVal n As Integer)
        n = n + 5
    End Sub
    Private Sub Command1_Click()
        Dim n1 As Integer
        n1 = 3: Call a2(n1): Print n1
    End Sub
```

由于采用了按值调用，运行程序，单击 Command1 后，n1 和 n 实际上是不同的内存单元，调用时只将 n1 的值送入形式参数 n 中，在过程 a2 对 n 修改值时，与 n1 没有任何关系，所以 n1 的值仍是 3。窗体上最终显示的是 3。

【例 7-4】 按地址调用(传址)与按值调用(传值)两种方式下，形参与实参的改变。

分析：本例中通过两个文本框(Text1,Text2)录入两个实参的值，选择传址、传值两种方式之一，单击“调用”按钮(Command1)则将形参的值和调用过程后实参的值显示出来，通过该例可以看到传址与传值的区别，界面设计如图 7-4 所示。

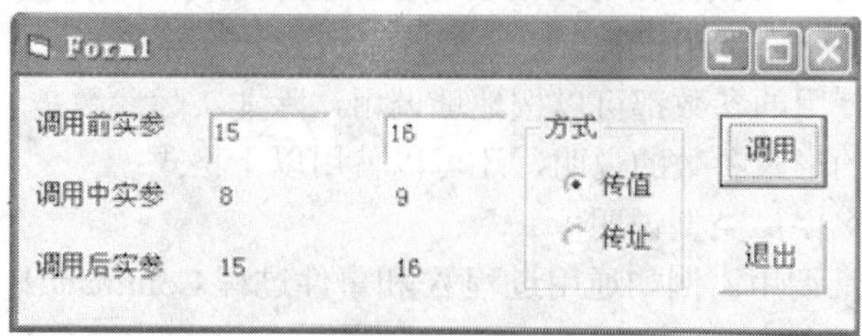

图 7-4　程序运行界面

程序代码如下：

```
Option Explicit
Private Sub Command1_Click()
    Dim a As Single, b As Single
    a = Val(Text1.Text)
    b = Val(Text2.Text)
    If Option1.Value = True Then
        Call testcall1(a, b)          ' 传值
    Else
        Call testcall(a, b)           ' 传址
    End If
    Label6.Caption = Str(a)           ' 显示调用子过程后实参的值
    Label7.Caption = Str(b)
End Sub
Private Sub Command2_Click()
    End
End Sub
Sub testcall1(ByVal a As Single, ByVal b As Single)
    a = 8
    b = 9
    Label4.Caption = Str(a)           ' 子过程中，显示形参的值
    Label5.Caption = Str(b)
End Sub
Sub testcall(aa As Single, bb As Single)
    aa = 8
    bb = 9
    Label4.Caption = Str(aa)          ' 子过程中，显示形参的值
    Label5.Caption = Str(bb)
End Sub
```

7.2.3　数组参数

前面的例子中，是将一个表达式或一个变量传给一个形式参数。如果把整个数组中的数据作为整体传给过程，则可以使用数组传递。传递数组时，形式参数的使用格式如下：

参数名() [As 类型说明]

数组不能使用按值调用，只能采用按地址调用，可以在参数名前加上 ByRef，也可以不加。

【例 7-5】 随机产生两个 3×4 的矩阵 ***A*** 和 ***B***，矩阵元素值为两位整数，求两个矩阵的和 ***C***，并输出矩阵 ***A***、***B*** 和 ***C***。程序运行界面如图 7-5 所示。

分析：这是一个使用二维数组的简单例子，矩阵元素 C(i,j) = A(i,j) + B(i,j)，需要输出三

个矩阵，由于矩阵输出的程序仅数组名不同，故可以以数组作为参数，编写一个输出过程 PrintM。同样也可以编写一个过程 CreateM，实现产生矩阵 A 和矩阵 B。

程序代码如下：

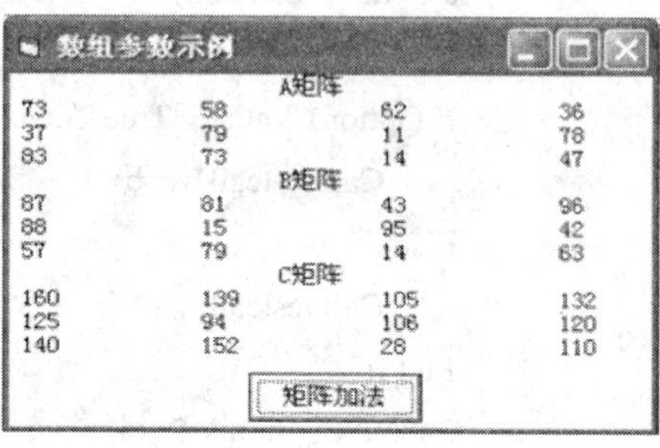

图 7-5 运行界面

```
Sub CreateM(A() As Integer)        '创建矩阵过程
    For i = 1 To UBound(A, 1)
        For j = 1 To UBound(A, 2)
            A(i, j) = Int(Rnd * 90 + 10)
        Next j
    Next i
End Sub
Sub PrintM(A() As Integer)         '输出矩阵过程
    For i = 1 To UBound(A, 1)
        For j = 1 To UBound(A, 2)
            Print A(i, j),
        Next j
        Print
    Next i
End Sub
Private Sub Command1_Click()
    Dim A(3, 4) As Integer, B(3, 4) As Integer, C(3, 4) As Integer
    Dim i As Integer, j As Integer
    CreateM A                       '过程调用：创建矩阵 A
    CreateM B                       '过程调用：创建矩阵 B
    For i = 1 To UBound(A, 1)
        For j = 1 To UBound(A, 2)
            C(i, j) = A(i, j) + B(i, j)
        Next j
    Next i
    Cls
    Print Tab(22); "A 矩阵": PrintM A      '过程调用：输出矩阵 A
    Print Tab(22); "B 矩阵": PrintM B      '过程调用：输出矩阵 B
    Print Tab(22); "C 矩阵": PrintM C      '过程调用：输出矩阵 C
End Sub
```

说明：这里的 UBound 函数使用了第 2 个参数，第 2 个参数指的是数组的维，当该数为 1 时，指它的第 1 维大小，当该数为 2 时，指它的第 2 维大小。

7.2.4 可选参数

前面的例子中，在调用过程时要求实参与形参个数、数据类型完全匹配，即如果一个过程有 3 个形参，则调用时必须按同样顺序和类型提供 3 个实参。除此之外，在 VB 中还可以指定一个或多个参数作为可选参数，进而增加过程调用的灵活性。如果在定义过程时，列表中形式参数的前面加上 Optional 关键字，则表示该参数是可选的，而且该形式参数后面还有参数时，后面的形式参数都必须定义为可选的。

【例 7-6】 编写一个程序，在立即窗口中显示出输入的参数个数。

程序代码如下：

```
Sub add(x As Integer, y As Integer, Optional z)
    Dim sum As Integer
    sum = x + y
    If Not IsMissing(z) Then                ' 测试是否传递了第 3 个参数
        sum = sum + z
        Debug.Print "传递 3 个参数；sum="; sum
        Exit Sub
    End If
    Debug.Print "传递 2 个参数；sum="; sum
End Sub
```

如果调用过程 add 3，5，则在立即窗口中显示“传递 2 个参数 sum=8”；如果调用过程 add 3，5，7，则在立即窗口中显示“传递 3 个参数 sum=15”。

7.2.5　可变参数

一般说来，过程调用中的参数个数应该等于过程定义时的参数个数。但有些情况下需要使用不同数量的参数调用同一个过程，为此，VB 引入了关键字 ParamArray。如果在定义一个过程时，将其形参表中最后一个形参定义为 ParamArray 关键字修饰的数组，则该过程在被调用时可以接受任意多个实参。

用 ParamArray 关键字修饰的形参只能是可变类型的。ParamArray 关键字不与 ByVal、ByRef 或 Optional 一起使用。如果形参表中有参数使用了关键字 ParamArray，则此形参列表中的其他任何参数都不能再使用关键字 Optional。

【例 7-7】 编写一个 Function 过程，计算多个值的和或积。运行时单击窗体调用该过程。

分析：首先设计一个 Function 过程 SM，根据标志 flag 的值为 True 或 False 进行求和或求积。在该过程中设计另一个 ParamArray 类型的数组 var，用该数组接收要求和或求积的原始数据。

程序代码如下：

```
Function SM(flag As Boolean, ParamArray var()) As Long
    Dim sum As Long, multi As Long
    If flag Then
        sum = 0
        For Each x In var
            sum = sum + x
        Next x
        SM = sum
```

```
        Else
            multi = 1
            For i = LBound(var) To UBound(var)
                multi = multi * var(i)
            Next i
            SM = multi
        End If
    End Function
    Private Sub Form_Click()
        Print SM(True, 1, 3, 5, 7, 9, 11, 13)        ' 求和，打印 49
        Print SM(False, 1, 2, 3, 4)                  ' 求积，打印 24
    End Sub
```

7.3　过程的嵌套调用与递归调用

7.3.1　过程的嵌套调用

在一个过程执行期间又调用另一个过程，就称为过程的嵌套调用。过程的嵌套调用如图 7-6 所示。

图 7-6　过程的嵌套调用示意图

【例 7-8】 求 1! + 2! + 3! + … + 20!，用 Function 过程实现该功能。

分析：本例中使用两个 Function 过程：fact 过程用于计算阶乘，sigma 过程用于求 n 个数的累加和。在按钮 Command1 的单击事件过程中首先调用 sigma 过程，求 n 个数相加；在 sigma 过程中又调用 fact 过程计算每个累加项。

程序代码如下：

```
    Private Sub Form_Click()
        Dim n As Integer
        n = Val(InputBox("n="))
        Print sigma(n)                ' 调用 sigma 过程
    End Sub
    Function sigma(n As Integer) As Double
        Dim i As Integer, sum As Double
        sum = 0
        For i = 1 To n
```

```
        sum = sum + fact(i)        ' 调用 fact 过程
    Next i
    sigma = sum
End Function
Function fact(n As Integer) As Double
    Dim i As Integer, f As Double
    f = 1
    For i = 1 To n
        f = f * i
    Next i
    fact = f
End Function
```

7.3.2　过程的递归调用

递归(Recurve)在计算机科学以及数学领域都是一种很重要的算法。在数据结构中，它可以用来解决表或树型结构的搜索和排序问题；在数学上，数学家在研究组合问题时有时也会用到递归。那么什么是递归呢？它在数学上的定义是：若一个对象部分地包含它自己，或用它自己给自己定义，则称这个对象是递归的；在程序设计中的定义是：若一个过程直接地或间接地调用自己，则称这个过程是递归的过程。

【例 7-9】 利用递归调用编写求 n! 的函数过程 fact(n)。

分析：在数学上，n!=n(n-1)!，那么过程 fact(n)的递归表示为

fact(n)=n!=n(n-1)!=n*fact(n-1)

fact(n-1)=(n-1)*fact(n-2)

…

fact(2)=2*fact(1)

fact(1)=1

因此可以归纳得出阶乘的递归定义是：

$$\text{fact(n)}=\begin{cases} n * \text{fact}(n-1) & n>1 \\ 1 & n=1 \end{cases}$$

fact(1)=1 是终止计算的条件。如果没有这个终止条件，计算将进入死循环。

程序代码如下：

```
Function fact(n As Long) As Long
    If n = 1 or n=0 Then
        fact = 1                ' 终止条件
    Else
        fact = n * fact(n - 1)  ' 递归调用
    End If
End Function
```

```
Private Sub Form_Click()
    Dim n As Long, result As Long
    n = Val(InputBox("n="))
    Print n; "!="; fact(n)
End Sub
```

编写递归过程，有两个必需的条件，一个是问题可以逐步简化成自身比较简单的形式，即形成递归式；另一个是递归最终能够结束，即必须有一个出口。本例中的递归式为fact=n*fact(n-1)，出口为 If n = 1 or n=0 Then fact = 1。

7.4　变量的作用域和生存期

变量是程序在运行中存放数据的单元，其中的数据随着程序的运行而变化。本书前面使用的变量基本上都在事件过程或通用过程中使用 Dim 语句进行声明，这样变量将随着过程的结束而消失，其中储存的数据也就不再存在。其实，程序还可以使用多种存储类别的变量，它们可以在程序运行期间一直保留数据，直至整个应用程序运行结束，并且它们有的可以在定义的过程中继续使用，有的可以在所有过程中使用，即这些变量具有不同的作用域。变量的生存期即变量的作用时间。

7.4.1　变量的作用域

变量的作用域决定了该变量能被应用程序中的哪些过程访问。按变量的作用域不同，可将变量分为局部变量、窗体/模块级变量和全局变量。

1. 局部变量

局部变量也称为过程变量，指在过程内用 Dim 语句声明的变量、未声明而直接使用的变量或者用 Static 声明的变量。这种变量只能在本过程中使用，不能被其他过程访问。在其他过程中如果有同名的变量，也与本过程的变量无关，即不同的过程中可以使用同名的变量。除了用 Static 声明的变量外，局部变量在其所在的过程每次运行时都会被初始化。例如：

```
Sub temp()
    x = 1: y = 2: z = x + y
    Print x, y, z            ' 输出局部变量 x,y,z 的值 1，2，3
End Sub
Private Sub Command1_Click()
    x = 2: y = 3: z = x + y
    Call temp
    Print x, y, z            ' 输出局部变量 x,y,z 的值 2，3，5
End Sub
```

运行时单击命令按钮 Command1，窗体上输出：

```
1        2        3
2        3        5
```

2. 窗体/模块级变量

窗体模块或标准模块的通用声明段中，用 Dim 语句或 Private 语句声明的变量就是窗体或模块级变量。窗体或模块级变量的作用范围为其定义位置所在的窗体或模块，所以可被本窗体或模块中的任何过程访问，但是不能被其他模块访问。窗体或模块级变量在其所在的模块运行时被初始化。例如：

```
Dim z As Integer
Sub temp()
    z = z + 1
    Print z            '输出模块级变量 z 的值
End Sub
Private Sub Command1_Click()
    z = z + 1
    Call temp
    Print z            '输出模块级变量 z 的值
End Sub
```

运行时，第一次单击 Command1 的结果：

```
2
2
```

第二次单击 Command1 的结果：

```
4
4
```

第三次单击 Command1 的结果：

```
6
6
```

需要注意的是，当一个变量被声明为模块级变量之后，在过程中仍可以定义与该模块级变量同名的局部变量。例如：

```
Dim z As Integer
Sub temp()
    Dim z As Integer
    z = z + 1
    Print z            '输出模块级变量 z 的值
End Sub
Private Sub Command1_Click()
    z = z + 1
    Call temp
    Print z            '输出窗体级变量 z 的值
End Sub
```

运行时，第一次单击 Command1 的结果：

```
1
```

1

第二次单击 Command1 的结果：

1

2

第三次单击 Command1 的结果：

1

3

3. 全局变量

全局变量就是指在所有程序(包括主程序和过程)中都可以使用的内存变量。它也称为公有的模块级变量，在窗体模块或标准模块的顶部的通用声明段中用 Public 关键字声明，它的作用范围是整个应用程序，也就是说可被本应用程序的任何过程或函数访问。全局变量定义的格式如下：

Public　变量名 [As 类型说明]

在标准模块中声明的全局变量，在应用程序的任何一个过程中可以直接用该变量名来引用它。而在某个窗体模块中声明的全局变量，当其他窗体模块引用它时，必须以定义它的窗体模块名为前缀。例如：Form1.sum 表示访问 Form1 窗体中定义的全局变量 sum。

全局变量就像在一个过程中定义的变量一样，在子过程中可以任意改变和调用，当子过程执行完后，其值被带回主程序。把变量定义为全局变量虽然很方便，但这样会增加变量在程序中被无意修改的机会，因此，如果有更好的处理变量的方法，就不要声明全局变量。

7.4.2 变量的生存期

当一个过程被调用时，系统将给该过程的变量自动分配存储单元，但当该过程执行结束时，是释放还是继续保留变量的存储单元，这就是变量的生存期问题。根据变量生存期的不同，可以将变量分为动态变量和静态变量。

1. 动态变量

动态变量是指程序运行进入变量所在的过程时，才给变量分配内存空间，退出该过程时，变量所占用的内存空间自动释放，其值消失，变量不再存在。

在过程中使用 Dim 语句声明的变量属于动态变量。因此本书前面使用的基本上都是动态变量。例如以下过程：

```
Private Sub Command1_Click()
    z = z + 1
    Print z
End Sub
```

当窗体启动后，无论用户单击 Command1 多少次，显示的数据总是 1。因为当单击一次后 z 为 1，但遇到 End Sub，变量所占内存空间自动释放，其值消失，所以当再次单击时，z 又被重新分配内存空间，并得到初值 0(因它是数值类型)。

2. 静态变量

静态变量是指程序运行期间虽然退出变量所在的过程，但变量所占用的内存空间没有释放，它的值仍被保留着，若下次再进入该过程，变量原来的值仍可以继续使用。

使用Static语句在过程中声明的局部变量属于静态变量。Static变量只能在过程中声明，而不能在通用对象中声明。Static语句声明的格式与Dim语句一样，即

Static 变量名 [As 类型说明]

例如：以下事件过程中，a为动态变量，b为静态变量，当单击Command1一次后，窗体上显示两个1，第二次单击后，显示1和2，即b的值变为2，因为b在第一次遇到End Sub后仍占有空间，仍储存着原来的数据。再次单击命令按钮，就会出现1和3，1和4……

```
Private Sub Command1_Click()
    Dim a As Integer
    Static b As Integer
    a = a + 1: b = b + 1
    Print a, b
End Sub
```

7.5 标准模块与Sub Main过程

7.5.1 标准模块

在只有一个窗体的简单程序中，所有代码都存放在该窗体模块中，而在复杂的多窗体应用程序中，有些通用过程或函数过程常需在多个不同窗体中共用。为了不在各窗体中重复编写代码，就需要创建标准模块，将多窗体共用的过程放到标准模块中。

标准模块保存在扩展名为.bas的文件中。在标准模块中用Public关键字声明的变量、常数、类型、过程等都可以供应用程序中的其他模块和本模块访问。因此，标准模块常被称为过程和声明的容器。使用标准模块能够提高代码的可复用程度。

在工程中添加标准模块的步骤如下：

(1) 选择“工程”菜单中的“添加模块”命令。

(2) 在“添加模块”对话框的“新建”选项卡中选择“模块”选项。

(3) 单击“打开”按钮，即可在工程中添加一个默认名称为Module1的标准模块。

标准模块没有窗体，只有代码，在标准模块中输入代码的方法与窗体模块相同。

7.5.2 Sub Main过程

在比较复杂的应用程序中，有时需要在启动时暂不加载任何窗体，而是先进行一些初始化工作，这就需要在程序启动时执行一个特定的过程。这一过程称为Sub Main过程，位于标准模块中。一个应用程序只能有一个Sub Main过程。

将Sub Main过程设置为启动对象的步骤如下：

(1) 选择“工程”菜单中的“工程属性”命令。

(2) 在“工程属性”对话框中切换到“通用”选项卡。

(3) 在“启动对象”选项组中选择Sub Main，单击“确定”按钮。

例如，建立在标准模块中的以下代码可根据用户输入的登录码决定显示哪一个窗体。

```
Public Sub main()
    Dim inp As String
    inp = InputBox("请输入登录码：")
    If inp = "123" Then
        Form1.Show
    ElseIf inp = "456" Then
        Form2.Show
    End If
End Sub
```

7.6 程序举例

【例 7-10】 用递归过程求两个整数的最大公约数。

分析：两千年前，欧几里德(Euclid)给出了求两个整数 a 和 b 的最大公约数的方法，即如果 b 能除尽 a，则这两个数的最大公约数就是 b，否则 GCD(a,b)=GCD(b, a Mod b)。例如：

GCD(126,12)=GCD(12,126 Mod 12)=GCD(12,6)=6

根据这一方法，编写递归过程如下：

```
Function GCD(p As Long, q As Long) As Long
    If q Mod p = 0 Then
        GCD = p
    Else
        GCD = GCD(q, p Mod q)
    End If
End Function
Private Sub Form_Click()
    Print GCD(126, 12)
End Sub
```

程序输出结果为 6。

【例 7-11】编制如图 7-7 所示的小动画程序：窗体上有一个标签，一直沿着窗体四周移动，标签的背景色随机改变。要求将标签的上下和左右移动分别编写为一个过程。

图 7-7　运行界面

分析：这是一个动态变量过程的例子，要使用定时器控件。

要将左右移动编写为一个过程，则至少必须提供一个参数，以确定运动方向，这里用形参 d 表示，1 为从左向右，-1 为从右向左。另外，过程需要判断运动的标签是否到达窗体边界，若是则要改变方向。

程序用 Dire 变量表示方向，值 0～3 分别表示向右、向下、向左和向上运动。由于定时器要反复测试当前的 Dire 变量值，而且在自定义的子过程中还要改变 Dire 变量值，故将 Dire 变量声明为模块级变量。

为了让标签小幅度移动，且速度不能太慢，同时又希望背景颜色的改变不要太快，可以使用两个定时器，分别控制运动和背景色改变。

相关属性在程序中设置，程序代码如下：

```
Option Explicit
Dim Dire%
Sub lr(d%)                                          '实现左右移动
If d = -1 And Label1.Left > 0 Or d = 1 And Me.ScaleWidth - Label1.Width - Label1.Left_ > 0 Then
  Label1.Left = Label1.Left + d * 100               '由 d 决定移动方向
Else
  Dire = (Dire + 1) Mod 4                           '到达窗体边界后，修改总的方向变量
End If
End Sub
Sub tb(d%)                                          '实现上下移动
    If d = -1 And Label1.Top > 0 Or d = 1 And Me.ScaleHeight - Label1.Height - Label1.Top_ > 0
Then
        Label1.Top = Label1.Top + d * 100
    Else
        Dire = (Dire + 1) Mod 4
    End If
End Sub
Private Sub Form_Load()
    Timer1.Interval = 50
    Timer2.Interval = 200
End Sub
Private Sub Timer1_Timer()
    Select Case Dire
        Case 0, 2
            lr Dire - 1
        Case 1, 3
            tb Dire - 2
    End Select
End Sub
Private Sub Timer2_Timer()
    Label1.BackColor = RGB(Rnd * 256, Rnd * 256, Rnd * 256)
End Sub
```

习　　题

一、选择题

1. Sub 和 Function 的最大差异在于(　　)。

A．Function 有返回值，而 Sub 没有

B．Function 需要输入参数，而 Sub 不用

C．Sub 可以用 Call 语句调用，而 Function 不行

D．两者并无不同

2. 有程序段：

```
Function F(A,B As Integer) As Integer
    A=B
    F=A+B
End Function
```

以下调用此函数 F 的语句中，(　　)不会发生错误。

A．F(1，5)　　B．X=F(1)　　C．X=F(2,1.6)　　D．Call F 3,5

3. 承上题，运行以下程序后的结果是(　　)。

```
Private Sub Form_Click()
Dim x As Integer, y As Integer
y = F(x, 5)
Debug.Print x, y
End Sub
```

A．0　10　　B．5　10　　C．10　10　　D．5　5

4. 设过程 A 有两个数值类型的形参，把(　　)当作调用过程 A 的语句是错误的。

A．Call A(1,2)　　B．Call A(Sqr(10),2)　　C．A(1,2)　　D．A 1,2

5. 在 Form2 模块中引用 Form1 模块中声明的全局变量 x，写作(　　)。

A．x　　B．Form1.x　　C．Form2.x　　D．Form1_public.x

二、程序阅读题

1. 在窗体上画一个名称为 Command1 的命令按钮，并编写如下程序：

```
Private Sub Command1_Click()
    Dim x As Integer
    Static y As Integer
    x = 10
    y = 5
    Call f1(x, y)
    Print x, y
End Sub
Sub f1(ByRef x1 As Integer, y1 As Integer)
```

```
        x1 = x1 + 2
        y1 = y1 + 2
    End Sub
```

程序运行后，单击命令按钮，在窗体上显示的内容是________

2. 写出以下程序的运行结果。

```
    Private Sub Form_Click()
        Dim x As Integer, y As Integer, a As Integer
        a = 8
        b = 3
        Call test(6, a, b + 1)
        Print "主程序", 6, a, b
    End Sub
    Sub test(x As Integer, y As Integer, z As Integer)
        Print "子程序", x, y, z
        x = 2: y = 4: z = 9
    End Sub
```

3. 写出以下程序的运行结果。

```
    Private Sub Form_Click()
        Dim m As Integer, i As Integer, x(10) As Integer
        For i = 0 To 4
            x(i) = i + 1
        Next i
        For i = 1 To 2
            Call proc(x)
        Next i
        For i = 0 To 4
            Print x(i);
        Next i
    End Sub
    Sub proc(a() As Integer)
        Static i As Integer
        Do
            a(i) = a(i) + a(i + 1)
            i = i + 1
        Loop While i < 2
    End Sub
```

4. 窗体上有 Text1、Text2 两个文本框及一个命令按钮 Command1，编写下列程序：

```
    Dim y As Integer
    Private Sub Command1_Click()
```

```
    Dim x As Integer
    x = 2
    Text1.Text = p2(p1(x), y)
    Text2.Text = p1(x)
End Sub
Function p1(x As Integer) As Integer
    x = x + y: y = x + y
    p1 = x + y
End Function
Function p2(x As Integer, y As Integer) As Integer
    p2 = 2 * x + y
End Function
```

当单击一次和单击两次命令按钮后，文本框 Text1 和 Text2 内的值分别是________。

三、程序填空题

本程序要求通过调用过程 Swap，调换数组中数值的存放位置，即 a(1)与 a(10)的值互换，a(2)与 a(9)的值互换，……，a(5)与 a(6)的值互换。请在下划线处填上正确的内容。

```
Option Base 1
Private Sub Command1_Click()
    Dim a(10) As Integer
    For i = 1 To 10
        a(i) = i
    Next i
    call swap( _________ )
    For i = 1 To 10
        Print a(i);
    Next i
End Sub
Sub swap(b() As Integer)
    n=________
    For i = 1 To n / 2
        t = b(i): b(i) = b(n): b(n) = t
        ___________
    Next i
End Sub
```

四、编程题

1. 编写求任意数的立方的函数，然后求 1～20 的立方。

2. 编写子程序验证哥德巴赫猜想：一个不小于 6 的偶数表示为两个素数之和，例如 6 = 3 + 3，8 = 3 + 5，10 = 3 + 7，…

3. 编写递归函数过程，实现计算斐波那契数列的第 n 项。斐波那契数列为 1，1，2，3，5，8，13，…。即第 1 项和第 2 项均为 1，后面每项是前两项之和。再编写一个命令按钮的 Click 事件过程，调用该函数过程，输出第 10 项的值。

4. 编写一个求三个数中最大值 Max 和最小值 Min 的过程，然后用这个过程分别求 3 个数、5 个数和 7 个数中的最大值和最小值。

5. 编写八进制数与十进制数相互转换的过程：

(1) 过程 ReadOctal 读入八进制数，然后转换为等值的十进制数。

(2) 过程 WriteOctal 将十进制数以等值的八进制形式输出。

上 机 实 验

1. 实验名称：过程程序设计。

2. 实验目的：

(1) 掌握通用过程的定义和调用方法；

(2) 了解参数传递的方式；

(3) 掌握简单的递归算法。

3. 实验内容：

【实验例 1】

用不同的参数传递方式调用过程。

具体步骤如下：

(1) 编写两个 Sub 过程。

过程一：

```
Sub proc(ByVal s As String)
    s = s & "天龙八部"
    Print "过程调用时，变量 s 的值为："; s
End Sub
```

过程二：

```
Sub proc1(s1 As String)
    s1 = s1 & "天龙八部"
    Print "过程调用时，变量 s1 的值为："; s1
End Sub
```

过程一的参数带有 ByVal 关键字，通过传值方式调用；过程二没有 ByVal 关键字，通过传地址方式调用。

(2) 在窗体上画两个命令按钮，然后编写如下事件过程。

```
Private Sub Command1_Click()
    Dim s As String
    Print "传值调用："
    s = "金庸："
```

```
        Print "过程调用前，变量 s 的值为：" ; s
        proc s
        Print "过程调用后，变量 s 的值为：" ; s
        Print
    End Sub
```

该过程通过传值方式调用过程 proc。

```
    Private Sub Command2_Click()
        Dim s1 As String
        Print "传地址调用："
        s1 = "金庸："
        Print "过程调用前，变量 s1 的值为：" ; s1
        proc1 s1
        Print "过程调用后，变量 s1 的值为：" ; s1
        Print
    End Sub
```

该过程通过传地址方式调用过程 proc1。

(3) 程序运行后，先单击“传值”按钮，然后单击“传地址”按钮，结果如图 7-8 所示。

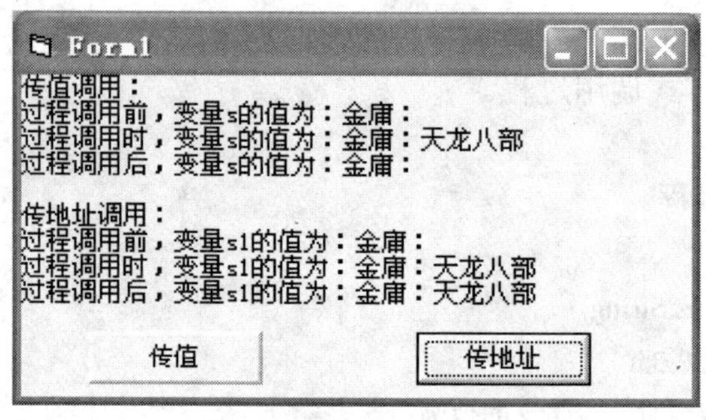

图 7-8　单击“传地址”后

(4) 在上面的程序中，如果在第一个命令按钮的事件过程中去掉下面一行：

```
Dim s As String
```

程序是否能正常运行？而如果在第二个命令按钮的事件过程中去掉下面一行：

```
Dim s1 As String
```

结果又怎样？

本实验主要是说明传值调用与传地址调用的区别。传值调用只是把实参的值拷贝传送给形参，本身没有任何变化，调用前与调用后的值相同。而传地址调用传送的是实参的地址，调用过程后实参的值也随之变化。

【实验例 2】

用随机数函数 Rnd 生成一个 8 行 8 列的数组(各元素值在 100 以内，然后找出某个指定行内值最大的元素所在的列号。

具体步骤如下：

(1) 求某一指定行中值最大的元素所在列号的操作通过一个 Function 过程来实现，代码如下：

```
Function max(b() As Integer, row As Integer)
    m = b(row, 1)
    col = 1
    For i = 2 To UBound(b, 2)
        If b(row, i) > m Then
            Let m = b(row, i)
            col = i
        End If
    Next i
    max = col
End Function
```

该函数有两个参数，第一个参数是数组，第二个参数是数组中指定行的行号。在该过程中，首先把指定行的第一列的值赋给一个变量，其列号为 1，然后把该值与其后各列的值进行比较，如果比该值大，则用较大的值取代，同时记下其列号。

(2) 编写窗体的单击事件过程。

```
Private Sub Form_Click()
    Randomize: Cls
    Dim a(1 To 8, 1 To 8) As Integer
    Dim row As Integer
    For i = 1 To 8
        For j = 1 To 8
            a(i, j) = Int(Rnd * 100)
        Next j
    Next i
    Print "所生成的数组为："
    For i = 1 To 8
        For j = 1 To 8
            Print Tab(j * 5); a(i, j);
        Next j
        Print
    Next i
    Do
        row = InputBox("请输入指定的行号：")
    Loop Until row >= 1 And row <= 8
    col = max(a(), row)
    Print
    Print "第"; row; "行中最大元素所在列号为："; col
End Sub
```

该过程首先用随机数函数 Rnd 生成一个 8 行 8 列的数组，然后输入一个行号，程序将输出该行中最大值所在的列号。

(3) 程序运行后，单击窗体，在输入对话框中输入一个行号，程序将输出该行中值最大的元素所在的列号，如图 7-9 所示。

(4) 将程序中的 Function 过程的功能改由 Sub 过程来实现，并进行调试、运行，直至得到正确结果。

(5) 对过程进一步修改，使得在一行中存在多个最大值的情况下，能将所有最大值的列号都求出来。在设置子程序的参数时，需要设置数组 b 来存储最大值所在的列号，还需要设置一个整数参数 num 来存储最大值的个数。过程调用语句如下：

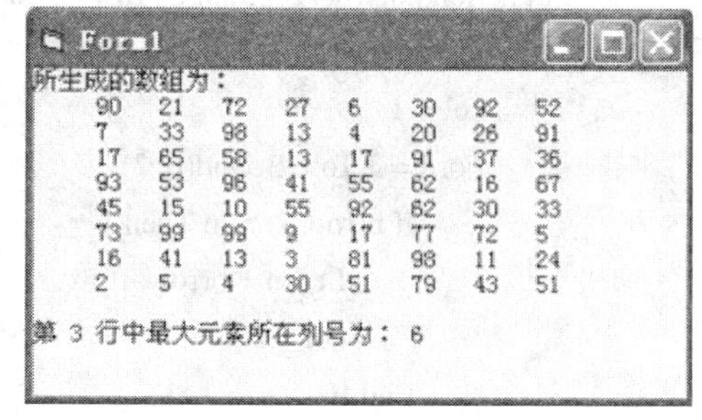

图 7-9　程序运行结果

```
Max a(),row,b(),num
```

请读者对程序进行修改、调试、运行，直至得到正确结果。

【实验例 3】

求 n 个自然数的最大公约数和最小公倍数，用递归过程实现。

分析：我们把 n 个自然数放在一个一维数组中，求 n 个自然数最大公约数的操作用过程 gcdn 来实现，求 n 个自然数最小公倍数的操作用过程 lcmn 来实现。

具体步骤如下：

(1) 在窗体通用声明段中输入如下代码：

```
Option Base 1
Dim a() As Long
```

(2) 定义 gcdn 过程：

```
Option Base 1
Dim a() As Long
Sub gcdn(a() As Long, n As Long, gcd As Long)
    If n = 2 Then
        gcd = gcd2(a(1), a(2))
    Else
        gcdn a(), n - 1, gcd
        gcd = gcd2(gcd, a(n))
    End If
End Sub
'求两个自然数 a,b 的最大公约数
Function gcd2(a As Long, b As Long)
    If b = 0 Then
        gcd2 = a
```

```
        Else
            gcd2 = gcd2(b, a Mod b)
        End If
    End Function
```

求 n 个自然数的最大公约数的一般方法是：先求两个数的最大公约数，再求已经求出的最大公约数与下一个数的最大公约数，……，直到 n 个数为止。为了用递归的方法解决，可以这样来考虑问题：n 个自然数的最大公约数就是求前 n－1 个自然数的最大公约数与第 n 个自然数的最大公约数，而求前 n－1 个自然数的最大公约数就是求前 n－2 个自然数的最大公约数与第 n－1 个自然数的最大公约数，……，直到求出最前面两个自然数的最大公约数为止。上面程序中的 gcd2 是用欧几里德方法求两个数的最大公约数的过程，它使用了递归。而 gcdn 是用递归方法求 n 个自然数的最大公约数的过程，在该过程中调用 gcd2 过程。

(3) 定义 lcmn 过程：

```
'计算 n 个自然数的最小公倍数
Sub lcmn(a() As Long, n As Long, lcm As Long)
    If n >= 2 Then
        Call lcmn(a(), n - 1, lcm)
        lcm = lcm / gcd2(lcm, a(n)) * a(n)
    Else
        lcm = a(1)
    End If
End Sub
```

该过程采用递归方法求解前 n−1 个自然数的最小公倍数，再求此最小公倍数与第 n 个自然数的最小公倍数。据此可以求出 n 个自然数的最小公倍数。

(4) 编写调用过程：

```
' 主程序
Private Sub Form_Click()
    Dim n As Long, gcd As Long, lcm As Long
    Do
        n = InputBox("请输入自然数的个数")
    Loop Until n > 1
    ReDim a(n) As Long
    For i = 1 To n
        a(i) = InputBox("请输入第" & i & "个自然数")
    Next i
    Call gcdn(a(), n, gcd)
    Call lcmn(a(), n, lcm)
    Print
    For i = 1 To n
        Print a(i); "    ";
```

```
        Next i
        Print "的最大公约数是："; gcd
        Print
        For i = 1 To n
            Print a(i); "    ";
        Next i
        Print "的最小公倍数是："; lcm
    End Sub
```

该过程首先要求输入自然数的个数，接着一个一个地输入每个数，然后调用 gcdn 和 lcmn 过程，分别求出最大公约数和最小公倍数。

(5) 运行程序，单击窗体，根据提示输入，即可输出最大公约数和最小公倍数。假定输入的 4 个自然数为 564、248、624、580，则结果如图 7-10 所示。

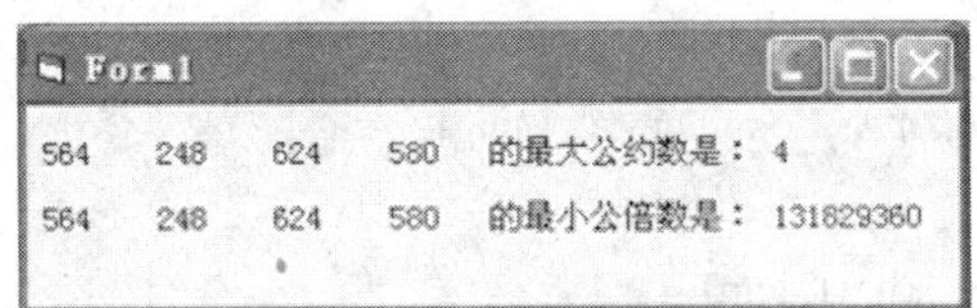

图 7-10　程序运行结果

第 8 章 界 面 设 计

本章教学目标：

- 掌握 VB 菜单设计；
- 掌握 VB 工具栏设计；
- 掌握 VB 多窗体程序设计；
- 掌握 VB 鼠标键盘事件。

8.1 菜 单 设 计

现今绝大多数大型应用程序的用户界面都是菜单(Menu)界面。菜单对命令进行了分组，使用户能够更方便、更直观地访问这些命令。

菜单的组成元素如图 8-1 所示。窗体的标题栏下显示的是菜单栏，它包含一个或多个菜单标题。在程序运行时，当用户选择某个菜单标题时会下拉出一个菜单，菜单中的菜单项可以是命令、选项、分隔线等子菜单标题。每个菜单项都是一个控件，与其他控件一样有自己的属性和事件。菜单项的各个属性和事件都能设置和查看，如 Name(名称)和 Caption(标题)属性等。每个菜单项只能响应一个事件，即 Click 事件。

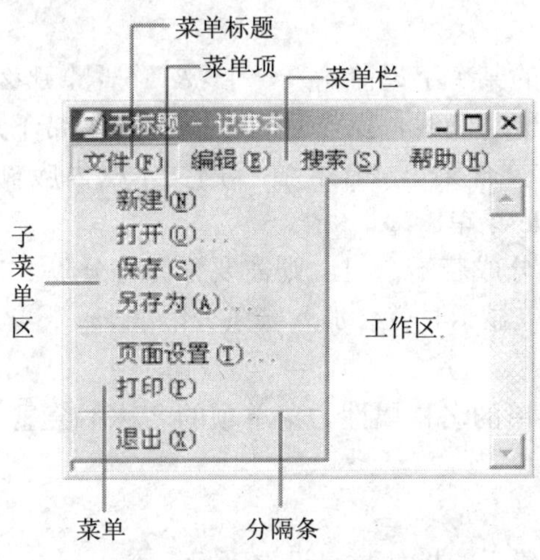

图 8-1 下拉式菜单结构

8.1.1 菜单编辑器

VB 中的菜单通过菜单编辑器，即菜单设计窗口建立。可以通过以下四种方式进入菜单编辑器：

(1) 执行“工具”菜单中的“菜单编辑器”命令。

(2) 使用热键 Ctrl + E。

(3) 单击工具栏的“菜单编辑器”按钮 。

(4) 在要建立菜单的窗体上单击鼠标右键，将弹出一个菜单，如图 8-2 所示，然后单击“菜单编辑器”命令。

菜单编辑器窗口如图 8-3 所示，该窗口由三部分组成：菜单的属性区、编辑区和显示区。菜单的设计将通过这个窗口来完成。下面对菜单编辑器窗口进行简单说明。

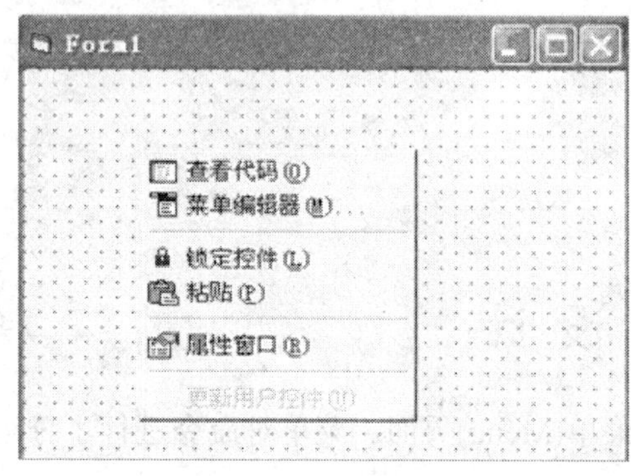

图 8-2　快捷菜单

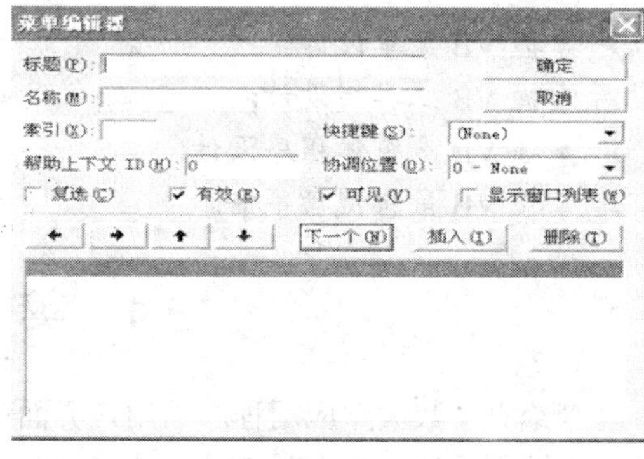

图 8-3　菜单编辑器窗口

1. 属性区

1) 标题

标题(Caption)用于设置菜单的标题属性。标题文本框是让用户键入显示在窗体上的菜单标题，键入的内容会在菜单编辑器窗口下边的空白部分显示出来，该区域称为菜单显示区域。

如果输入时在菜单标题的某个字母前输入一个“&”符号，那么该字母就成了热键字母，在窗体上显示时该字母下出现下划线，操作时同时按“Alt + 带下划线的字母”就可选择这个菜单项命令。例如，建立文件菜单 File，在标题文本框内应输入&File，程序执行时按“Alt + F”键就可以选择 File 菜单。

如果设计的下拉菜单要分成若干个组，则需要分界符分隔。建立菜单时在标题文本框中输入一个连字符“-”，菜单显示时就会加入一条分隔线。

2) 名称

名称(Name)用于设置菜单的名称属性。菜单项的名称不会显示出来，只在程序中用来标识该菜单项。

3) 索引

索引(Index)用来为用户建立的控件数组设立下标。

4) 快捷键

此列表框列出了很多快捷键，供用户为菜单项选择。菜单项的快捷键为可选项，但如果选择了快捷键则会显示在菜单标题的右边。在程序运行时，用户按快捷键同样可完成选择该菜单项并执行相应命令的操作。

5) 帮助上下文 ID

可在该属性的文本框中输入数值，这个值用来在帮助文件(用 HelpFile 属性设置)中查找相应的帮助主题。

6) 协调位置

该属性用来确定菜单或菜单项是否出现或在什么位置出现。该列表有 4 个选项：

- 0-None：菜单项不显示。
- 1-Left：菜单项靠左显示。
- 2-Middle：菜单项居中显示。
- 3-Right：菜单项靠右显示。

7) 复选

如果在显示区中选定了某个菜单项，再选定该复选(Checked)框，那么当前被选定的菜单项左边加上了一个检查标记“√”，表示该菜单项是一个选项。

8) 有效

有效(Enabled)属性决定菜单项是否可选(有效)。当该复选框被选中时，表示菜单项的 Enabled 属性为 True，程序执行时菜单项高亮度显示，是有效的；而未选中时，即 Enabled 属性为 False，在程序执行时该菜单项为灰色，用户不能使用。

9) 可见

可见(Visible)属性决定菜单项是否可见。若复选框未被选中，则表示菜单项的 Visible 属性为 False，程序执行时该菜单项不可见。默认状态为 True。

10) 显示窗口列表

当该选项被设置为“On”(框内有“√”)时，将显示当前打开的一系列子窗口。该项用于多文档应用程序。

2. 编辑区

1) “←”和“→”按钮

“←”和“→”按钮是菜单层次的选择按钮。若建立好一个菜单项后按“→”按钮，则该菜单项在显示框中向右移一段，前面加“....”，表示该菜单项为下一级的菜单项。如果选定了某菜单项后，再按“←”按钮，前面的缩进符消失，表示该菜单项是上一级的菜单项。

2) “↑”和“↓”按钮

“↑”和“↓”按钮用于改变菜单项的位置。

3) “下一个”按钮

当用户把一个菜单项的各个属性设置完以后，选择“下一个”按钮，即可换行设置下一个菜单项。

4) “插入”按钮

“插入”按钮用于在选定的菜单项前插入一个菜单项。

5) “删除”按钮

“删除”按钮用于删除选定的菜单项。

8.1.2　菜单的 Click 事件

菜单事件只有一个，即 Click 事件。菜单编程就是完成菜单的 Click 事件过程。除了分隔线外，每个菜单项都可以识别它对应的 Click 事件。在这里，我们将通过一个例子来学习如何编写菜单程序。这个例子很简单，但它说明了菜单设计的基本方法和步骤，因而具有通用性。不管多复杂的菜单，都可以用下面介绍的方法设计出来。

【例 8-1】 创建一个窗体，设计一个具有算术运算(+、–、×、/)、清除和退出功能的菜单。操作数通过文本框输入，利用菜单命令求出它们的和、差、积或商，结果通过标签输出。程序运行界面如图 8-4 所示，界面中各控件属性的设置如表 8-1 所示。

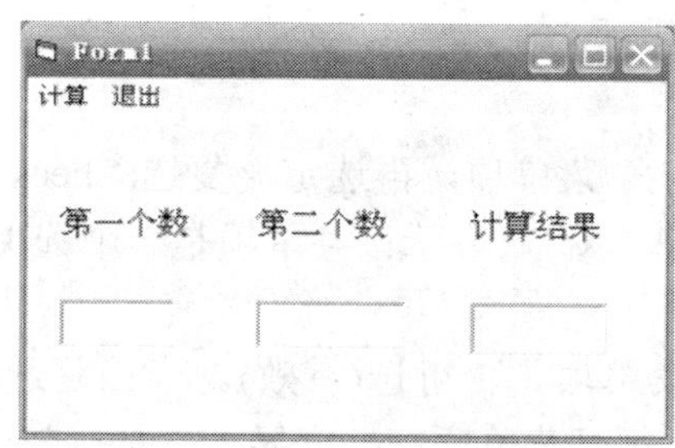

图 8-4　运行界面

1. 界面设计

(1) 根据图 8-4，首先在窗体上添加基本控件，添加结束后窗体如图 8-5 所示。

(2) 打开属性窗口，根据表 8-1 设置各控件的属性，此外把各控件的 Fontsize 属性设置为 12。设计完成后的窗体如图 8-6 所示。

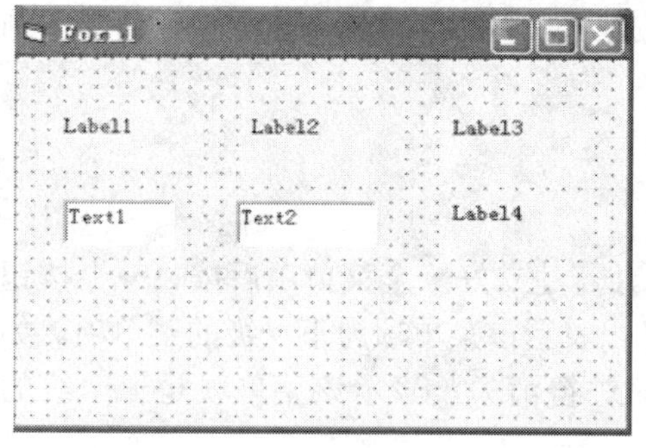

图 8-5　菜单设计举例(1)

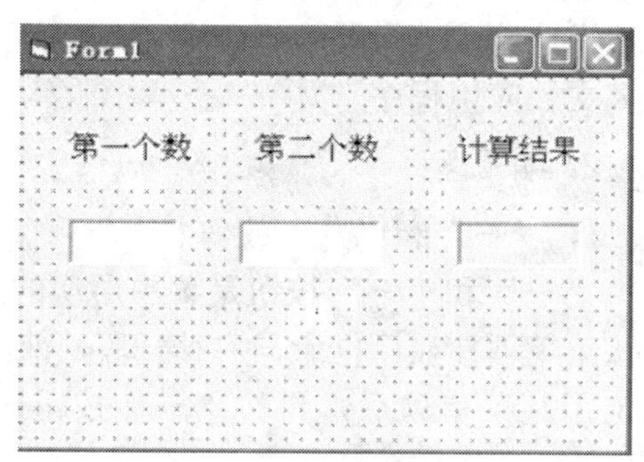

图 8-6　菜单设计举例(2)

表 8-1　各控件属性的设置

对 象	属 性	取 值	对 象	属 性	取 值
Label1	名称	Label1	Label4	名称	Result
	Caption	第一个数		Caption	""
Label2	名称	Label2		Borderstyle	1
	Caption	第二个数	Text1	名称	Num1
Label3	名称	Label3		Text	""
	Caption	计算结果	Text2	名称	Num2
				Text	""

(3) 如前所述，每个菜单项都可以接收 Click 事件，因此可以把菜单项看成一个控件。在设计时应提供三种属性，即标题、名称和内缩符号。一个内缩符号(....)表示一层子菜单，没有内缩符号则表示主菜单项。在这个例子中，有两个主菜单项，每个主菜单包含的菜单项及属性设置如表 8-2 所示。

表 8-2 菜单项属性设置

分类	标题	名称	内缩符号	热键
主菜单项 1	计算	Calc1	无	无
子菜单项 1	加	Add	1	Ctrl+A
子菜单项 2	减	Min	1	Ctrl+S
子菜单项 3	乘	Mul	1	Ctrl+M
子菜单项 4	除	Div	1	Ctrl+D
子菜单项 5	清除	Clean	1	Ctrl+C
主菜单项 2	退出	Exit	无	无
子菜单项 1	退出	Quit	1	Ctrl+Q

具体操作步骤如下：

① 执行“工具”菜单中的“菜单编辑器”命令，打开“菜单编辑器”窗口。

② 在“标题”栏中输入“计算”(主菜单项 1)，在菜单显示区中出现同样的标题名称。

③ 按 Tab 键(或用鼠标)把输入光标移到“名称”栏。

④ 在“名称”栏中输入 Calc1，此时菜单项显示区中没有变化。

⑤ 单击编辑区中的“下一个”按钮，菜单项显示区中的条形光标下移，同时数据区的“标题”栏及“名称”栏被清为空白，光标回到“标题”栏。

⑥ 在“标题”栏中输入“加”，在菜单显示区中出现同样的标题名称。

⑦ 按 Tab 键(或用鼠标)把输入光标移到“名称”栏，输入“Add”，菜单项显示区中没有变化。

⑧ 单击编辑区中的右箭头(→)，菜单项显示区中的“加”右移，同时其左侧出现一个内缩符号(....)，表明“加”是“计算”的下一级菜单。

⑨ 单击“快捷键”右端的箭头，显示出各种组合键供选择，从中选出“Ctrl + A”作为“加”菜单项的热键，此时，在该菜单项的右侧出现“Ctrl + A”。

⑩ 单击编辑区中的“下一个”按钮，菜单项显示区中的条形光标下移，左端自动出现内缩符号(....)。

⑪ 在“标题”栏中键入“减”，然后在“名称”栏中输入“Min”作为菜单项(控件)名称。

⑫ 单击“快捷键”右端的箭头，从中选出“Ctrl + S”作为“减”菜单项的热键。

子菜单项中的其余项可依此建立。

建立主菜单项“退出”和子菜单的操作与前面各步骤类似，不再重复。读者可模仿建立主菜单“计算”及其两个子菜单的操作，建立另一个主菜单及其子菜单。设计完成后的窗口如图 8-7 所示，此时单击右上角的“确定”按钮，菜单的全部建立工作结束。

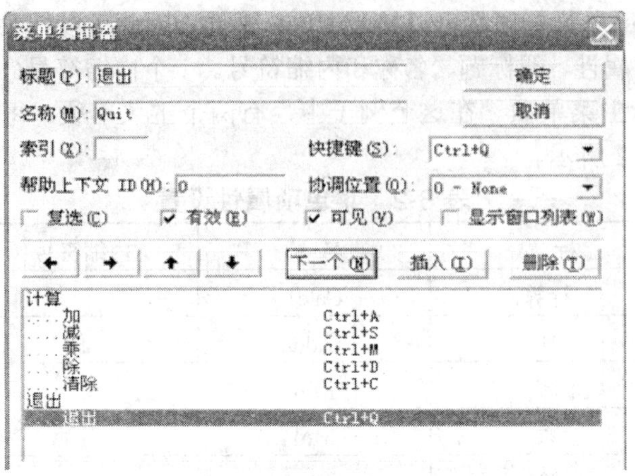

图 8-7　菜单设计举例(3)

设计完成后，窗体的顶行显示主菜单项，单击某个主菜单项，即可显示其子菜单，如图 8-8 所示。

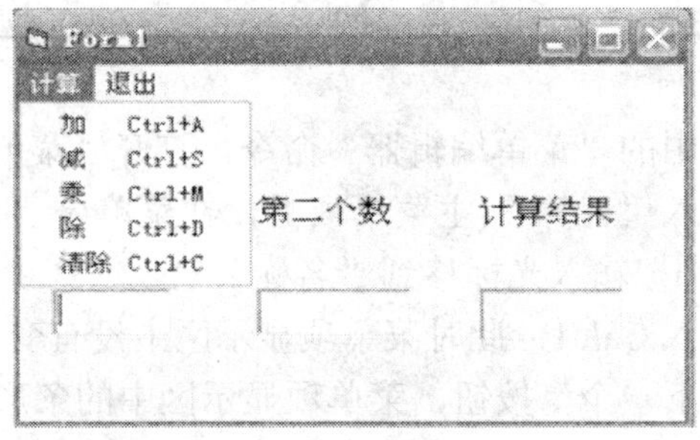

图 8-8　菜单设计举例(4)

2. 编写程序代码

每个菜单项(主菜单项、子菜单项)都可以响应 Click 事件。每个菜单项都有一个名字(Name 属性)，把这个名字与 Click 放在一起，就可以组成该菜单项的 Click 事件过程。也就是说，程序运行后，只要单击与名字相对应的菜单项，就可以执行事件过程中所定义的操作。

菜单的事件过程以菜单项区分，可以把每个菜单项看成一个控件。菜单设计完成后，窗体上显示出如图 8-8 所示的菜单项，此时只要单击某个菜单项，即可编写该菜单项的过程。例如，完成菜单设计后，单击菜单项“计算”，显示子菜单项“加”、“减”、“乘”、“除”和“清除”，如果单击子菜单“加”，则进入程序代码窗口，并显示：

```
Private Sub Add_Click()


End Sub
```

然后可像其他事件过程一样输入代码：

```
Private Sub Add_Click()
    x = Val(Num1.Text) + Val(Num2.Text)
    Result.Caption = Str$(x)
End Sub
```

该事件过程用来作加法，即把 Num1 和 Num2 两个文本框中的值相加，并把结果(x)输出到标签 Result，即在标签内显示出来。类似地，我们可以编写其他几个事件过程：

```
Private Sub Min_Click()
    x = Val(Num1.Text) - Val(Num2.Text)
    Result.Caption = Str$(x)
End Sub
Private Sub Mul_Click()
    x = Val(Num1.Text) * Val(Num2.Text)
    Result.Caption = Str$(x)
End Sub
Private Sub Div_Click()
    x = Val(Num1.Text) / Val(Num2.Text)
    Result.Caption = Str$(x)
End Sub
Private Sub Clean_Click()
    Num1.Text = ""
    Num2.Text = ""
    Result.Caption = ""
    Num1.SetFocus             '输入光标移到文本框 Num1
End Sub
```

单击第二个主菜单项“退出”，显示子菜单“退出”，单击它，在代码窗口中输入如下代码：

```
Private Sub Quit_Click()
    End
End Sub
```

至此，所有的事件过程均已编写完毕。程序运行后，分别在文本框 Num1 和 Num2 内输入一个数值，然后就可以通过菜单命令进行加、减、乘、除及清除操作。每单击一个子菜单项，标签内都会显示相应的结果。如果单击子菜单“退出”，则结束程序运行。假定在两个文本框内分别输入 50 和 10，并单击“乘”子菜单(或热键 Ctrl + C)，则执行结果如图 8-9 所示。

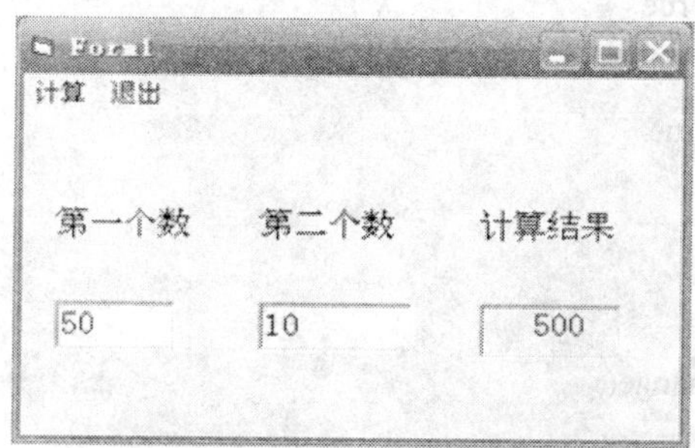

图 8-9　菜单设计举例(5)

从上面的过程中可以看出，使用菜单编辑器建立一个菜单时，必须提供菜单项的“标题”和“名称”属性，“有效”属性和“可见”属性一般默认为 True，只有在必要时才设置其他属性。

8.1.3　运行时改变菜单属性

在使用 Windows 或 Visual Basic 菜单时，想必读者已见过“与众不同”的菜单项。例如，有些菜单项是灰色的，在单击这类菜单项时不执行任何操作；有的菜单项前面有“√”，或者菜单项的某个字母下面有下划线等等。本节就介绍如何在菜单中增加这些属性。

1. 菜单的有效性控制

菜单中的某些菜单项可以根据执行条件的不同进行动态变化，即当条件满足时可以执行，否则不能执行。例如，为了复制一段文本，必须先把它定义成文本块，然后才能执行相应的复制命令(菜单项)，否则执行这些命令是没有意义的。因此，应当根据条件的不同设置某些菜单项的有效性。

前面我们介绍过菜单项的“有效”属性，只要把一个菜单项的“有效”属性设置为 False，就可以使其失效，该菜单项为灰色；为了使一个失效的菜单项变为有效，要把它的“有效”属性重新设置为 True。例如在前一节的例子中，用 Add.Enabled = False 可以使子菜单“加”失效，而 Add.Enabled = True 可以使子菜单“加”重新有效。

失效的菜单项显示为灰色，单击时不产生任何效果。为了能使程序正常运行，有时候需要某些菜单项失效，以防止误操作。例如在前一节的例子中，只有在文本框内输入运算数后才能进行加、减、乘、除操作，否则运算是没有意义的。因此，如果尚未输入数据，应使执行加、减、乘、除的菜单项失效，输入数据后才生效。为此，可增加下面两个事件过程：

```
Private Sub Num1_Change()
  If Num1.Text = "" Then
    Add.Enabled = False
    Min.Enabled = False
    Mul.Enabled = False
    Div.Enabled = False
    Else
    Add.Enabled = True
    Min.Enabled = True
    Mul.Enabled = True
    Div.Enabled = True
  End If
End Sub

Private Sub Num2_Change()
  If Num2.Text = "" Then
  Add.Enabled = False
```

```
        Min.Enabled = False
        Mul.Enabled = False
        Div.Enabled = False
        Else
        Add.Enabled = True
        Min.Enabled = True
        Mul.Enabled = True
        Div.Enabled = True
    End If
End Sub
```

除增加上述两个事件过程外，还要取消加、减、乘、除四个菜单项的“有效”属性设置。其方法是，启动VB，打开例8-1对应的工程，然后执行“工具”菜单中的“菜单编辑器”命令，打开“菜单编辑器”窗口，把菜单项显示区的条形光标移到菜单项“加”上，把数据区中的“有效”属性变为“Off”(单击该复选框，去掉框中的“√”)。用同样的方法把“减”、“乘”和“除”三个菜单项数据区中的“有效”属性改为“Off”。

经过上面的修改后，如果运行程序，单击主菜单项“计算”，可看到其子菜单项“加”、“减”、“乘”、“除”均为灰色，表示不能执行与其有关的事件，如图8-10所示。如果在文本框Num1中输入一个数值，然后在文本框Num2中也输入一个数值，则上述菜单项呈正常显示，此时单击某个菜单项，即可执行相应的操作。

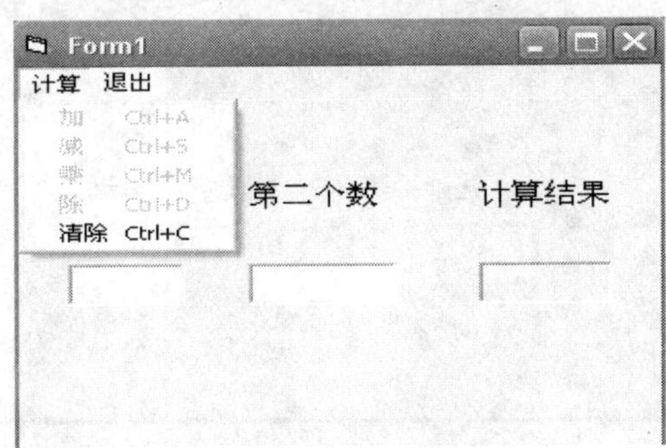

图8-10　菜单失效

2. 菜单项标记

所谓菜单项标记，就是在菜单项前加上一个“√”。它有两个作用：一是可以明显地表示当前某个(或某些)命令状态是“On”或“Off”；二是可以表示当前选择的是哪个菜单项。如前所述，菜单项标记通过菜单设计窗口中的“复选”属性设置，当该属性为True时，相应菜单项前有“√”标记；如果该属性为False，则相应菜单项前没有“√”标记。但是，菜单项标记通常是动态地加上或取消的，因此应在程序代码中根据执行情况设置。下面用一个例子说明它的用法。

【例8-2】 设计一个菜单，该菜单含有一个主菜单项和若干个子菜单项。当单击子菜单项时，分别显示十进制数、八进制数和十六进制数，并在相应的菜单项前面加上“√”标记。

分析：根据题意，该菜单由一个主菜单项和若干个子菜单项组成。我们把主菜单项叫做“显示数制”，它含有 5 个子菜单项，分别为“十进制”、“八进制”、“十六进制”、“清除”和“退出”。此外，在窗体上建立一个文本框，用来输入数值；建立 3 个标签，分别显示十进制、八进制、十六进数，并有相应的说明信息。

具体操作步骤如下：

(1) 在窗体上建立控件。在窗体上建立 1 个文本框和 6 个标签，其属性设置如表 8-3 所示。

表 8-3　控件属性设置

控件	名称(Name)	标题(Caption)	文本(Text)	边界(Borderstyle)
文本框	TxtBox	无	空白	默认
标签 1	Label1	十进制	无	默认
标签 2	Label2	八进制	无	默认
标签 3	Label3	十六进制	无	默认
标签 4	Label4	空白	无	1-Fixed Single
标签 5	Label5	空白	无	默认
标签 6	Label6	空白	无	默认

设计完成后的窗体如图 8-11 所示。

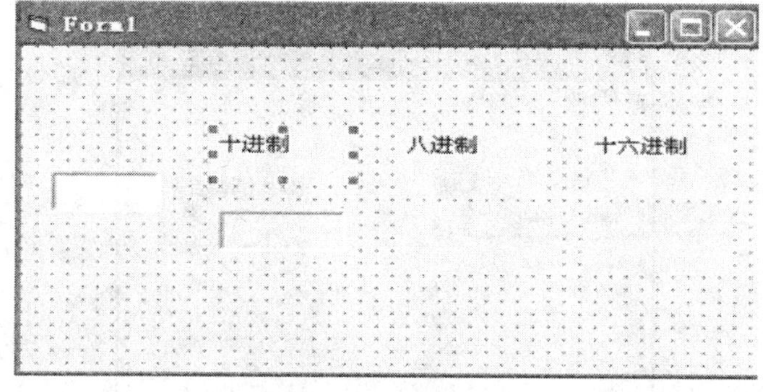

图 8-11　菜单程序举例

(2) 设计菜单。菜单中有 1 个主菜单项和 5 个子菜单项。在设计菜单时，子菜单项“清除”有标记“√”，其他子菜单项均没有标记。各菜单项的属性设置如表 8-4 所示。

表 8-4　菜单项属性设置

标　题	名　称	内缩符号	复　选
显示数制	Numsys	无	无
八进制	Octv	1	无
十进制	Dec	1	无
十六进制	Hexv	1	无
清除	Clean	1	有
退出	Quit	1	无

按上面所列的属性建立菜单，建立完以后的菜单设计窗口如图 8-12 所示。

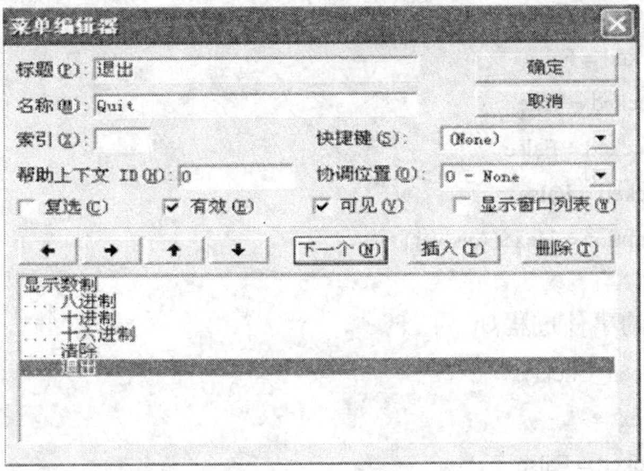

图 8-12　完成后的菜单设计窗口

(3) 编写程序代码。菜单项 Octv 的事件过程如下：

```
Private Sub Octv_Click()
    Answer = Val(TxtBox.Text)
    Octv.Checked = True
    Dec.Checked = False
    Hexv.Checked = False
    Clean.Checked = False
    Quit.Checked = False
    Label5.Caption = Oct$(Answer)
End Sub
```

该过程首先取出文本框中的值，并把它赋给变量 Answer，然后把子菜单项 Octv 的 Checked 属性设置为 True，其余子菜单项的 Checked 属性设置为 False。最后用 Oct$ 函数把文本框中的十进制数转换为八进制数，并在第 5 个标签中显示出来。

另外两个子菜单项的事件过程与上面的事件过程类似，如下：

```
Private Sub Dec_Click()
    Answer = Val(TxtBox.Text)
    Octv.Checked = False
    Dec.Checked = True
    Hexv.Checked = False
    Clean.Checked = False
    Quit.Checked = False
    Label4.Caption = Format(Answer)
End Sub

Private Sub Hexv_Click()
```

```
        Answer = Val(TxtBox.Text)
        Octv.Checked = False
        Dec.Checked = False
        Hexv.Checked = True
        Clean.Checked = False
        Quit.Checked = False
        Label6.Caption = Hex$(Answer)
    End Sub
```

子菜单项 Clean 的事件过程如下：

```
    Private Sub Clean_Click()
        TxtBox.Text = ""
        Octv.Checked = False
        Dec.Checked = False
        Hexv.Checked = False
        Clean.Checked = True
        Quit.Checked = False
        Label4.Caption = ""
        Label5.Caption = ""
        Label6.Caption = ""
    End Sub
```

退出子菜单项的事件过程如下：

```
    Private Sub Quit_Click()
        End
    End Sub
```

运行结果如图 8-13 所示。

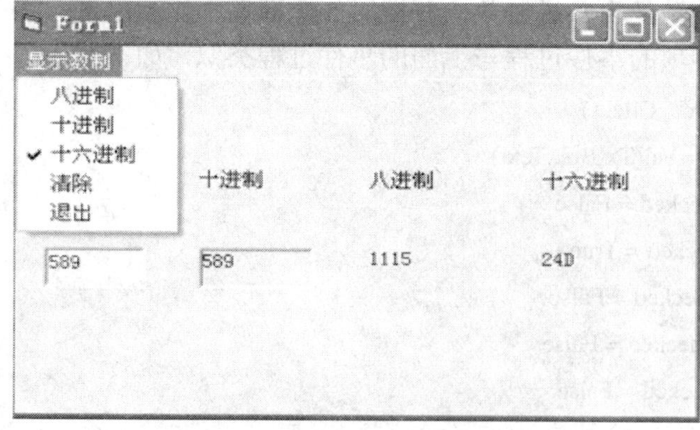

图 8-13　执行结果

3. 菜单项的增减

应用程序的菜单应设计成像 Windows 程序管理器中的菜单一样，能够在执行时随着程序的运行动态地增减菜单中的菜单项。菜单项的增减是利用控件数组来实现的。

下面以一个简单的实例来说明设计步骤。这里以例 8.1 设计的菜单为基础，增加菜单项的增减功能。当用户在窗体上单击时，在“计算”菜单中增加“平方和”和“立方和”两条命令；当用户在窗体上双击时，在“计算”菜单中删除这两条命令。

在菜单设计窗口，按表 8-5 输入菜单项的标题、名称和快捷键。另外，菜单项 Namearray 的 Index 属性设为 0，Visible 属性设为 False(不可见)。

表 8-5　菜单项属性设置

分　类	标　题	名　称	内缩符号	快捷键
主菜单项 1	计算	Calc1	无	无
子菜单项 1	加	Add	1	Ctrl+A
子菜单项 2	减	Min	1	Ctrl+S
子菜单项 3	乘	Mul	1	Ctrl+M
子菜单项 4	除	Div	1	Ctrl+D
子菜单项 5	清除	Clear	1	Ctrl+C
子菜单项 6	无	Namearray	1	无
主菜单项 2	退出	Exit	无	无
子菜单项 1	退出	Quit	1	Ctrl+Q

菜单建立好以后，编写下列事件过程：

```
Dim iMenucount As Integer                          '在窗体层说明
Private Sub Form_Click()
  If iMenucount = 0 Then
    iMenucount = iMenucount + 1
    Load Namearray(iMenucount)                     '装入新菜单项
    Namearray(iMenucount).Caption = "平方和"
    Namearray(iMenucount).Visible = True
    iMenucount = iMenucount + 1
    Load Namearray(iMenucount)                     '装入新菜单项
    Namearray(iMenucount).Caption = "立方和"
    Namearray(iMenucount).Visible = True
  End If
End Sub

Private Sub Form_DblClick()
   Do While iMenucount > 0
     Unload Namearray(iMenucount)                  '删除菜单项
     iMenucount = iMenucount - 1
  Loop
End Sub
```

Namearray_Click 是这些新增菜单项的共用事件过程。当用户选择“平方和”命令时，参数 Index 的值是 1；选择“立方和”命令时，参数 Index 的值是 2。代码如下：

```
Private Sub Namearray_Click(Index As Integer)
  x = Val(Num1.Text) ^ (Index + 1) + Val(Num2.Text) ^ (Index + 1)
  Result.Caption = Str$(x)
End Sub
```

程序运行期间，在窗体上单击后，“计算”菜单如图 8-14 所示。当在窗体上双击后，菜单恢复原样。

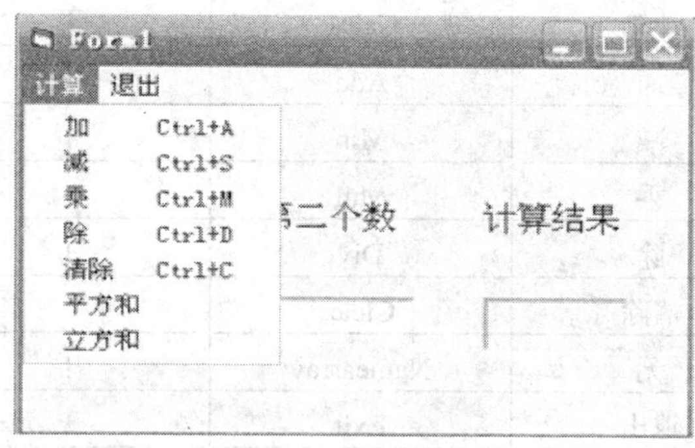

图 8-14 增加菜单项

8.1.4 弹出式菜单

前面我们较为详细地介绍了下拉式菜单的功能和建立方法。在实际应用中，除下拉式菜单外，Windows 还广泛使用弹出式菜单，几乎在每一个对象上单击鼠标右键都可以显示一个弹出式菜单。

弹出式菜单是一种小型菜单，它可以在窗体的某个地方显示出来，对事件作出响应。通常用于对窗体中某个特定区域有关的操作或选项进行控制，例如，用来改变某个文本区的字体属性等。与下拉式菜单不同，弹出式菜单不需要在窗口顶部下拉打开，而是通过鼠标右键在窗体的任意位置打开，使用方便，具有较大的灵活性。

建立弹出式菜单通常分两步进行：首先用菜单编辑器建立菜单，然后用 PopupMenu 方法弹出显示。其中建立菜单的方法与前面介绍的基本相同，唯一的区别是，必须把菜单名(即主菜单项)的“可见”属性设置为 False(子菜单项不需要设置为 False)。

PopupMenu 方法用来显示弹出式菜单，其格式如下：

对象.PopupMenu 菜单名，Flags,x,y Boldcommand

其中，“对象”是窗体名，“菜单名”是在菜单编辑器中定义的主菜单项名，x、y 是弹出式菜单在窗体上的显示位置(与 Flags 参数配合使用，详见后述)，Boldcommand 的作用是指定在弹出式菜单中以粗体显示菜单项的名称，一个弹出式菜单中只能有一个菜单项以粗体显示。Flags 参数是一个数值或符号常量，用来指定弹出式菜单的位置及行为，其取值分为两组，一组用于指定菜单位置，如表 8-6 所示；另一组用于定义特殊的菜单行为，如表 8-7 所示。

表 8-6 指定菜单位置

定位常量	值	作用
vbPopupMenuLeftAlign	0	X 坐标指定菜单左边位置
vbPopupMenuCenterAlign	4	X 坐标指定菜单中间位置
vbPopupMenuRightAlign	8	X 坐标指定菜单右边位置

表 8-7 定义菜单行为

行为常量	值	作用
vbPopupMenuLeftButton	0	通过单击鼠标左键选择命令菜单
vbPopupMenuRightButton	8	通过单击鼠标右键选择命令菜单

说明：

(1) PopupMenu 方法有 6 个参数，除“菜单名”外，其余参数均是可选的。当省略对象时，弹出式菜单只能在当前窗体显示。如果需要弹出式菜单在其他窗体显示，则必须加上窗体名。

(2) Flags 的两组参数可以单独使用，也可以联合使用。当联合使用时，每组中取一个值，两个值相加；如果使用符号常量，则两个值用 Or 连接。

(3) x、y 分别用来指定弹出式菜单显示位置的横坐标和纵坐标，如果省略，则弹出式菜单在鼠标光标的当前位置显示。

(4) 弹出式菜单的“位置”由 x、y 及 Flags 参数共同指定。如果省略这几个参数，则在单击鼠标右键弹出菜单时，鼠标光标所在位置为弹出菜单左上角的坐标。在默认情况下，以窗体的左上角为坐标原点。如果省略 Flags 参数，不省略 x、y 参数，则 x、y 为弹出式菜单左上角的坐标；如果同时使用 x、y 及 Flags 参数，则弹出式菜单的位置分为以下几种情况：

- Flags=0　x,y 为弹出式菜单左上角的坐标
- Flags=4　x,y 为弹出式菜单顶边中间的坐标
- Flags=8　x,y 为弹出式菜单右上角的坐标

(5) 为了显示弹出式菜单，通常把 PopupMenu 方法放在 MouseDown 事件中，该事件响应所有的鼠标单击操作。按照惯例，一般通过单击鼠标右键显示弹出式菜单，这可以用 Button 参数来实现。对于两个键的鼠标来说，左键的 Button 参数值为 1，右键的 Button 参数值为 2。因此，可以用下面的语句强制通过单击鼠标右键来响应 MouseDown 事件，显示弹出式菜单：

```
If Button=2 Then PopupMenu  菜单名
```

下面通过一个例子来具体说明建立弹出式菜单的一般过程。

【例 8-3】 建立一个弹出式菜单，用来改变文本框中字体的属性。

操作步骤如下：

(1) 执行 File 菜单中的“新建工程”命令，建立一个新的工程。

(2) 设置各菜单项的属性，如表 8-8 所示。

表 8-8　菜单项属性设置

标　题	名　称	内缩符号	可见性
字体格式化	popFormat	无	False
粗体	popBold	1	True
斜体	popItalic	1	True
下划线	popUnder	1	True
20	font20	1	True
隶书	fontLs	1	True
退出	Quit	1	True

(3) 执行“工具”菜单中的“菜单编辑器”命令，打开“菜单编辑器”窗口。

(4) 按上面设置的属性建立菜单，如图 8-15 所示。注意主菜单项 popFormat 的“可见”属性应设置为 False，其余菜单项的“可见”属性均设置为 True。

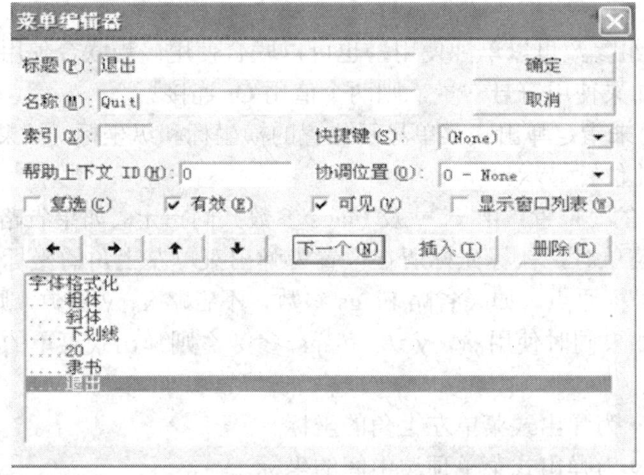

图 8-15　建立弹出式菜单

(5) 编写窗体的 MouseDown 事件过程：

```
Private Sub Form_MouseDown(Button As Integer, Shift As Integer, _
        X As Single, Y As Single)
    If Button = 2 Then
    PopupMenu popFormat
    End If
End Sub
```

MouseDown 事件过程带有多个参数，其含义请查阅该事件的帮助信息。上述过程中的条件语句用来判断所按下的是否是鼠标右键，如果是，则用 PopupMenu 方法弹出菜单。PopupMenu 方法省略了对象参数，指的是当前窗体。运行程序，然后在窗体内的任意位置单击鼠标右键，即弹出一个菜单，如图 8-16 所示。

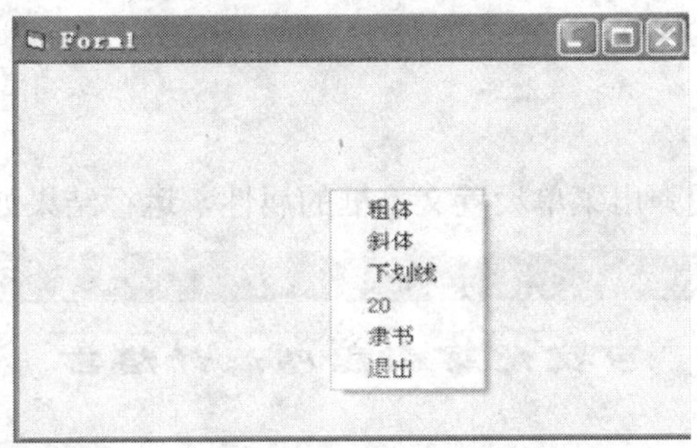

图 8-16　显示弹出式菜单

至此，建立弹出式菜单的操作就算完成了。根据题意，要用这个弹出式菜单来改变文本框的属性，因而继续下面的操作。

(6) 在窗体中画一个文本框，并编写如下的窗体事件过程：

```
Private Sub Form_Load()
  Text1.Text = "可视化高级程序设计语言"
End Sub
```

(7) 对各个子菜单项编写事件过程。由前述可知，为了编写下拉式菜单的事件过程，通常是在窗体中单击主菜单项，显示子菜单项，然后双击某个子菜单项，进入代码窗口，编写该菜单项的事件过程。对于弹出式菜单项来说，由于主菜单项的“可见”属性为 False，不能在窗体顶部显示，因而不能通过双击子菜单项的方式进入代码窗口，必须先进入代码窗口(执行“视图”菜单中的“代码窗口”命令，或按 F7 键，或双击窗体)，单击选择“对象”按钮，选择对应菜单项，显示出该子菜单项的事件过程代码框架，即可在该框架内编写代码。

各子菜单项的事件过程代码如下：

```
Private Sub popBold_Click()
  Text1.FontBold = True
End Sub

Private Sub popItalic_Click()
  Text1.FontItalic = True
End Sub

Private Sub popUnder_Click()
  Text1.FontUnderline = True
End Sub

Private Sub font20_Click()
  Text1.FontSize = 20
End Sub

Private Sub fontLs_Click()
  Text1.FontName = "隶书"
End Sub
```

```
Private Sub Quit_Click()
End
End Sub
```

运行上面的程序，用弹出菜单设置文本框的属性，运行结果如图 8-17 所示。

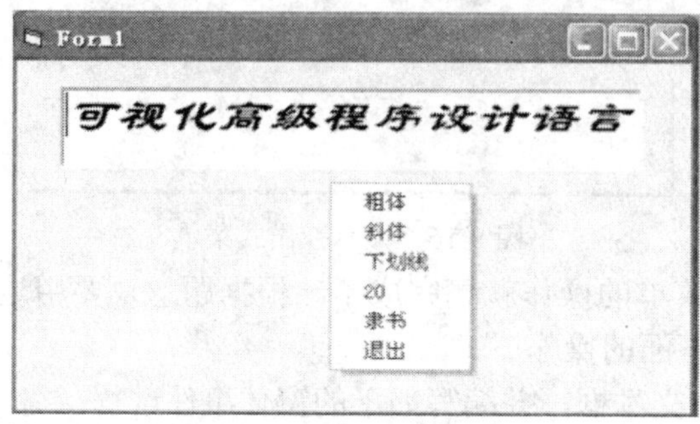

图 8-17　程序运行结果

8.2 工具栏设计

工具栏为用户提供了对于应用程序中常用的菜单命令的快速访问，进一步增强了应用程序的菜单界面，现在已经成为 Windows 应用程序的标准功能。制作工具栏有两种方法：一种手工制作，即利用图形框和命令按钮制作，比较繁琐；另一种是通过组合使用 ToolBar、ImageList 控件进行制作，这种方法使得工具栏制作与菜单制作一样简单易学。

使用这些控件前必须在工具箱的空白处点击鼠标右键打开“部件”对话框，选择“Microsoft Windows Common Controls 6.0”，将控件添加到工具箱中，如图 8-18 所示。

图 8-18　工具箱

创建工具栏的步骤如下：

1. 在 ImageList 控件中添加图像

ImageList 控件不单独使用，专门为其他控件提供图像，是一个图像容器控件。工具栏按钮的图像就是通过 ToolBar 控件从 ImageList 的图像库中获得的。

在窗体上添加 ImageList 控件后，选中该控件(默认名为 ImageList1)，再单击右键，从弹出菜单中选择“属性”，然后在“属性页”对话框中选择“图像”选项卡，如图 8-19 所示。

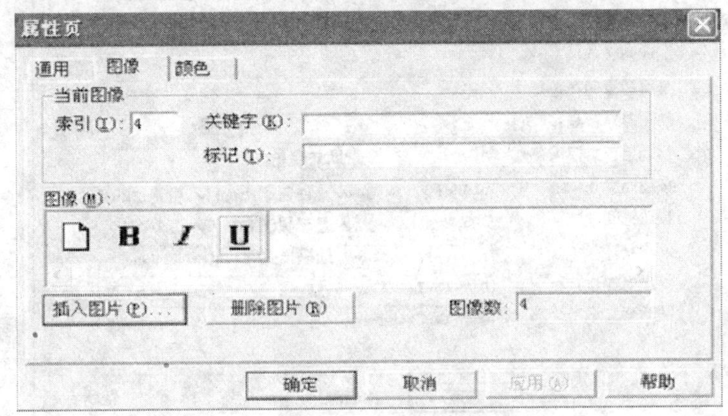

图 8-19 “图像”选项卡

该选项卡中的部分选项说明如下。

索引：表示每个图像的编号，在 ToolBar 的按钮中引用。

关键字：表示每个图像的标识名，在 ToolBar 的按钮中引用。

图像数：表示已插入的图像数目。

“插入图片”按钮：插入新图像，图像文件的扩展为 .ico、.bmp、.gif、.jpg 等。

“删除图片”按钮：删除选中的图片。

【例 8-4】 设计一个具有 4 个工具按钮的工具栏，分别对应菜单中的“新建”、“加粗”、“斜体”、“下划线” 4 个菜单项，并完成相应的功能。

分析：本例中，建立的 ImageList 控件名称为“ImageList1”，参见图 8-19 中的顺序装入 4 个图像，每个图像的属性如表 8-9 所示。

表 8-9 ImageList1 控件与 ToolBar 控件按钮连接关系

ImageList1 控件属性			ToolBar 按钮属性				
索引	关键字	图像	索引	关键字	样式	工具栏提示文本	图像
1	INew	新建	1	TNew	0	新建	1
2	IBold	加粗	2	TBold	0	加粗	2
3	IItalic	倾斜	3	TItalic	0	倾斜	3
4	IUnderline	下划线	4	TUnderline	0	下划线	4

2. 在 ToolBar 控件中添加按钮

ToolBar 工具栏可以建立多个按钮，每个按钮的图像均来自 ImageList 对象中出现的图像。

1) 为工具栏链接图像

在窗体上增加 ToolBar 控件后，选中 ToolBar 控件，单击鼠标右键选择“属性”，打开“属性页”对话框，选择“通用”选项卡，如图 8-20 所示。

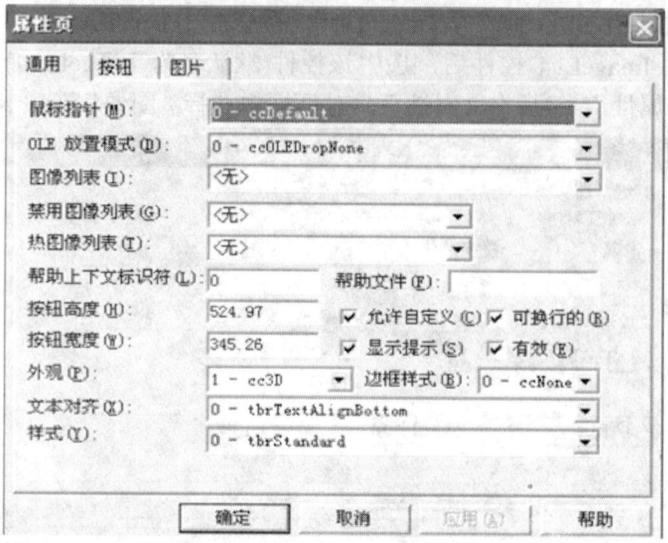

图 8-20　“通用”选项卡

该选项卡中的部分选项说明如下。

图像列表：表示与 ImageList 控件的连接，此例选择 ImageList1 控件名。

可换行的：其复选框被选中，表示当工具栏的长度不能容纳所有的按钮时，在下一行显示，否则剩余的不显示。

样式：这是 VB 新增的功能，用于设置工具栏的风格。0-tbrStandard 表示采用标准风格；1-tbrFlat 表示采用平面风格。

其余各项含义显而易见，一般取默认值。

2) 为工具栏增加按钮

设计时在 ToolBar 控件的属性页内，选择“按钮”选项卡，如图 8-21 所示，单击“插入按钮”可以在工具栏上插入 Button 对象。

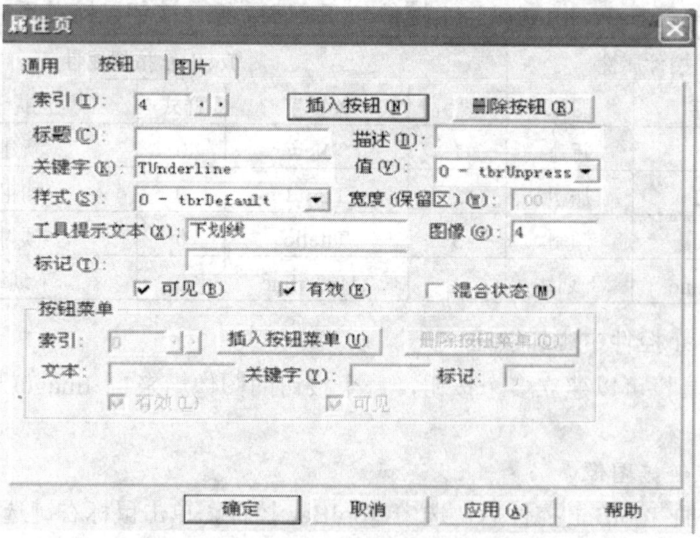

图 8-21　“按钮”选项卡

该选项卡中的部分选项说明如下。

索引：表示每个按钮的数字编号，在 ButtonClick 事件中引用。

关键字：表示每个按钮的标识名，在 ButtonClick 事件中引用。

图像：选定 ImageList 对象中的图像，可以用图像的 Key 或 Index 值。

样式：指定样式按钮，共 5 种，含义见表 8-10。

表 8-10 按钮样式

值	常 数	按 钮	说 明
0	tbrDefault	普通按钮	按下按钮后恢复原状，如“新建”按钮
1	tbrCheck	开关按钮	按下按钮后保持按下状态，如“加粗”等按钮
2	tbrButtonGroup	编组按钮	在一组按钮中只能有一个有效，如对齐方式按钮
3	tbrSepatator	分隔按钮	将左右按钮分隔开
4	tbrPlaceholder	占位按钮	用来安放其他按钮，可以设置其宽度(Width)
5	tbrDropdown	菜单按钮	具有下拉菜单，如 Word 中的“字符缩放”按钮

按钮样式取值为 3 时，该 Button 对象可用于分隔其他按钮。当工具栏采用平面风格时，它显示为一条细窄的竖线；当工具栏采用标准风格时，按钮与按钮之间留有一点空隙，以便分隔各个按钮。

值：表示按钮的状态，有按下(tbrPress)和未按下(tbrUnpress)两种，对样式 1 和样式 2 有用。

3. ToolBar 控件事件

ToolBar 控件常用的事件有两个：ButtonClick 和 ButtonMenuClick。前者对应的按钮样式为 0～2 的菜单按钮，后者对应样式为 5 的菜单按钮。

实际上，工具栏上的按钮是控件数组，单击工具栏上的按钮会发生 ButtonClick 事件或 ButtonMenuClick 事件，我们可以利用数组的索引(Index 属性)或关键字(Key 属性)来识别被单击的按钮，使用 Select Case 语句完成代码编制。现以 ButtonClick 事件为例介绍。

1) 用索引 Index 确定按钮

本例的程序段如下：

```
Private Sub Toolbar1_ButtonClick(ByVal Button As MSComctlLib.Button)
    Select Case Button.Index
        Case 1
            mnuNew_Click
        Case 2
            Text1.FontBold = True
        Case 3
            Text1.FontItalic = True
        Case 4
            Text1.FontUnderline = True
    End Select
```

```
End Sub

Private Sub mnuNew_Click()
    Form1.Caption = "新文件"
    Text1.Visible = True
    Text1.Text = ""
End Sub
```

2) 用关键字 Key 确定按钮

使用关键字 Key 确定按钮，必须在设计时为每个按钮设置标识名，即需要在图 8-20 所示的选项卡的关键字文本框中输入每个按钮的标识名。以下程序段与 1) 中程序段的作用相同，仅用 Button. Key 代替了 Button.Index。

```
Private Sub Toolbar1_ButtonClick(ByVal Button As MSComctlLib.Button)
  Select Case Button. Key
    Case "Tnew"
      mnuNew_Click
    Case "Tbold"
      Text1.FontBold = True
    Case "Titalic"
      Text1.FontItalic = True
    Case "Tunderline"
      Text1.FontUnderline = True
  End Select
End Sub
Private Sub mnuNew_Click()
    Form1.Caption = "新文件"
    Text1.Visible = True
    Text1.Text = ""
End Sub
```

其中，Index 表示菜单按钮在控件数组中的索引，Button 表示对菜单按钮对象的引用。程序运行结果如图 8-22 所示。

图 8-22　程序运行结果

8.2　多文档设计

简单的 VB 应用程序通常只包括一个窗体，称为单窗体程序。在实际应用中，特别是对于较复杂的应用程序，单一窗体往往不能满足需要，必须通过多窗体来实现。

在多窗体程序中，应用程序包括多个窗体，每个窗体的界面设计与之前所述的完全一样。但是在设计之前，要先通过“工程”菜单中的“添加窗体”命令来添加窗体，每执行一次该命令添加一个窗体。

程序代码是针对每个窗体编写的，因此也与单一窗体程序设计中的代码编写类似，但应注意各个窗体之间的相互关系。

多窗体实际上是单一窗体的集合，而单一窗体是多窗体设计的基础。掌握了单一窗体程序设计，多窗体程序设计就很容易了。

在单窗体程序设计中，所有的操作都在一个窗体中完成，不需要在多个窗体间切换。而在多窗体程序中，需要打开、关闭、隐藏或显示指定的窗体，这可以通过相关的语句和方法来实现。

8.3.1　多窗体程序设计中的语句和方法

1. Load 语句

格式：Load　窗体名称

功能：Load 语句把一个窗体装入内存。执行 Load 语句后，可以引用窗体中的控件及各种属性，但此时窗体没有显示出来。

“窗体名称”是窗体的 Name 属性。

2. Unload 语句

格式：Unload　窗体名称

功能：该语句与 Load 语句的功能相反，它从内存中删除指定的窗体。

窗体的显示和隐藏方法见 2.2 节。

【例 8-5】 设计一个“古诗选读”程序，该程序由 3 个窗体构成，其中一个窗体为列表窗体，其余两个窗体分别用来显示两首古诗的内容。程序运行后，先显示列表窗体，在该窗体中列出所要阅读的古诗目录(多个)，双击某个(前两个)目录后，在另一个窗体的文本框中显示相应的诗文内容，每首诗用一个窗体显示。

分析：本例题要用到 3 个窗体，其名称和标题属性设置如表 8-11 所示。

表 8-11　窗体属性设置

窗　体	名称(Name)	标题(Caption)
列表窗体	ListForm	古诗目录
第一首诗	S1	望天门山
第二首诗	S2	送孟浩然之广陵

操作步骤如下：

1) 建立列表窗体

列表窗体用来显示每首诗的标题，实际上是一个对话框窗体。在该窗体中，将列出多个古诗的目录(只需要显示前两首的内容)。

在列表窗体中画 3 个控件：1 个标签、1 个列表框和 1 个命令按钮，其属性设置如表 8-12 所示。

表 8-12　列表窗体控件属性设置

控　件	属　性	设 置 值
标签	Name	Label1
	Caption	请选择要阅读的古诗
	FontSize	12
	Font Name	宋体
列表框	Name	List
	FontSize	12
	Font Name	宋体
命令按钮	Name	Command1
	Caption	退出

设计完成后的列表窗体如图 8-23 所示。

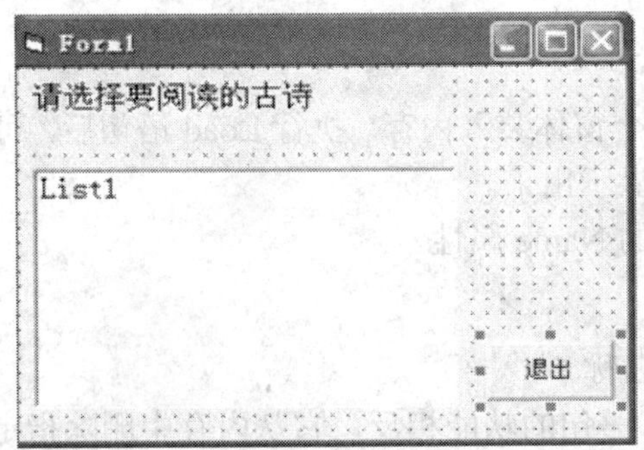

图 8-23　列表窗体

一般情况下，列表窗体主要供用户阅读信息或输入信息，没有必要提供改变大小、缩成图标及放大等功能。该窗体属性设置如表 8-13 所示。

表 8-13　列表窗体属性设置

属　性	设 置 值	说　明
MaxButton	False	右上角没有放大符号
MinButton	False	右上角没有缩小符号
ControlBox	True	保留右上角控制框
BorderStyle	3-Fixed Dialog	不能改变窗体大小
Caption	古诗目录	此标题显示在窗体顶部
Name	ListForm	窗体名称，在程序代码中使用

2) 建立第一首诗窗体

该窗体由 2 个标签、1 个文本框和 1 个命令按钮组成，各控件的属性设置如表 8-14 所示。

表 8-14 控件属性设置

对 象	属 性	设 置 值
标签 1	Name	Label1
	BackStyle	Transparent
	BorderStyle	0-None
标签 2	Name	Label2
	BackStyle	Transparent
	BorderStyle	0-None
文本框	Name	Text1
	MultiLine	True
命令按钮	Name	Command1
	Caption	返回

除窗体的标题(Caption)属性和名称(Name)外，第二首诗的窗体结构与第一首诗的窗体基本相同，不再重复。可以仿照第一首诗的窗体的属性设置建立第二首诗的窗体。

建立完上面 3 个窗体后，在工程资源管理器窗口中会列出已建立的窗体文件名称，如图 8-24 所示。窗体文件名称与窗体的 Name 属性值相同，但加上了扩展名 .frm。

图 8-24 建立完 3 个窗体后的工程资源管理器窗口

3) 编写程序代码

(1) 列表窗体程序代码如下：

```
Private Sub Form_Load()
  List1.AddItem "望天门山"
  List1.AddItem "送孟浩然之广陵"
  List1.AddItem "黄鹤楼"
  List1.AddItem "蜀相"
  List1.AddItem "早发白帝城"
  List1.AddItem "秋日登岳阳楼晴望"
  List1.AddItem "金陵怀古"
End Sub
```

```
Private Sub List1_DblClick()
  ListForm.Hide
  Select Case List1.ListIndex
      Case 0
        S1.Show
      Case 1
        S2.Show
  End Select
End Sub

Private Sub Command1_Click()
  End
End Sub
```

(2) “望天门山”窗体程序代码如下：

```
Private Sub Form_Load()
  CR$ = Chr$(13) + Chr$(10)
  Label1.FontName = "幼圆"
  Label1.FontBold = True
  Label1.FontSize = 18
  Label1.Caption = "望天门山"
  Label2.FontName = "宋体"
  Label2.FontSize = 14
  Label2.Caption = "李白"
  Text1.FontName = "华文行楷"
  Text1.FontSize = 16
  Text1.Text = "天门中断楚江开，" + CR$ + _
              "碧水东流至此回。" + CR$ + _
              "两岸青山相对出，" + CR$ + _
              "孤帆一片日边来。"
End Sub

Private Sub Command1_Click()
   S1.Hide
   ListForm.Show
End Sub
```

(3) “送孟浩然之广陵”窗体程序代码如下：

```
Private Sub Form_Load()
  CR$ = Chr$(13) + Chr$(10)
  Label1.FontName = "华文行楷"
```

```
    Label1.FontSize = 18
    Label1.Caption = "送孟浩然之广陵"
    Label2.FontName = "宋体"
    Label2.FontSize = 12
    Label2.Caption = "李白"
    Text1.FontName = "幼圆"
    Text1.FontSize = 16
    Text1.Text = "故人西辞黄鹤楼，" + CR$ + _
                "烟花三月下扬州。" + CR$ + _
                "孤帆远影碧空尽，" + CR$ + _
                "唯见长江天际流。"
End Sub

Private Sub Command1_Click()
    S2.Hide
    ListForm.Show
End Sub
```

4) 运行程序

程序运行后，首先显示列表窗体，如图 8-25 所示，双击列表框中的第一个项目，显示“望天门山”窗体，如图 8-26 所示；双击列表框中的第二个项目，显示“送孟浩然之广陵”窗体，如图 8-27 所示；单击“返回”命令按钮，回到列表窗体；单击“退出”命令按钮，结束程序。

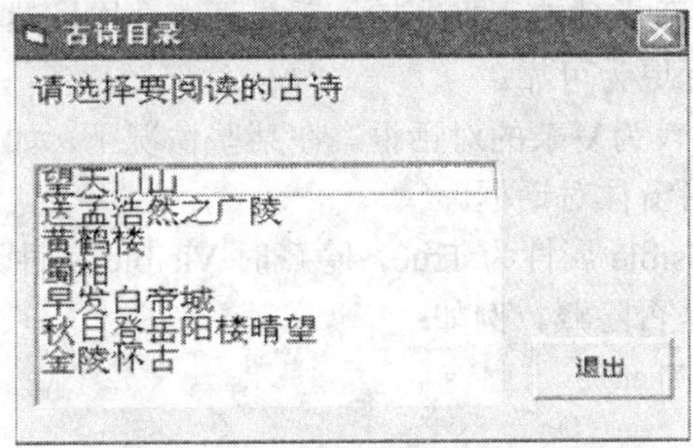

图 8-25　程序运行情况(1)

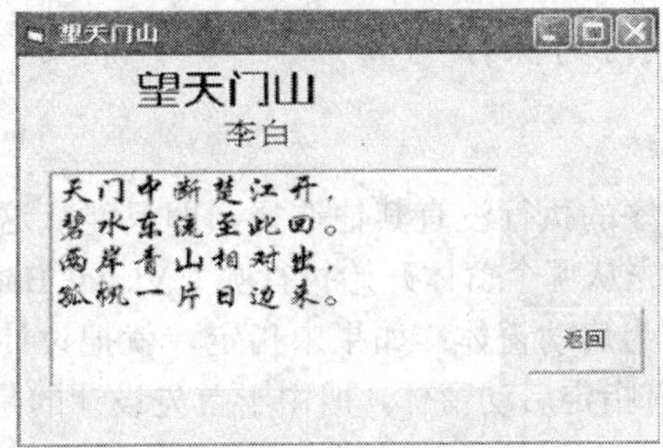

图 8-26　程序运行情况(2)

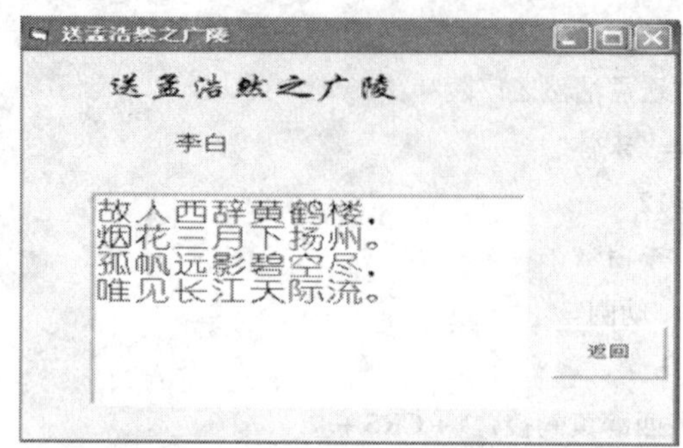

图 8-27　程序运行情况(3)

说明：

(1) 多窗体程序是单一窗体程序的集合，是在单一窗体程序的基础上建立起来的。利用多窗体，可以把一个复杂的问题分解为若干个简单的问题，每个简单的问题使用一个窗体。同时还可以根据需要增加窗体。

(2) 如前所述，在单一窗体程序中，工程资源管理器窗口的作用显得不十分重要，因为只有一个窗体文件。而在多窗体程序中，工程资源管理器窗口是十分有用的。每个窗体作为一个文件保存，为了对某个窗体(包括界面和程序代码)进行修改，必须在工程资源管理器窗口中找到该窗体文件，然后调出界面或代码。

(3) 一般情况下，屏幕上某个时刻只显示一个窗体，其他窗体或隐藏或从内存中删除。为了提高执行速度，暂时不显示的窗体通常用 Hide 方法隐藏。窗体隐藏后，只是不在屏幕上显示，但仍在内存中，它要占用一部分内存空间。因此，当窗体较多时，有可能造成内存不足。如果出现这种情况，应当用 Unload 方法删除一部分窗体，需要时再用 Show 方法显示，因为 Show 方法具有双重功能，即先装入后显示。这样虽然可能会对执行速度有一定影响，但可以使程序的执行更为可靠。

(4) 利用窗体可以建立较为复杂的对话框。在某些情况下，如果用 InputBox 或 MsgBox 函数能满足需要，则不必用窗体对话框。

(5) 窗体显示时，其 Visible 属性为 True，隐藏时 Visible 属性为 False。因此，可以通过 Visible 属性检查一个窗体是否隐藏。例如：

```
If FormCover. Visible Then
    FormCover. Hide
End If
```

8.3.2　多重窗体程序的执行与保存

1. 指定启动窗体

在单一窗体程序中，程序的执行没有其他选择，即只能从这个窗体开始执行。多窗体程序由多个窗体构成，究竟先从哪个窗体开始执行呢？Visual Basic 规定，对于多重窗体程序，必须指定其中一个窗体为启动窗体；如果未指定，就把设计时的第一个窗体作为启动窗体。在例 8-5 中，我们没有指定启动窗体，但由于首先设计的是列表窗体，因此自动把该窗体作为启动窗体。

启动窗体通过“工程”菜单中的“工程属性”命令来指定。执行该命令后，将打开“工程属性”对话框(“通用”选项卡)，单击“启动对象”栏右端的箭头，将显示当前工程中所有窗体的列表，如图 8-28 所示。单击作为启动窗体的名字，然后单击“确定”按钮，即可把所选择的窗体设置为启动窗体。

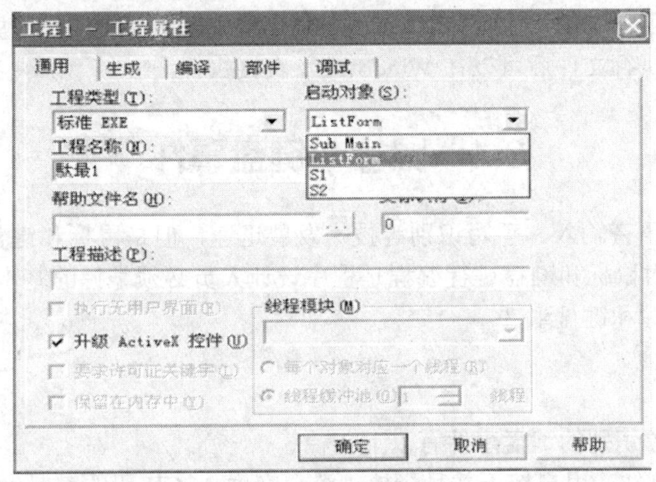

图 8-28 指定启动窗体

2. 多窗体程序的存取

1) 保存多窗体程序

为了保存多窗体程序，通常需要进行以下两步：

(1) 分别保存工程资源管理器窗口中列出的窗体或标准模块，窗体的扩展名为 .frm，标准模块的扩展名为 .bas。例 8-5 中，需要保存 3 个 .frm 文件。

(2) 执行“文件”菜单中的“工程另存为”命令，打开“工程另存为”对话框，把整个工程以“.vbp”为扩展名存入磁盘。

窗体文件或工程文件存盘后，如果经过修改后再次存盘，可以执行“文件”菜单中的“保存工程”命令。执行该命令后，不显示对话框，窗体文件和工程文件直接以原来命名的文件名存盘。如果窗体文件和工程文件都是第一次保存，则可执行“文件”菜单中的“保存工程”命令，它首先打开“文件另存为”对话框，分别把各个窗体文件存盘，最后打开“工程另存为”对话框，将工程文件存盘。

2) 装入多窗体文件

执行“文件”菜单中的“打开工程”命令，将显示“打开工程”对话框(“现存”选项卡)，在对话框中输入或选择工程文件(.vbp)名，然后单击“打开”按钮，即可把属于该工程的所有文件(包括 .frm 和 .bas)装入内存。

如果选择“打开工程”对话框中的“最新”选项卡，则列出最近编写的工程文件，此时可以选择要打开的工程文件，然后单击“打开”按钮。

在执行“打开工程”命令时，如果内存中有修改后但尚未保存的文件(窗体文件、模块文件或工程文件)，则显示一个对话框，提示保存。

Visual Basic 可以记录最近存取过的工程文件，这些文件名位于“文件”菜单的底部(“退出”命令之上)，打开“文件”菜单后，只要单击所需要的文件名，即可打开相应的文件。

3. 多窗体程序的编译

多窗体程序可以编译生成可执行文件(.exe)，而可执行文件总是针对工程建立的。因此，多窗体程序的编译操作与单窗体程序是一样。也就是说，不管一个工程包括多少窗体，都可以通过“文件”菜单中的“生成 XXX.exe”命令生成可执行文件，这里的“XXX”是工程的名字，生成可执行文件后可以在 Windows 下直接执行。

8.4 鼠标与键盘事件

近年来，尽管语音输入、手写识别等技术发展迅速，但是鼠标和键盘仍然是人操纵计算机的主要工具。对鼠标和键盘进行编程是程序设计人员必须掌握的基本技术。VB 应用程序能够响应多种鼠标和键盘事件。

8.4.1 键盘事件

在 VB 中，对象识别的键盘事件有以下 3 种：

(1) KeyPress 事件：用户按下并且释放一个会产生 ASCII 码的键时触发该事件。

(2) KeyUp 事件：用户释放键盘上任意一个键时触发该事件。

(3) KeyDown 事件：用户按下键盘上任意一个键时触发该事件。

1. KeyPress 事件

并不是按下键盘上的任意一个键都会引发 KeyPress 事件，KeyPress 事件只对会产生 ASCII 码的按键有反应，包括数字、大小写的字母、Enter、Backspace、Esc、Tab 等。对于方向键等这种不会产生 ASCII 码的按键，KeyPress 事件不会被触发。该事件可用于窗体、复选框、组合框、命令按钮、列表框、图片框、滚动条及与文件有关的控件。在 KeyPress 事件过程中，最适合编写处理输入文字的代码。

KeyPress 事件过程形式如下：

```
Private Sub Text1_KeyPress(KeyAscii As Integer)


End Sub
```

KeyPress 事件带有一个参数，这个参数有两种形式。第一种形式是 Index As Integer，只用于控件数组；第二种形式是 KeyAscii As Integer，用于单个控件。上面列出的是第二种形式。KeyAscii 是所按键的 ASCII 值。

利用 KeyPress 事件，可以对输入的值进行限制。假定在窗体上建立了一个文本框(Text1)，然后双击该文本框进入程序代码窗口，并从事件组合框中选择 KeyPress，编写如下事件过程：

```
Private Sub Text1_KeyPress(KeyAscii As Integer)
  If   KeyAscii < 48 or   KeyAscii > 57 Then
  Beep
  KeyAscii=0
```

```
  End If
  ...
End Sub
```

该过程用来控制输入值，它只允许输入 0(ASCII 码 48)～9(ASCII 码 57)的阿拉伯数字。如果输入其他字符，则响铃(Beep)，并清除该字符。

KeyPress 事件过程还可以修改 KeyAscii 变量的值。如果进行了修改，则 Visual Basic 在控件中输入修改后的字符，而不是用户输入的字符。例如：

```
Private Sub Text1_KeyPress(KeyAscii As Integer)
  If   KeyAscii >= 65 And KeyAscii <= 122 Then
     KeyAscii=42
  End If
End Sub
```

上述过程对输入的字符进行判断，如果其 ASCII 码大于等于 65(字母“A”)，并小于等于 122(小写字母“z”)，则用星号(ASCII 码为 42)代替，运行上面的程序，如果从键盘上输入 Testing，则在文本框中显示“*******”。利用类似操作，可以编写口令程序。

【例 8-6】 编写口令程序。

分析：用文本框的 Password 属性可以编写口令程序，下面用 KeyPress 事件编写口令程序。

操作步骤如下：

(1) 首先在窗体上画一个标签和一个文本框，如图 8-29 所示。

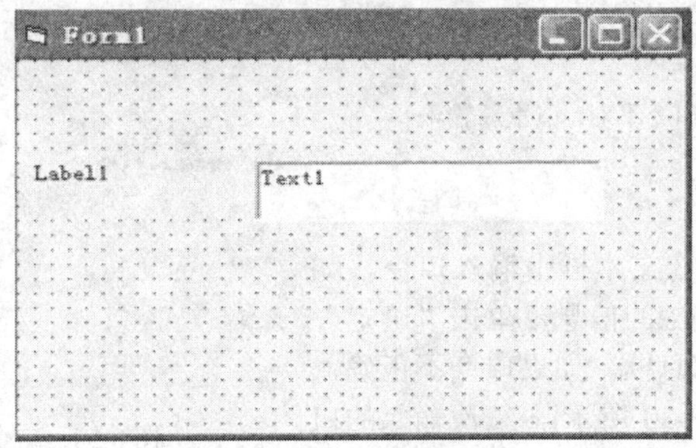

图 8-29　口令程序窗体设计

(2) 编写如下两个事件过程：

```
Private Sub Form_Load()
    Text1.Text = ""
    Text1.FontSize = 10
    Label1.FontSize = 12
    Label1.FontBold = True
    Label1.FontName = "隶书"
    Label1.Caption = "请输入口令"
```

```
End Sub

Private Sub Text1_KeyPress(KeyAscii As Integer)
    Static PWord As String
    Static Counter As Integer
    Static Numberoftries As Integer
    Numberoftries = Numberoftries + 1
    If Numberoftries = 12 Then End
    Counter = Counter + 1
    PWord = PWord + Chr$(KeyAscii)
    KeyAscii = 0
    Text1.Text = String$(Counter, "*")
    If LCase$(PWord) = "abcd" Then
      Text1.Text = ""
      PWord = 0
      MsgBox "口令正确，继续..."
      Counter = 0
      Print "Continue..."
    ElseIf Counter = 4 Then
      Counter = 0
      PWord = ""
      Text1.Text = ""
      MsgBox "口令不对，请重新输入"
    End If
End Sub
```

(3) 程序运行后，在文本框中输入口令，如果口令正确，则显示相应的信息，单击“确定”按钮后，将显示一个信息框。如果口令不正确，则要求重新输入(如图 8-30 所示)，三次输入的口令都不正确，则停止输入，并结束程序。

图 8-30　口令程序运行结果

上面的 Form_Load 过程用来清除文本框中的信息，设置文本框和标签的字体属性，设置标签的标题。Text1_KeyPress 过程用来测试输入口令是否正确，在该过程中，定义了 3 个静态变量，其中 Numberoftries 变量用来对输入口令的字符计数。每按一次键，触发一次 KeyPress 事件，Numberoftries 变量加 1，当该值达到 12 时结束程序。口令由 4 个字符组成，三次输入口令(12 个字符)都不正确则程序结束。在输入口令的过程中，程序随时对口令进行测试，一旦接收到正确口令，立即显示相应的信息。在这里，正确的口令为 abcd，输入 abc，再按 d 键，即认为口令正确。因此，用 KeyPress 事件编写的口令程序比用文本框的 Password 属性编写的口令程序更为实用。

注意：在默认情况下，控件的键盘事件优先于窗体的键盘事件，因此在发生键盘事件时，总是先激活控件的键盘事件。如果希望窗体先接收键盘事件，则必须把窗体的 KeyPreview 属性设置为 True，否则不能激活窗体的键盘事件。这里所说的键盘事件包括 KeyPress、KeyDown 和 KeyUp。

2. KeyDown 和 KeyUp 事件

与 KeyPress 事件不同，KeyDown 和 KeyUp 事件返回的是键盘的直接状态，而 KeyPress 并不反映键盘的直接状态。换言之，KeyDown 和 KeyUp 事件返回的是“键”，而 KeyPress 事件返回的是“字符”的 ASCII 码。例如，当按字母键“A”时，KeyDown 所得到的 KeyCode 码(KeyDown 事件过程参数)与按字母键“a”是相同的，而对 KeyPress 来说，所得到的 ASCII 码不一样。

KeyDown 和 KeyUp 事件的参数也有两种形式，其中“Index As Integer”只用于控件数组，而“KeyCode As Integer，Shift As Integer”用于单个控件。下面只讨论第二种形式。

KeyDown 和 KeyUp 事件都有两个参数，即 KeyCode 和 Shift，例如：

```
Private Sub Form_KeyDown(KeyCode As Integer, Shift As Integer)


End Sub
```

或

```
Private Sub Form_KeyUp(KeyCode As Integer, Shift As Integer)


End Sub
```

KeyCode 和 Shift 的含义如下。

(1) KeyCode：按键的实际 ASCII 码。该码以“键”为准，而不是以“字符”为准。也就是说，大写字母与小写字母使用同一个键，它们的 KeyCode 相同(一般使用大写字母的 ASCII 码)，但大键盘上的数字键与数字键盘上相同的数字键的 KeyCode 是不一样的。对于有上挡字符的键，其中 KeyCode 为下挡字符的 ASCII 码。表 8-15 列出了部分字符的 KeyCode 和 KeyAscii 码。

表 8-15　部分字符的 KeyCode 和 KeyAscii 码

键(字符)	KeyCode	KeyAscii
A	&H41	&H41
a	&H41	&H61
B	&H42	&H42
b	&H42	&H62
5	&H35	&H35
%	&H35	&H25
1 (大键盘上)	&H31	&H31
1 (数字键盘上)	&H61	&H31

(2) Shift：转换键，它指的是三个转换键状态，即 Shift、Ctrl 和 Alt。这三个键分别以二进制方式表示，每个键用三位，即 Shift 键为 001，Ctrl 键为 010，Alt 键为 100。当按下 Shift 键时，Shift 参数的值为 001(十进制 1)；当按下 Ctrl 键时，Shift 参数的值为 010(十进制 2)；

而按下 Alt 键时，Shift 参数的值为 100(十进制 4)。如果同时按下两个或三个转换键，则 Shift 的参数值即为上述两者或三者之和，因此，Shift 参数共可取 8 种值，如表 8-16 所示。

表 8-16　Shift 参数的值

十进制数	二进制数	作　用
0	000	没有按下转换键
1	001	按下一个 Shift 键
2	010	按下一个 Ctrl 键
3	011	按下 Ctrl+Shift 键
4	100	按下一个 Alt 键
5	101	按下 Alt+Shift 键
6	110	按下 Alt+Ctrl 键
7	111	按下 Alt+Ctrl+Shift 键

和 KeyPress 事件一样，对于 KeyDown 和 KeyUp 事件，可以建立如下所示的事件过程：

```
Sub Text1_KeyDown(KeyCode As Integer, Shift As Integer)


End Sub


Sub Text1_KeyUp(KeyCode As Integer, Shift As Integer)


End Sub
```

KeyDown 是当一个键被按下时所产生的事件，而 KeyUp 是松开被压下的键时所产生的事件。

Visual Basic 中已把键盘上的功能键定义为常量，即 vbKeyFX，这里的 X 可以是 1～12 的值。例如 vbKeyF5 表示功能键 F5。这些常量可以直接在程序中使用。

下面通过两个例子来熟悉一下 KeyDown 和 KeyUp 事件。

【例 8-7】 编写程序，演示 KeyDown 和 KeyUp 事件的功能。

操作步骤如下：

(1) 在窗体内建立一个文本框。

(2) 编写如下两个事件过程：

```
Private Sub Text1_KeyDown(KeyCode As Integer, Shift As Integer)
    If KeyCode = &H70 Then
        Print "压下功能键 F1"
    End If
    If KeyCode = &H75 Then
        Print "压下功能键 F6"
    End If
    If KeyCode = &H78 Then
        Print "压下功能键 F9"
    End If
```

```
End Sub

Private Sub Text1_KeyUp(KeyCode As Integer, Shift As Integer)
    If KeyCode = &H70 Then
        Print "松开功能键 F1"
    End If
    If KeyCode = &H75 Then
        Print "松开功能键 F6"
    End If
    If KeyCode = &H78 Then
        Print "松开功能键 F9"
    End If
End Sub
```

(3) 运行程序后，如果按 F1 键，则在窗体上输出“压下功能键 F1”；当松开 F1 键时，输出“松开功能键 F1”。按 F6 键和 F9 键输出结果类似，如图 8-31 所示。

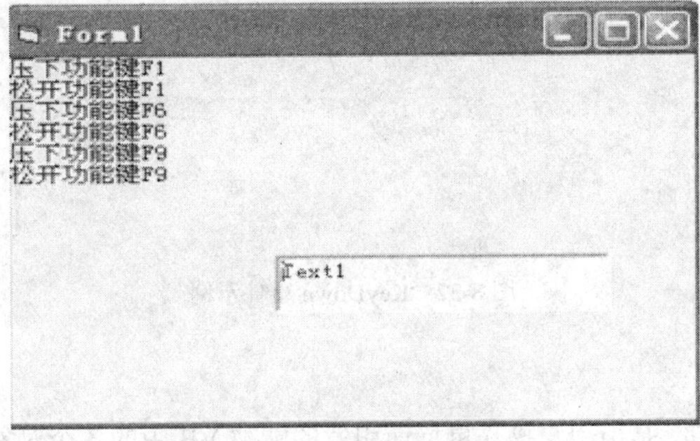

图 8-31 KeyDown 和 KeyUp 事件示例

【例 8-8】 编写程序，当同时按下转换键和功能键时，输出相应的信息。

操作步骤如下：

(1) 在窗体内建立一个文本框，并在窗体层定义以下常量：

```
Const ShiftKey = 1
Const CtrlKey = 2
Const AltKey = 4
Const Key_F5 = &H74
Const Key_F6 = &H75
Const Key_F7 = &H76
```

(2) 编写如下事件过程：

```
Private Sub Text1_KeyDown(KeyCode As Integer, Shift As Integer)
    If KeyCode = Key_F5 And Shift = ShiftKey Then
```

```
            Print "压下 Shift+F5"
        End If
        If KeyCode = Key_F6 And Shift = CtrlKey Then
            Print "压下 Ctrl+F6"
        End If
        If KeyCode = Key_F7 And Shift = AltKey Then
            Print "压下 Alt+F7"
        End If
    End Sub
```

上述事件过程测试两个参数(KeyCode 和 Shift)是否同时满足给定的条件，如果满足，则输出相应的信息。程序运行结果如图 8-32 所示。

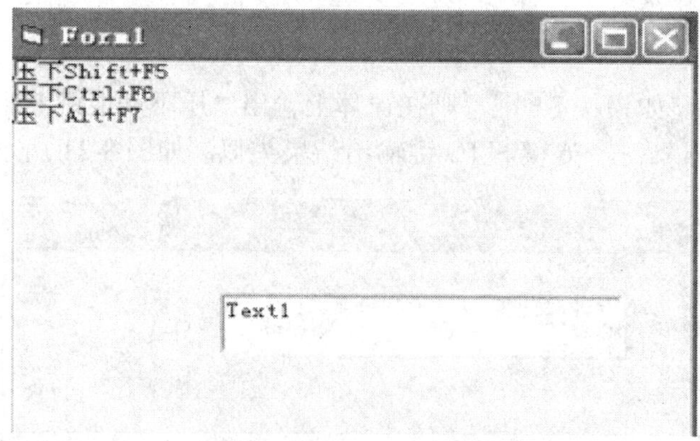

图 8-32　KeyDown 事件示例

8.4.2　鼠标事件

所谓的鼠标事件，是由用户操作鼠标而引发的能被 VB 中的各个对象识别的事件。除了 Click 和 DblClick 之外，它还有下列三个事件：

(1) MouseDown 事件：当鼠标的任意一个按钮被按下时触发该事件。

(2) MouseUp 事件：当鼠标的任意一个按钮被释放时触发该事件。

(3) MouseMove 事件：当鼠标被移动时触发该事件。

在设计程序时，需要特别注意的是，这些事件被什么对象识别，即事件发生在什么对象上。当鼠标指针位于窗体中没有控件的区域时，窗体将识别鼠标事件。当鼠标指针位于某个控件上方时，该控件将识别鼠标事件。

与上述三个鼠标事件相对应的鼠标事件过程如下：

(1) 按下鼠标按钮事件过程：

```
Sub Form_MouseDown(Button As Integer,Shift As Integer,x As Single,y As Single)


End Sub
```

(2) 松开鼠标按钮事件过程：

```
Sub Form_MouseUp(Button As Integer,Shift As Integer,x As Single,y As Single)

End Sub
```

(3) 移动鼠标光标事件过程：

```
Sub Form_Move(Button As Integer,Shift As Integer,x As Single,y As Single)

End Sub
```

上述事件过程适用于窗体和大多数控件，包括复选框、命令按钮、单选按钮、框架、文本框、图像框、图片框、标签、列表框等。

三个鼠标事件过程具有相同的参数，其含义如下。

(1) Button：被按下的鼠标按钮，其取值如表 8-17 所示。

表 8-17　Button 参数取值

常　　量	值	作　　用
LEFT_BUTTON	1	按下鼠标左按钮
RIGHT_BUTTON	2	按下鼠标右按钮
MIDDLE_BUTTON	4	按下鼠标中间按钮

(2) Shift：表示 Shift、Ctrl 或 Alt 键的状态。

(3) x，y：鼠标光标当前的位置。

1. 鼠标位置

鼠标位置由参数 x，y 确定。这里的 x 和 y 不需要给出具体的数值，它随鼠标光标在窗体或控件上的移动而变化。当移到某个位置时，如果按下按钮，则产生 MouseDown 事件，如果松开按钮，则产生 MouseUp 事件。(x,y)通常指接收鼠标事件的窗体或控件上的坐标。

【例 8-9】 显示鼠标指针所指的位置。在窗体上分别画两个标签，名称分别为 Label1 和 Label2，标题分别为 X 坐标和 Y 坐标，再画两个文本框，用来显示鼠标指针所指的位置，名称分别为 txtX 和 txtY。

MouseMove 事件过程如下：

```
Private Sub Form_MouseMove(Button As Integer, Shift As Integer, X As Single, Y As Single)
    txtX.Text = X
    txtY.Text = Y
End Sub
```

上述程序的运行情况如图 8-33 所示。

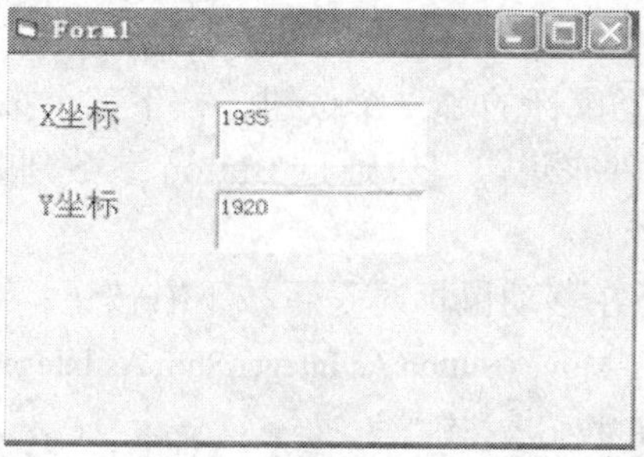

图 8-33　程序运行结果

2. 鼠标按钮

鼠标按钮状态由参数 Button 来设定，该参数是一个整数(16 位)，在设置按钮状态时实际上只使用了低三位(如图 8-34 所示)。其中最低位表示左按钮，右数第二位表示右按钮，第三位表示中间按钮。当按下某个按钮时，相应的位被置 1，否则为 0。

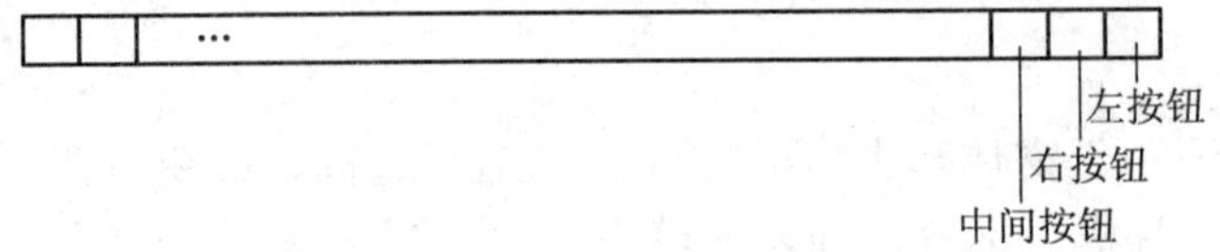

图 8-34　Button 参数

用 3 个二进制位可以表示按钮的不同状态，如表 8-18 所示。

表 8-18　按 钮 状 态

Button 参数值	作　用
000(十进制 0)	未按任何按钮
001(十进制 1)	左按钮被按下(默认)
010(十进制 2)	右按钮被按下
011(十进制 3)	左、右按钮同时被按下
100(十进制 4)	中间按钮被按下
101(十进制 5)	同时按下中间和左按钮
110(十进制 6)	同时按下中间和右按钮
111(十进制 7)	三个按钮同时被按下

有些鼠标只有两个按钮，或者虽有三个按钮但 Windows 鼠标驱动程序不能识别中间按钮。在这种情况下，上表中的后 4 个参数值不能使用。

说明：

(1) 对于 MouseDown 和 MouseUp 事件来说，只能用鼠标的按钮参数来判断是否按下或松开某一个按钮，不能检查两个按钮被同时按下或松开。因此 Button 参数的取值只有三种，即 001(十进制 1)、010(十进制 2)和 100(十进制 4)。例如：

```
Private Sub Form_MouseDown(Button As Integer,Shift As Integer,x As Single,y As Single)
  If Button=1 Then Print "按下左按钮"
  If Button=2 Then Print "按下右按钮"
  If Button=1 Then Print "按下中间按钮"
End Sub
```

上述过程用来测试按下了鼠标的哪一个按钮。按下某个按钮后，将显示相应的信息。

(2) 对于 MouseMove 事件来说，可以通过 Button 参数判断按下一个或同时按下两个、三个按钮。例如：

① 下面的程序用来判断在移动鼠标时是否按下右按钮：

```
Private Sub Form_MouseMove (Button As Integer,Shift As Integer,x As Single,y As Single)
  If Button=2 Then Print "按下右按钮"
End Sub
```

② 如果只想判断某一个按钮(不管其他按钮)是否被按下，则可通过逻辑运算符 And 来实现。例如：

```
Private Sub Form_MouseMove (Button As Integer,Shift As Integer,x As Single,y As Single)
    If Button And 2 Then Print "按下右按钮"
End Sub
```

③ 用类似方法可以判断是否同时按下了左、右按钮：

```
Private Sub Form_MouseMove (Button As Integer,Shift As Integer,x As Single,y As Single)
    If (Button And 3)=3 Then
Print "同时按下左、右按钮"
    End If
End Sub
```

④ 用下面的语句可以判断是否同时按下了三个按钮：

```
If (Button  And 7)=7 Then
Print "同时按下左、中、右按钮"
End If
```

(3) 在判断是否按下多个按钮时，要注意避免二义性。例如，下面语句的判断不很严谨：

```
If (Button And 1) And (Button And 2)Then…
```

用该语句判断时，按下三个按钮和按下两个按钮的效果相同。

(4) 为了提高可读性，可以把三个按钮定义为符号常量：

```
Const LEFT_BUTTON=1
Const RIGHT_BUTTON=2
Const MIDDLE_BUTTON=4
```

下面通过一个例子来看三种鼠标事件结合起来使用的情况。

【例 8-10】 编写程序，在窗体上画圆。要求：按着右按钮移动鼠标，则可画圆，否则不能画圆。

分析：VB 中用 Circle 方法画圆，其格式为

```
Circle(x,y),R
```

将以(x,y)为圆心，以 R 为半径画一个圆。

操作步骤如下：

(1) 在窗体层定义一个整型变量：

```
Dim Trace As Integer
```

变量 Trace 是一个开关，当它为 True 时画圆，为 False 时停止画圆。

(2) 编写如下两个事件过程：

```
Private Sub Form_MouseDown(Button As Integer, Shift As Integer, X As Single, Y As Single)
    Trace = True
End Sub
Private Sub Form_MouseUp(Button As Integer, Shift As Integer, X As Single, Y As Single)
    Trace = False
End Sub
```

前一个过程的功能是：当按下鼠标按钮时，变量 Trace 被设置为 True，后一个过程则是当松开鼠标按钮时，变量 Trace 被设置为 False。

(3) 编写 MouseMove 事件过程：

```
Private Sub Form_MouseMove(Button As Integer, Shift As Integer, X As Single, Y As Single)
        R = Rnd * 800
        If R < 200 Then R = 200
        If Trace And (Button And 2) Then
            Circle (X, Y), R
        End If
    End Sub
```

上述过程判断鼠标按钮是否被按下(Trace = True)，并且按下的是否是右按钮(Button And 2)。按下右按钮移动鼠标，每移动一个位置，以鼠标光标的当前位置为圆心。以 200～800 Twip 之间的随机数为半径画一个圆，如图 8-35 所示。

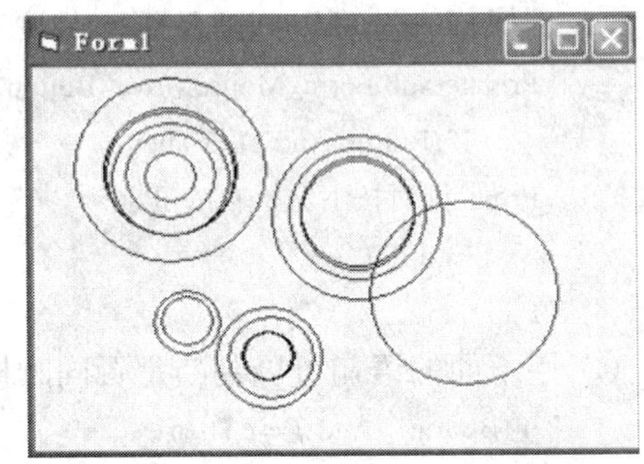

图 8-35　按下鼠标右按钮画圆

3. 转换参数

和按钮参数 Button 一样，转换参数 Shift 也是一个整数值，并用其低三位表示 Shift、Ctrl 和 Alt 键的状态，某键被按下使得一个二进制位被设置，如图 8-36 所示。

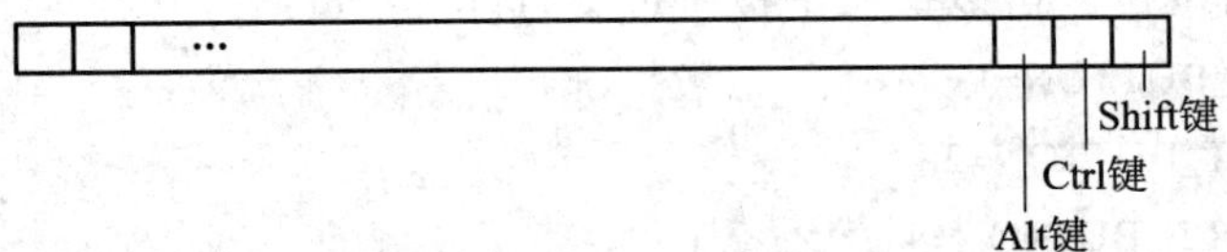

图 8-36　Shift 参数

Shift 参数反映了当按下指定的鼠标按钮时，键盘上转换键(Shift、Ctrl 和 Alt)的当前状态。该参数的设置值如表 8-19 所示。

表 8-19　Shift 参数的取值

Shift 值	作　用
000(十进制 0)	未按下转换键
001(十进制 1)	按下一个 Shift 键
010(十进制 2)	按下一个 Ctrl 键
011(十进制 3)	按下 Shift + Ctrl 键
100(十进制 4)	按下一个 Alt 键
101(十进制 5)	按下 Alt + Shift 键
110(十进制 6)	按下 Alt + Ctrl 键
111(十进制 7)	按下 Shift + Ctrl + Alt 键

【例 8-11】 Shift 参数和 Button 参数测试程序。

程序代码如下：

```
Private Sub Form_MouseDown(Button As Integer, Shift As Integer, X As Single, Y As Single)
    If Shift = 1 And Button = 1 Then
        Print "同时按下 Shift 键和鼠标左按钮"
    End If
    If Shift = 2 And Button = 2 Then
        Print "同时按下 Ctrl 键和鼠标右按钮"
    End If
    If Shift = 4 And Button = 1 Then
        Print "同时按下 Alt 键和鼠标左按钮"
    End If
    If Shift = 3 And Button = 2 Then
        Print "同时按下 Ctrl、Shift 键和鼠标右按钮"
    End If
    If Shift = 5 And Button = 1 Then
        Print "同时按下 Shift、Alt 键和鼠标左按钮"
    End If
    If Shift = 6 And Button = 2 Then
        Print "同时按下 Alt、Ctrl 键和鼠标右按钮"
    End If
    If Shift = 7 And Button = 1 Then
        Print "同时按下 Alt、Ctrl、Shift 键和鼠标左按钮"
    End If
End Sub
```

程序运行结果如图 8-37 所示。

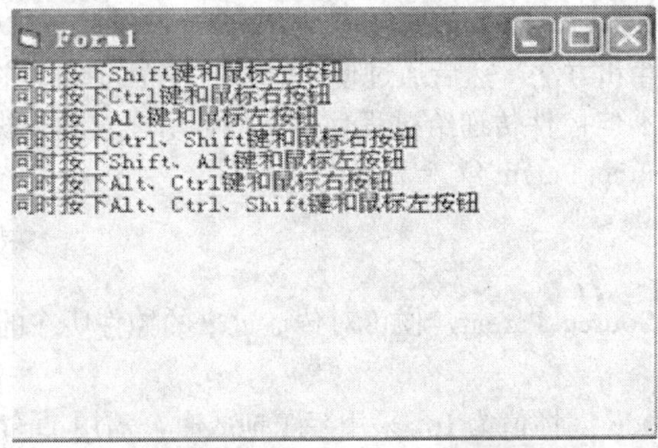

图 8-37　Shift 参数和 Button 参数测试结果

8.4.3　拖放操作

1. 拖放

VB 为用户提供了一种被称为“拖放(Drag and Drop)”的技术，即用鼠标将对象从一个地方拖到另一个地方再放下。在整个“拖放”操作过程中，用户首先在源对象上按下鼠标左键不放，然后把源对象拖动到目标对象上再释放鼠标键。为了有助于理解这种拖放，可以把整个拖放过程分解为两个操作：一个是发生在源对象上的“拖”的操作；另一个是发生在目标对象上的“放”的操作，即把源对象“放”在目标对象上。

1) 拖放的属性

(1) DragMode 属性。如果 DragMode 属性设置为 1，则启动自动拖动模式。当用户在源对象上按下鼠标左键同时拖动鼠标时，对象的图标便随鼠标指针移动到目标对象上，当释放鼠标时在目标对象上产生 DragDrop 事件。需要注意的是，如果没有进行编程设计，对象本身并不会移动到新的位置上或被加到目标对象中，用户一定要在目标对象的 DragDrop 事件中进行程序设计才能实现真正的拖放。在源对象被拖到目标对象的过程中，如果经过其他的对象，则在这些对象上会产生 DragOver 事件，当然在目标对象上也会产生 DragOver 事件，这个事件发生在 DragDrop 事件之前。

当源对象的 DragMode 属性设置为 1 后，它就不再接收 Click 和 MouseDown 事件。

如果 DragMode 属性设置为 0(默认值)，则启用手工拖动模式。此时，必须在 MouseDown 事件过程中，用 Drag 方法启动“拖”操作。当源对象的 DragMode 属性设置为 0 时，它能够接收 Click 和 MouseDown 事件，其他情况与自动方法是一样的。

(2) DragIcon 属性。DragIcon 是所有可以被拖动的对象都具有的属性，它的值是一个图标的文件名(Ico 或 Cur 文件)，拖动时作为控件的图标出现。在拖动对象的过程中，并不是对象在移动，而是代表对象的边框或图标在移动。也就是说，一旦要拖动一个控件，这个控件就变成一个边框或图标，等放下后再恢复成原来的控件。如果 DragIcon 属性值为空，则在拖动控件时，随鼠标指针移动的只是变成灰色的被拖动控件的边框，被拖动对象不显示；如果将控件的 DragIcon 属性装入图标，则在用户拖动控件时，图标显示出来并且鼠标指针移动到目标位置上。

(3) Parent 属性。所有控件均具有该属性，当控件一旦作为数据传递给过程时，在过程的参数中通过对象变量 Source As Control 进行引用，无论控件属于何种类型，Source 变量均可继承被传递控件的属性和方法，然后通过使用对象的 Parent 属性在过程中引用包括此被传递控件的窗体，这样不但控件传递给过程使用，控件所在窗体也被传递到过程中，窗体的属性及方法可通过 Source. Parent 继承下来。

Parent 形式如下：

　　Source. Parent

在程序中直接采用 Source. Parent，便可对传递过来的控件所在的窗体进行各种操作。

2) 拖放的方法

仅当控件的 DragMode 属性值为 0，采用手工拖放时，需用 Drag 方法来实现控件的拖放操作。但是也能利用 Drag 方法来拖动一个 DragMode 属性为 1 的对象。

Drag 形式如下：

　　[控件名称.] Drag　参数

说明：Drag 方法可作用在任何可被拖动的控件上。

参数为 0～2 的整数，表示开始、结束或取消控件的拖动操作。如果省略该参数，表示启动控件的拖放操作，相当于参数值为 1；当该参数值为 0 时，取消控件的拖放操作；当该参数值为 2 时，表示结束并停止控件的拖动并释放控件。

3) 拖放的事件

与拖放有关的事件是 DragDrop 和 DragOver。以上介绍的拖放属性和拖放方法都是作用在源对象上的，而这两个事件是发生在目标对象上的。当源对象被拖动到某个对象上时，在该对象上便引发 DragOver 事件；当源对象被投放到目标对象上(即释放鼠标)，或在程序中采用 Drag 方法结束拖动并投放控件时，便在目标控件上引发 DragDrop 事件。在这两种事件引发的同时，系统自动将源对象作为 Source 参数传递给事件过程，可通过程序设计对源对象进行一些操作和判别，同时鼠标指针的位置及拖放过程的状态也将作为参数传递给事件过程，供程序识别和使用。

在拖放事件过程中可以采用 Typeof 函数判断源对象的控件类型，供程序识别：因为当源对象被拖放时，源对象作为 Source 参数传入事件过程中，Source 为对象变量，它继承了源对象的所有属性和方法，通过判断源对象的控件类型，可对其进行属性设置和调用相应的方法进行操作。

Typeof 函数形式如下：

　　If　Typeof 对象变量 Is 控件类型　Then …

其中，Typeof 函数的返回值是对象变量所引用控件的类型。

下面通过一个实例来说明拖放的实现。

【例 8-12】 假设窗体上有图形框 Picture1，装有某个图形，它能作为源对象被拖放到窗体的某个地方，如果图形框被拖动到“取消拖放”标签(Label1)上方，则取消拖放操作。

操作步骤如下：

(1) 在窗体上画一个图形框，并放入相应的图片(保存)，再画一个标签。

(2) 在设计状态把 Picture1. DragMode 设置为 1(Automatic)。

如果将 DragMode 属性设置为 0(Manual)，则必须在 MouseDown 事件过程中用 Drag 方法启动“拖”操作：

```
Private Sub Picture1_MouseDown(Button As Integer, Shift As Integer, X As Single, Y As Single)
   Picture1. Drag 1
End Sub
```

(3) 编写窗体的 DragDrop 事件过程。

当图形框被拖动到某个地方释放鼠标时，它本身不会移动到新位置，但此时会在目标对象上引发 DragDrop 事件，用户在该事件过程中用 Move 方法实现移动。

```
Private Sub Form_DragDrop(Source As Control, X As Single, Y As Single)
    ' 图形框被拖动到窗体的指定位置上，且中央落在鼠标指针的位置上
   Source.Move (X - Source.Width / 2), (Y - Source.Height / 2)
End Sub
```

(4) 编写“取消拖放”标签的 DragOver 事件过程。

在图形框的拖动过程中，如果经过“取消拖放”，则在该标签上产生 DragOver 事件。在 DragOver 事件过程中用 Drag 方法取消拖放操作：

```
Private Sub Label1_DragOver(Source As Control, X As Single, Y As Single, State As Integer)
    Source.Drag 0
End Sub
```

程序运行结果如图 8-38 所示。

图 8-38　拖放操作运行结果

2. OLE 拖放

在 VB 中，不仅可以将对象从一个地方拖动到另一个地方，而且还可以将数据从一个控件或应用程序中移动到另一个控件或应用程序中，这种拖放就是 OLE 拖放(OLE Drag and Drop)。

OLE 拖放有 OLEDragMode 和 OLEDropMode 两个属性。

(1) OLEDragMode 属性。它决定控件是自动还是需要手工实现“拖”操作。

0-Manual：默认，用 OLEDrag 方法手工实现“拖”操作。

1-Automatic：自动实现“拖”操作。

(2) OLEDropMode 属性。它决定控件是自动还是需要手工实现“放”操作。

0-None：默认，表示目标控件不接受 OLE“放”操作，并且显示 No Drop 图标。

1-Manual：手工实现“放”操作。当源控件的内容被拖到目标控件上，并且释放鼠标按钮时，触发 OLEDragDrop 事件，用户应该在该事件过程中通过编程实现“放”操作。

2-Automatic：自动实现“放”操作。

在 VB 中，几乎所有的控件都在某种程度上支持 OLE 拖放。有些控件，如文本框、图片框等，完全支持自动 OLE 拖放，这意味着无论是从控件拖出还是在控件内放入都不需要编程，只需将源控件的 OLEDragMode 属性设为 1(Automatic)和目标控件的 OLEDropMode 属性设为 2(Automatic)即可。

有些控件能够支持自动“拖”操作，但不支持自动“放”操作，如组合框、列表框等，这些控件的 OLEDropMode 属性就不能设置为 2，因此需要编程才能实现。

OLE 拖放是一种非常有用的功能，但它的实现很复杂。下面我们通过两个实例简要说明 OLE 拖放的实现方法。

【例 8-13】 在窗体上有两个文本框，要求实现从 Text1 到 Text2 的 OLE 拖放，Text1 的内容为 VB 程序设计，Text2 的内容为空白。

操作分析：只要将 Text1 的 OLEDragMode 属性设置为 1(Automatic)，Text2 的 OLEDropMode 属性设置为 2(Automatic)即可将 Text1 中的内容拖动到 Text2 中。结果如图 8-39 所示。

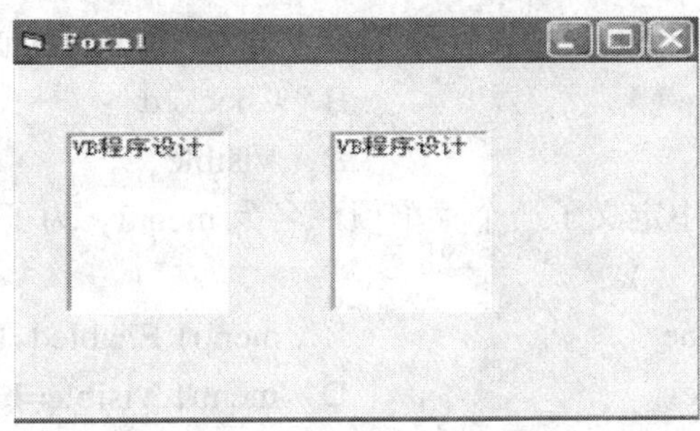

图 8-39　OLE 拖放的实现

【例 8-14】 从 Windows 资源管理器中选择一个文件，然后把该文件的文件名拖动到 Label1 标签上。

操作分析：将标签(名称为 Label1)的 OLEDropMode 属性设置为 1(Manual)，BorderStyle 属性设置为 1-Fixed Single，然后编写如下事件过程：

```
Private Sub Label1_OLEDragDrop(Data As DataObject, Effect As Long, Button As Integer, Shift As
  Integer, X As Single, Y As Single)
     Label1.Caption = Data.Files(1)
    '当在 Windows 资源管理器中选定文件并拖出时，系统就把所选定的文件名
    '保存在 Data 对象的 Files 属性中，Files 属性实质上是一个数组
    ' Label1.Caption = Data.Files(1)语句是把保存的第一个文件名显示在标签中
  End Sub
```

运行结果如图 8-40 所示。

图 8-40　OLE 拖放的实现

习　题

一、单选题

1. 用菜单编辑器创建菜单时，如果要在一个菜单中添加一条分隔线，正确的操作是(　　)。

A. 在标题输入框中输入“-”(减号)
B. 在名称输入框中输入“-”(减号)
C. 在标题输入框中输入“_”(下划线)
D. 在名称输入框中输入“_”(下划线)

2. 显示菜单时，菜单项的(　　)属性为 True 时，将用浅灰色显示该菜单项标题。

A. Caption　　B. Checked

C. Enabled　　D. Visible

3. 假设在菜单编辑器中定义了一个菜单项，名为 menul。为了在运行时隐藏该菜单项，应在程序中使用的语句是(　　)。

A. menu1.Enabled=True　　B. menu1.Enabled=False

C. menu1.Visible=True　　D. menu1.Visible=False

4. 显示弹出式菜单必须使用的专门方法是(　　)。

A. UpMenu　　B. PopupMenu

C. PopMenu　　D. Menu

5. 菜单控件中不包含(　　)属性。

A. Caption　　B. Checked

C. Visible　　D. Value

6. 下列不能打开菜单编辑器的操作是(　　)。

A. 按“Ctrl + E”键

B. 单击工具栏的“菜单编辑器”按钮

C. 执行“工具”菜单中的“菜单编辑器”命令

D. 按“Shift + Alt + m”键

7. 若要求显示一个指定窗体，所使用的方法是(　　)。

A. Show　　B. Open　　C. Hide　　D. Load

8. 为了使窗体从屏幕上消失但仍在内存中，所使用的方法或语句为(　　)。

A. Show　　B. Open　　C. Hide　　D. Load

9. 要在工程中添加一个 MDI 窗体，使用的方法是(　　)。

A. 单击工具栏上的添加窗体按钮

B. 执行“工程”菜单中的“添加窗体”命令

C. 执行“视图”菜单中的“添加 MDI 窗体”命令

D. 执行“工程”菜单中的“添加 MDI 窗体”命令

10. 下列选项与鼠标拖放操作无关的是(　　)。

A. Drag 方法　　B. DragOver 事件

C. DragDrop 事件　　D. KeyPress 事件

二、判断题

1. 在菜单设计窗口，如果希望菜单项的某一字母为热键，则可在该字母前加的符号是#。(　　)

2. 弹出式菜单也在菜单编辑器中定义。(　　)

3. 菜单控件的属性可以通过属性窗口设置。(　　)

4. 菜单的 Visible 属性可以在程序运行过程中重新设置。(　　)

5. 通过组合使用 StatusBar 和 ImageList 控件可制作工具栏。(　　)

6. 启动窗体通过“工程”菜单中的“工程属性”命令来实现。(　　)

7. Hide 方法使指定的窗体从内存中删除。 ( )

8. KeyPress 事件过程中的参数 KeyAscii 是所按键上标注的字符。 ( )

9. 如果 DragMode 属性设置为 1，则启动手动拖动模式。 ( )

10. 与拖放有关的事件是 DragDrop 和 DragOver，当源对象被拖动到某个对象上时，在该对象便引发 DragOver 事件；当源对象被投放到目标对象上(即释放鼠标)，或在程序中采用 Drag 方法结束拖动并投放控件时，便在目标控件上引发 DragDrop 事件。 ( )

三、填空题

1. 在 Visual Basic 中可以建立____________菜单和____________菜单。

2. 在菜单编辑器中，菜单项后面 4 个小点的含义是__________。

3. 菜单控件只包含一个__________事件。

4. 不可以给__________级菜单设置快捷键。

5. 要使用工具栏控件设计工具栏，应首先在“部件”对话框中选择______________，然后从工具箱中选择__________控件。

6. 要给工具栏按钮添加图像，应首先在__________控件中添加所需要的图像，然后在工具栏的属性页中选择与该控件相关联。

7. 在 KeyDown、KeyUp 事件过程中，当参数 Shift 的值为十进制数 1、2、4 时，分别代表 Shift、________、________键。

8. 仅当控件的 DragMode 属性值为________时，需用 Drag 方法来实现控件的拖放操作。

9. 如果想要在当前被选定的菜单项左边加上一个检查标记“√”，应该在菜单编辑器的显示区中选定________框。

10. 弹出式菜单的“位置”是由________、________及________参数共同指定的。

四、程序填空

在窗体上有一个名为 Text1 的文本框和一个如表 8-20 所示的下拉菜单，其中“剪切”、“复制”可以把 Text1 中的内容“剪切”或“复制”到变量 a 中；“粘贴在尾部”可以把 a 中的内容接在 Text1 的原有内容之后；“覆盖”则用 a 中内容替换 Text1 的原有内容；“清空剪贴板”将把 a 中内容清空。如果文本框中没有内容，则“剪切”、“复制”菜单项不可用，如果 a 中没有内容，则“粘贴”菜单项不可用。完成下面的程序。

表 8-20 菜 单 结 构

标 题	名 称	层 次
编辑	edit	1
剪切	cut	2
复制	copy	2
粘贴	paste	2
粘贴在尾部	append	3
覆盖	replace	3
清空剪贴板	clear	2

```
Dim a As String
Private Sub append_Click( )
    Text1.Text =_______
End Sub

Private Sub clear_Click( )
    a = ""
    cut. Enabled = _______
    copy.Enabled = _______
End Sub

Private Sub copy_Click( )
    a = Text1.Text
End Sub

Private Sub cut_Click( )
    a = Text1.Text
_______
End Sub

Private Sub edit_Click( )
    If Text1.Text = "" Then
        cut.Enabled = False
        copy.Enabled = False
    Else
        cut. Enabled = True
        copy. Enabled = True
    End If
    If  _______ Then
        paste. Enabled = False
    Else
        paste. Enabled = True
    End If
End Sub

Private Sub replace_Click( )
    Text1.Text = a
End Sub
```

上机实验

1．实验名称：菜单和多文档设计。

2．实验目的：

(1) 熟练掌握菜单编辑器及菜单的属性设置。

(2) 学会创建和使用弹出式菜单。

(3) 学会添加多个窗体。

(4) 熟练掌握窗体间的切换。

(5) 掌握设置启动窗体。

(6) 熟练掌握鼠标事件。

3．实验内容：创建一个空白窗体 FormCover，再添加两个窗体，一个为 Form1(学生基本信息窗体)，一个为 Form2(学生成绩窗体)。在窗体 FormCover 中添加下拉式菜单和弹出式菜单，并可以通过菜单打开窗体 Form1 和 Form2。

4．实验步骤：

(1) 建立 Form1 窗体，然后在窗体上画 9 个标签，如图 8-41 所示。

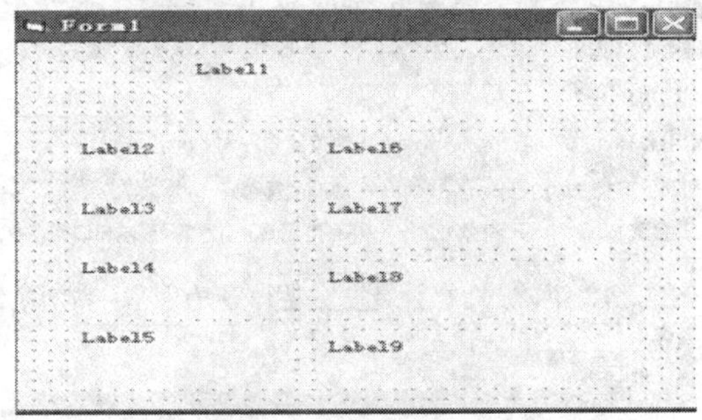

图 8-41　界面设计(1)

然后设置各标签的 Caption 属性，并设置 Label1 标签的字体大小为四号，居中对齐；Form1 窗体的 Caption 属性为“学生基本信息窗体”，设置完后如图 8-42 所示。

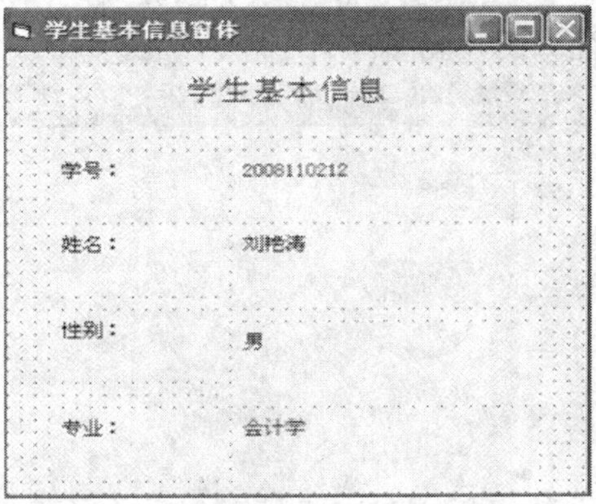

图 8-42　界面设计(2)

(2) 选择“工程”菜单中的“添加窗体”命令，添加一个 Form2 窗体，在 Form2 窗体上画 7 个标签，如图 8-43 所示。然后设置各标签的 Caption 属性，并设置 Label1 标签的字体大小为四号，居中对齐；Form2 窗体的 Caption 属性为“学生成绩窗体”，设置完后如图 8-44 所示。

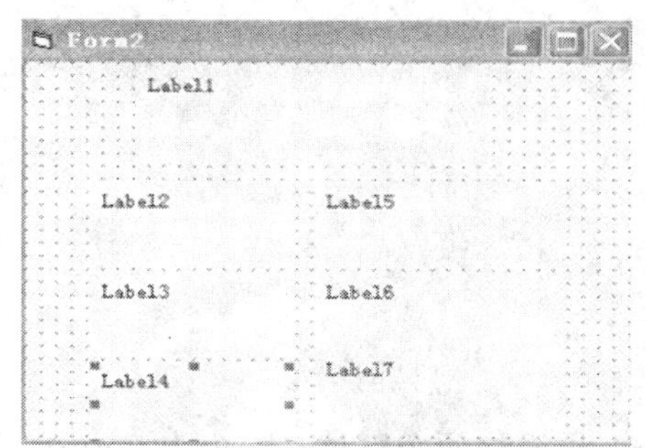

图 8-43　界面设计(3)

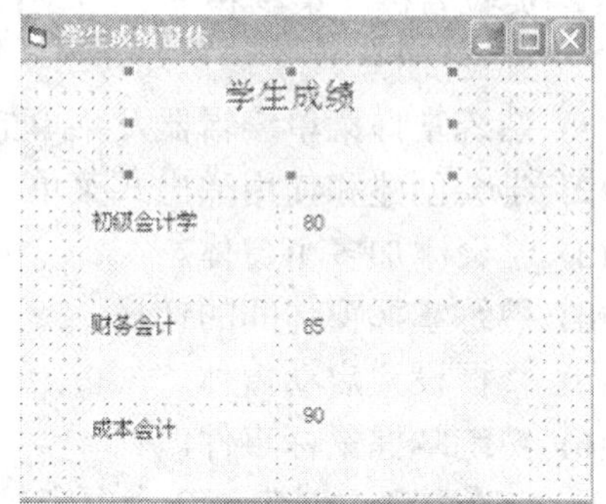

图 8-44　界面设计(4)

(3) 选择“工程”菜单中的“添加窗体”命令，创建一个空白窗体 FormCover，然后在 FormCover 窗体中创建菜单，FormCover 窗体的 Caption 属性为“学生”，菜单项是“查询”。菜单编辑器的设计界面如图 8-45 所示。

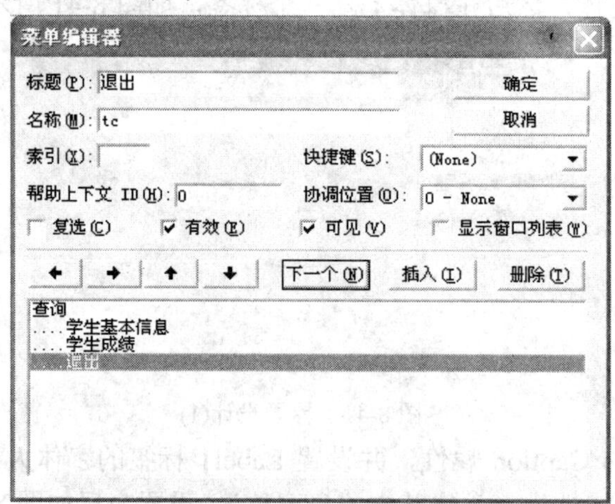

图 8-45　设计界面(5)

菜单设计完成后的界面如图 8-46 所示。

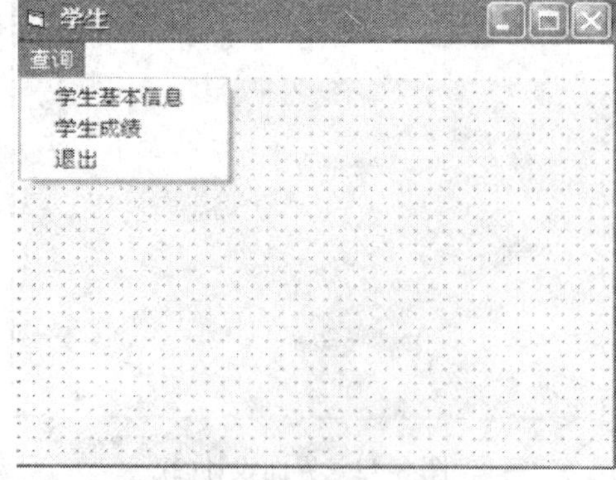

图 8-46　界面设计(6)

各菜单项的名称如下：

查询—cx；学生基本信息—xx；学生成绩—cj；退出—tc。

然后把 FormCover 窗体设为启动窗体。

(4) 程序设计。当点击“查询”菜单下的“学生基本信息”菜单项时，调出“学生基本信息窗体”；当点击“查询”菜单下的“学生成绩”菜单项时，调出“学生成绩窗体”。

(5) 创建弹出式菜单。当单击鼠标右键时，弹出快捷菜单，如图 8-47 所示。点击相应的菜单时能调出相应的窗体。

图 8-47　程序运行效果

第9章　文　件

本章教学目标：

- 掌握文件的操作；
- 掌握文件的控件。

在本章之前介绍的工程有多种文件，如窗体文件、工程文件等，这些都是程序文件。本章将进一步对文件的概念、分类、文件操作的步骤、函数、语句及文件的基本控件加以介绍，将重点介绍数据文件。使用数据文件可以永久地保留计算结果，也可将数据文件读入到计算机进行再处理。数据文件和程序中的数组、变量不同，程序中的数组、变量随程序的建立而建立，随程序的消亡而消亡，而数据文件则可以永久保存在磁盘上。

9.1　文件的基本概念

众所周知，程序的运行是在计算机内存中完成的，关闭程序后存放结果的变量就不复存在，因此很多数据或操作对象需要存放在磁盘中，这样应用程序就需要基于磁盘文件进行处理。

9.1.1　文件

文件是指外部存储器上的数据的集合。在计算机系统中，文件被解释为一组赋名的相关联字符流的集合，或者是相关联记录的集合。Visual Basic 使用“文件”这个概念来对外部存储器上的数据进行访问。为了有效地存取外部存储器中的数据，必须将外部数据有效地组织起来。

在实际开发的应用系统中，输入输出数据可以从常规输入输出设备进行。当数据量大、数据访问频繁、数据处理结果需长期保存时，该如何进行？在这种情况下，如果每次都从键盘上输入，一方面造成大量的人力、物力浪费，另一方面又增大了输入出错的可能性。解决这种问题的常用方法是，把需要输入的大量数据预先准确无误地以文件的形式存储到磁盘上，需要用到这些数据时，再从文件中读出即可。这样不仅可以提高程序的效率，而且有利于实现数据共享。

9.1.2　文件分类

从不同的角度，文件可分为不同的类型。

1. 根据文件内容分类

(1) 程序文件(Program File)：是可以由计算机执行的程序，包括源文件和可执行文件。在 Visual Basic 中，扩展名为 .exe、.vbp、.bas、.cis 等的文件都是程序文件。

(2) 数据文件(DataFile)：是程序中使用的数据。这些数据可以是程序中要使用的数据，也可以是程序的处理结果，例如学生考试成绩、职工工资等。

本章将介绍 Visual Basic 的数据文件。

2. 根据存取方式和结构分类

(1) 顺序存取文件(Sequential Access File)：简称顺序文件，是指只能按文件中保存的数据的顺序读出或写入的文件。当要读出第 n 个数据项时，只能从第 1 个数据项开始，一个一个数据项地顺序读取，读完前 n−1 个后才能读取第 n 个；新写入的数据只能追加在文件尾部。该类文件通常用于保存成批处理的大量数据，且不要求进行个别修改的数据。

(2) 随机存取文件(Random Access File)：简称随机文件，保存的是记录类型数据。在随机文件中，每个记录长度是固定的，记录中每个数据项的长度也是固定的，每条记录都有记录号。当写数据时，只要指定记录号，就可以把数据直接存入指定位置；当读数据时，只要给出记录号，就能直接读取该记录。通常在使用随机文件之前，先要定义记录类型，确定记录中各个数据项的数据类型及其长度。

3. 根据文件信息的编码方式分类

(1) ASCII 文件：又称为文本文件，它以 ASCII 码方式存储，即数值型数据中的每位数字分别使用代表它们的 ASCII 码存储，汉字的存储则使用双字节的汉字字符集编码。ASCII 文件可以用 DOS 中的 TYPE 命令显示，可以用文本编辑软件处理，例如 DOS 编辑器 EDIT、Windows 中的“记事本”等。高级语言的源程序通常也为 ASCII 文件。

(2) 二进制文件(Binary File)：以字节数来定位数据，允许应用程序按所需的任何方式组织和访问数据，也允许对文件中各字节数据进行存取访问和改变。除了没有数据类型或者记录长度的含义以外，它与随机访问方式很相似，但是为了能够正确地对它读/写，必须知道数据是如何写入到文件中的。

9.2 文件操作

9.2.1 文件处理的步骤

在 Visual Basic 中，对于顺序文件、随机文件和二进制文件的操作通常都有三个步骤，即打开文件、进行读/写操作和关闭文件。

1. 打开文件

文件操作的第一步是打开文件。一个文件必须先打开才能读/写。如果一个文件已经存在，则打开该文件；如果不存在，则先建立再打开该文件。打开文件的操作，会为这个文件在内存中准备一个读/写时使用的缓冲区，并且声明文件在什么地方，叫什么名字，以及处理文件的方式。

2. 进行读/写操作

读/写操作是文件操作的第二步，即对打开的文件执行所要求的输入或输出操作。把内存中的数据传输到相关联的外部设备(如磁盘)并作为文件存放的操作称为写数据或输出；把外部设备上文件中的数据传输到内存中的操作称为读数据或输入。

3. 关闭文件

打开的文件使用(读/写)完后必须关闭，否则会造成数据丢失。关闭文件会将文件缓冲区中的数据全部写入磁盘，释放掉该文件缓冲区占用的内存。

9.2.2 文件操作的相关函数和语句

在 Visual Basic 中，文件的操作通过有关语句和函数来实现，重要的相关函数和语句如下。

1. FreeFile 函数

格式：

```
FreeFile[(n)]
```

功能：返回一个可用的文件号。

说明：可选参数 n 指定一个范围，以便返回该范围之内的下一个可用文件号。指定 0(默认值)则返回一个介于 1 和 255 之间的文件号；指定 1 则返回一个介于 256 和 511 之间的文件号。当程序中打开的文件较多时，可使用该函数。

2. EOF(End Of File)函数

格式：

```
EOF(<文件号>)
```

功能：返回一个逻辑值，表示“文件号”所指定文件的指针是否到达文件末尾。

说明：读文件时，对于顺序文件，当文件指针到达文件末尾时，EOF 函数返回 True，否则返回 False；对于随机文件和二进制文件，当最近一个执行的 Get 语句无法读到一个完整记录时返回 True，否则返回 False。

EOF 函数常用来在循环中测试是否已到达文件尾，其一般结构如下：

```
Do while Not EOF(<文件号>)
    <文件读写语句>
Loop
```

3. LOF(Length Of File)函数

格式：

```
LOF(<文件号>)
```

功能：返回一个长整型数，表示打开的文件的大小，该大小以字节为单位。

例如：返回 1 号文件的长度，如果返回 0，则表示该文件是一个空文件。

4. Loc(Location)函数

格式：

```
Loc(<文件号>)
```

功能：返回一个长整型数，表示文件当前的读/写位置。

说明：对于随机文件，返回最近读/写的记录号；对于二进制文件，返回最近读/写的字节的位置；对于顺序文件，一般不使用 Loc 函数。

5. Seek 语句和 Seek 函数

Seek 语句格式：

Seek # <文件号>，<位置>

功能：设置“文件号”所指定文件中下一个读或写的位置。

Seek 函数格式：

Seek(<文件号>)

功能：返回已打开文件的下一次要读/写的位置。

说明：

(1) 对于以顺序方式或二进制方式打开的文件，Seek 语句把文件指针移到指定的字节位置上，文件第一个字节的位置是 1，Seek 函数返回文件中将要读/写的字节位置，即最后一次读/写的下一个位置。

(2) 对于以随机方式打开的文件，Seek 语句把文件指针移动到“位置”，“位置”是一个记录号；Seek 函数返回的是将要读/写的记录号，即最后一次读/写的下一个记录号。

6. FileCopy 语句

格式：

FileCopy　源文件名　目标文件名

功能：复制一个文件。

说明：源文件名和目标文件名是两个字符串型参数。源文件名用来表示被复制的文件的名称，可用驱动器名和路径指明被复制文件所在的磁盘和目录；目标文件名指明复制后的文件的名称，可用驱动器名和路径指明把文件复制到哪一个磁盘的哪一个目录中。在源文件名和目标文件名中不指定驱动器名时使用当前驱动器，省略路径时使用当前目录。该语句不能复制一个已打开的文件。

7. Kill 语句

格式：

Kill 文件名

功能：删除文件。

说明：文件名中可以使用通配符“*”和“?”。

8. Name 语句

格式：

Name　旧文件名　新文件名

功能：重命名一个文件或目录，并将其移动到一个不同的目录或文件夹中。

说明：文件名不能使用通配符；不能对已打开的文件进行重命名操作。

9. ChDrive 语句

格式：

ChDrive 驱动器

功能：改变当前驱动器。

说明：如果驱动器为空，则不变；如果驱动器中有多个字符，则只使用首字母。

10. MkDir 语句

格式：

MkDir 文件夹名

功能：创建一个新的目录。

11. ChDir 语句

格式：

ChDir 文件夹名

功能：改变当前目录。

说明：该语句改变默认目录，但不改变默认驱动器。

12. RmDir 语句

格式：

RmDir 文件夹名

功能：删除一个存在的目录。

说明：该语句不能删除一个含有文件的目录。

9.2.3 顺序文件

程序执行期间，数据只能从文件的首部按顺序写入或读出的文件，称为顺序文件。由于顺序文件按行存储，故它通常是一个文本文件，数字和字符均以 ASCII 码形式存储。下面介绍顺序文件的操作语句。

1. 顺序文件的打开(建立)

在对文件进行任何操作之前，必须先打开文件，同时要通知操作系统对文件进行读操作还是写操作，以及将数据存到什么地方。打开文件用 Open 语句。

格式：

Open<文件名>For 访问模式[Access 访问方式][Lock]As[#]文件号[Len=记录长度]

说明：

(1) 文件名是指要打开的文件名称，可包含驱动器名及路径名。

(2) 访问模式：指文件的打开方式，对顺序文件而言，有三种模式：

① Output(输出)：相当于写文件。

② Input(输入)：相当于读文件。

③ Append(添加)：相当于将数据添加在文件尾部。

(3) 访问方式：为可选参数，说明打开文件所允许的操作，有以下三种方式：

① Read：只读。

② Write：只写。

③ ReadWrite：读、写皆可，只适用于顺序文件的 Append 模式。

(4) Lock：为可选参数，说明其他进程对打开此文件所允许的操作，有以下三种方式：

① Shared：可对此文件读/写。

② LockRead：不允许读此文件。

③ LockWrite：不允许写此文件。

(5) 文件号：为必选参数，是给打开的文件分配一个文件号，范围为 1～511。一旦给文件指定了文件号，该文件号就代表打开的文件，在该文件关闭以前进行的读/写操作均使用该文件号；直到关闭此文件，此文件号才能被其他文件使用。

(6) 记录长度：为可选参数。它是一个小于或等于 32 767 字节的数。对于顺序文件，该值是缓冲字符数，指定进行数据交换时数据缓冲区的大小。

例如：

```
Open "g:\vb\book.dat" For Output As #1
```

此语句打开 g:\vb 下 book.dat 文件供写入数据，文件号为 #1。

```
Open "g:\vb\city.dat" For lnput As    #15
```

此语句打开 g:\vb 下 city.dat 文件供读出数据，文件号为#15。

```
Open "g:\vb\school.dat" For Append As #6
```

此语句以添加方式打开 g:\vb 下 school.dat 文件，文件号为#6。

(7) Open 语句具有打开文件和建立文件两种功能。如果以 Input 方式打开的文件不存在，则产生“文件未找到”错误；如果以 Output、Append 等方式打开的文件不存在，则建立并打开文件。

2. 关闭文件命令 Close

格式：

Close[#]文件号[，[#]文件号]…

功能：关闭 Open 语句所打开的指定文件。例如:

```
Close #1,#2,#3
```

如果 Close 后未跟任何参数，表示把所有打开的文件全部关闭，例如：

```
Close
```

3. 顺序文件的写操作

要建立一个顺序文件或打开一个顺序文件，向文件中写数据，应该用 Output 模式打开文件，然后用输出命令写入数据。

以 Output 模式打开文件的同时建立新文件；若文件已存在，则删除旧文件，建立新文件。以 Append 模式打开文件与此相似，二者的区别在于：以 Append 模式打开文件时，如果该文件已经存在，则 Visual Basic 并不删除它，而是用随后的输出命令把新行追加到该文件尾部。

写文件的输出命令有以下两种。

1) Print #语句

格式：

Print#<文件号>[，<输出列表>]

功能：按规定格式把输出表中的数据写入文件号指定的顺序文件中。

例如：打开 g:\vb 下 book.dat 文件供写入数据，文件号为#1，并把文本框的内容一次性写入文件。其操作命令为

```
Open "g:\vb\book.dat"For Output As #1
Print#1 Textl.Text
Close#1
```

又如：

```
Open"g:\vb\city.dat" For Output As #15
Print#15 "zhang" ；20；99
Print#15 "zhao" ；19；80
Close#15
```

执行上面的程序段后，写入到文件中的数据如下：

```
zhang2099
zhao1980
```

Print# 语句与 Print 方法的功能类似，Print 方法所“写”的对象是窗体、打印机或控件，而 Print# 语句所“写”的对象是文件，各表达式之间的分号、逗号、Spc 函数和 Tab 函数的使用类似 Print 方法。

例如：

```
Print #1, a, b, c
```

该语句是把变量 a、b、c 的值按标准格式“写”到文件号为 1 的文件中。

```
Print a,b,c
```

该语句是把变量 a、b、c 的值按标准格式“写”到窗体上。

实际上，Print#语句的任务只是将数据送到缓冲区，数据由缓冲区写到磁盘文件的操作是由文件系统来完成的。对用户来说，可以理解为由 Print#语句直接将数据写入磁盘文件。但是执行 Print#语句后，并不是立即把缓冲区中的内容写入磁盘，只是在满足以下三个条件之一时才会写入磁盘：关闭文件(Close)；缓冲区已满；程序运行结束。

2) Write# 语句

用 Write# 语句向文件写入数据时，与 Print# 语句不同的是，Write# 语句能自动在各数据项之间插入逗号，并给各字符串加上双引号。

格式：

Write# 文件号[，输出列表]

注意：多个表达式之间可用空白、分号或逗号隔开。

例如：

```
Open "g:\vb\city.dat"For Output As #15
Write#15 "zhang"；20；99
Write#15 "zhao" ；19；80
Close#15
```

执行该程序段后，写入到文件中的数据如下：

```
"zhang"，20，99
"zhao"，19，80
```

使用 Print#语句时，必须显式地输入分隔符——逗号，以区分每个字段，而使用 Write 语句时，不用显式地输入分隔符。

【例 9-1】 建立文件 city.dat，并把文本框 Text.Text 的内容写入该文件中。

程序代码如下：

```
Private Sub Commandl_Click()
    Dim FileNum As Integer
    FileNum=FreeFile()
    Open "city.dat"   For Output As FileNum
    Print #FileNum,Textl.Text
    Close FileNum
End Sub
```

4. 顺序文件的读操作

顺序文件的读操作，就是从已存在的顺序文件中读取数据。在读一个顺序文件时，首先要用 Input 方式将准备读的文件打开。Visual Basic 提供了 Input#、Line Input#语句和 Input 函数读出顺序文件的内容。

1) Input# 语句

格式：

Input#文件号，变量列表

功能：从已打开的顺序文件指针所指的位置起，读出数据项，依次复制给变量列表中的各变量。

说明：

(1) 变量列表由一个或多个变量组成，各变量用逗号分隔，既可以是数值变量，又可以是字符串变量或数组元素。

(2) 变量的类型和次序与文件中数据项的类型应匹配。

(3) 变量列表中不能使用结构类型变量，如数组名。

(4) 在为数值变量赋值而读数时，将忽略前导空格、回车符或换行符，把遇到的第一个非空格、非回车和非换行符作为数值的开始，再遇到空格、回车符或换行符则认为数值结束。空行和非数值数据赋以 0 值。

(5) 在为字符型变量赋值而读数时，若遇到的第一个字符(不算前导空格)是双引号，将把下一个双引号之前的字符串赋给变量(双引号不算在字符串内)；若遇到的第一个字符不是双引号，则以遇到的第一个逗号或行结束符作为结尾。空行看做空字符串。

当有多种数据类型的数据时，尤其是含有字符型数据时，为了能够用 Input#语句将文件中的数据正确地读出，在写数据文件时，最好使用 Write#语句，因为 Write#语句能够将各个数据项明显地区分开。

2) Line Input# 语句

格式：

Line Input# 文件号，字符串变量

功能：从顺序文件中读取一个完整的行，并把它赋给一个字符串变量。

说明：读出的数据中不包含回车符及换行符。

例如，以下代码段逐行读取一个文件到文本框 Text1：

```
Dim NextLine As String
Open"city.dat"For Input As FileNum
Do Until EOF(FilNum)
        Line Input   #FileNum，NextLine
        Text1．Text=Textl.Text+NextLine+chr(13)+chr(10)
Loop
```

需要注意的是，尽管 Line Input#语句到达回车换行时会识别行尾，但是当它把该行读入变量时，不包括回车换行。如果要保留该回车换行，必须使用代码添加。

3) Input 函数

格式：

Input(n，#<文件号>)

功能：返回从指定的文件中读出 n 个字符的字符串。

说明：Input 函数通常用于以 Input、Binary 方式打开的文件。

Input 函数是使用最多的手段之一，它可以从文件向变量拷贝任意数量的字符，所给的变量大小应足够大。例如，以下代码段使用 Input 函数把整个文件一次拷贝到文本框 Text1 中：

```
Text1.Text；Input(LOF(FileNum),FileNum)
```

9.2.4　随机文件

使用顺序文件有一个很大的缺点，即它必须顺序访问，即使明知所需的数据在文件的末端，也要把前面的数据全部读完才能取得该数据。随机文件则可直接快速访问文件中的任意一条记录，它的缺点是占用空间较大。

在日常工作中，我们经常要遇到对各种信息进行管理的情况。例如下面的自定义类型 Student，其中包括了一个学生三方面的信息——姓名、年龄和学号。

```
Type Student
   Name As String *8
   Age As Integer
   Number As String *6
End Type
```

这个类型文件的特点就是每个字段都具有固定的长度，针对这个特征，就可以使用随机存取的文件来保存这些信息。随机存取的文件是由记录构成的，每个随机文件的记录都是由定长的字段构成的，所以每个记录的长度也都相同，利用这一点，就可以很方便地找到某个特定记录的某个字段。例如，上面所定义的 Student 类型由 3 个字段组成，共有 16 个字节的记录，如图 9-1 所示。

“记录”是 Visual Basic 中的用户自定义的数据类型。在程序中使用记录类型数据时，应先定义一个记录类型，再声明该类型的变量，这样就为这个变量申请了内存空间用于存放随机文件中的记录。

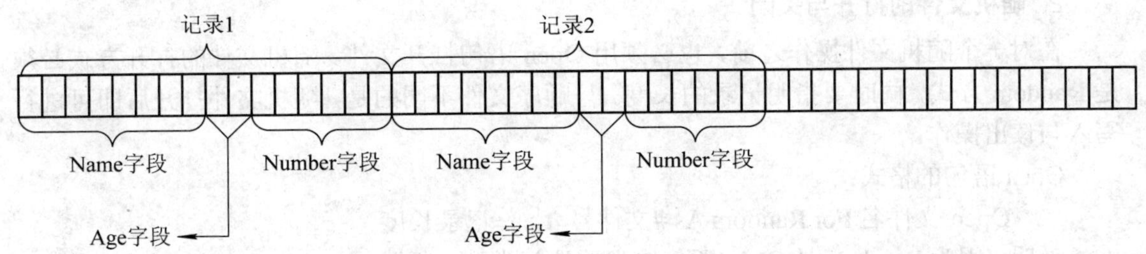

图 9-1　随机文件中的记录和字节

1. 记录类型

“记录”是由若干个数据项组成的一种构造数据类型，Visual Basic 中通过使用 Type…End Type 语句来自定义。

(1) 记录类型的定义。

格式：

```
Type<记录类型名>
    <数据项名 1>As<类型>
    <数据项名 2>As<类型>
    …
End Type
```

其中，<记录类型名>是用户自定义类型的名称，<数据项名>是用户自定义类型中元素的名称。<记录类型名>和<数据项名>的命名规则与变量的命名规则相同。<类型>可以是任何的基本数据类型，也可以是已经定义的另一个用户自定义类型。

因为随机访问文件中的所有记录都必须有相同的长度，所以用户定义类型中的 String 类型的字段要使用固定的长度，例如 Student 类型中的 Name 和 Number。

如果实际字符串中包含的字符数比字符串元素的固定长度少，则 Visual Basic 会用空白(字符代码 32)来填充记录中后面的空间；如果字符串的长度超过了字段，则会被截断。

注意：Type…End Type 语句通常放在标准模块中，如果放在窗体模块中，则需在 Type 前加关键字 Private。

(2) 记录类型变量的使用。定义了一个记录类型后，需要定义一个或多个该类型的变量(或数组)，因为程序中实际操作处理的是变量。对记录类型变量的一般访问形式是：

<记录变量名>[(i)].<数据项名>

其中，若使用(i)，则表示访问该记录类型数组的第 i 个元素。

例如：

```
Dim s As Student
s.name="刘虹"
s.age=25
s.Number="200712"
```

2. 随机文件的打开与关闭

在对一个随机文件操作之前，也必须用 Open 语句打开文件。随机文件的打开方式必须是 Random 方式，同时要指明记录的长度。与顺序文件不同的是，随机文件打开后即可进行写入与读出操作。

Open 语句的格式：

Open 文件名 For Random As #文件号 Len=记录长度

说明：因为 Random 是 Open 语句缺省的访问类型，所以 For Random 关键字是可选项。记录长度是一条记录所占的字节数，可以用 Len 函数获得。例如：

```
Dim FileNum As Integer
FileNum=FreeFile()
Open "city.dat" For Random As FileNum Len=Len(Student)
```

随机文件的关闭同顺序文件一样，使用 Close 语句。

3. 随机文件的写入操作

向随机文件写数据用 Put 语句。

格式：

Put[#]文件号，[记录号]，记录变量

说明："#"、"记录号"是可选的。该语句是将一个记录变量的内容写入所打开的磁盘文件中指定的记录位置处。记录号是 1～$2^{31}-1$ 的整数，表示写入的是指定记录号的记录；若不指定记录号，则表示将变量内容写在下一记录位置。省略记录号时，逗号不能省略。例如：

```
Put #2,,str
```

4. 随机文件的读出操作

使用 Get 语句从随机文件读取数据。

格式：

Get[#]文件号，[记录号]，记录变量

说明："记录变量"的数据类型必须同文件中记录的数据类型一致。该语句是从磁盘文件中将一条由记录号指定的记录内容读入记录变量中。记录号是大于 1 的整数，表示对指定记录号记录进行操作。如果忽略记录号，则表示读出当前记录所指的下一条记录。

【例 9-2】 建立一个学生记录的随机文件，通过点击按钮能够实现对记录的随时添加、删除和修改操作。

操作步骤如下：

(1) 在窗体中添加所需对象，并按表 9-1 设置对象的属性。窗体中有 3 个标签、3 个文本框和 5 个按钮。其运行界面如图 9-2 所示。

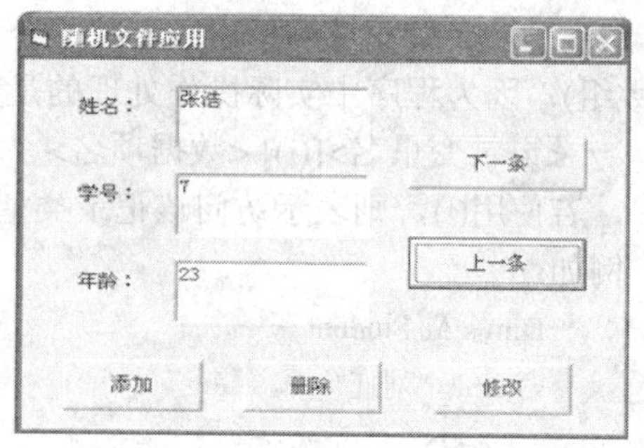

图 9-2 例 9.2 运行界面

表 9-1　主要界面对象的属性设置值

对　象	属　性	属性值	对　象	属　性	属性值
窗体	Caption	随机文件应用	文本框 3	Name	AgeText
				Text	
标签 1	Name	Namelable	命令按钮 1	Name	AddCmd
	Caption	姓名：		Caption	添加
标签 2	Name	Numlable	命令按钮 2	Name	DelCmd
	Caption	学号：		Caption	还原
标签 3	Name	Agelable	命令按钮 3	Name	ModCmd
	Caption	年龄：		Caption	修改
文本框 1	Name	NameText	命令按钮 4	Name	NextCmd
	Text			Caption	下一条
文本框 2	Name	NumText	命令按钮 5	Name	LastCmd
	Text			Caption	上一条

(2) 定义 student 类型和公共变量。

```
Private Type student
    num As String *6
    name As String *8
    age As Integer
End Type
Private s As student              '记录变量
Public filenum As Integer         '随机文件编号
Public lastrecord As Long         '文件中最后一条记录的编号
Public position As Long           '当前记录编号
```

(3) 编写窗体的装载事件过程代码。

```
Private Sub Form_Load()
    Filenum:FreeFile
    Open "student.Dat" For Random As #filenum Len=Len(s)
    Position=Seek(filenum)
    Get filenum,position,s
    NameText.text=s.name
    NumText.text=s.num
    AgeText.text=s.age
End Sub
```

(4) 编写“添加”命令按钮的单击事件过程代码。本段代码完成把一条记录添加到文件末尾的操作：

```
Private Sub AddCmd_Click()
    Lastrecord=LOF(filenum)/Len(s)
    Lastrecord=lastrecord+1
     s.age=AgeText.text
     s.name=NameText.text
     s.num=NumtText.text
    Put #filenum,lastrecord,s
    NameText.text=" "
    NumText.text=" "
    AgeText.text=" "
End Sub
```

(5) 编写“删除”命令按钮的单击事件过程代码。通过清除其字段可以删除一条记录，但是该记录仍在文件中存在。通常文件中不能有空记录，因为会浪费空间且会干扰顺序操作。最好把余下的记录拷贝到一个新文件中，然后删除旧文件，其流程如图 9-3 所示。

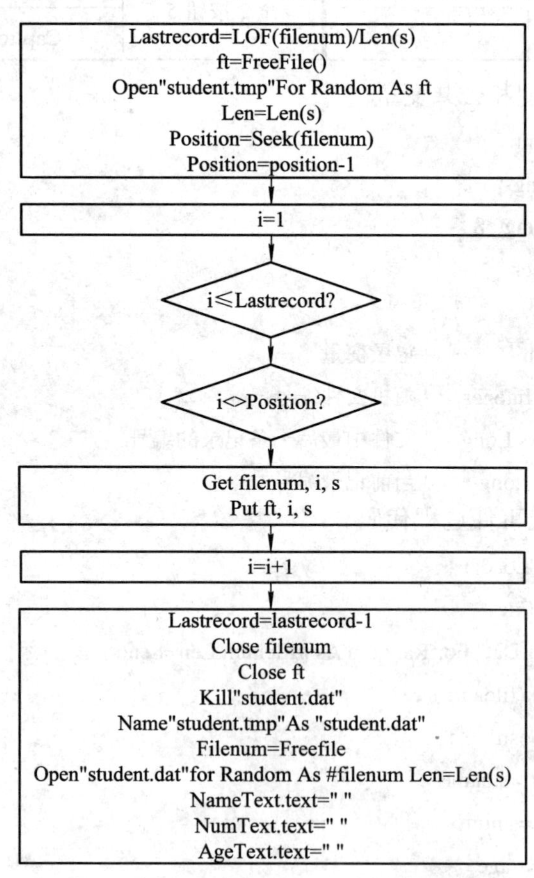

图 9-3 “删除”命令按钮的单击事件流程

```
Private Sub DelCmd_C1ick()
    Dim i As Integer
    Dim ft As Integer
    Lastrecord=LOF(filenum)/Len(s)
    ft=FreeFi1e()
    Open "student.Tmp"For Random As ft Len=Len(s)
    Position=Seek(filenum)
    Position=Position-1
     For i=1 To Lastrecord
       If i<>Position Then
         Get filenum,i,s
         Put ft,I,s
       End If
       Next
    Lastrecord=lastrecord-1
    Close filenum
    Close ft
    Kill "student.dat"
    Name "student.tmp"As "student.dat"
    Filenum=Freefile
    Open "student.dat" for Random As #filenum Len=Len(s)
    NameText.text=" "
    NumText.text=" "
    AgeText.text=" "
End Sub
```

(6) 编写“修改”命令按钮的单击事件过程代码。

```
Private Sub ModCmd_C1ick()
    Position=Seek(filenum)
    Position=position-1
     s.age=AgeText.text
     s.name=NameText.text
     s.num=NumtText.text
    Put #filenum, position,s
 End Sub
```

(7) 编写“上一条”命令按钮的单击事件过程代码，其流程如图 9-4 所示。

```
Private Sub LastCmd_C1ick()
    Position=Seek(filenum)
    If position>1 Then
       Position=position-1
```

```
        Get filenum, position,s
        NameText.text=s.name
        NumText.text=s.num
        AgeText.text=s.age
    Else
        MsgBox("已到文件头")
    End If
End Sub
```

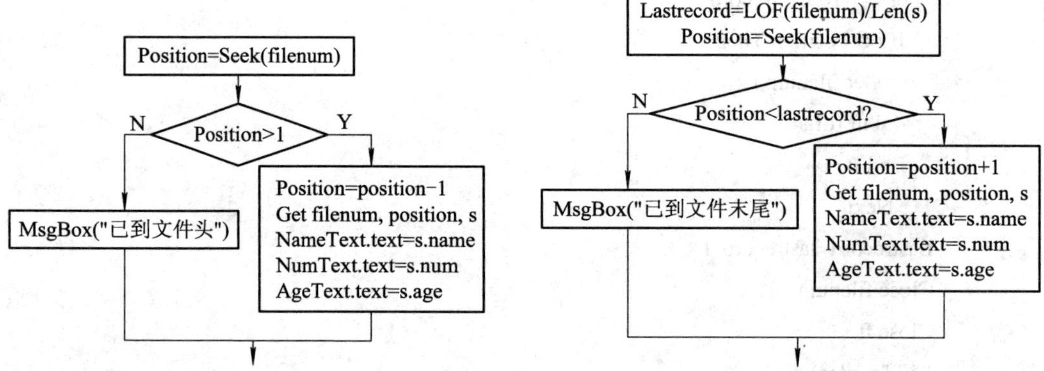

图 9-4　“上一条”命令按钮的单击事件流程　　图 9-5　“下一条”命令按钮的单击事件流程

(8) 编写“下一条”命令按钮的单击事件过程代码，其流程图如图 9-5 所示。

```
Private Sub NextCmd_Click()
    Lastrecord=LOF(filenum)/Len(s)
    Position=Seek(filenum)
    If Position<lastrecord Then
      Position=position+1
    Get filenum, Position,s
        NameText.text=s.name
        NumText.text=s.num
        AgeText.text=s.age
    Else
    MsgBox("已到文件末尾")
    End If
    End Sub
```

9.2.5　二进制文件

二进制访问能提供对文件的完全控制，因为文件中的字节可以代表任何事物。只有了解每个字节代表的含义，才可能读懂整个文件，否则即使使用文本编辑器打开了文件，也可能不知所云。因此对于不想直接公开的内容，程序员通常会以二进制文件来保存。

二进制文件可以看做字节的顺序排列，以字节为最小定位单位，可以从文件中任何一个字节处开始读/写。如果知道文件中数据的组织结构，则任何文件都可以当作二进制文件来处理。

对二进制文件访问与对随机文件访问类似，读写语句也是Get和Put，区别在于二进制文件的访问单位是字节，而随机文件的访问单位是记录。

1. 二进制文件的打开(建立)

打开二进制文件使用的Open语句形式为

Open<文件名>For Binary As<文件号>

文件刚被打开时，文件指针指向第一个字节，以后将随着文件处理命令的执行而移动。

2. 读/写二进制文件

二进制文件打开后，可同时进行读、写操作，二进制文件读、写也使用Get和Put语句，只是不再指定记录号，而是指定要处理的位置(字节数)。

格式：

Put | Get[#]<文件号>，[<位置>]，<变量名>

其中，变量名参数可以是任何类型的变量，包括可变长度的字符串以及用户自定义的类型。

通过使用二进制型访问可使磁盘空间的使用量降到最低。因为二进制文件不需要固定长度的字段，类型声明语句可以省略字符串长度参数。例如，可以为Student类型添加一个字段Org来描述学生参加社团的情况：

```
Type Student
    Name As String *8
    Age As Integer
    Number As String *6
    Org As String
End Type
```

因为Org字段中内容的长度是不固定的，而且往往相差很多，有的可能没有，而有的可能会很长，如果使用固定长度的String类型会造成设置字符串长度的矛盾——太长会浪费磁盘空间，太短又无法容纳某些长的文字。而在二进制文件中每条记录只占用所需字节，所以不必为字段指定长度。当记录中的字段需要包含大段文字时，使用二进制文件可以节省大量的磁盘空间。

二进制存取方式由于可以使用长度可变的字段，所以不能随机地访问记录，必须顺序地访问记录以了解每一条记录的长度，这是进行二进制输入/输出的主要缺点。但是在这种文件模式下，可以直接查看文件中的指定字节，所以二进制模式也是唯一支持用户到文件的任何位置读/写任意长度数据的方法。

9.3 文件控件

在许多应用程序中，当打开文件或保存数据到磁盘文件时，通常要打开一个对话框。利用这个对话框，可指定驱动器名、目录及文件，或方便地查看系统的磁盘、目录及文件信息。Visual Basic 中，既可以使用由 CommonDialog 控件提供的标准对话框，也可以使用 Visual Basic 提供的文件系统控件组合创建自定义对话框。

Visual Basic 提供了三个文件系统控件：驱动器列表框(DriveListBox)、目录列表框(DirListBox)和文件列表框(FileListBox)。这三种特殊的文件系统控件能够自动从操作系统获取一切信息，程序员可以访问此信息或通过其属性显示核实每个控件的信息。例如，在默认方式下显示当前工作目录的内容。程序员可以用多种方法混合、匹配文件系统控件，使文件操作非常灵活，这是 CommonDialog 控件无法做到的。

9.3.1 驱动器列表框

驱动器列表框是下拉式列表框，默认情况下显示用户系统的当前驱动器。运行时，用户可输入任何有效的驱动器标识符，或者单击驱动器列表框右侧的箭头，从下拉驱动器列表中选择有效驱动器的标识符，被选中的驱动器将出现在列表框的顶端，如图 9-6 所示。

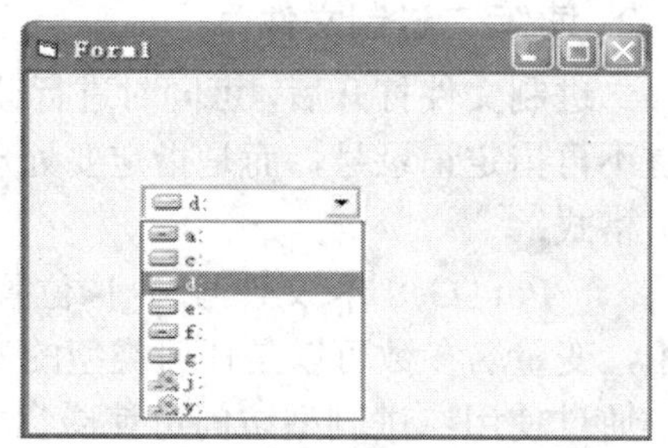

图 9-6　驱动器列表框

驱动器列表框的默认名称为 Drive1，它具有列表框的一般属性，其最重要的特殊属性是 Drive 属性，用来设置或返回所选择的驱动器名。Drive 属性不能通过属性窗口设置，只能在程序中设置或返回值。

在运行状态下可以使用赋值语句给 Drive 属性赋值：

<驱动器列表框名>. Drive[=<驱动器名>]

说明：驱动器名是指定的合法驱动器的名字，Visual Basic 只检查并采用其第一个字母，若符合法则，则自动在后加上冒号。如果省略，则 Drive 属性是当前驱动器。如果所选择的驱动器在当前系统中不存在，则产生错误。例如：

```
Drive1.Drive="D:\"          '表示设置选择的驱动器为 D 盘
```

驱动器列表框的基本事件是 Change 事件，在程序运行时，当选择一个新的驱动器或通过代码改变 Drive 属性的设置时，会触发驱动器列表框的 Change 事件。如果选择不存在的驱动器，则会产生错误。

9.3.2 目录列表框

在窗体中添加目录列表框控件，以便当程序运行时显示当前驱动器上的目录列表。这个目录列表包括当前驱动器根目录及其子目录结构，如图 9-7 所示。

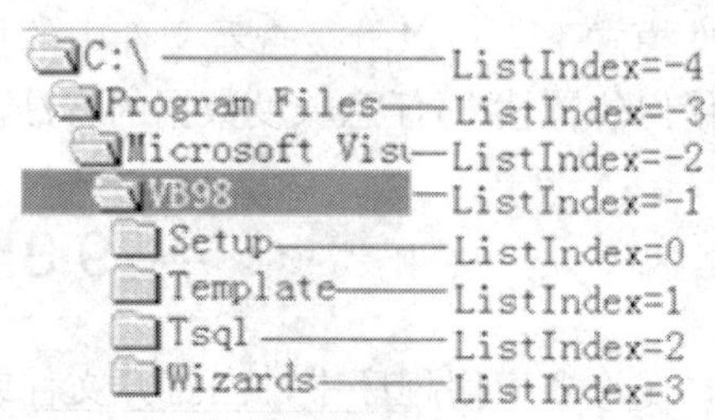

图 9-7　目录列表框

Path 属性是目录列表框控件最常用的属性，用于返回或设置当前路径。该属性在设计时不可用。

格式：

对象.Path[=路径]

说明：

(1) 对象是目录列表框的对象名。

(2) 路径是一个关于路径名的字符串表达式。默认值是当前路径。

例如：

```
Dir1.Path="C:\Mydir"
```

Path 属性也可以直接设置限定的网络路径。

列表框中的每个目录都关联一个整型标识符 ListIndex，可用它来标识单个目录。目录列表框中的当前目录的 ListIndex 值为 –1，紧邻其上的目录的 ListIndex 值为 –2，再上一个目录的 ListIndex 值为 –3，如图 9-7 所示。

利用这个属性可以轻易地实现在目录中的上下移动，例如下面的语句就可以将目录列表框中显示的目录变为当前目录的上一个目录：

```
If Dir1.List(-2)<> " " Then Dir1.Path=Dir1.List(-2)
```

与驱动器列表框一样，在程序运行时，每当改变当前目录，即目录列表框的 Path 属性发生变化时，都要触发其 Change 事件。

9.3.3 文件列表框

文件列表框用来显示当前目录下的文件，也可以显示由 Path 属性指定的目录中的文件，如图 9-8 所示。文件列表框的默认名称是 File1，它具有列表框的多数属性，特有的最常用的属性有下列几个。

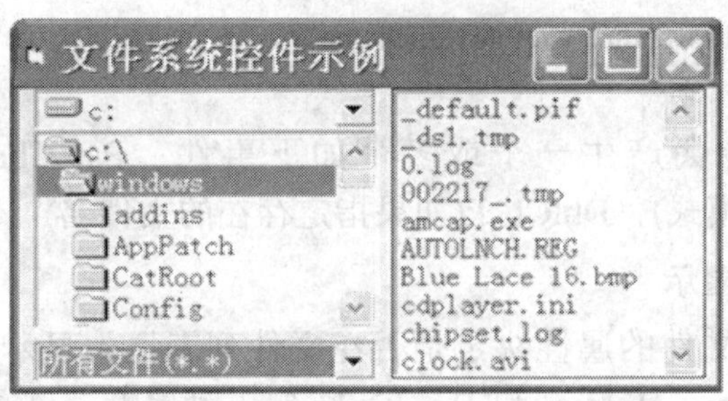

图 9-8 文件列表框

1. Path 属性

此属性与目录列表框的同名属性一样，它的值是表示绝对路径的一个字符串，在设计状态下由系统设置为当前驱动器的当前路径，不可改变。在运行状态下可以用赋值语句设置。可用下列语句对 Path 属性进行赋值：

```
File1.Path=" d:\mydir"
File1.Path=Dir1.Path
```

文件列表框中显示的文件是 Path 属性值所代表的路径中的文件，随 Path 属性的改变而改变。每次重新设置 Path 属性时都会引发文件列表框中的 PathChange 事件。

2. Pattern 属性

Pattern 属性用来设置在执行时要显示的文件类型(模式)，其值是一个字符串，默认值为

"*.*"，代表任何类型的文件。它可以在属性窗体中进行设置，也可以在程序代码中设置。

例如：下面的语句使文件列表框 File1 中显示扩展名为 .tex 和 .doc 的文件。

```
File1.Pattern="*.txt;.doc"
```

又如：下面语句使文件列表框 File1 中显示扩展名为 .txt 的文件，其文件名由 3 个字符组成。

```
File1.Pattern="???.txt"
```

当重新设置 Pattern 属性时，将会触发 PatternChange 事件。

3. FileName 属性

FileName 属性用来在文件列表框中设置或返回所选文件的路径和文件名。该属性的值是一个字符串，代表被选中的文件。该属性在程序设计时不可用，在程序运行时可以通过单击列表框中的文件或通过赋值语句来设置：

文件列表框名.FileName=<文件名>

其中，文件名可以带有路径，可以有通配符。若字符串中包含驱动器、路径或模式，则会相应地改变 Drive、Path 和 Pattern 属性。若字符串中包含存在的文件名(不包含通配符)，则会选择该文件。

例如，从文件列表框中获得全路径名的代码如下:

```
If Right(File1.Path,1)="\"Then
        Name $ =File1.path&File1.Filename
Else
        Name $ =File1.path&"\"&File1.Filename
End If
```

改变该属性值可能会产生一个或多个如下事件：PathChange(如果改变路径)、PatternChange(如果改变模式)、DblClick(如果指定存在的文件名)。

4. 指定类型文件的显示

程序员还可以根据文件的属性决定是否在文件列表框中显示它。文件列表框提供了 Archive、Normal、System、Hidden 和 ReadOnly 等五种属性，可在文件列表框中用这些属性指定要显示的文件类型。只要将某个属性设置为 True，则具有相应属性的文件就可以在文件列表框中显示出来。

例如，希望在文件列表框中仅显示只读文件，可以这样设置：

```
File1.System=False
File1.Archive=False
File1.Norma1=False
File1.Hidden=False
File1.Readonly=True
```

文件列表框中的 List、ListCount 和 ListIndex 属性与列表框控件的 List、ListCount 和 ListIndex 属性的含义和使用方法相同。在程序中对文件列表框中的所有文件进行操作，就会用到这些属性。

9.3.4　文件系统控件的应用

【例 9-3】 用文件系统控件实现文件管理。窗体上有 1 个驱动器列表框、1 个目录列表框、1 个文件列表框、1 个框架和 3 个复选框，运行界面如图 9-9 所示。

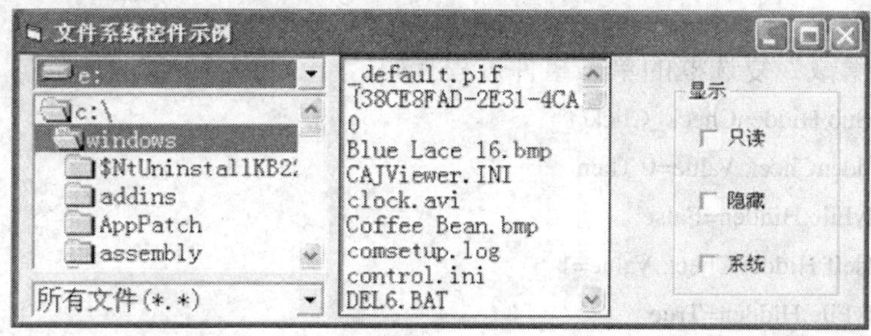

图 9-9　运行界面

分析：根据程序需要，在窗体上可以单独使用文件系统控件，也可以同时设计驱动器列表框、目录列表框和文件列表框，通常是将三者组合使用。这三个控件之间在设计之初是相互独立的，要使三者关联且发生联动，必须在程序中编写驱动器列表框和目录列表框的 Change 事件代码。

具体的操作步骤如下：

(1) 在窗体中添加所需控件，并按表 9-2 设置控件的属性。

表 9-2　主要界面对象的属性设置

对　象	属　性	属 性 值
窗体	Caption	文件系统控件的应用
驱动器列表框 1	Name	MyDrive
目录列表框 1	Name	MyDir
文件列表框 1	Name	MyFile
框架 1	Name	MyFrame
	Caption	显示
复选框 1	Name	ReadOnlyCheck
	Caption	只读
复选框 2	Name	HiddenCheck
	Caption	隐藏
复选框 3	Name	SystemCheck
	Caption	系统

(2) 编写代码，实现用户选定 MyDrive 列表框中驱动器，将 MyDrive 的显示更新为选中的驱动器，同时触发 MyDrive_Change 事件。

```
Private Sub MyDrive_Change()
MyDir.Path=MyDrive.Drive
End Sub
```

(3) 编写代码，实现用户选定 MyDir 列表框中的驱动器，将 MyDir 的显示更新为选中的驱动器，同时触发 MyDir_Change 事件。

```
Private Sub MyDir_Change()
MyFile.Path=MyDir.Path
End Sub
```

(4) 编写“隐藏”复选框的单击事件过程代码。

```
Private Sub HiddenCheck_Click()
   If HiddenCheck.Value=0 Then
      MyFile.Hidden=False
      ElseIf HiddenCheck.Value=1
      MyFile.Hidden=True
   End If
End Sub
```

(5) 编写“只读”复选框的单击事件过程代码。

```
Private Sub ReadonlyCheck_c1ick()
   If ReadOnlyCheck.Value=0 Then
        MyFile.ReadOnly=False
        ElseIf ReadonlyCheck.Value=1 Then
   Myfile.Readonly=True
   End If
End Sub
```

(6) 编写“系统”复选框的单击事件过程代码。

```
Private Sub SystemCheck_c1ick()
   If SystemCheck.Value=0 Then
        MyFile.System=False
        ElseIf SystemCheck.Value=1 Then
          Myfile.System=True
   End If
End Sub
```

习　　题

一、选择题

1. 能对顺序文件进行输出操作的语句是(　　)。

A. Put　　　　B. Get　　　　C. Write#　　　　D. Read

2. 以下叙述中错误的是(　　)。

A. 对顺序文件中数据的操作只能按一定的顺序进行

B. 顺序文件的结构简单

C. 打开顺序文件后，既可进行读操作，也可进行写操作

D. 顺序文件中的数据以字符(ASCII)形式存储

3. 设有如下语句：

```
Open "C:\Test.dat" For Input As #1
```

则以下叙述错误的是(　　)。

A. 该语句打开C盘根目录下一个已存在的文件Test.dat

B. 该语句在C盘根目录下建立一个名为Test.dat的文件

C. 该语句建立的文件的文件号为1

D. 执行该语句后，就可通过Input#语句从文件Test.dat中读取信息

4. 在用Open语句打开文件时，如果省略"For方式"，则打开的文件的存取方式是(　　)。

A. 顺序输入方式　　B. 顺序输出方式

C. 随机存取方式　　D. 二进制方式

5. 文件列表框中用于设置或返回所选文件的路径和文件名的属性是(　　)。

A. File　　B. FilePath　　C. Path　　D. FileName

二、填空题

1. 根据不同的标准，文件可分为不同的类型。根据数据性质，文件可分为________和________；根据数据的存取方式和结构，文件可分为________、________和________。

2. 在Visual Basic中，有三种文件访问方式：________、________和________。

3. 在Visual Basic中顺序文件的读操作通过________、________语句或________函数实现。随机文件和二进制文件的读、写操作分别通过________和________语句实现。

三、程序设计题

设计文件系统对话框。窗体中有驱动器列表框、目录列表框和文件列表框控件各1个，框架1个，其中包含3个复选框，如图9-10所示。程序运行时，用户可根据需要选择文件类型，在文件列表框中列出当前所选目录中指定文件类型的文件名；若未选定任何文件类型，则显示所有文件名。

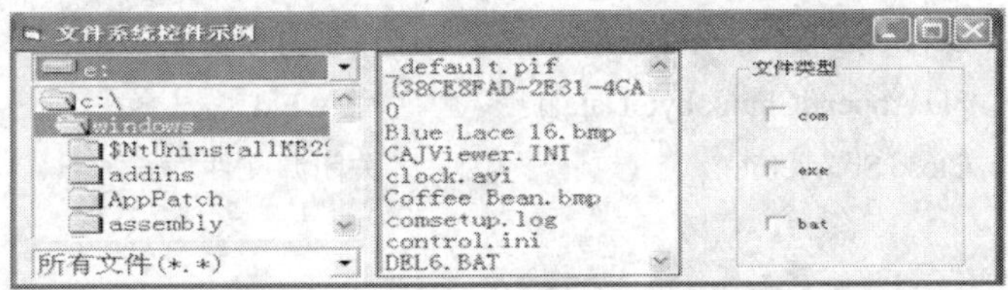

图9-10　程序运行界面

上机实验

1. 实验名称：学生信息管理系统中照片的存放。

2. 实验目的：熟悉文件的处理。

3. 实验内容：在学生信息管理系统中使用二进制文件来存放学生的照片，当需要时将照片写到二进制文件或从二进制文件中读出所需的照片。

4. 程序代码：下列代码完成将照片写到二进制文件中的操作。

```
Private Sub WriteImage (ByRef Fld As ADODB.Field，DiskFile As String)
    Dim byteData() As Byte          '定义数据块数组
    Dim NumBlocks As Long           '定义数据块个数
    Dim FileLength As Long              '标识文件长度
    Dim LeftOver As Long                '定义剩余字节长度
    Dim SourceFile As Long              '定义自由文件号
    Dim i As Long                       '定义循环变量
    Const BLOCKSIZE=4096                '每次读写块的大小
    SourceFile=FreeFile                 '提供一个尚未使用的文件号
    Open DiskFile For Binary Access Read As SourceFile         '打开文件
    FilleLength=LOF(SourceFile)                '得到文件长度
    If FileLength=0   Then                     '判断文件是否存在
        Close SourceFile
        MsgBox DiskFile&"无内容或不存在！"
    Else
    NumbBlocks=FileLength\BLOCKSIZE            '得到数据块的个数
    LeftOver=FileLength Mod BLOCKSIZE          '得到剩余字节数
    Fld.Value=Null
        ReDim byteData(BLOCKSIZE)              '重新定义数据块的大小
    For i=1 to NumBlocks
            Get SourceFile,,byteData()         '读到内存块中
        Fld.AppendChunk byteData()             '写入 Fld
    Next i
        ReDim byteData(Leftover)               '重新定义数据块的大小
        Get SourceFile,,byteData()             '读到内存块中
        Fld.AppendChunk byteData()             '写入 Fld
        Close SourceFile                       '关闭源文件
    End If
End Sub
```

下列代码完成将二进制文件中的照片读出来的操作。

```
Private Function ReadImage(blobColum As ADODB.Field) As String
'取得一个临时性文件
Dim strFileName As String
StrFileName="ImageTmp"
Dim FileNumber As Integer                  '文件号
DimDataLen      As Long                    '文件长度
```

```
Dim Chunks        As Long                    '数据块数
Dim ChunkAry()        As Byte                '数据块数组
Dim ChunkSize         As Long                '数据块大小
Dim Fragment          As Long                '零碎数据大小
Dim lngI             As Long                 '计数器
On Error GoTo errHander
ChunkSize=2048                               '定义块大小为2K
If IsNull(blobColumn) Then Exit Function
 DataLen= blobColumn.ActualSize              '获得图像大小
If DataLen<8 then Exit Function              '图像大小小于8字节时认为不是图像信息
    FileNumber=FreeFile                      '产生随机的文件号
Open strFileName For Binary Access Write As FileNumber
'打开存放图像数据文件
Chunks=DataLen\ChunkSize                     '数据块数
Fragment=DataLen Mod ChunkSize               '零碎数据
If Fragment>0 Then                           '有零碎数据，则先读该数据
 ReDim ChunkAry(Fragment -1)
 ChunkAry=blobColumn.GetChunk(Fragment)
 FileNumber,,ChunkAry(),                     '写入文件
End If
 ReDim ChunkAry(ChunkSize-1)                 '为数据块重新开辟空间
For IngI=1 To Chunks                         '循环读出所有块
    ChunkAry=blobColumn.GetChunk(ChunkSize)        '在数据库中连续读数据块
    Put FileNumber,,ChunkAry()                     '将数据块写入文件中
Next lngI
Close FileNumber                             '关闭文件
ReadImage=strFileName
Exit Function
errHander:
ReadImage=" "
End Function
```

第10章　数据库技术

本章教学目标：

- 掌握数据库基础；
- 掌握结构化查询语句 SQL；
- 掌握数据管理器；
- 灵活应用 ADO 数据控件；
- 灵活应用数据报表。

10.1　数据库基础

数据库技术是计算机技术的一个重要分支。随着计算机科学与技术的发展，数据库技术已经深入到人类社会的各个方面，从数据处理、企业管理、工程管理、数据统计发展到人工智能、决策支持系统和网络应用等新的领域。

10.1.1　计算机数据管理的发展

1. 数据与数据处理

数据(Data)是描述现实世界事物的符号记录，是用物理符号记录的可以鉴别的信息，包括文字、图形、声音等，它们都是用来描述事物特性的。

数据处理是指将数据转换成信息的过程，是对各种类型的数据进行收集、存储、分类、计算、加工、检索与传输的过程，包括收集原始数据、编码转换、数据输入、数据处理、数据输出等。从数据处理的角度而言，信息是一种被加工成特定形式的数据。

2. 数据管理技术的发展

数据处理的中心问题是数据管理。计算机对数据的管理是指对数据的分类、组织、编码、存储、检索和维护。计算机在数据管理方面经历了由低级到高级的发展过程，先后经历了人工管理、文件系统、数据库系统、分布式数据库系统和面向对象数据库系统等几个阶段。

1) 人工管理阶段

人工管理阶段是指 20 世纪 50 年代中期以前的数据管理时期。这一阶段计算机主要用于科学计算，当时的计算机硬件状况是：外存只有磁带、卡片、纸带，没有磁盘等直接存取的存储设备；软件状况是：没有操作系统，没有管理数据的软件，数据处理方式是批处理。

人工管理阶段的特点是：数据不保存、数据无专门软件进行管理(数据冗余)、数据不共享、数据不具有独立性、数据无结构等。

2) 文件系统阶段

文件系统阶段是指从20世纪50年代后期到60年代中期的数据管理时期。这一阶段计算机硬件和软件都有了一定的发展。计算机不仅用于科学计算，还大量用于管理。这时硬件方面已经有了磁盘、磁鼓等直接存取的存储设备。在软件方面，操作系统中已经有了数据管理软件，一般称为文件系统。处理方式上不仅有了文件批处理，而且能够联机实时处理。

文件系统阶段的特点是：数据管理由文件管理系统完成，数据共享性差、冗余度大、数据独立性差，数据可长期保存等。

3) 数据库系统阶段

20世纪60年代末，数据管理进入了新时代——数据库系统阶段。这一时期出现了统一管理数据的专门软件系统，即数据库管理系统。数据库系统是一种较完善的高级数据管理方式，也是当今数据管理的主要方式，得到了广泛的应用。

数据库系统阶段的特点是：数据结构化、数据共享程度高、数据独立性强、数据冗余度小，加强了对数据的保护等。

4) 分布式数据库系统阶段

分布式数据库系统是由若干个站集合而成的。这些站又称为结点，它们在通信网络中连接在一起，每个结点都是一个独立的数据库系统，它们都拥有各自的数据库、中央处理机、终端，以及各自的局部数据库管理系统。因此，分布式数据库系统可以看做一系列集中式数据库系统的联合。它们在逻辑上属于同一系统，但在物理结构上是分布式的。

5) 面向对象数据库系统阶段

面向对象程序设计(Object Oriented Programming，OOP)是一种计算机编程架构。OOP的一条基本原则是计算机程序是由单个能够起到子程序作用的单元或对象组合而成的。OOP达到了软件工程的三个主要目标：重用性、灵活性和扩展性。面向对象数据库吸收了面向对象程序设计方法的核心概念和基本思想，采用面向对象的观点来描述现实世界实体(对象)的逻辑组织和对象之间的限制和联系等。

10.1.2 数据库系统

1. 数据库

顾名思义，数据库(DataBase，DB)就是存放数据的仓库。它是长期存放在计算机内，有组织的、大量的、可共享的数据集合。数据库中的数据按一定的数据模型组织、描述和存储，具有较小的冗余度、较高的数据独立性和易扩展性，并可为多个用户、多个应用程序共享。其特点是：具有最小的冗余度、具有数据独立性、可实现数据共享、安全可靠和保密性能好。

2. 数据库应用系统

数据库应用系统是一个允许用户插入、修改、删除并报告数据库中数据的计算机程序。它是由程序员使用程序设计语言编写的、面向某一类实际应用的软件系统，例如以数据库为基础的教务管理系统、人事管理系统、图书管理系统等。

3. 数据库管理系统

数据库管理系统(DataBase Management System，DBMS)是数据库系统的一个重要组成部分，是用于建立、使用、传输、操纵和维护数据库的大型软件。它对数据库进行统一的管理和控制，以保证数据库的安全性和完整性。数据库管理系统是位于用户与操作系统(OS)之间的数据管理软件，为数据的定义、存储、查询和修改提供支持，是数据库系统的核心软件。其主要功能包括以下几个方面：

(1) 数据定义；

(2) 数据操纵；

(3) 数据库的运行管理；

(4) 数据的组织、存储和管理；

(5) 数据库的建立和维护；

(6) 数据通信接口。

4. 数据库管理员

数据库管理员(DataBase Administrator，DBA)是负责监督和管理数据库系统的专门人员或者管理机构。其主要职责是决定数据库中的数据和结构，决定数据库的存储和策略，保证数据库的完整性和安全性，监控数据库的运行和使用，进行数据库的升级和重组等。

5. 数据库系统

数据库系统(DataBase Systems，DBS)是指拥有数据库技术支持的计算机系统。它可以实现有组织地、动态地存储大量相关数据，提供数据处理和信息资源共享服务。数据库系统一般由五部分组成：硬件系统、数据库、数据库管理系统及相关软件、数据库管理员和用户。

数据库系统的特点如下：

(1) 实现数据共享，减少数据冗余；

(2) 采用特定的数据模型；

(3) 具有较高的数据独立性；

(4) 有统一的数据控制功能。

10.1.3 数据模型

为了反映事物本身及事物之间的各种联系，数据库中的数据必须有一定的结构，这种结构就用数据模型来表示。数据模型是数据库管理系统用来表示实体间联系的方法。一个具体的数据模型应当正确地反映出数据之间存在的整体逻辑关系。数据库管理系统所支持的传统数据模型分为三种：层次数据模型、网状数据模型和关系数据模型。因此，使用支持某种特定数据模型的数据库管理系统开发出来的应用系统分别称为层次数据库系统、网状数据库系统和关系数据库系统。

1. 层次数据模型

层次数据模型是数据库系统中最早出现的数据模型，它用树型结构表示各实体以及实体间的联系，如图 10-1 所示。层次数据模型表示的是一对多的联系。若用图来表示，层次数据模型是一棵倒立的树。结点层次从根开始定义，根为第一层，根的孩子称为第二层，根称为其孩子的双亲，同一双亲的孩子称为兄弟。在数据库中，满足以下条件的数据模型称为层次模型：① 有且仅有一个结点无父结点，这个结点称为根结点；② 其他结点有且仅有一个父结点。

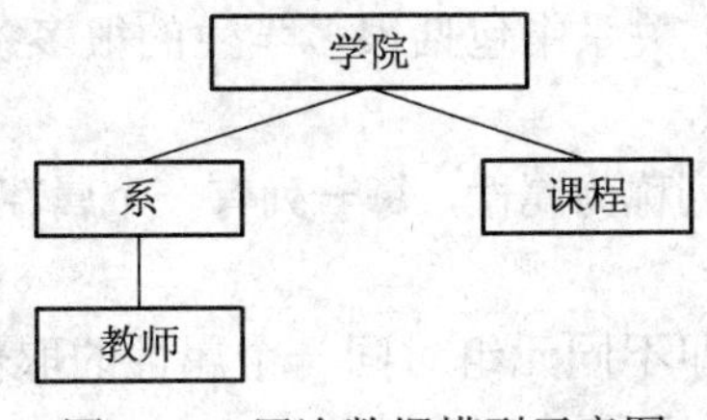

图 10-1 层次数据模型示意图

2. 网状数据模型

在现实世界中，事物之间的联系更多的是非层次关系的，用层次数据模型表示非树型结构是很不直接的，网状数据模型则可以克服这一弊病。网状数据模型是一个网络，如图10-2所示。在数据库中，满足以下两个条件的数据模型称为网状数据模型：① 允许一个以上的结点无父结点；② 一个结点可以有多于一个的父结点。

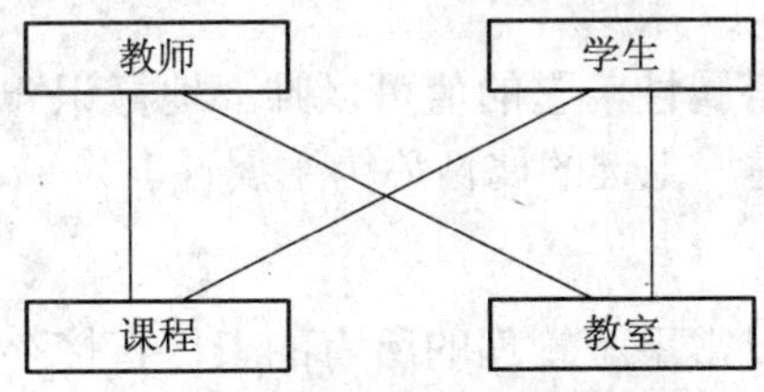

图 10-2 网状数据模型示意图

3. 关系数据模型

以二维表的形式表示实体与实体间联系的数据模型称为关系数据模型。用一张二维表表示一种实体类型，表中一行数据描述一个实体。

关系数据模型与层次数据模型和网状数据模型的本质区别在于数据描述的形式不同。在关系数据模型中，每一个关系都是一个二维表，无论实体本身还是实体间的联系均称为关系的二维表表示，使得描述实体的数据本身能够自然地反映它们之间的联系。而传统的层次和网状数据模型数据库是使用链接指针来存储和体现联系的。

10.1.4 关系数据库

关系数据库以其完备的理论基础、简单的模型、说明性的查询语言和使用方便等优点得到了最广泛的应用。常见的关系数据库有：Microsoft Access，是Microsoft Office的组件之一；Microsoft SQL Server，是一种典型的关系型数据库管理系统；Oracle，是一个最早商品化的关系型数据库管理系统，也是应用广泛、功能强大的数据库管理系统，目前的最新版本是Oracle 11g。

1. 关系术语

在关系数据库中，常用的术语如下。

1) 关系

一个关系就是一张二维表，每个关系都有一个关系名。在数据库中，一个关系存储为一个数据表。表是属性及属性值的集合。

2) 元组

二维表中，水平方向的行称为元组，每一行是一个元组，元组对应数据表中的一条具体记录。例如，学生信息表这个关系中包括很多学生的很多条记录(或很多个元组)。

3) 属性

二维表(关系)中垂直方向的列称为属性，每一列有一个属性名，对应数据表中的一个字段。

4) 域

域是指属性的取值范围，即不同元组对同一个属性的取值所限定的范围。例如，性别的取值范围只能从“男”、“女”两个汉字中取一。

5) 关键字

关键字是指表中的一个属性(组)，它的值可以唯一地标识一个元组，如学号、教师号。

6) 外关键字

如果一个关系中的属性或属性组并非该关系的关键字，但它们是另外一个关系的关键字，则称其为该关系的外关键字。

7) 候选码

候选码是指表中的某一个属性，它的值可以唯一地标识一个元组。一个表中可能有多个候选码，选择一个作为主键，主键的属性称为主属性。

2. 关系的特点

关系数据模型并不是将日常手工管理的所有的表格直接存储到计算机数据库管理系统中的，在关系数据模型中对关系有一定的要求，它必须具有以下特点：

(1) 关系必须规范化。关系模型中的每一个关系模式都必须满足一定的要求。最基本的要求是每个属性必须是不可分割的数据单元，即表中不能再包含表。

(2) 在同一个关系中不能出现相同的属性名。

(3) 关系中不允许有完全相同的元组，即冗余。

(4) 在一个关系中元组的次序无关紧要。

(5) 在一个关系中列的次序无关紧要。

10.1.5 数据库设计基础

一个结构合理的数据库，会节省日后整理数据库所需的时间，并能更快地得到精确的结果。设计数据库的目的实质上是设计出满足实际应用需求的数据关系模型。

1. 设计原则

为了合理组织数据，应遵从以下基本设计原则。

1) 概念单一化

一个表用来描述一个实体或实体间的一种联系，应避免设计大而杂的表。首先分离那些需要作为单个主题而独立保存的信息，然后确定这些主题之间有何关系，以便在需要时将正确的信息组合在一起。通过将不同的主题信息分散在不同的表中，可以使数据的组织工作和维护工作更简单，同时也可以保证建立的应用程序具有较高的性能。

2) 避免在表之间出现重复字段

除了保证表中有与其他表存在联系的外部关键字之外，应尽量避免在表之间出现重复字段。目的是减小数据冗余，防止在添加、删除和更新数据表时造成表之间的数据不一致。

3) 表中的字段必须是原始数据和基本数据元素

表中不应该包括通过计算机得到的二次数据或多项数据的组合。能够通过计算机从其他字段推导出来的字段也应尽量避免。例如，在职工表中应当包括出生日期字段，而不应包括年龄字段。当需要查询年龄字段时，可以通过简单计算得到年龄。

4) 用外部关键字保证有关联的表之间的联系

表之间的联系依靠外部关键字来维系，反映出实体之间客观存在的联系。

2. 设计步骤

数据库的一般设计步骤如下：

(1) 需求分析。确定建立数据库的目的，确定数据库保存哪些信息。

(2) 确定数据表。将需求信息划分成各个独立的实体，每个实体都可以设计成数据库的一个表，例如教师、学生、选课等。

(3) 确定字段。确定在每个表中要保存哪些字段、各个表的关键字、字段中要保存的数据的数据类型和长度。通过这些字段的显示或计算应能够得到所需信息。

(4) 确定关系。确定一个表中的数据和其他表中的数据有何联系，以及是否需要确定外部关键字。必要时可以在表中添加一个字段或创建一个新表来明确联系。确定表之间是一对一、一对多还是多对多的联系。

(5) 设计求精。对设计进一步分析，查找错误并修改。需要创建表，添加示例数据，测试能否从表中得到想要的结果。需要时可调整设计。

10.2 结构化查询语言

结构化查询语言(Structured Query Language，SQL)是用于对存放在计算机数据库中的数据进行组织、管理和检索的工具，是操作数据库的标准语言。SQL 语言由数据定义语言、数据操作语言、数据查询语言和数据控制语言四部分组成。SQL 设计巧妙，语言简单，完成四个部分的核心功能只需 9 个语句，如表 10-1 所示。

表 10-1 常用的 SQL 命令

SQL 功能	命 令	描 述
数据定义	CREATE	创建数据库、表、视图等
	ALTER	负责数据库对象的修改
	DROP	删除数据库对象
数据操作	INSERT	向数据库表中插入或添加新的记录
	UPDATE	更新(修改)指定记录
	DELETE	从数据库表中删除指定记录
数据查询	SELECT	从数据库中查找满足指定条件的记录
数据控制	GRANT	授权语句
	REVOKE	删除数据库内的用户或者角色上授予或拒绝的权限

1. 数据定义语言

数据定义语言(Data Definition Language，DDL)有 CREATE、DROP 和 ALTER 语句。

1) CREATE 语句

格式：

```
CREATE TABLE<表名>(<字段名 1><数据类型>[列完整性约束条件],
                  [<字段名 2><数据类型>[列完整性约束条件]]…)
```

【例 10-1】 创建一个名为 goods_table 的图书信息表。创建 goods_table 表的结构说明如表 10-2 所示。

程序代码如下：

```
CREATE TABLE goods_table (
    [banbie] [Varchar] (20),
    [book_name] [Varchar] (80),
    [book_id] [Varchar] (30),
    [mayang] [Money],
    [shiyang] [Money],
    [book_count] [Int],
    [in_time] [Datetime],
    [good_person] [Varchar] (10),
)
```

表 10-2　创建 goods_table 表结构说明

中 文 名	列　名	数据类型	长　度
版别	banbie	Varchar	20
书名	book_name	Varchar	80
书号	book_id	Varchar	30
码洋	mayang	Money	8
实洋	shiyang	Money	8
册数	book_count	Int	4
进货时间	in_time	Datetime	8
操作员	good_person	Varchar	20

2) ALTER 语句

格式：

```
ALTER    TABLE<表名>
    [ADD<新字段名><数据类型> [字段级完整性约束条件] ]
    [ DROP [<字段名>] …]
    [ALTER<字段名><数据类型>]
```

其中，<表名>是指需要修改的表的名字，ADD 子句用于增加新字段和该字段的完整性约束条件，DROP 子句用于删除指定的字段，ALTER 子句用于修改原有的字段属性。

【例 10-2】 在“图书信息”goods_table 表中增加一个字段，字段名为“备注”，数据类型为“文本”，字段大小为 50，再修改该字段大小为 200。

操作步骤如下：

(1) 添加新字段的SQL语句为

```
ALTER  TABLE  goods_table  ADD  备注  Varchar (50);
```

(2) 删除“备注”字段的SQL语句为

```
ALTER  TABLE  goods_table  DROP  备注;
```

(3) 修改“备注”字段的字段大小属性的SQL语句为

```
ALTER  TABLE  goods_table  ALTER  备注  Varchar (200);
```

3) DROP语句

格式：

```
DROP  TABLE<表名>
```

【例10-3】 删除已建立的“图书信息”表。

实现语句如下：

```
DROP  TABLE  goods_table;
```

2. 数据操作语言

数据操作语言(Data Manipulation Language，DML)有INSERT、UPDATE和DELETE语句。

1) INSERT语句

格式：

```
INSERT  INTO<表名>[(<属性名1>[,<属性名2>…])] VALUES(<常量1>)
        [,<常量2>]…)
```

【例10-4】 为goods_table表插入一条新记录。

实现语句如下：

```
INSERT INTO goods_table(banbie, book_name, book_id, mayang, shiyang, book_count, in_time,
good_person)VALUES ('清华出版社', '计算机网络', 090003, 7, 1,  100,'2010-05-25','张三')
```

2) UPDATE语句

格式：

```
UPDATE<表名>  SET<列名>=<表达式>[<列名>=<表达式>] [WHERE<条件>]
```

【例10-5】 更新goods_table表中book_id为“90003”的记录的book_count值。

实现语句如下：

```
UPDATE  goods_table  SET book_count=200  WHERE book_id='90003'
```

3) DELETE语句

格式：

```
DELETE  FROM<表名>[WHERE<条件>]
```

【例10-6】 删除goods_table表中book_id为“90003”的记录。

实现语句如下：

```
DELETE FROM goods_table  WHERE book_id='90003'
```

3. 数据查询语言

数据查询语言(Data Query Language，DQL)只有SELECT一条语句。

格式：

```
SELECT  [DISTINCT] *<字段列表> FROM<表名>
    [WHERE<条件表达式>]
    [GROUP BY<字段名>[HAVING<条件表达式>]]
    [ORDER BY<字段名>[ASC | DESC]]
```

说明：SELECT * FROM 表名，即返回全部记录；如果有关键字 DISTINCT，则略去重复的记录；WHERE 定义查询条件；GROUP BY 指明分组字段，HAVING 指明分组条件，必须跟随 GROUP BY 使用；ORDER BY 指明排序字段，ASC | DESC 为排序方式，升序或降序。

【例 10-7】 使用 SELECT 命令，从图书表中查询所有的图书，并显示数据表的所有字段。

实现语句如下：

```
' 查询现有库存图书列表，显示所有字段
SELECT *.FROM  goods_table
' 只显示书名和价格字段，并且查询条件是：版别为西安电子科技的图书
SELECT  book_name,mayang  FROM  goods_table  WHERE  banbie='西安电子科技'
' 从图书表中查询价格大于 10 小于等于 30 的图书
SELECT book_name,mayang FROM  goods_table WHERE mayang>10 AND mayang<=30
```

【例 10-8】 排序 goods_table 表，按 book_id 字段进行升序和降序排列。

升序排列的实现语句：

```
SELECT * FROM goods_table  ORDER BY  book_id ASC
```

降序排列的实现语句：

```
SELECT * FROM goods_table  ORDER BY  book_id DESC
```

ORDER BY 语句用于根据指定的列对结果集进行排序，默认按照升序对记录进行排序，关键字为 ASC，可以省略不写。如果希望按照降序对记录进行排序，可以使用关键字 DESC。

10.3　数据库管理器

为了便于开发数据库应用程序，Visual Basic 专门提供了数据库应用程序开发环境 VisData，即可视化数据库管理器(Visual Data Manager)。该环境由可视化数据管理器、数据库应用程序、数据源控件和对象、数据库接口驱动程序等组成。VB 提供的可视化数据管理器是一个非常实用的工具，使用它可以方便地建立数据库、数据表和查询数据，可以自动生成 VB 的数据窗体(含基本程序代码)，从而很容易地建立一个 VB 数据库管理程序。由于它使用可视化的操作界面，因此很容易为用户所掌握。

可视化数据管理器可以管理 Access、dBase、FoxPro、Paradox 和 Excel 等数据库。下面以 Access 数据库为例，介绍如何新建、打开、修改数据库表的结构，如何查询和修改数据库的内容等。

【例 10-9】 使用可视化数据管理器创建表。

分析：首先，在 Visual Basic 开发环境内单击 VB 开发环境的菜单栏中的“外接程序”，选择“可视化数据管理器”选项，启动 VB 的可视化数据管理器，如图 10-3 所示。使用可

视化数据管理器建立的数据库是 Access 数据库(类型名为 .mdb)，可以被 Access 直接打开和操作。

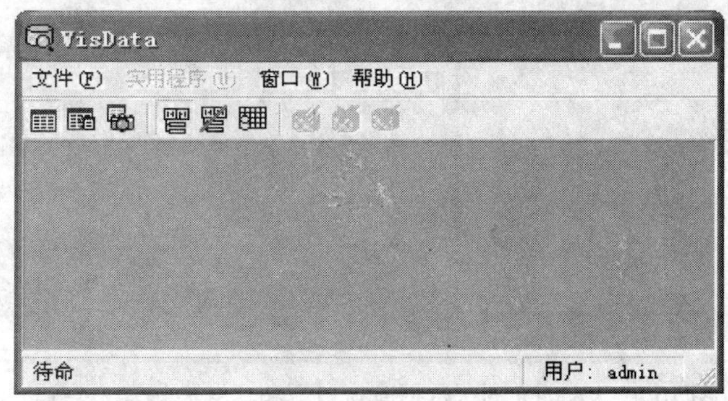

图 10-3 可视化数据管理器 VisData

在可视化数据管理器窗口的菜单栏中，有“文件”、“实用程序”、“窗口”和“帮助”四个菜单，其提供的主要菜单命令如下：

- 文件：提供数据库的新建、打开和退出等命令；
- 实用程序：提供查询生成器和数据窗体设计等命令；
- 窗口：提供窗口平铺和层叠等命令。

具体操作步骤如下：

(1) 创建数据库。在可视化数据管理器的菜单栏中，选择“文件”菜单中的“新建”，随后在其子菜单中选择 Microsoft Access(M)及下级子菜单中的 Version 7.0 MDB(7)，如图 10-4 所示，打开“选择要创建的 Microsoft Access 数据库”对话框。在该对话框的“保存类型”框中选择 MDB 类型，在“保存在”框中选择路径“E:\VBBOOK\program”，在“文件名”框中输入“data”数据库名，单击“保存”按钮即可创建一个 data.mdb 数据库。

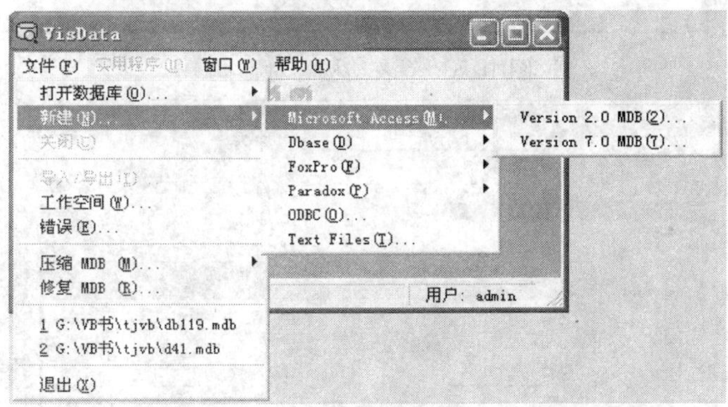

图 10-4 创建数据库

在图 10-5 所示的 VisData 中包括两个窗口：左边的是“数据库窗口”，用于显示数据库；右边的是“SQL 语句”窗口，用于输入查询数据库内容所用的结构化查询语句(SQL)。但要注意的是：数据库虽然已建立，但库中现在还没有任何表文件。

(2) 向数据库中添加数据表。在数据库窗口中单击鼠标右键，在弹出的快捷菜单中单击“新建表”命令，弹出“表结构”对话框，如图 10-6 所示。在“表名称”框中输入表名，之后单击“添加字段”按钮，弹出“添加字段”窗口，如图 10-7 所示。

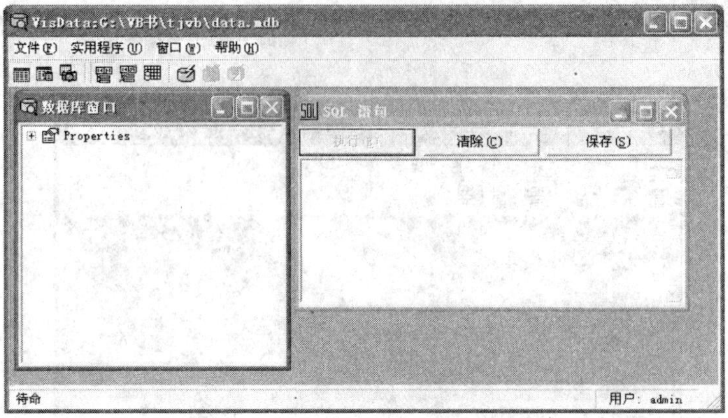

图 10-5　VisData 的“数据库窗口”和“SQL 语句”窗口

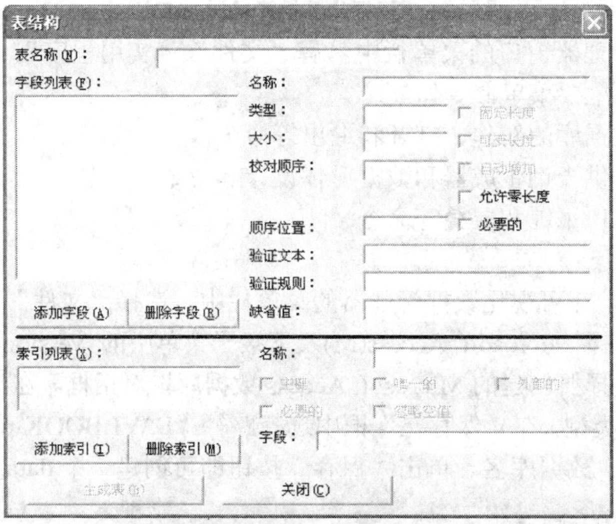

图 10-6　“表结构”对话框

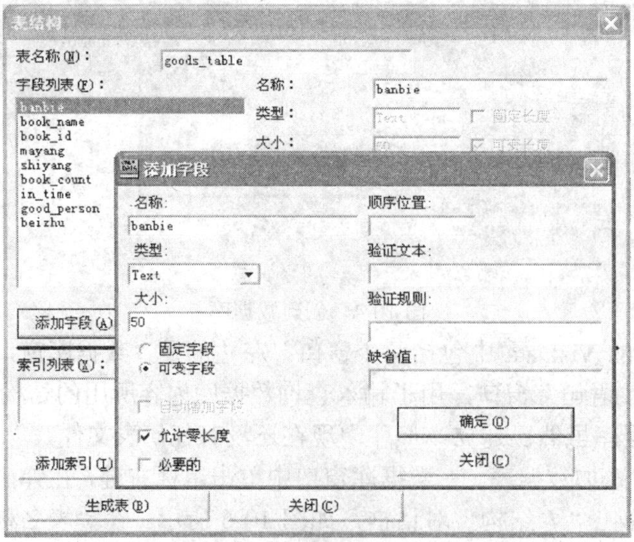

图 10-7　“添加字段”窗口

在“添加字段”对话框有名称、类型、大小、顺序位置、验证文本、验证规则和缺省值等选项。其中，“顺序位置”确定字段的相对位置，即字段在表中的物理位置；“验证文本”是在用户输入的字段值无效时，应用程序显示的消息文本；“验证规则”确定字段中可以添加什么样的数据；“缺省值”确定字段的默认值。在“添加字段”对话框中，依次输入每个字段的名称、类型、大小(宽度)后单击“确定”按钮，直至建成表的所有字段。最后单击“关闭”按钮退出“添加字段”对话框，返回“表结构”对话框。单击“生成表”按钮，数据管理器将创建该表，如图10-8所示。在其“数据库窗口”中选择表名goods_table，再展开Fields将能看到创建的所有字段名称。

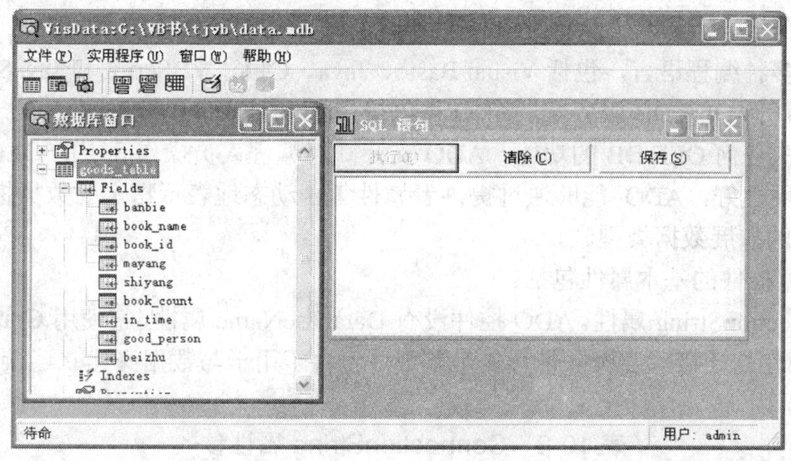

图10-8 在数据库窗口中展开Fields

(3) 建立索引。单击“表结构”对话框的“添加索引”按钮，在弹出的对话框中输入索引名称，选择索引字段后，单击“确定”按钮即完成了索引的建立。

(4) 添加记录。在“数据库窗口”中右击欲添加记录的表，在弹出的快捷菜单中单击“打开”命令，将打开表数据维护窗口，单击“添加”按钮之后录入一条记录的各项内容，如图10-9所示(点击“添加”按钮后的截图)。点击“更新”按钮进行保存，然后再次单击“添加”按钮录入下一条记录，直至录入全部记录内容，最后单击“关闭”按钮。

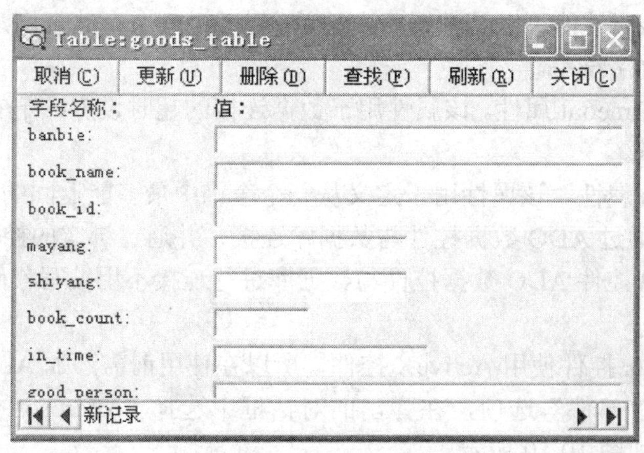

图10-9 表数据维护窗口

10.4　ADO 数据控件

ADO 是 ActiveX Data Object 的缩写，它是 Microsoft 新的数据库访问技术，是通过 OLE DB 提供者对数据库服务器中的数据进行访问和操作的，其主要优点是易于使用、快速、低内存支出和占用磁盘空间低，并支持建立基于客户端/服务器端的 C/S 和基于 Web 的 B/S 应用程序。

对于数据库编程人员来说，ADO 具有如下优越性：

(1) 便于使用。

(2) 支持多种编程语言，包括 Visual Basic、Java、C++、VBScript 和 JavaScript。

(3) 支持任何 OLE DB 服务器，ADO 可以操作任何 OLE DB 数据源。

(4) 不损失任何 OLE DB 的功能，ADO 支持 C++编程人员操作底层的 OLE DB 接口。

(5) 可扩展性好，ADO 能够通过提供者属性集合动态地表示指定的数据提供者，还能够支持 COM 的扩展数据类型。

ADO 数据控件的基本属性包括：

(1) ConnectionString 属性。ADO 控件没有 DatabaseName 属性，它使用 ConnectionString 属性与数据库建立连接。该属性带有 4 个参数，包含了用于与数据源建立连接的相关信息，如表 10-3 所示。

表 10-3　ConnectionString 属性参数

参　数	描　　述
Provide	指定数据源的名称
FileName	指定数据源所对应的文件名
RemoteProvide	在远程数据服务器打开一个客户端时所用的数据源名称
RemoteServer	在远程数据服务器打开一个主机端时所用的数据源名称

(2) RecordSource 属性。RecordSource 属性确定具体可访问的数据，这些数据构成记录集对象 Recordset。该属性值可以是数据库中的单个表名、一个存储查询，也可以是使用 SQL 查询语言的一个查询字符串。

(3) ConnectionTimeout 属性。该属性用于数据连接的超时设置，若在指定时间内连接不成功则显示超时信息。

(4) MaxRecords 属性。该属性用于定义从一个查询中最多能返回的记录数。

【例 10-10】 通过 ADO 数据控件与数据库连接，并通过绑定的控件显示数据。

分析： 通过可视控件 ADO 数据控件与数据库进行连接不用编写代码，非常简单快捷。

操作步骤如下：

(1) 因 ADO Data 控件使用 ActiveX 控件，所以在使用前需添加 ADO Data 控件。选择“工程”菜单中的“部件”选项，在弹出的对话框中选择“Microsoft ADO Data Control 6.0(OLEDB)”项，如图 10-10 所示。

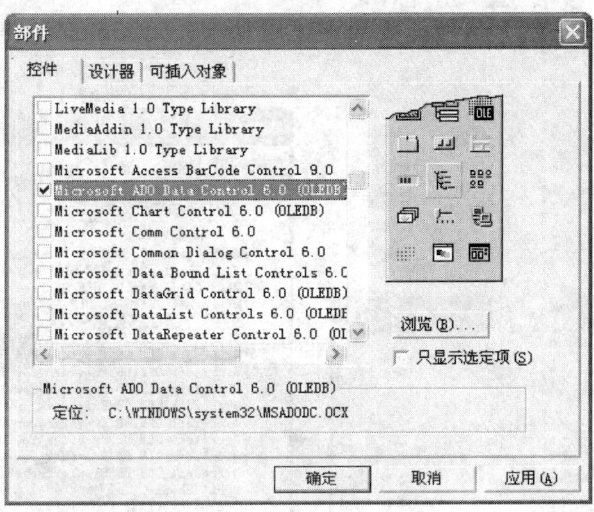

图 10-10 引用 ADO 控件

(2) 选择并点击“确定”按钮后，VB 开发环境中的工具栏里即会添加一个 ADO 控件。在窗体上添加一个 ADO 数据控件，控件名默认名“Adodcl”，如图 10-11 所示。

(3) 右键单击 ADO 数据控件，在弹出的菜单中点击 ADODC 属性选项，或单击 ADO 控件属性窗口中的 ConnectionString 属性右边的“. . . ”按钮，如图 10-12 所示。

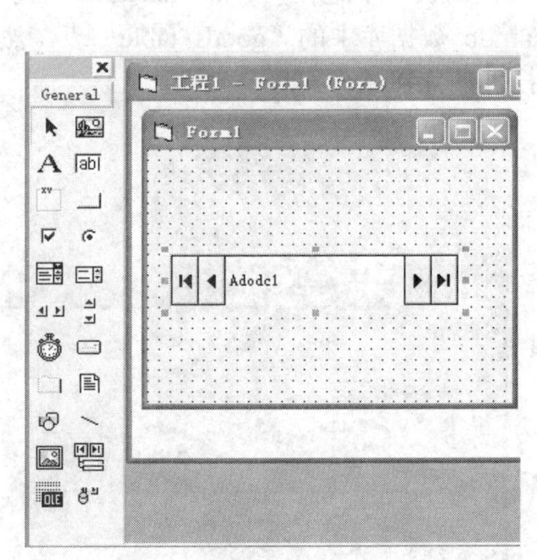

图 10-11 在窗体上添加 Adodc1 控件

图 10-12 Adodc1 控件属性设置窗口

(4) 在弹出的属性页窗口中选择“使用连接字符串”方式连接数据源，如图 10-13 所示。单击“生成”按钮，打开“数据链接属性”对话框。在“提供程序”选项卡内选择一个合适的 OLE DB 数据源，实例使用的 data.mdb 文件是 Access 数据库，需要选择“Microsoft Jet 4.0 OLE DB Provider”选项，如图 10-14 所示。然后单击“下一步”按钮或打开“连接”选项卡，在对话框内指定数据库文件，这里为 data.mdb。为保证连接有效，可单击“连接”

选项卡右下方的“测试连接”按钮，如果测试成功则关闭 ConnectionString 属性页，如图 10-15 所示。

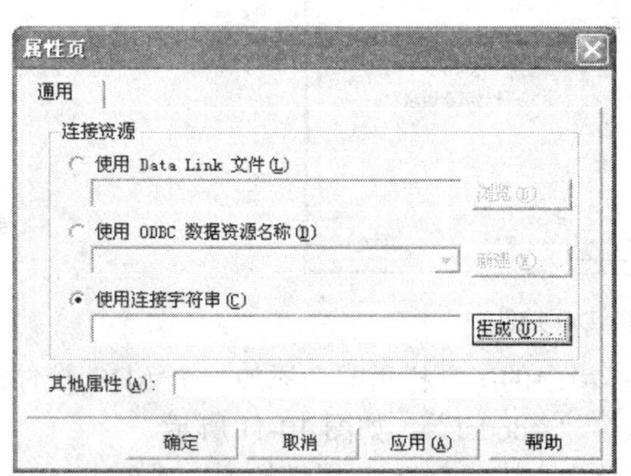

图 10-13　ADO 控件“使用连接字符串”选项

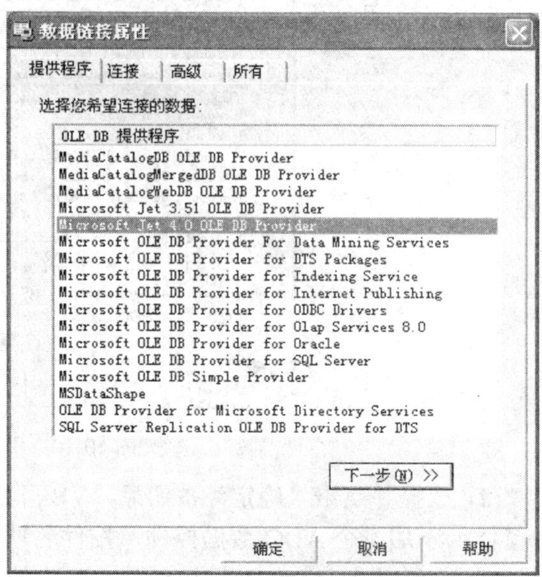

图 10-14　连接数据源的选择

(5) 单击 ADO 控件属性窗口中 RecordSource 属性右边的“...”按钮，弹出记录源属性页对话框，如图 10-16 所示。在“命令类型”下拉列表框中选择“2–adCmdTable”选项，在“表或存储过程名称”下拉列表框中选择 data.mdb 数据库中的“goods_table”表，然后关闭记录源属性页。至此，即完成了 ADO 数据控件的连接工作。

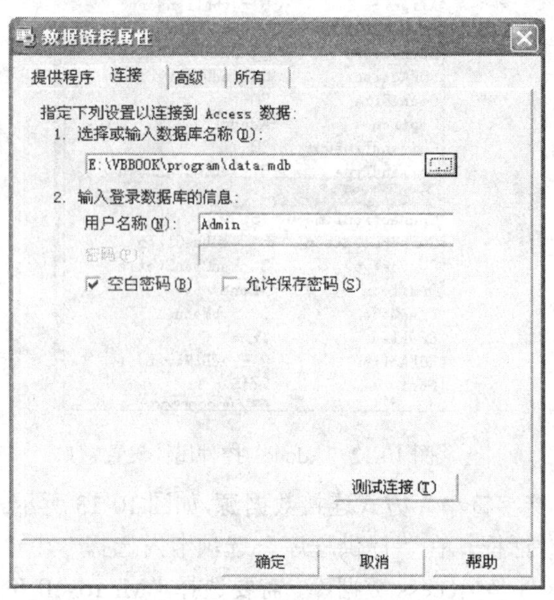

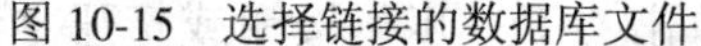
图 10-15　选择链接的数据库文件

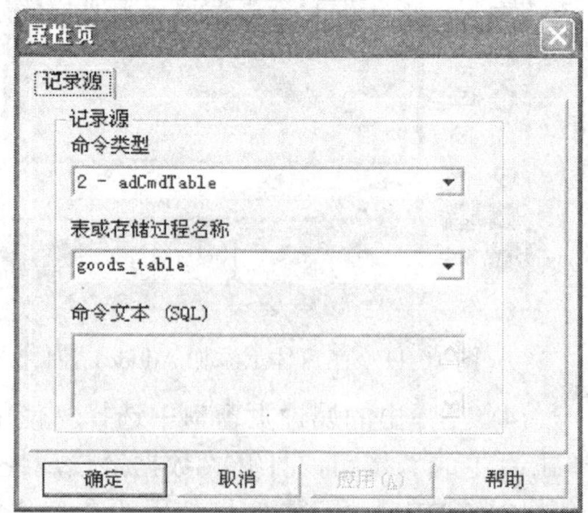

图 10-16　RecordSource 记录源

(6) 数据绑定过程。在 Text 文本框的 DataSource 属性里选择 Adodc1 控件，在 DataField

属性里选择想要显示的数据，即选择数据表的字段。这说明 Text 控件的数据源是 ADO 数据控件提供建立的某个字段的值，如图 10-17 和图 10-18 所示。

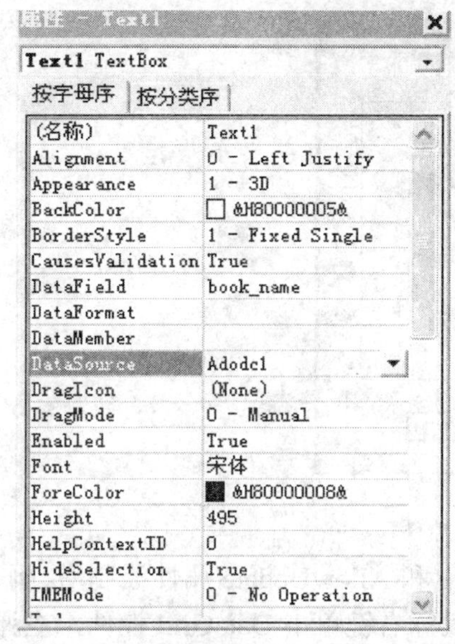

图 10-17　ADO 控件的 DataSource 属性

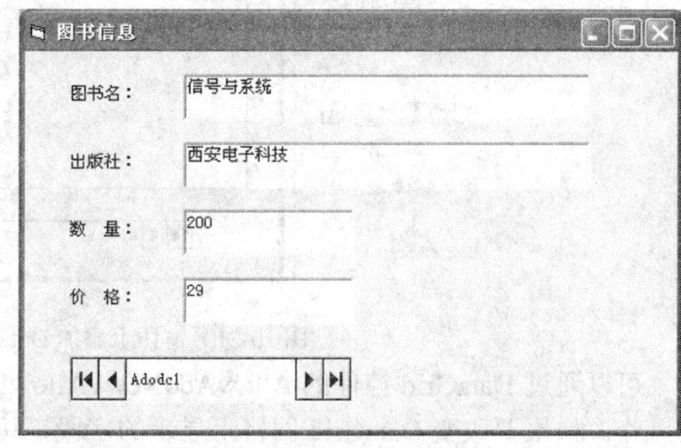

图 10-18　程序运行界面

【例 10-11】 利用 DataGrid 控件浏览数据库中的 goods_table 表的数据。

分析：DataGrid 是一个以表格的形式输出数据的控件。一般设置 DataGrid 控件的 DataSource 属性为 ADO 数据控件即可显示数据。DataMember 属性允许处理多个数据集，DataFormat 属性用于指定数据内容的显示格式等功能。

操作步骤如下：

(1) 在使用前必须通过“工程”菜单中的“部件”命令选择“Microsoft DataGrid Control 6.0(OLEDB)”选项，加载 DataGrid 控件后其图标将添加到工具箱中，如图 10-19 所示。再双击 DataGrid 控件后窗体上将添加 DataGrid 控件，如图 10-20 所示。

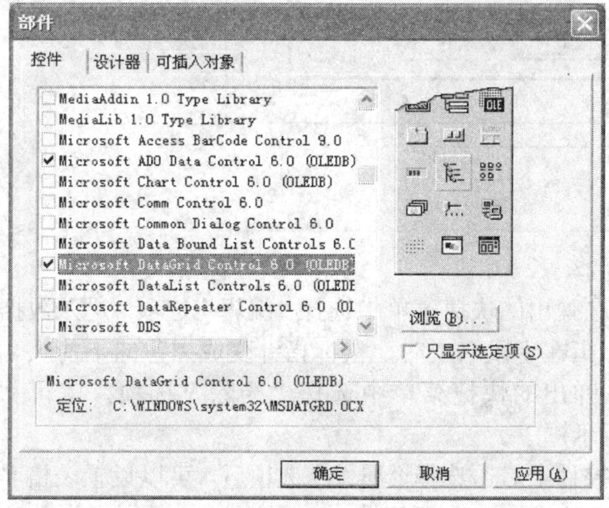

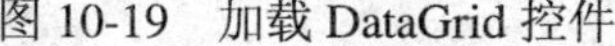
图 10-19　加载 DataGrid 控件

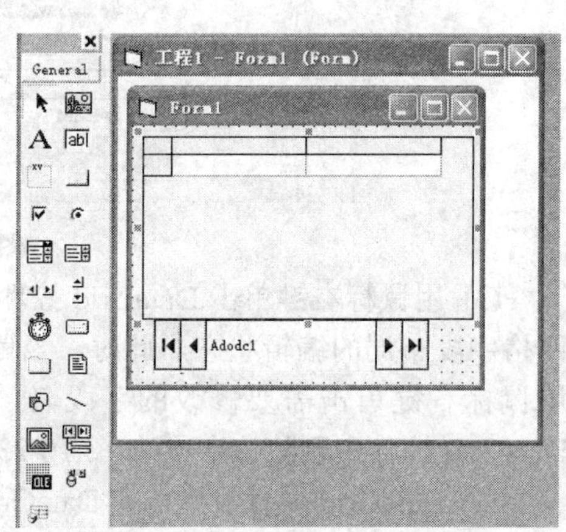

图 10-20　添加 DataGrid 控件

(2) 设置 DataGrid 控件的 DataSource 属性为 Adodc1，就可将 DataGrid1 绑定到数据控件 Adodc1 上，如图 10-21 所示。运行程序 DataGrid 控件将显示数据记录。

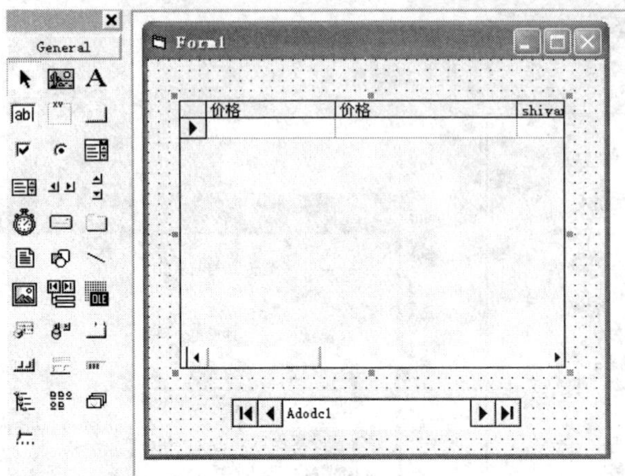

图 10-21　窗体上添加 DataGrid 控件

可以通过 DataGrid 控件的 AllowAddNew、AllowDelete 和 AllowUpdate 属性控制增、删、改操作。如果要改变 DataGrid 网格上显示的字段，可用鼠标右键单击 DataGrid 控件，在弹出的快捷菜单中选择“检索字段”选项。Visual Basic 提示是否替换现有的网格布局，单击“是”按钮就可将表中的字段装载到 DataGrid 控件中，如图 10-22 所示。

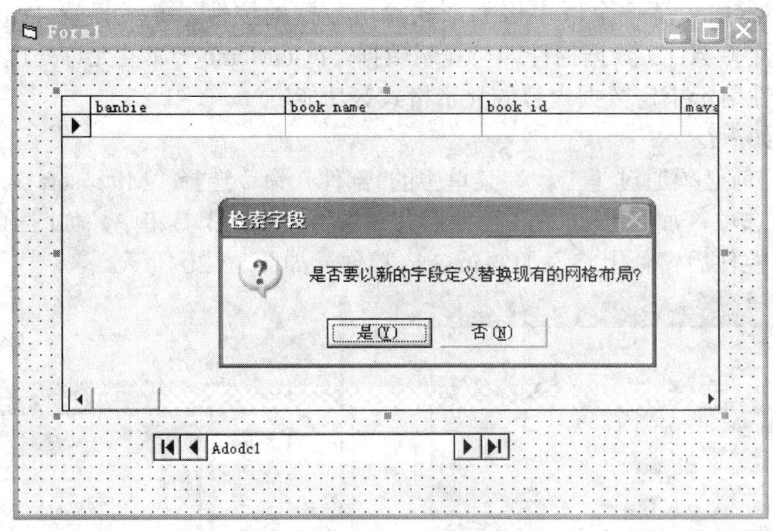

图 10-22　检索字段

(3) 用鼠标右键单击 DataGrid 控件，在弹出的快捷菜单中选择“编辑”选项，进入数据网格字段布局的编辑状态，此时，当鼠标指在字段名上时，鼠标指针变成黑色向下箭头。用鼠标右键单击需要修改的字段名，在弹出的快捷菜单中选择“删除”选项，就可从 DataGrid 控件中删除该字段(如图 10-23 所示)。

(4) DataGrid 属性设置。在 DataGrid 控件上右击选择“属性”选项后，可以设置表格名称、字段宽度、字段标题、样式和字体等，如图 10-24 所示。

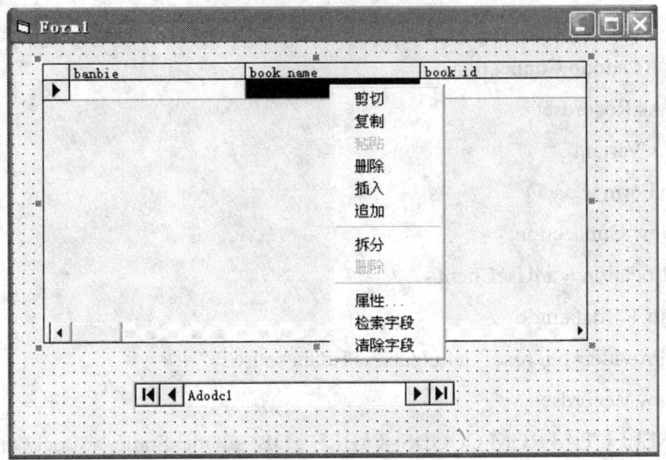

图 10-23　删除字段

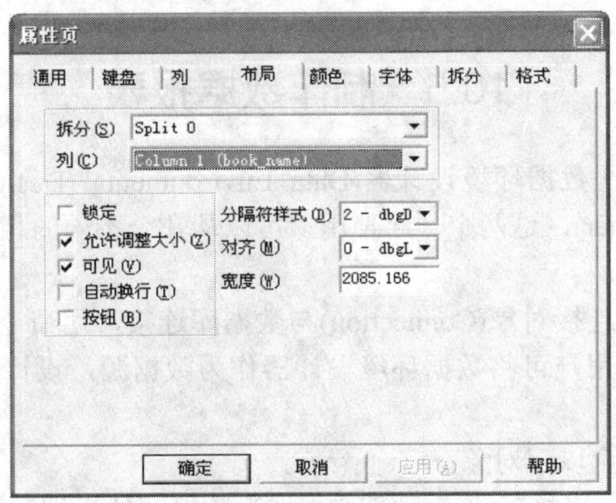

图 10-24　DataGrid 属性窗口

(5) 运行程序，其界面如图 10-25 所示。

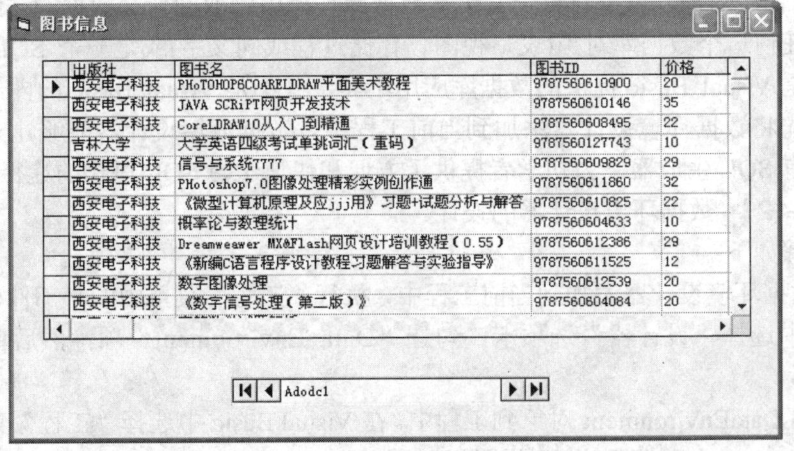

图 10-25　程序运行结果

程序代码如下：

```
Private DB As adodb.Connection
Private RS As Recordset
Private id As Variant
Private Sub Form_Load()
Set DB = New Connection
DB.CursorLocation = adUseClient
k = App.Path + "\data.mdb;"
DB.Open "Provider=microsoft.jet.oledb.3.51;data source=" + k
Set RS = New Recordset
RS.Open "SELECT * FROM GOODS_TABLE", DB, adOpenStatic, adLockOptimistic
Set DataGrid1.DataSource = RS      '记录集与 DataGrid 控件绑定
End Sub
```

10.5　制作数据报表

Visual Basic 提供了数据环境设计器(Data Environmental Designer)和数据报表设计器(Microsoft Report Designer)，这两个一起使用，可以从几个不同的相关表中获得数据，创建分层结构的报表。

数据环境设计器用连接对象(Connection)与数据库连接，用命令对象(Command)打开数据表、视图等。因此，用户可将数据环境设计器作为数据源，设计录入、查询、数据报表打印等程序。

数据环境设计器包含以下对象：

(1) 数据连接对象。连接对象表示到一个作为数据源的远端数据库或本地数据库的连接。在数据环境中必须至少包含一个连接对象，要使用数据环境存取数据，必须首先创建连接对象。

(2) 数据命令对象。命令对象定义了从数据库连接中将取回什么数据的详细信息。命令对象可基于任何一个数据库对象(表、视图、存储过程或同义字)或是一个 SQL 查询。数据环境设计器是 Visual Basic 提供的数据库应用工具，并不是 Visual Basic 的内部对象，在使用之前必须先将数据环境设计器添加到当前工程中。数据环境设计器能够建立与数据库的连接，还带有 SQL 生成器，为初学者提供了方便和快速学习 SQL 语句的途径。

【例 10-12】 数据环境设计器的设计。

操作步骤如下：

(1) 将数据环境设计器添加到当前工程中，执行“工程”菜单中的“部件”命令，在打开的对话框中选择“设计器”选项卡，勾选“Data Environment”项，然后单击“确定”按钮。

(2) 添加 DataEnvironment 对象到工程中。在 Visual Basic 中选择“工程”菜单中的“添加 Data Environment”，则可将环境设计器添加到工程中，如图 10-26 所示。

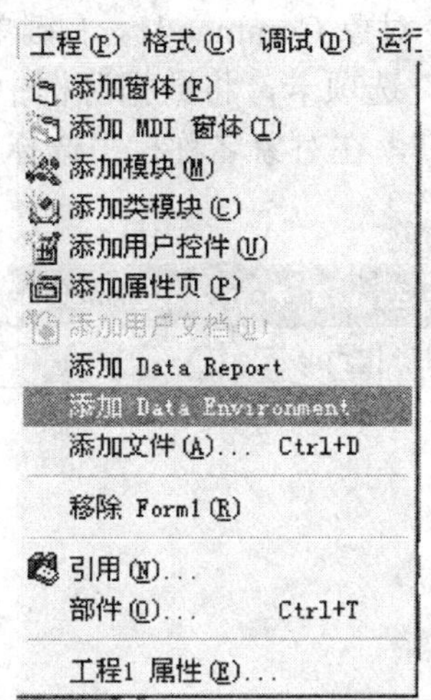

图 10-26 添加 Data Environment

(3) 创建 Connection 连接对象，并用该对象与数据库连接。在数据环境设计器(Data Environment)的工具栏中单击“添加连接”按钮，或用鼠标右键单击 Data Environment 图标，在弹出的菜单中选择“添加连接”，即可在数据环境中添加一个新的连接对象 Connection1，如图 10-27 所示。

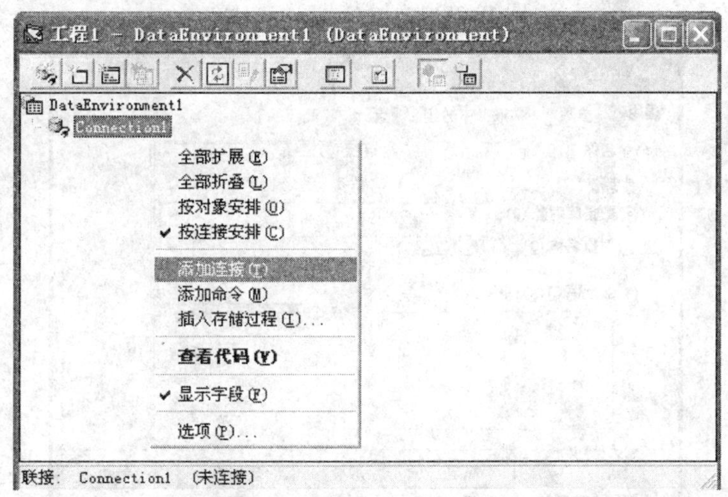

图 10-27 Data Environment 工作窗口

在 Connection1 对象上右击，在弹出的菜单中选择“属性”项，出现与 ADO Data 控件类似的对话框，选择“Microsoft Jet 4.0 OLE DB Provider”选项，然后点击“下一步”按钮，选择“E:\VBBOOK\program\data.mdb”数据库文件(Access 数据库文件的路径是你的数据库文件的绝对路径)，并点击“测试”按钮，若提示成功则点击“确定”按钮退出。

(4) 创建 Command 命令对象，通过表、SQL 语句、视图、存储过程与数据表连接。Command 命令对象用于连接数据表，与 Adodc 控件类似，在连接对象目录下添加 Command 命令对象。右键单击 Connection1 连接对象，在弹出的菜单中选择添加命令，则在 Connection1

连接对象的目录下，新增加了命令对象 Command1。右键单击 Command1，在弹出的菜单中选择“属性”项，并选择“通用”选项卡，将数据源框中的数据库对象的单选按钮设置为有效，并选择数据源对象为“表”，在对象名称栏中选择 goods_table 数据表，如图 10-28 和图 10-29 所示。

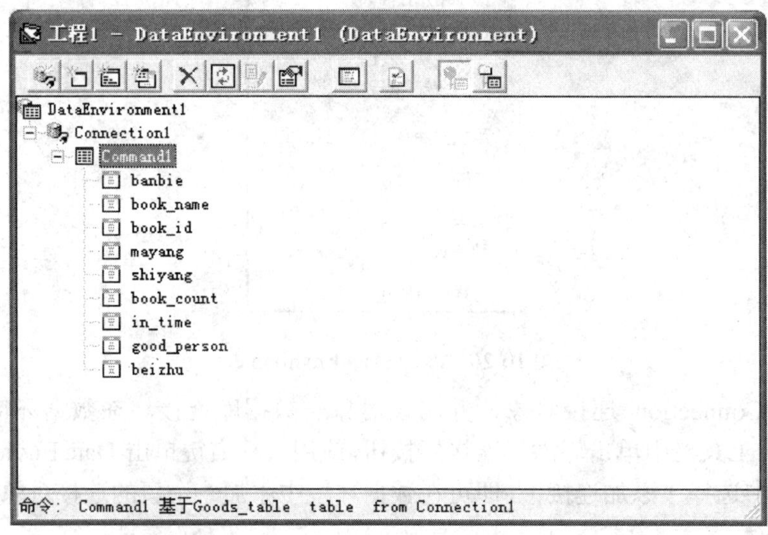

图 10-28　添加 Command 对象

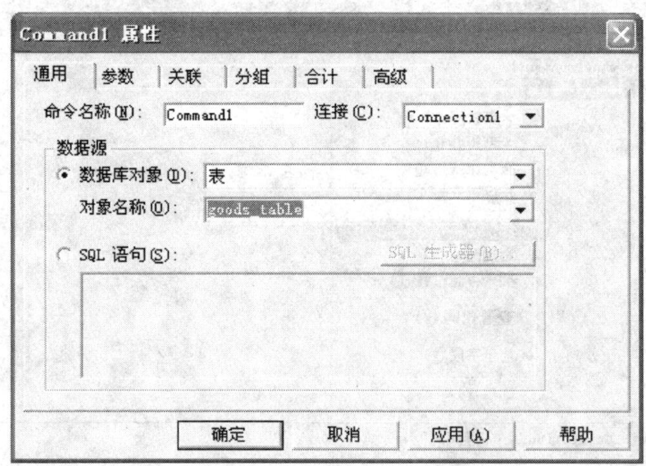

图 10-29　Command 属性设置

(5) 通过拖动来创建数据界面控件。从数据环境设计器中拖动 Command1 命令对象到 Form 中，则在窗体中自动创建了对应的 Label 与 TextBox 控件，该控件的 DataSouce、DataMember 和 DataField 属性将自动设置，分别为 DataSouce=DataEnvironment1，DataMember=Command1，DataField=相应的字段。可将显示字段改为中文，不想显示的字段可删除，如图 10-30 所示。

(6) 通过拖动来创建 DataGrid 控件。从数据环境设计器中用右键拖动 Commnad1 命令对象到 Form 中，在弹出式菜单中选择“数据网格”，则系统自动创建一个 DataGrid 控件，该控件的 DataSouce、DataMember 属性将自动生成，分别为 DataSouce=DataEnvironment1，DataMember=Command1，可将显示字段改为中文，如图 10-31 所示。

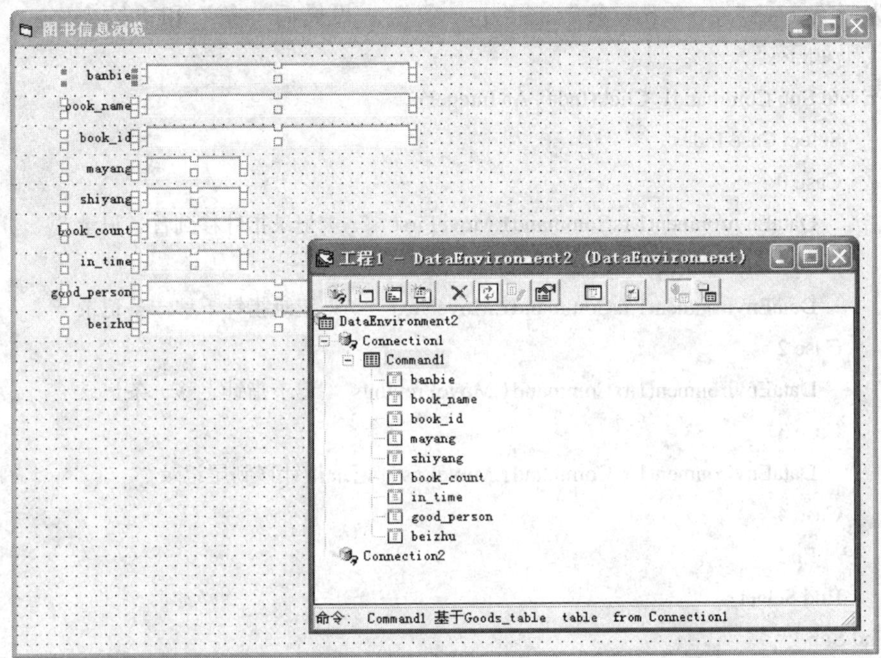

图 10-30　拖动方式自动创建界面控件图

图书信息浏览

出版社: 西安电子科技

图书名: CoreLDRAW10从入门到精通

图书ID: 9787560608495

价格: 22　　数量: 200

banbie	book name	book id
西安电子科技	PHoTOHOP6COARELDRAW平面美术教释	9787560610900
西安电子科技	JAVA SCRiPT网页开发技术	9787560610146
西安电子科技	CoreLDRAW10从入门到精通	9787560608495
吉林大学	大学英语四级考试单挑词汇（重码	9787560127743
西安电子科技	信号与系统7777	9787560609829
西安电子科技	PHotoshop7.0图像处理精彩实例创	9787560611860
西安电子科技	《微型计算机原理及应jjj用》习题	9787560610825
西安电子科技	概率论与数理统计	9787560604633
西安电子科技	Dreamweaver MX&Flash网页设计培	9787560612386
西安电子科技	《新编C语言程序设计教程习题解答	9787560611525
西安电子科技	数字图像处理	9787560612539

图 10-31　拖动方式自动创建 DataGrid 控件

【例 10-13】　使用数据环境对象的编程方法，编写移动记录指针程序。

分析：使用数据环境对象的编程方法。① 数据环境对象编程在对象的引用时要按照对象的层次(如 DataEnvironment、Connection、Command)；② 数据环境的 Command 对象是记录集，编程时引用 Command 对象必须在对象名前加一个特定的标识“rs”。例如：DataEnvironment1.rsCommand1.MoveNext 语句的功能是将 Command1 所连接的记录集指针移到下一条记录。

在窗体内放置 5 个命令按钮，组成按钮组 Command1(Index 为 0～4)，各按钮的 Caption 属性分别为“第一条”、“下一条”、“上一条”、“最后一条”和“结束”。

程序代码如下：

```
Private Sub Command1_Click(Index As Integer)
    Select Case Index
    Case 0
      DataEnvironment1.rsCommand1.MoveFirst        '记录指针移到首条记录
    Case 1
      DataEnvironment1.rsCommand1.MoveNext         '记录指针下移一条记录
    Case 2
      DataEnvironment1.rsCommand1.MovePrevious     '记录指针上移一条记录
    Case 3
      DataEnvironment1.rsCommand1.MoveLast  '记录指针移到尾记录
    Case 4
      End
    End Select
End Sub
```

运行程序，运行情况如图 10-32 所示。

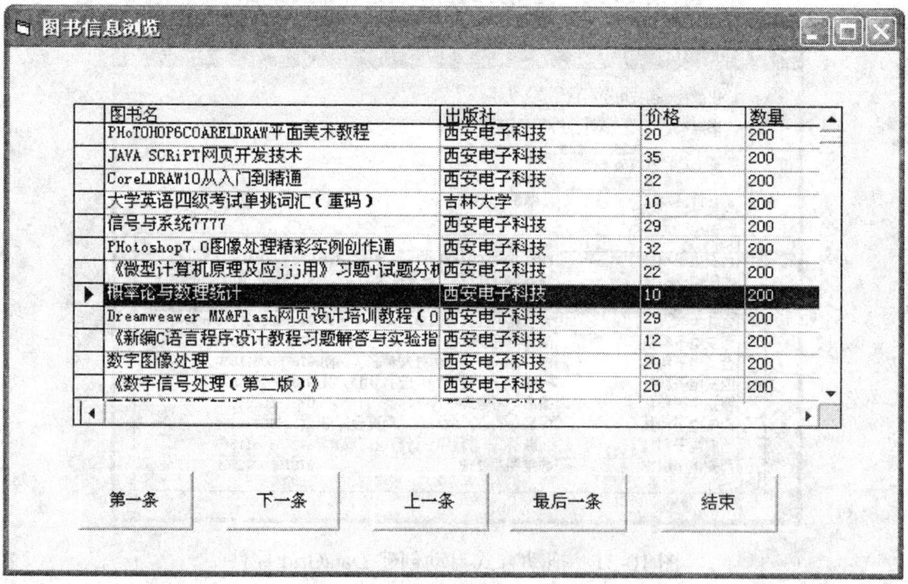

图 10-32　程序运行截图

【例 10-14】 数据报表设计器的设计。

分析：对一个完整的数据库应用程序来说，报表的制作是不可缺少的功能。Visual Basic 提供了一个简易的数据报表设计器，不但可以创建普通数据报表，还具有创建分层结构报表的能力，还可以将报表导出到 HTML 或文本文件中。

数据报表设计器是由 DataReport 对象、Sections 对象和 DataReport 控件组成的。

(1) DataReport 对象：是包含整个报表区域的容器对象，包含了 Section(报表工作区)对象。其主要属性有 DataSource(数据源)和 DataMember(记录集、数据库或 SQL 语句)。

(2) Section 对象：也是容器对象，其主要属性为高度 Height。可以在 Section 对象上放置各种 DataReport 控件对象。刚打开数据报表设计器时有 5 个 Section 对象，即 5 个报表工作区。分别是：

Section1：包含报表一行的重复内容，通常由字段控件 RptTextBox 组成。

Section2：页标题，通常包含标签控件 RptLabel。

Section3：每页的结束信息，如页号等。

Section4：报表标题，通常为标签控件 RptLabel。

Section5：报表的结束信息，如汇总、署名等。

除了以上 5 个 Section 外，还可以用快捷菜单添加 Section6(分组标头区)Section7(分组注脚区)。

(3) DataReport 控件：数据报表控件工具箱包括 6 个控件，即报表标签(RptLabel)、报表文本框(RptTextBox)、报表图像(RptImage)、报表线段(RptLine)、报表形状(RptShape)、报表函数(RptFunction)等。其使用方法与窗体设计控件基本相似。

具体操作步骤如下：

(1) 打开数据报表设计器。执行“工程”菜单中的“部件”命令，在打开的对话框中选择“设计器”选项卡，勾选“Data Report”，单击“确定”按钮。点击菜单栏里的“工程”，如图 10-33 所示，选择“添加 Data Report”项就会打开数据报表设计器，如图 10-34 所示。

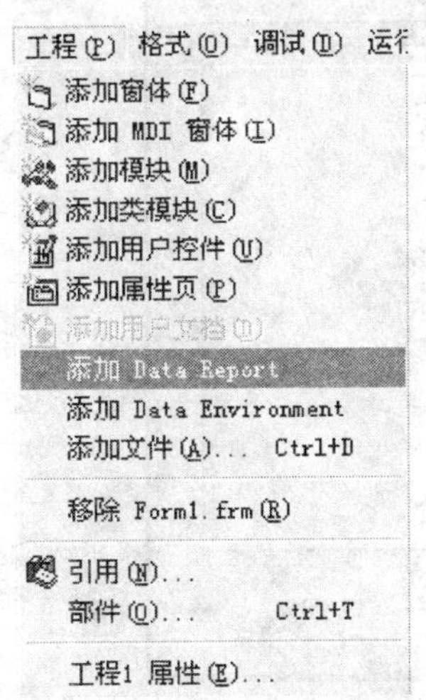

图 10-33 添加 Data Report

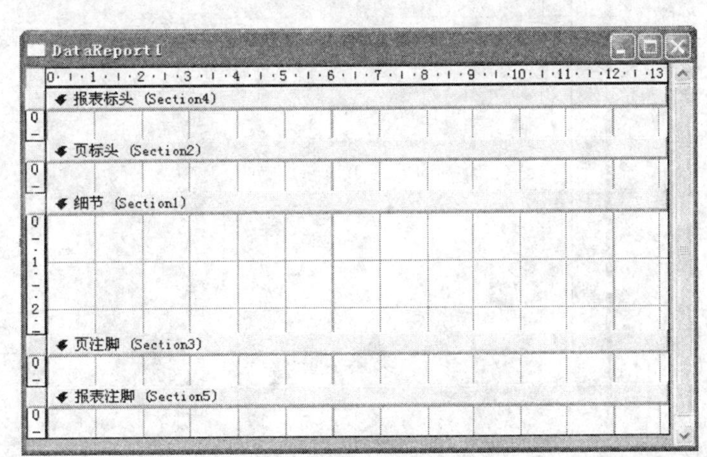

图 10-34 Data Report 窗体

(2) 加载并打开数据报表设计器 DataReport1，其 Caption 属性为图书库信息一览表。

(3) 根据报表设计调整各报表区 Section 的高度。

(4) 生成数据环境。

(5) 详细设计各报表区。在报表标头区中添加 RptLabel1 控件，设置其 Caption 属性为“图书库信息一览表”，适当调整字体字号并居中。在页标头区中添加 RptLabel2～

RptLabel5 控件和 RptLine 控件，分别设置 Caption 属性为“书名”、“出版社”、“价格”、“数量”，并调整位置。细节区设计时打开数据环境设计器，用鼠标将 Command1 对象的 4 个字段分别拖至报表设计器的细节区后释放鼠标，则同时完成了细节区字段控件的布局和控件与数据源的绑定，如果同时生成了 RptLable 控件则删除即可，并调整细节区各字段控件与页标头区各标签控件的对应关系，最后添加 RptLine 控件，如图 10-35 所示。

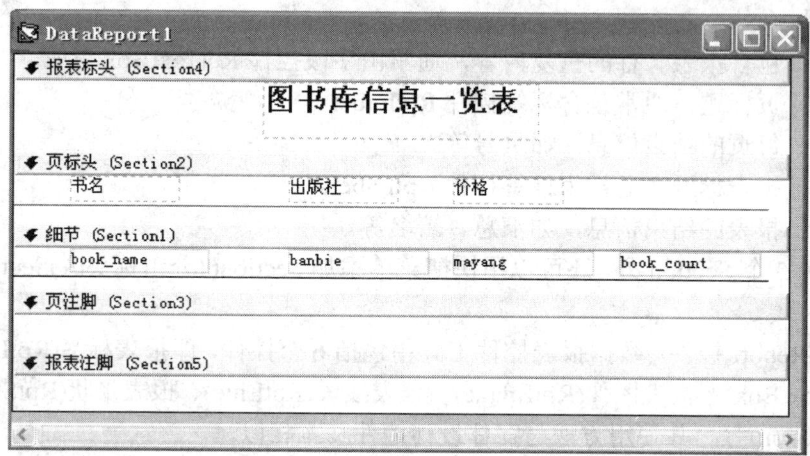

图 10-35　DataReport1 的 5 个 Section

(6) 为程序窗体上的报表预览命令按钮编写程序，如图 10-36 所示。

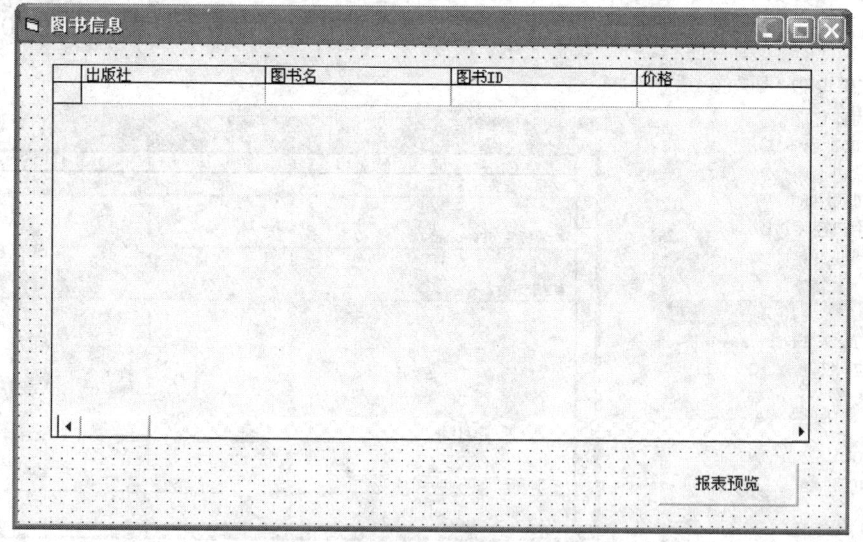

图 10-36　为报表预览命令按钮编写程序

程序代码如下：

```
Private Sub Command1_Click()
  DataReport1.Show           '报表预览
End Sub
```

(7) 调试运行报表预览程序。在报表预览窗口中可以对显示的数据报表进行缩小、放大、翻页和打印等操作，如图 10-37 所示。

图书库信息一览表

书名	出版社	价格	数量
PHoTOHOP6COAREL	西安电子科技	20	200
JAVA	西安电子科技	35	200
CoreLDRAW10从入	西安电子科技	22	200
大学英语四级考试	吉林大学	10	200
信号与系统7777	西安电子科技	29	200
PHotoshop7.0图	西安电子科技	32	200
《微型计算机原理	西安电子科技	22	200
概率论与数理统计	西安电子科技	10	200
Dreamweawer	西安电子科技	29	200
《新编C语言程序	西安电子科技	12	200
数字图像处理	西安电子科技	20	200
《数字信号处理(	西安电子科技	20	200
高等数学试题解析	西安电子科技	15	200
编译原理考研全真	西安电子科技	17	200

图 10-37 报表预览程序运行截图

10.6 数据库应用实例

基于 C/S 模式的“图书进销存管理系统”应包含三个子系统，即前台销售系统、库存管理系统和后台管理系统。本实例主要讲解库存管理系统的设计与实现。

本库存管理系统是在 Windows XP 操作系统下，使用 Visual Basic 6.0 作为程序开发平台的。数据库使用 Access 2003 或 MS SQL Server 2000(简称 SQL 2000)数据库系统。

10.6.1 需求分析

1. 系统用户需求分析

(1) 能够快速地查找、统计库存图书的信息，及时了解图书的销量情况，给管理员提供进货提示。

(2) 能够方便快速地录入、登记和修改新进图书的信息。

(3) 能够打印输出进货信息和库存图书的信息等。

2. 系统功能需求分析

(1) 库存信息管理：对现存库存书进行查询、统计、打印输出。

(2) 输出报表操作：对于各种信息能够快速生成相应报表并能够打印报表。

10.6.2 数据库设计

管理信息系统的主要任务是通过大量的数据获得管理所需要的信息，这就必须存储和管理大量的数据。因此，建立一个良好的数据组织结构和数据库，使整个系统都可以迅速、方便、准确地调用和管理是衡量信息系统开发工作好坏的主要指标之一。本系统在 SQL Server 2000 关系型数据库系统中建立名称为 DBBooks 的数据库来管理系统数据。下面熟悉一下 DBBooks 数据库的所有数据表的结构。现存图书表(Goods_Table)结构如表 10-4 所示。

表 10-4　现存图书表结构

中 文 名	列　名	数据类型	长　度
版别	Banbie	Varchar	20
书名	Book_Name	Varchar	80
书号	Book_ID	Varchar	30
码洋	Mayang	Money	8
实洋	ShiYang	Money	8
册数	Book_Count	Int	4
进货时间	In_Time	Datetime	8
操作员	Good_Person	Varchar	20
备注	Beizhu	Varchar	50

说明：码洋是指图书的标价，实洋是指从出版社进货时的实际价格，售价是指图书卖给消费者时的价钱。那么利润的算法公式是：利润 = 售价 – 实洋。

10.6.3　系统总体框架

图书进销存管理系统由前台门市零售系统、库存管理系统和后台总管理系统组成，三个子系统安装在客户端，服务器端需要安装SQL Server 2000，并且创建一个名称为DBBooks的用户数据库。本案例系统是一套服务器端/客户端模式的数据库管理系统。案例系统总体框架如图 10-38 所示，图书库存管理子系统主界面如图 10-39 所示。

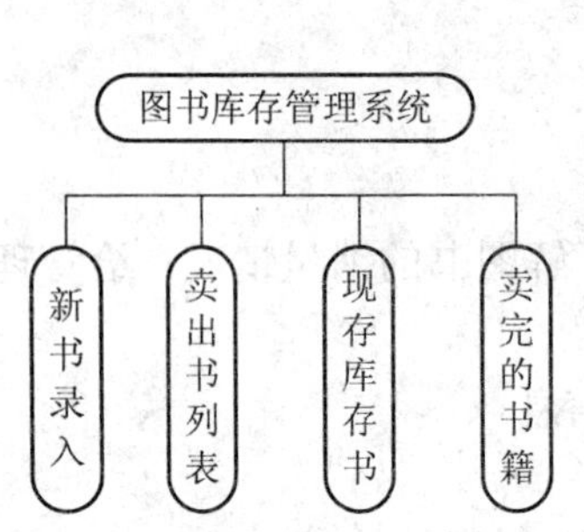

图 10-38　图书库存管理系统总体框架

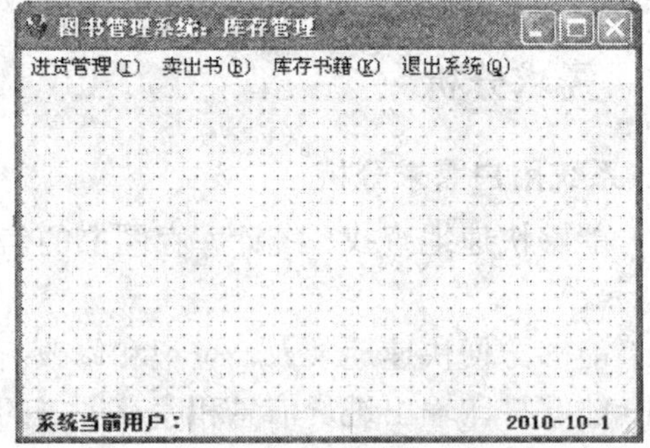

图 10-39　图书库存管理子系统主界面

10.6.4　系统功能实现

1. 创建及初始化主窗体

该工程中所需添加的引用、控件及设计器列表如表 10-5 所示。

表 10-5　该工程中所需添加的引用、控件及设计器

控　件	Microsoft ADO Data Control 6.0(SP6) (OLEDB)
	Microsoft DataGrid Control 6.0(SP6) (OLEDB)
	Microsoft Windows Common Controls 5.0(SP2)
设计器	Data Environment
	Data Report
引用	Microsoft Data Report Designer 6.0(SP4)
	Microsoft Data Formatting Object Library
	Microsoft Data Environment Instance 1.0(SP4)
	Microsoft ActiveX Data Objects 2.5 Library
	Microsoft Data Binding Collection VB 6.0(SP4)
	Microsoft OLE DB Service Component 1.0 Type Library

库存管理主窗体为 MDI 窗体，包含 4 个菜单项及 1 个状态栏。

(1) 新建工程并取名为“库存管理”，然后为工程添加一个 MDI 窗体，属性设置如表 10-6 所示。

表 10-6　主窗体 frm_main 属性

属　性	值
Name	frm_main
Caption	图书管理系统：库存管理
Height	9120
Width	12000
WindowState	2 – Maximized

(2) 可以设置该窗体为启动窗体，亦可模仿前面章节为项目设计一个登录窗口，并以该窗体作为启动窗体，在验证登录成功时启动该主窗体。

(3) 向主窗体添加状态栏控件(StatusBar)并取名 StatusBar1。然后为其添加三个窗格，属性设置如表 10-7 所示。再向主窗体中添加菜单，设置见表 10-8。

表 10-7　状态栏 StatusBar1 属性

窗　格	属 性 名	属 性 值
1	文本	系统当前用户：
2	文本	
3	文本	
	对齐	sbrRight
	样式	sbrDate
	工具提示文本	当前日期
	最小宽度	8840

表 10-8　窗体菜单属性设计

菜 单 级 别	菜 单 文 本	菜 单 名 称
1	进货管理(&I)	Entermanagement
2	新书录入	new_books
2	—	f4
1	卖出书(&B)	buys
1	库存书籍(&K)	kucuns
2	库存书查询	nowbk
2	售空图书查询	buree
1	退出系统(&Q)	me_quit

2. 设计“新进书管理”窗体及功能

为工程添加窗体 frm_newbook(如图 10-40 所示)，窗体上控件的具体属性如表 10-9、表 10-10 所示。

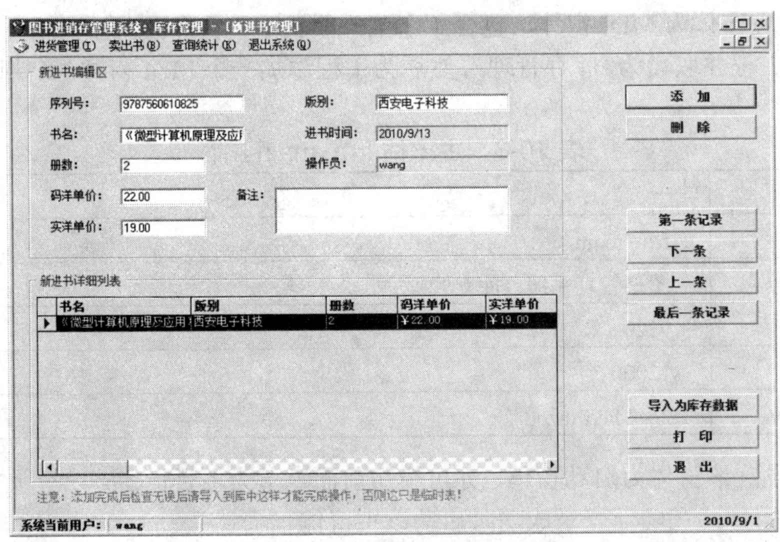

图 10-40　“新进书管理”界面

表 10-9　窗体上文本控件属性

控　件	属 性 设 置	对 应 标 签
Text1	Text 设置为空	序列号：
Text2	Text 设置为空	书名：
Text3	Text 设置为空	册数：
Text4	Text 设置为空	码洋单价：
Text5	Text 设置为空	实洋单价：
Text6	Locked = True	进书时间：
Text7	Locked = True	操作员：
Text8	MultiLine = True，Text 设置为空	备注：
Text9	Text 设置为空	版别：

表 10-10 窗体上按钮控件属性

控 件	属 性	属性值
Command1	Caption	添加
Command2	Caption	删除
Command4	Caption	第一条记录
Command5	Caption	下一条
Command6	Caption	导入为库存数据
Command7	Caption	打印
Command8	Caption	退出
Command9	Caption	上一条
Command10	Caption	最后一条记录

除此之外，窗体上还需添加一个 DataGrid 控件，命名为 DataGrid1，其 AllowUpdate 属性设置为 False。其他控件如 Label、Frame 等的名称可自行定义。

3. 实现“新进书管理”窗体的记录指针导航功能

关键代码及解释：

```
Text2.Text = ShowRec.Fields("book_name").Value
```

注释：从字段 book_name 中取出数据赋值给 Text2.Text

4. 实现“新进书管理”窗体的添加记录功能

关键代码及解释：

```
tmpBooksListRec.Fields("book_name") = Text2.Text
```

注释：从 Text2.Text 中提取数据赋值给 book_name 字段

5. 实现“新进书管理”窗体的“打印”功能

需为工程添加一个 DataReport，并对报表格式进行编辑，如图 10-41 所示。

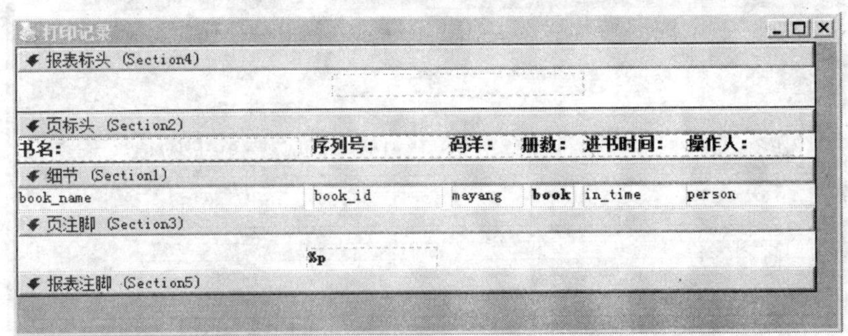

图 10-41 打印报表布局设计界面

其中 Section4 为报表标头区，用于显示报表标题。Section2 为报表页标头区，这里主要放置 RptLabel，用于显示表头文字。Section1 为报表细节区，需要放置 RptTextBox，每个 RptTextBox 对应一个字段。将 RptTextBox 与字段关联的方法是设置其 DataField 属性为对应的字段名称，如表 10-11 所示。

表 10-11　报 表 设 计

区　域	控　件	属　性	值
Section4	RptLabel1	Caption	空
Section2	RptLabel2	Caption	书名：
	RptLabel3	Caption	序列号：
	RptLabel4	Caption	码洋：
	RptLabel5	Caption	册数：
	RptLabel6	Caption	进书时间：
	RptLabel7	Caption	操作人：
Section1	RptTextBox1	DataField	book_name
	RptTextBox2	DataField	book_id
	RptTextBox3	DataField	mayang
	RptTextBox4	DataField	book_count
	RptTextBox5	DataField	in_time
	RptTextBox6	DataField	person
Section3	RptLabel8	Caption	%p

实现该案例的代码如下：

```
DataReport1.Sections("section4").Controls("label1").Caption
= "新进书详细列表"
注释：设置报表标题内容
DataReport1.Show
注释：显示报表，进行打印操作
```

6. 设计“卖出书详细列表”窗体及其初始化

为工程添加窗体(如图 10-42 所示)，具体属性设置如表 10-12～表 10-15 所示。

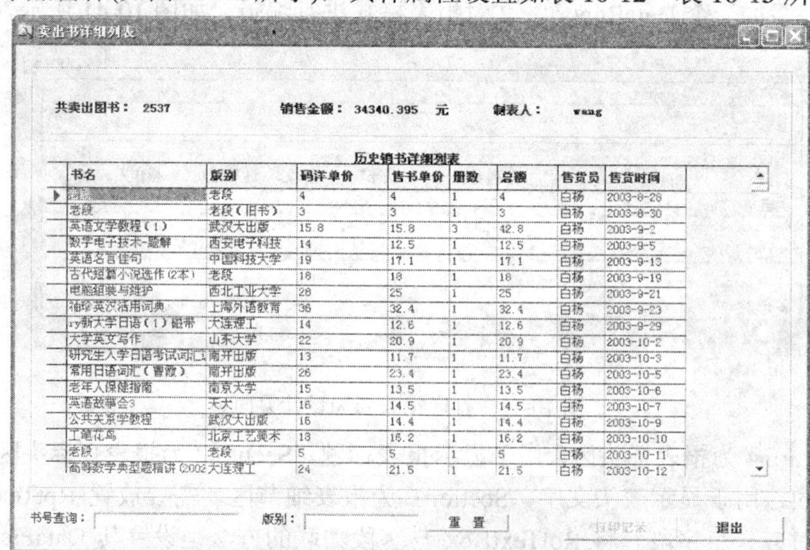

图 10-42　卖出书详细列表

表 10-12 窗体 frm_buy 属性

属 性	值
Name	frm_buy
Caption	卖出书详细列表
MDIChild	True
ShowInTaskbar	True

表 10-13 标签和文本框属性

控 件	属 性 设 置	对 应 标 签
Label2		共卖出图书:
Label6		销售金额:
Label8		制表人:
Text1	Text = 空	书号查询:
Text2	Text = 空	版别:

表 10-14 按 钮 属 性

控 件	属 性	属 性 值
Command1	Caption	打印记录
Command2	Caption	退出
Command4	Caption	重置

表 10-15 DataGrid1 属性

属 性	值
Name	DataGrid1
Caption	历史销书详细列表
AllowUpdate	False

除此之外，其他控件如 Label、Frame 等的名称可以自行定义。

7. 实现“卖出书详细列表”窗体的书号查询功能

实现该案例的代码如下：

```
Private Sub Text1_KeyPress(KeyAscii As Integer)
    If Not Text1.Text = "" And KeyAscii = 13 Then
' 文本框的键盘击键事件，文本框内容非空且按下回车键时才进行查询
strSql = "select sum(buying_count) as buys,sum(zong_money) as
themoney" &_" from out_book_table where book_id='" & Text1.Text & "'"
' 从表 out_book_table 中获取符合 book_id 字段值与文本框内容相等的全部记录的 buying_count
' 字段总和及 zong_money 字段总和
```

8. 创建“售空图书”窗体及其初始化

为工程添加窗体(如图 10-43 所示)，具体属性设置如表 10-16 和表 10-17 所示。

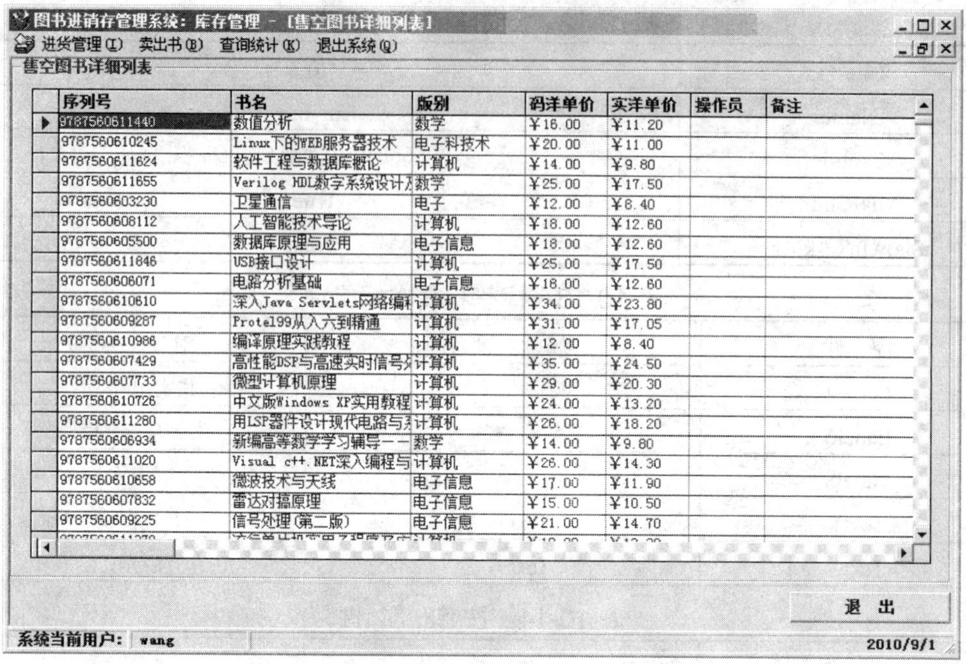

图书进销存管理系统：库存管理 － [售空图书详细列表]

进货管理(I)　卖出书(B)　查询统计(K)　退出系统(Q)

售空图书详细列表

序列号	书名	版别	码洋单价	实洋单价	操作员	备注
9787560611440	数值分析	数学	¥16.00	¥11.20		
9787560610245	Linux下的WEB服务器技术	电子科技术	¥20.00	¥11.00		
9787560611624	软件工程与数据库概论	计算机	¥14.00	¥9.80		
9787560611655	Verilog HDL数字系统设计及	数学	¥25.00	¥17.50		
9787560603230	卫星通信	电子	¥12.00	¥8.40		
9787560608112	人工智能技术导论	计算机	¥18.00	¥12.60		
9787560605500	数据库原理与应用	电子信息	¥18.00	¥12.60		
9787560611846	USB接口设计	计算机	¥25.00	¥17.50		
9787560606071	电路分析基础	电子信息	¥18.00	¥12.60		
9787560610610	深入Java Servlets网络编程	计算机	¥34.00	¥23.80		
9787560609287	Protel99从入六到精通	计算机	¥31.00	¥17.05		
9787560610986	编译原理实践教程	计算机	¥12.00	¥8.40		
9787560607429	高性能DSP与高速实时信号处	计算机	¥35.00	¥24.50		
9787560607733	微型计算机原理	计算机	¥29.00	¥20.30		
9787560610726	中文版Windows XP实用教程	计算机	¥24.00	¥13.20		
9787560611280	用LSP器件设计现代电路与系	计算机	¥26.00	¥18.20		
9787560606934	新编高等数学学习辅导——	数学	¥14.00	¥9.80		
9787560611020	Visual c++.NET深入编程与	计算机	¥26.00	¥14.30		
9787560610658	微波技术与天线	电子信息	¥17.00	¥11.90		
9787560607832	雷达对搞原理	电子信息	¥15.00	¥10.50		
9787560609225	信号处理(第二版)	电子信息	¥21.00	¥14.70		

退　出

系统当前用户：wang　　2010/9/1

图 10-43　“售空图书”界面

表 10-16　窗体 frm_buyr 属性

属　性	值
Name	frm_buyr
Caption	库存变零的图书
MDIChild	True
ShowInTaskbar	True

表 10-17　DataGrid1 属性

属　性	值
Name	DataGrid1
AllowUpdate	False

除此之外，其他控件名称可自行定义。

习　题

一、单项选择题

1. 数据库是长期存储在计算机内有组织的、可共享的(　　)。

A．文件集合　　B．数据集合

C．命令集合　　D．程序集合

2. 以下关于数据冗余的叙述中，不正确的是(　　)。

A．冗余的存在可能导致数据的不一致性

B．冗余的存在将给数据库的维护增加困难

C．数据库中不应该存在任何冗余

D．数据冗余是指在两个或多个文件中重复出现的数据

3. 使用 SQL 语句从表 STUDENT 中查询所有姓“王”的同学的信息，正确的命令是(　　)。

A. SELECT * FROM STUDENT WHERE LEFT(姓名,2)="王"

B. SELECT * FROM STUDENT WHERE RIGHT(姓名,2)= "王"

C. SELECT * FROM STUDENT WHERE TRIM(姓名,2)= "王"

D. SELECT * FROM STUDENT WHERE STR(姓名,2)= "王"

4. SQL 语言是关系数据库的标准语言，它是(　　)。

A. 过程化的　　B. 非过程化的　　C. 格式化的　　D. 导航式的

5. 现要查找缺少学习成绩(G)的学生学号(Sno)和课程号(Cno)，相应的 SQL 语句

```
SELECT  Sno，Cno
FROM  SC
WHERE
```

中 WHERE 后正确的条件表达式是(　　)。

A. G=0　　B. G<=0　　C. G=NULL　　D. G IS NULL

6. SQL 语言一次查询的结果是一个(　　)。

A. 数据项　　B. 记录　　C. 元组　　D. 表　　E. 概念模型

7. 设计数据库时应该首先设计(　　)。

A. 数据库应用系统结构　　B. 数据库的概念结构

C. 数据库的物理结构　　D. DBMS 结构

二、填空题

1. DBMS 的数据操作功能包括输入、_________、更新、插入、删除、修改数据等。

2. 可以使用____________对象在数据库应用程序和数据库服务器间建立连接。

3. 在 ADO 对象模型中，主要有____________、____________和____________三个对象用于数据库访问。

4. 在 Connection 对象中使用__________方法建立数据源的物理连接。

三、简答题

1. 简述分布式数据库的定义。

2. ADO 对象模型中的 Connection 对象有哪些作用？

3. ADO 对象模型中有哪些对象元素？

4. 用 Connection 对象连接常用数据库的格式有哪些？

四、设计题

数据库中有三个关系(基本表)：

S(学号，姓名，性别，年龄，系别)

C(课号，课名)

SC(学号，课号，成绩)

依据此信息用 SQL 语句完成下题：

1. 查询每个学生的姓名和年龄，并按年龄降序排列。
2. 查询 S 表中姓“王”的学生的情况。
3. 查询选修了“数据库原理”课程的学生的姓名和成绩。
4. 查询与“刘平”同一系的学生情况。

上 机 实 验

1. 实验名称：设计图书管理系统的用户管理模块。

2. 实验目的：通过实例进一步提高学生通过 ADO 数据控件来连接数据库和操作数据的能力。

3. 实验内容：实现图书管理系统的用户管理模块功能，包括记录的移动、添加、删除、编辑、保存和打印等功能。程序界面如图 10-44 所示。

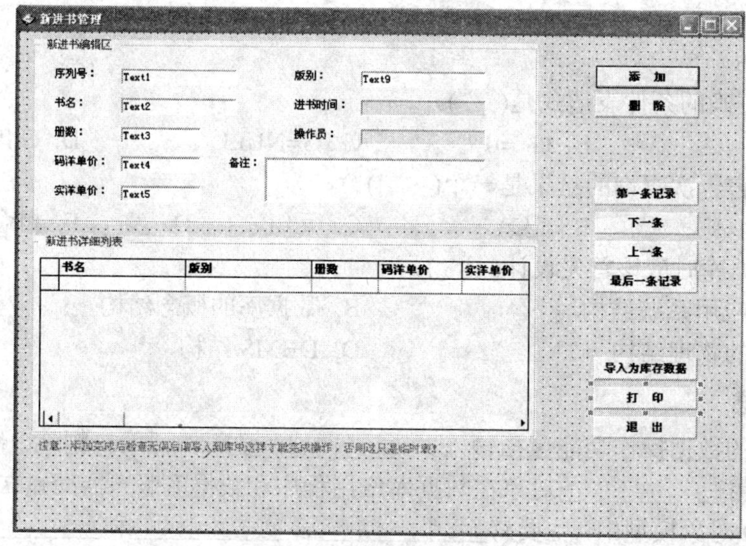

图 10-44　程序界面

附录A 2008年～2010年全国计算机二级考试VB笔试试题及参考答案

2008年4月全国计算机等级考试二级VB笔试试题

一、选择题(每题2分，共70分)

1．程序流程图中带有箭头的线段表示的是(　　)。

A．图元关系　　B．数据流

C．控制流　　D．调用关系

2．结构化程序设计的基本原则不包括(　　)。

A．多态性　　B．自顶向下

C．模块化　　D．逐步求精

3．软件设计中模块划分应遵循的准则是(　　)。

A．低内聚低耦合　　B．高内聚低耦合

C．低内聚高耦合　　D．高内聚高耦合

4．在软件开发中，需求分析阶段产生的主要文档是(　　)。

A．可行性分析报告　　B．软件需求规格说明书

C．概要设计说明书　　D．集成测试计划

5．算法的有穷性指(　　)。

A．算法程序运行的时间是有限的　　B．算法程序所处理的数据是有限的

C．算法程序的长度是有限的　　D．算法只能被有限的用户使用

6．对长度为n的线性表排序，在最坏的情况下，比较次数不是n(n−1)/2的排序算法是(　　)。

A．快速排序　　B．冒泡排序

C．直接插入排序　　D．堆排序

7．下列关于栈的叙述中正确的是(　　)。

A．栈按“先进先出”组织数据　　B．栈按“先进后出”组织数据

C．只能在栈底插入数据　　D．不能删除数据

8．在数据库设计中，将E-R图转换成关系数据模型的过程属于(　　)。

A．需求分析阶段　　B．概念设计阶段

C. 逻辑设计阶段　　C. 物理设计阶段

9. 有三个关系 R、S 和 T 如下：

R

B	C	D
a	0	k1
b	1	n1

S

B	C	D
f	3	h2
a	0	k1
n	2	x1

T

B	C	D
a	0	k1

由关系 R 和 S 通过运算得到关系 T，则使用的运算为(　　)。

A. 并　　B. 自然连接　　C. 笛卡尔积　　D. 交

10. 设有表示学生选课的三张表：学生 S(学号，姓名，性别，年龄，身份证号)、课程 C(课号，课名)、选课 SC(学号，课号，成绩)，则表示 SC 的关键字(键或码)为(　　)。

A. 课号，成绩　　B. 学号，成绩

C. 学号，课号　　D. 学号，姓名，成绩

11. 以下叙述中错误的是(　　)。

A. 标准模块文件的扩展名是 .bas

B. 标准模块文件是纯代码文件

C. 在标准模块中声明的全局变量可以在整个工程中使用

D. 在标准模块中不能定义过程

12. 在 Viusal Basic 中，表达式 3*2\5 Mod 3 的值是(　　)。

A. 1　　B. 0　　C. 3　　D. 出现错误提示

13. 以下选项中，不合法的 Visual Basic 的变量名是(　　)。

A. a56　　B. _xyz　　C. a_b　　D. andif

14. 以下数组定义语句中，错误的是(　　)。

A. Static a(10) As Integer　　B. Dim c(3, 1 To 4)

C. Dim d(−10)　　D. Dim b(0 To 5, 1 To 3) As Integer

15. 现有语句：y=IIf(x>0, x Mod 3, 0)，设 x=10，则 y 的值是(　　)。

A. 0　　B. 1　　C. 3　　D. 语句有错

16. 为了使文本框同时具有垂直和水平滚动条，应先把 MultiLine 属性设置为 True，然后再把 ScrollBars 属性设置为(　　)。

A. 0　　B. 1　　C. 2　　D. 3

17. 文本框 Text1 的 KeyDown 事件过程如下：

```
Private  Sub  Text1_KeyDown(KeyCode As Integer, Shift As Integer)
              …
End  Sub
```

其中参数 KeyCode 的值表示的是发生此事件时(　　)。

A. 是否按下了 Alt 键或 Ctrl 键　　B. 按下的是哪个数字键

C. 所按的键盘键的键码　　D. 按下的是哪个鼠标键

18. 窗体上有一个名称为 Hscroll1 的滚动条，程序运行后，当单击滚动条两端的箭头

时，立即在窗体上显示滚动框的位置(即刻度值)。下面能够实现上述操作的事件过程是(　　)。

A.
```
Private Sub Hscroll1_Change()
    Print Hscroll1.Value
End Sub
```

B.
```
Private Sub Hscroll1_Change()
    Print Hscroll1.SmallChange
End Sub
```

C.
```
Private Sub Hscroll1_Scroll()
    Print Hscroll1.Value
End Sub
```

D.
```
Private Sub Hscroll1_ Scroll ()
    Print Hscroll1. SmallChange
End Sub
```

19．若已把一个命令按钮的Default属性设置为True，则下面可导致按钮的Click事件过程被调用的操作是(　　)。

A. 用鼠标右键单击此按钮　　B. 按键盘上的Esc键

C. 按键盘上的回车键　　D. 用鼠标右键双击此按钮

20．要使两个单选按钮属于同一个框架，正确的操作是(　　)。

A. 先画一个框架，再在框架中画两个单选按钮

B. 先画一个框架，再在框架外画两个单选按钮，然后把单选按钮拖到框架中

C. 先画两个单选按钮，再用框架将单选按钮框起来

D. 以上三种方法都正确

21．能够存放组合框的所有项目内容的属性是(　　)。

A. Caption　　B. Text　　C. List　　D. Selected

22．设窗体上有一个标签Label1和一个计时器Timer1，Timer1的Interval属性被设置为1000,Enabled属性被设置为True。要求程序运行时每秒在标签中显示一次系统当前时间。以下可以实现上述要求的事件过程是(　　)。

A.
```
Private Sub Timer1_Timer()
    Label1.Caption=True
End Sub
```

B.
```
Private Sub Timer1_Timer()
    Label1.Caption=Time$
End Sub
```

C.
```
Private Sub Timer1_Timer()
    Label1.Interval=1
End Sub
```

D.
```
Private Sub Timer1_Timer()
    For k=1 To Timer1.Interval
Label1.Caption=Timer
    Next k
End Sub
```

23．设有如图所示窗体和以下程序：

```
Private Sub Command1_Click()
    Text1.Text = "Visual    Basic"
End Sub
Private Sub Text1_LostFocus()
    If Text1.Text <> "BASIC" Then
        Text1.Text = ""
        Text1.SetFocus
    End If
End Sub
```

程序运行时，在 Text1 文本框中输入“Basic”(如图所示)，然后单击 Command1 按钮，则产生的结果是(　　)。

A. 文本框中无内容，焦点在文本框中

B. 文本框中为“Basic”，焦点在文本框中

C. 文本框中为“Basic”，焦点在按钮上

D. 文本框中为“Visual　Basic”，焦点在按钮上

24．窗体上有一个名称为 Command1 的命令按钮，其事件过程如下：

```
Private Sub Command1_Click()
    x="VisualBasicProgramming"
    a=Right(x, 11)
    b=Mid(x, 7, 5)
    c=MsgBox(a, , b)
End Sub
```

运行程序后单击命令按钮，以下叙述中错误的是(　　)。

A. 信息框的标题是 Basic　　　　B. 信息框中的提示信息是 Programming

C. c 的值是函数的返回值　　　　D. MsgBox 的使用格式有错

25．设工程文件包含两个窗体文件 Form1.frm、Form2.frm 及一个标准模块文件 Module1.bas。两个窗体上分别只有一个名称为 Command1 的命令按钮。

Form1 的代码如下：

```
Public x As Integer
Private Sub Command1_Click()
    Form2.Show
End Sub
Private Sub Form_Load()
    x=1
    y=5
End Sub
```

Form2 的代码如下：

```
Private Sub Command1_Click()
    Print Form1.x, y
```

```
End Sub
```

Module1 的代码如下：

```
Public y As Integer
```

运行以上程序，单击 Form1 的命令按钮 Command1，则显示 Form2；再单击 Form2 上的命令按钮 Command1，则窗体上显示的是(　　)。

A. 1　5　　B. 0　5　　C. 0　0　　D. 程序有错

26．窗体上有一个名称为 Text1 的文本框，一个名称为 Command1 的命令按钮。窗体文件的程序如下：

```
Private Type x
    a As Integer
    b As Integer
End Type
Private Sub Command1_Click()
    Dim y As x
    y.a=InputBox("")
    If  y.a \ 2=y.a / 2 Then
        y.b=y.a * y.a
    Else
        y.b=Fix(y.a / 2)
    End If
    Text1.Text=y.b
End Sub
```

对以上程序，下列叙述中错误的是(　　)。

A. x 是用户定义的类型

B. InputBox 函数弹出的对话框中没有提示信息

C. 若输入的是偶数，则 y.b 的值为该偶数的平方

D. Fix(y.a/2)把 y.a/2 的小数部分四舍五入，转换为整数返回

27．窗体上有一个名称为 CD1 的通用对话框控件和由四个命令按钮组成的控件数组 Command1，其下标从左到右分别为 0、1、2、3，窗体外观如图所示。

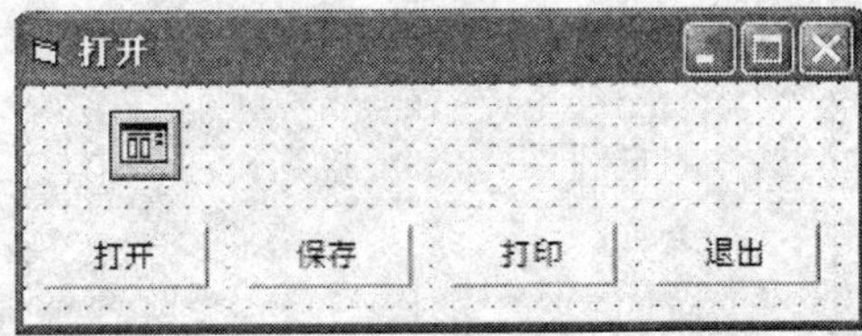

命令按钮的事件过程如下：

```
Private Sub Command1_Click(Index As Integer)
    Select  Case  Index
        Case  0:  CD1.Action=1
```

```
            Case 1: CD1.ShowSave
            Case 2: CD1.Action=5
            Case 3: End
        End Select
    End Sub
```

对上述程序，下列描述中错误的是(　　)。

A. 单击“打开”按钮，显示打开文件的对话框

B. 单击“保存”按钮，显示保存文件的对话框

C. 单击“打印”按钮，能够设置打印选项，并执行打印操作

D. 单击“退出”按钮，结束程序的运行

28．窗体上有两个水平滚动条 HV、HT，还有一个文本框 Text1 和一个标题为“计算”的命令按钮 Command1，并编写以下程序：

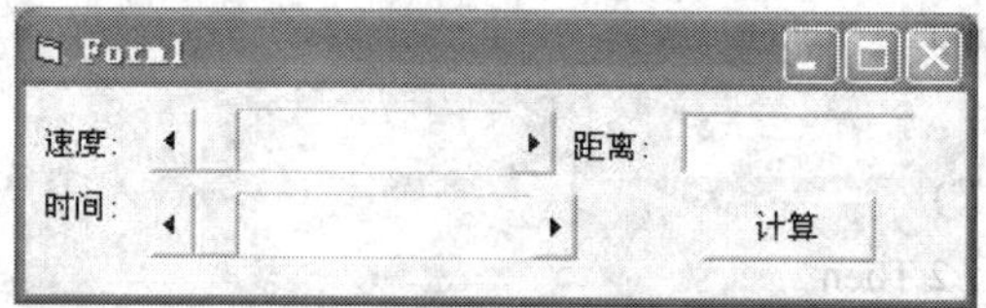


```
Private Sub Command1_Click()
    Call cale(HV.Value,   HT.Value)
End Sub
Public Sub cale(x As Integer, y As Integer)
    Text1.Text=x * y
End Sub
```

运行程序，单击“计算”按钮，可根据速度与时间计算出距离，并显示计算结果。对以上程序，下列叙述中正确的是(　　)。

A. 过程调用语句不对，应为 cale(HV, HT)

B. 过程定义语句的形式参数不对，应为 Sub cale(x As Control, y As Control)

C. 计算结果在文本框中显示出来

D. 程序不能正确运行

29．现有如下程序：

```
Private Sub Command1_Click()
    S = 0
    For i = 1 To 5
        s = s + f(5 + i)
    Next
    Print s
End Sub
Public Function f(x As Integer)
    If x >= 10 Then
```

```
        t= x + 1
    Else
        t = x + 2
    End If
    F = t
End Function
```

运行程序，则窗体上显示的是(　　)。

A. 38　　B. 49　　C. 61　　D. 70

30．窗体上有一个用菜单编辑器设计的菜单。运行程序，并在窗体上单击鼠标右键，则弹出一个快捷菜单，如图所示。

以下叙述中错误的是(　　)。

A. 在设计“粘贴”菜单项时，在菜单编辑器窗口中设置了“有效”属性(有“√”)

B. 菜单中的横线是在该菜单项的标题输入框中输入了一个“-”(减号)字符

C. 在设计“选中”菜单项时，在菜单编辑器窗口中设置了“复选”属性(有“√”)

D. 在设计该弹出菜单的主菜单项时，在菜单编辑器窗口中去掉了“可见”前面的“√”

31．窗体上有一个名称为Picture1的图片框控件，一个名称为Label1的标签控件，如图所示。

现有如下程序：

```
Public Sub display(x As Control)
    If  TypeOf x Is Label Then
        x.Caption="计算机等级考试"
    Else
        x.Picture  =  LoadPicture("piC. jpg")
    End  If
End  Sub
```

```
Private  Sub  Label1_Click()
    Call  display(Label1)
End  Sub
Private  Sub  Picture1_Click()
    Call  display(Picture1)
End  Sub
```

对以上程序，下列叙述中错误的是(　　)。

A. 程序运行时会出错　　B. 单击图片框，在图片框中显示一幅图片

C. 过程中的 x 是控件变量　　D. 单击标签，在标签中显示一串文字

32. 窗体上有两个名称分别为 Text1、Text2 的文本框。Text1 的 KeyUp 事件过程如下：

```
Private Sub Text1_KeyUp(KeyCode As Integer, Shift As Integer)
    Dim c As Integer
    c = UCase(Chr(KeyCode))
    Text2.Text=Chr(Asc(c)+2)
End  Sub
```

当向文本框 Text1 中输入小写字母 a 时，文本框 Text2 中显示的是(　　)。

A. A　　B. a　　C. C　　D. c

33. 设窗体上有一个文本框 Text1 和一个命令按钮 Command1，并有以下事件过程：

```
Private Sub Command1_Click()
    Dim  s As String, ch As String
    s=""
    For k=1 To Len(Text1)
        ch=Mid(Text1, k, 1)
        s=ch+s
    Next k
    Text1.Text=s
End Sub
```

程序执行时，在文本框中输入“Basic”，然后单击命令按钮，则 Text1 中显示的是(　　)。

A. Basic　　B. cisaB　　C. BASIC　　D. CISAB

34. 某人编写了如下程序，用来求 10 个整数(整数从键盘输入)中的最大值：

```
Private Sub Command1_Click()
    Dim a(10) As Integer, max As Integer
    For k=1 To 10
        a(k)=InputBox("输入一个整数")
    Next k
    max=0
    For k=1 To 10
        If a(k)>max Then
            max=a(k)
```

```
        End If
    Next k
    Print max
End Sub
```

运行程序时发现，当输入 10 个正整数时，可以得到正确结果，但输入 10 个负整数时结果是错误的。程序需要修改，下面的修改中可以得到正确运行结果的是(　　)。

A. 把 If a(k)>max Then 改为 If a(k)<max Then

B. 把 max=a(k)改为 a(k)=max

C. 把第 2 个循环语句 For k=1 To 10 改为 For k=2 To 10

D. 把 max=0 改为 max=a(10)

35. 已知 4 行 3 列的全局数组 score(4,3)中存放了 4 个学生 3 门课程的考试成绩(均为整数)，现需要计算每个学生的总分，某人编写程序如下：

```
Option Base 1
Private Sub Command1_Click()
    Dim sum As Integer
    sum=0
    For i=1 To 4
        For j=1 To 3
            sum=sum+score(i, j)
        Next j
    Next i
End Sub
```

运行程序时发现，除第 1 个学生的总分计算正确外，其他学生的总分都是错误的。程序需要修改。以下修改方案中正确的是(　　)。

A. 把外层循环语句 For i=1 To 4 改为 For j=1 To 3
　 内层循环语句 For j=1 To 3 改为 For i=1 To 4

B. 把 sum=0 移到 For i=1 To 4 和 For j=1 To 3 之间

C. 把 sum=sum+score(i, j)改为 sum=sum+score(j, i)

D. 把 sum=sum+score(i, j)改为 sum=score(j, i)

二、填空题(每空 2 分，共 30 分)

1. 测试用例包括输入值集和____【1】____值集。

2. 深度为 5 的满二叉树有____【2】____个叶子结点。

3. 设某循环队列的容量为 50，头指针 front=5(指向队头元素的前一位置)，尾指针 rear=29(指向队尾元素)，则该循环队列中共有____【3】____个元素。

4. 在关系数据库中，用来表示实体之间联系的是____【4】____。

5. 在数据库管理系统提供的数据定义语言、数据操作语言和数据控制语言中，____【5】____负责数据的模式定义与数据的物理存取构建。

6. 设有以下循环(要求程序运行时执行 3 次循环体)。

```
x=1
Do
    x=x+2
    Print 别 x
Loop Until ____【6】____
```

7．窗体上命令按钮 Command1 的事件过程如下：

```
Private Sub Command1_Click()
    Dim total As Integer
    total=s(1)+s(2)
    Print total
End Sub
Private Function s(m As Integer) As Integer
    Static x As Integer
    For i=1 To m
        x=x+1
    Next i
    s=x
End Function
```

运行程序，第 3 次单击命令按钮 Command1 时，输出结果为____【7】____。

8．在窗体上画一个名称为 Command1 的命令按钮，然后编写如下程序：

```
Option Base 1
Private Sub Command1_Click()
    Dim a(10) As Integer
    For i=1 To 10
        a(i)=i
    Next i
    Call swap(____【8】____)
    For i=1 To 10
        Print a(i);
    Next
End   Sub
Sub   swap(b() As Integer)
    n=____【9】____
    For i=1 To n / 2
        t=b(i)
        b(i)=b(n)
        b(n)=t
        ____【10】____
```

```
    Next
End Sub
```

9. 在窗体上画一个通用对话框，其名称为CommonDialog1，然后画一个命令按钮，并编写如下事件过程：

```
Private Sub Command1_Click()
    CommonDialog1.Filter="All Files(*.*) | *.* | Text Files" &
    "(*.txt)|*.txt|Batch Files(*.bat)|*.bat"
    CommonDialog1.FilterIndex = 1
    CommonDialog1.ShowOpen
    MsgBox   CommonDialog1.FileName
End   Sub
```

程序运行后，单击命令按钮，将显示一个“打开”对话框，此时在“文件类型”框中显示的是＿＿【11】＿＿。

如果在对话框中选择d盘temp目录下的tel.txt文件，然后单击“确定”按钮，则在MsgBox信息框中显示的提示信息是＿＿【12】＿＿。

10. 以下程序的功能是：把顺序文件smtext1.txt的内容全部读入内存，并在文本框Text1中显示出来。

```
Private Sub Command1_Click()
    Dim inData As String
    Text1.Text=""
    Open "smtext1.txt"  __【13】__  As  __【14】__
        Do While  __【15】__
            Input#2, inData
            Text1.Text=Text1.Text & inData
        Loop
    Close #2
End Sub
```

2009年3月计算机等级考试二级VB笔试试题

一、选择题(每题2分，共70分)

1. 下列叙述中正确的是(　　)。

A. 栈是先进先出的线性表

B. 队列是“先进后出”的线性表

C. 循环队列是非线性结构

D. 有序线性表既可以采用顺序存储结构，也可以采用链式存储结构

2. 支持子程序调用的数据结构是(　　)。

A. 栈　　B. 树　　C. 队列　　D. 二叉树

3. 某二叉树有 5 个度为 2 的结点，则该二叉树中的叶子结点数是(　　)。

A. 10　　B. 8　　C. 6　　D. 4

4. 下列排序方法中，最坏情况下比较次数最少的是(　　)。

A. 冒泡排序　　B. 简单选择排序　　C. 直接插入排序　　D. 堆排序

5. 软件按功能可以分为应用软件、系统软件和支撑软件(或工具软件)。下列属于应用软件的是(　　)。

A. 编译程序　　B. 操作系统　　C. 教务管理系统　　D. 汇编程序

6. 下列叙述中错误的是(　　)。

A. 软件测试的目的是发现错误并改正错误

B. 对被调试程序进行“错误定位”是程序调试的必要步骤

C. 程序调试也称为 Debug

D. 软件测试应严格执行测试计划，排除测试的随意性

7. 耦合性和内聚性是对模块独立性度量的两个标准。下列叙述中正确的是(　　)。

A. 提高耦合性、降低内聚性有利于提高模块的独立性

B. 降低耦合性、提高内聚性有利于提高模块的独立性

C. 耦合性是指一个模块内部各个元素间彼此结合的紧密程度

D. 内聚性是指模块间互相连接的紧密程度

8. 数据库应用系统中的核心问题是(　　)。

A. 数据库设计　　B. 数据库系统设计

C. 数据库维护　　D. 数据库管理员培训

9. 有两个关系 R、S 如下：

R

A	B	C
a	3	2
b	0	1
c	2	1

S

A	B
a	3
b	0
c	2

由关系 R 通过运算得到关系 S，则所使用的运算为(　　)。

A. 选择　　B. 投影　　C. 插入　　D. 连接

10. 将 E-R 图转换为关系模式时，实体和联系都可以表示为(　　)。

A. 属性　　B. 键　　C. 关系　　D. 域

11. 执行语句 Dim X,Y As Integer 后，(　　)。

A. X 和 Y 均被定义为整型变量

B. X 和 Y 均被定义为变体类型变量

C. X 被定义为整型变量，Y 被定义为变体类型变量

D. X 被定义为变体类型变量，Y 被定义为整型变量

12. 以下关系表达式中，其值为 True 的是(　　)。

A. "XYZ">"XYz"　　B. "VisualBasic"<>"visualbasic"

C. "the"="there"　　D. "Integer"<"Int"

13. 执行以下程序段

```
a$="Visual Basic Programming"
b$="C++"
C$=UCase(Left$(a$,7)) & b$ & Right$(a$,12)
```

后，变量 C$的值为(　　)。

A. Visual BASIC Programming　　B. VISUAL C++ Programming

C. Visual C++ Programming　　D. VISUAL BASIC Programming

14. 下列叙述中正确的是(　　)。

A. MsgBox 语句的返回值是一个整数

B. 执行 MsgBox 语句并出现信息框后，不用关闭信息框即可执行其他操作

C. MsgBox 语句的第一个参数不能省略

D. 如果省略 MsgBox 语句的第三个参数(Title)，则信息框的标题为空

15. 在窗体上画一个文本框(名称为 Text1)和一个标签(名称为 Label1)，程序运行后，在文本框中每输入一个字符，都会立即在标签中显示文本框中字符的个数。以下可以实现上述操作的事件过程是(　　)。

A.
```
Private Sub Text1_Change()
    Label1.Caption=str(Len(Text1.Text))
End Sub
```

B.
```
Private Sub Text1_Click()
    Label1.Caption=str(Len(Text1.Text))
End Sub
```

C.
```
Private Sub Text1_Change()
    Label1.Caption=Text1.Text
End Sub
```

D.
```
Private Sub Label1_Change()
    Label1.Caption=str(Len(Text1.Text))
End Sub
```

16. 在窗体上画两个单选按钮(名称分别为 Option1、Option2，标题分别为“宋体”和“黑体”)，1 个复选框(名称为 Check1，标题为“粗体”)和 1 个文本框(名称为 Text1，Text 属性为“改变文字字体”)，窗体外观如图所示。程序运行后，要求“宋体”单选按钮和“粗体”复选框被选中，则以下能够实现上述操作的语句序列是(　　)。

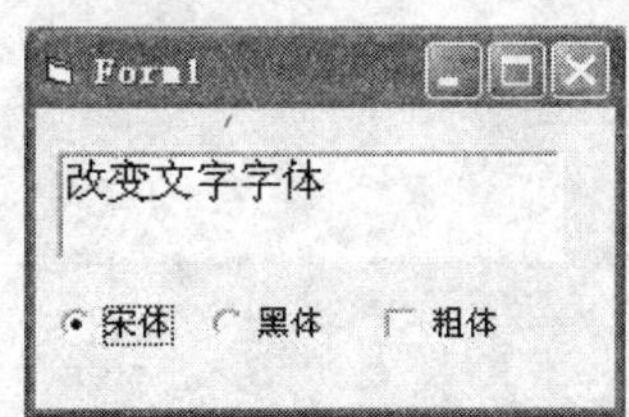

A.
```
Option1.Value=False
Check1.Value=True
```

B.
```
Option1.Value=True
Check1.Value=0
```

C.
```
Option2.Value=False
Check1.Value=2
```

D.
```
Option1.Value=True
Check1.Value=1
```

17. 在窗体上画一个名称为 Command1 的命令按钮，然后编写如下事件过程：

```
Private Sub Command1_Click()
    c=1234
```

```
        c1=Trim(Str(c))
        For i=1 To 4
            Print ____
        Next
    End Sub
```

程序运行后，单击命令按钮，在窗体上显示如下内容：

1

12

123

1234

则在横线处应填入的内容为(　　)。

A. Right(c1,i)　　B. Left(c1,i)　　C. Mid(c1,i,1)　　D. Mid(c1,i,1)

18. 假定有如下程序段：

```
    For i=1 To 3
            For j=5 To 1 Step -1
            Print i*j
    Next j
    Next i
```

则语句 Print i*j 的执行次数是(　　)。

A. 15　　B. 16　　C. 17　　D. 18

19. 在窗体上画两个文本框(名称分别为 Text1 和 Text2)和一个命令按钮(名称为 Command1)，然后编写如下事件过程：

```
    Private Sub Command1_Click()
        x=0
        Do While x<50
            x=(x+2)*(x+3)
             n=n+1
        Loop
        Text1.Text=Str(n)
        Text2.Text=Str(x)
    End Sub
```

程序运行后，单击命令按钮，在两个文本框中显示的值分别为(　　)

A. 1 和 0　　B. 2 和 72　　C. 3 和 50　　D. 4 和 168

20. 阅读程序：

```
    Private Sub Command1_Click()
        a=0
        For j=1 To 15
            a=a+j Mod 3
        Next j
```

```
    Print a
End Sub
```

程序运行后，单击窗体，输出结果是(　　)。

A. 105　　B. 1　　C. 120　　D. 15

21. 以下说法中正确的是(　　)。

A. 当焦点在某个控件上时，按下一个字母键，就会执行该控件的KeyPress事件过程

B. 因为窗体不接受焦点，所以窗体不存在自己的KeyPress事件过程

C. 若按下的键相同，KeyPress事件过程中的KeyAscii参数与KeyDown事件过程中的KeyCode参数的值也相同

D. 在KeyPress事件过程中，KeyAscii参数可以省略

22. 语句Dim a(-3 To 4,3 To 6) As Integer 定义的数组的元素个数是(　　)。

A. 18　　B. 28　　C. 21　　D. 32

23. 在窗体上画一个命令按钮，其名称为Command1，然后编写如下代码：

```
Option Base 1
Private Sub Command1_Click()
    Dim a
    a=Array(1, 2, 3, 4)
    j=1
    For i=4 To 1 Step -1
        s=s+a(i)*j
        j=j*10
    Next i
    Print s
End Sub
```

程序运行后，单击命令按钮，其输出结果是(　　)。

A. 4321　　B. 1234　　C. 34　　D. 12

24. 假定通过复制、粘贴操作建立了一个命令按钮数组Command1，以下说法中错误的是(　　)。

A. 数组中每个命令按钮的名称(Name属性)均为Command1

B. 若未做修改，数组中每个命令按钮的大小都一样

C. 数组中各个命令按钮使用同一个Click事件过程

D. 数组中每个命令按钮的Index属性值都相同

25. 在窗体上画一个命令按钮，名称为Command1，然后编写如下代码：

```
Option Base 0
Private Sub Command1_Click()
    Dim A1(4) As Integer, A2(4) As Integer
    For k=0 To 2
        A1(k+1)=InputBox("请输入一个整数")
        A2(3-k)=A1(k+1)
```

```
        Next k
        Print A2(k)
    End Sub
```

程序运行后，单击命令按钮，在输入对话框中依次输入 2、4、6，则输出结果为(　　)。

A. 0　　B. 1　　C. 2　　D. 3

26. 以下关于函数过程的叙述中，正确的是(　　)

A. 函数过程形参的类型与函数返回值的类型没有关系

B. 在函数过程中，过程的返回值可以有多个

C. 当数组作为函数过程的参数时，既能以传值方式传递，也能以传地址方式传递

D. 如果不指明函数过程参数的类型，则该参数没有数据类型

27. 在窗体上画两个标签按钮和一个命令按钮，其名称分别为 Label1、Label2 和 Command1，然后编写如下程序：

```
Private Sub func(L As Label)
    L.Caption="1234"
End Sub
Private Sub Form_Load()
    Label1.Caption="ABCDE"
    Label2.Caption=10
End Sub
Private Sub Command1_Click()
    a=Val(Label2.Caption)
    Call func(Label1)
    Label2.Caption=a
End Sub
```

程序运行后，单击命令按钮，则在两个标签中显示的内容分别为(　　)。

A．ABCD 和 10　　B. 1234 和 100　　C. ABCD 和 100　　D. 1234 和 10

28. 在窗体上画一个命令按钮(名称为 Command1)，并编写如下代码：

```
Function fun1(ByVal a As Integer, b As Integer) As Integer
    Dim t As Integer
    t=a-b
    b=t+a
    fun1=t+b
End Function
Private Sub Command1_Click()
    Dim x As Integer
    x=10
    Print fun1(fun1(x, (fun1(x, x-1))), x-1)
End  Sub
```

程序运行后，单击命令按钮，输出结果是(　　)。

A. 10　　B. 0　　C. 11　　D. 21

29. 以下关于过程及过程参数的描述中，错误的是(　　)。

A. 过程的参数可以是控件名称

B. 调用过程时使用的实参的个数应与过程形参的个数相同

C. 只有函数过程能够将过程中处理的信息返回到调用程序中

D. 窗体可以作为过程的参数

30. 设有如下通用过程：

```
Public Function Fun(xStr As String) As String
    Dim tStr As String, strL As Integer
    tStr=""
    strL=Len(xStr)
    i=strL/2
    Do While i<=strL
        tStr=tStr & Mid(xStr, i+1, 1)
        i=i+1
    Loop
    Fun=tStr & tStr
End Function
```

在窗体上画一个名称为Text1的文本框和一个名称为Command1的命令按钮。然后编写如下事件过程：

```
Private Sub Command1_Click()
    Dim S1 As String
    S1 = "ABCDEF"
    Text1.Text = LCase(Fun(S1))
End  Sub
```

程序运行后，单击命令按钮，文本框中显示的是(　　)。

A. ABCDEF　　B. abcdef　　C. defdef　　D. defabc

31. 在窗体上画一个命令按钮和一个文本框(名称分别为Command1和Text1)，并把窗体的KeyPreview属性设置为True，然后编写如下代码：

```
Dim SaveAll As String
Private Sub Form_Load()
    Show
    Text1.Text=""
    Text1.SetFocus
End Sub
Private Sub Command1_Click()
    Text1.Text=LCase(SaveAll)+SaveAll
End Sub
Private Sub Form_KeyPress(KeyAscii As Integer)
```

```
        SaveAll=SaveAll+Chr(KeyAscii)
    End  Sub
```

程序运行后，直接用键盘输入“VB”，再单击命令按钮，则文本框中显示的内容为(　　)。

A. vbVB　　B. 不显示任何信息

C. VB　　D. 出错

32. 设有以下程序：

```
Private Sub Form_Click()
    x=50
    For i=1 To 4
        y=  nputBox("请输入一个整数")
        y=Val(y)
        If y Mod 5=0 Then
            a=a+y
            x=y
        Else
            a=a+x
        End If
    Next i
    Print a
End Sub
```

程序运行后，单击窗体，在输入对话框中依次输入 15、24、35、46，输出结果为(　　)。

A. 100　　B. 50

C. 120　　D. 70

33. 以下关于菜单的叙述中，错误的是(　　)。

A. 当窗体为活动窗体时，用 Ctrl+E 键可以打开菜单编辑器

B. 把菜单项的 Enabled 属性设置为 False，则可删除该菜单项

C. 弹出式菜单在菜单编辑器中设计

D. 程序运行时，利用控件数组可以实现菜单项的增加或减少

34. 以下叙述中错误的是(　　)。

A. 在程序运行时，通用对话框控件是不可见的

B. 调用同一个通用对话框控件的不同方法(如 ShowOpen 或 ShowSave)可以打开不同的对话框窗口

C. 调用通用对话框控件的 ShowOpen 方法，能够直接打开在该通用对话框中指定的文件

D. 调用通用对话框控件的 ShowColor 方法，可以打开颜色对话框窗口

35. 设在工程文件中有一个标准模块，其中定义了如下记录类型：

```
Type Books
    Name As String*10
    TelNum As String*20
```

End Type

在窗体上画一个名为 Command1 的命令按钮，要求当执行事件过程 Command1_Click 时，在顺序文件 Person.txt 中写入一条 Books 类型的记录，下列能够完成该操作的事件过程是(　　)。

A.
```
Private Sub Command1_Click()
    Dim B As Books
    Open "Person.txt" For Output As #1
    B. Name=InputBox("输入姓名")
    B. Name=InputBox("输入电话号码")
    Write #1, B. Name, B. TelNum
    Close #1
End Sub
```

B.
```
Private Sub Command1_Click()
    Dim B As Books
    Open "Person.txt" For Output As #1
    B. Name=InputBox("输入姓名")
    B. Name=InputBox("输入电话号码")
    Print #1, B. Name, B. TelNum
    Close #1
End  Sub
```

C.
```
Private Sub Command1_Click()
    Dim B As Books
    Open "Person.txt" For Output As #1
    B. Name=InputBox("输入姓名")
    B. Name=InputBox("输入电话号码")
    Write #1, B
    Close #1
End Sub
```

D.
```
Private Sub Command1_Click()
    Dim B As Books
    Open "Person.txt" For Output As #1
    B. Name=InputBox("输入姓名")
    B. Name=InputBox("输入电话号码")
    Print #1, Name,TelNum
    Close #1
End Sub
```

二、填空题(每空 2 分，共 30 分)

1. 假设用一个长度为 50 的数组(数组元素的下标为 0～49)作为栈的存储空间，栈底指针 bottom 指向栈底元素，栈顶指针 top 指向栈顶元素，如果 bottom=49，top=30(数组下标)，则栈中具有__【1】__个元素。

2. 软件测试可分为白盒测试和黑盒测试。基本路径测试属于__【2】__测试。

3. 符合结构化原则的三种基本控制结构是选择结构、循环结构和__【3】__。

4. 数据库系统的核心是__【4】__。

5. 在 E-R 图中，图形包括矩形框、菱形框和椭圆框。其中表示实体联系的是__【5】__框。

6. 窗体如图所示，其中汽车是名称为 Image1 的图像框，命令按钮的名称为 Command1，计时器的名称为 Timer1，直线的名称为 Line1。程序运行时，单击命令按钮，则汽车每 0.1 秒向左移动 100，车头到达左边的直线时停止移动。请填空完成下面的属性设置和程序，以实现上述功能。

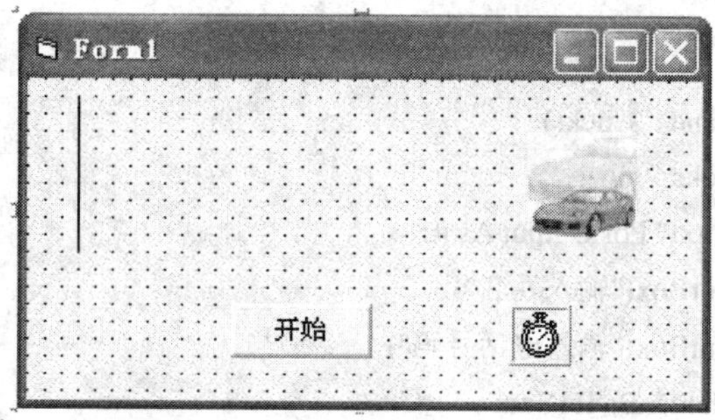

1) Timer1 的 Interval 属性的值应事先设置为__【6】__。

2)
```
Private Sub Command1_Click()
    Timer1.Enabled = True
End Sub
```

3)
```
Private Sub Timer1_Timer()
    If Image1.Left > __【7】__ Then
        Image1.Left = __【8】__ - 100
    End If
End Sub
```

7. 设窗体上有一个名称为 Combo1 的组合框，并有以下程序：

```
Private Sub Combo1_KeyPress(KeyAscii As Integer)
    If __【9】__ = 13 Then
        For k = 0 To Combo1.ListCount - 1
            If Combo1.Text = Combo1.List(k) Then
            Combo1.Text = ""
            Exit For
            End If
        Next k
        If Combo1.Text <> "" Then
            Combo1.AddItem __【10】__
```

```
        End If
    End If
End Sub
```

程序的功能是：在组合框的编辑区中输入文本后按回车键，则检查列表中有无与此文本相同的项目，若有，则把编辑区中的文本删除，否则把编辑区中的文本添加到列表的尾部。

8. 在当前目录下有一个名为“myfile.txt”的文本文件，其中有若干行文本。下面程序的功能是读入此文件中的所有文本行，按行计算每行字符的 ASCII 码之和，并显示在窗体上。

```
Private Sub Command1_Click()
    Dim ch$, ascii As Integer
    Open "myfile.txt" For 【11】 As #1
    While Not EOF(1)
        Line Input #1, ch
        Ascii = toascii(【12】)
        Print ascii
    Wend
    Close #1
End Sub
Private Function toascii(mystr$) As Integer
    n=0
    For k =1 To 【13】
        n=n+Asc(Mid(mystr, k, 1))
    Next k
    toascii=n
End Function
```

9. 本程序实现文本加密。先给定序列 a1, a2, …, an，它们的取值范围是 1～n，而且互不相同。加密算法是：把原文本中第 k 个字符放到加密后文本的第 ak 个位置处。若原文本长度大于 n，则只对前面 n 个字符加密，后面的字符不变；若原文本长度小于 n，则在后面补字符“*”，使文本长度为 n 后再加密。

例如：若给定序列 a1, a2, …, a7 分别为 2, 5, 3, 7, 6, 1, 4，则

当文本为“PROGRAM”时，加密后的文本为“APOMRRG”；

当文本为“THANK”时，加密后的文本为“*TA*HKN”。

下面的过程 code 实现这一算法。其中参数数组 a()中存放给定序列(个数与数组 a 的元素个数相等)a1, a2, a3…的值，要加密的文本放在参数变量 mystr 中，过程执行完毕，加密后的文本仍然放在变量 mystr 中。

```
Option Base 1
Private Sub code(a() As Integer, mystr As String)
    Dim ch As String, c1 As String
```

```
    N = UBound(a) - Len(mystr)
    If n > 0 Then
        Mystr = mystr & String$(n, "*")
    End If
    Ch = mystr
    For k = 【14】 To UBound(a)
        c1 = Mid(mystr, k, 1)
        n = 【15】
        Mid(ch, n) = c1
    Next k
    Mystr = ch
End Sub
```

2009 年 9 月全国计算机等级考试二级 VB 笔试试题

一、选择题(每题 2 分，共 70 分)

1. 下列数据结构中，属于非线性结构的是(　　)。

A. 循环队列　　B. 带链队列

C. 二叉树　　D. 带链栈

2. 下列数据结构中，能够按照“先进后出”原则存取数据的是(　　)。

A. 循环队列　　B. 栈

C. 队列　　D. 二叉树

3. 对于循环队列，下列叙述中正确的是(　　)。

A. 队头指针是固定不变的

B. 队头指针一定大于队尾指针

C. 队头指针一定小于队尾指针

D. 队头指针可以大于队尾指针，也可以小于队尾指针

4. 算法的空间复杂度是指(　　)。

A. 算法在执行过程中所需要的计算机存储空间

B. 算法所处理的数据量

C. 算法程序中的语句或指令条数

D. 算法在执行过程中所需要的临时工作单元数

5. 软件设计中划分模块的一个准则是(　　)。

A. 低内聚低耦合　　B. 高内聚低耦合

C. 低内聚高耦合　　D. 高内聚高耦合

6. 下列选项中不属于结构化程序设计原则的是(　　)。

A. 可封装　　B. 自顶向下

C. 模块化　　D. 逐步求精

7. 软件详细设计产生的图如下：

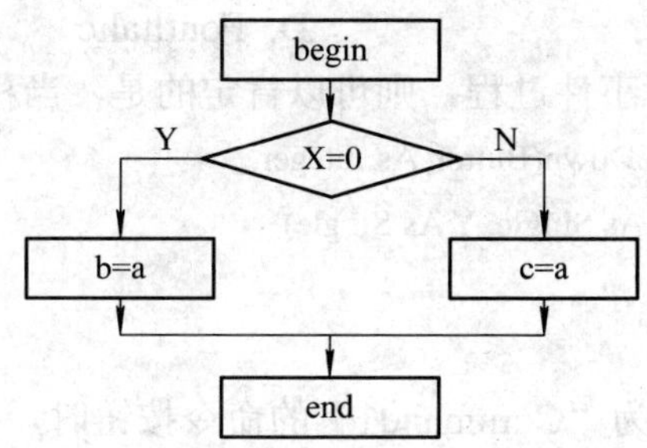

该图是(　　)。

A. N-S图　　B. PAD图　　C. 程序流程图　　D. E-R图

8. 数据库管理系统是(　　)。

A. 操作系统的一部分　　B. 在操作系统支持下的系统软件

C. 一种编译系统　　D. 一种操作系统

9. 在E-R图中，用来表示实体联系的图形是(　　)。

A. 椭圆形　　B. 矩形　　C. 菱形　　D. 三角形

10. 有三个关系R、S和T如下：

R

A	B	C
a	1	2
b	2	1
c	3	1

S

A	B	C
d	3	2

T

A	B	C
a	1	2
b	2	1
c	3	1
d	3	2

其中关系T由关系R和S通过某种操作得到，该操作为(　　)。

A. 选择　　B. 投影　　C. 交　　D. 并

11. 以下变量名中合法的是(　　)。

A. x2–1　　B. print　　C. str_n　　D. 2x

12. 把数学表达式$\frac{5x+3}{2y-6}$表示为正确的VB表达式应该是(　　)。

A. (5x + 3)/(2y – 6)　　B. x*5 + 3 / 2 * y – 6

C. (5*x + 3) ÷ (2 * y – 6)　　D. (x*5 + 3) / (y * 2 – 6)

13. 下面有关标准模块的叙述中，错误的是(　　)。

A. 标准模块不完全由代码组成，还可以有窗体

B. 标准模块中的Private过程不能被工程中的其他模块调用

C. 标准模块的文件扩展名为.bas

D. 标准模块中的全局变量可以被工程中的任何模块引用

14. 下列控件中，没有Caption属性的是(　　)。

A. 复选框　　B. 单选按钮　　C. 组合框　　D. 框架

15. 用来设置文字字体是否斜体的属性是(　　)。

A. FontUnderline　　B. FontBold

C. FontSlope　　D. FontItalic

16. 若看到程序中有以下事件过程，则可以肯定的是，当程序运行时(　　)。

```
Private Sub Click_MouseDown(Button As Integer,_
        Shift As Integer, X As Single, Y As Single)
        Print "VB Program"
End Sub
```

A. 用鼠标左键单击名称为“Command1”的命令按钮时，执行此过程

B. 用鼠标左键单击名称为“MouseDown”的命令按钮时，执行此过程

C. 用鼠标右键单击名称为“MouseDown”的控件时，执行此过程

D. 用鼠标左键或右键单击名称为“Click”的控件时，执行此过程

17. 可以产生30～50(含30和50)之间的随机整数的表达式是(　　)。

A. Int(Rnd * 21 + 30)　　B. Int(Rnd * 20 + 30)

C. Int(Rnd * 50 – Rnd * 30)　　D. Int(Rnd * 30 + 50)

18. 在程序运行时，下面的叙述中正确的是(　　)。

A. 用鼠标右键单击窗体中无控件的部分，会执行窗体的 Form_Load 事件过程

B. 用鼠标左键单击窗体的标题栏，会执行窗体的 Form_Click 事件过程

C. 只装入而不显示窗体，也会执行窗体的 Form_Load 事件过程

D. 装入窗体后，每次显示该窗体时，都会执行窗体的 Form_Click 事件过程

19. 窗体上有名称为 Command1 的命令按钮和名称为 Text1 的文本框(　　)。

```
Private Sub Command1_Click()
        Text1.Text="程序设计"
        Text1.SetFocus
End Sub
Private Sub Text1_GotFocus()
        Text1.Text="等级考试"
End Sub
```

运行以上程序，单击命令按钮后(　　)。

A. 文本框中显示的是“程序设计”，且焦点在文本框中

B. 文本框中显示的是“等级考试”，且焦点在文本框中

C. 文本框中显示的是“程序设计”，且焦点在命令按钮上

D. 文本框中显示的是“等级考试”，且焦点在命令按钮上

20. 设窗体上有名称为 Option1 的单选按钮，且程序中有语句：

```
If Option1.Value=True Then
```

下列语句中与该语句不等价的是(　　)。

A. If Option1.Value Then　　B. If Option1=True Then

C. If Value=True Then　　D. If Option1 Then

21. 设窗体上有1个水平滚动条，已经通过属性窗口把它的 Max 属性设置为1，Min 属性设置为100。下列叙述中正确的是(　　)。

A. 程序运行时，若使滚动块向左移动，滚动条的Value属性值就增大
B. 程序运行时，若使滚动块向左移动，滚动条的Value属性值就减小
C. 由于滚动条的Max属性值小于Min属性值，程序会出错
D. 由于滚动条的Max属性值小于Min属性值，程序运行时滚动条会缩为一点，滚动块无法移动

22. 有如下过程代码：

```
Sub var_dim()
    Static numa As Integer
    Dim numb As Integer
    numa=numa+2
    numb=numb+1
  print numa; mumb
End Sub
```

连续3次调用var_dim过程，第3次调用时的输出是(　　)。

A. 2 1　　B. 2 3　　C. 6 1　　D. 6 3

23. 在窗体上画1个命令按钮，并编写如下事件过程：

```
Private Sub Commandl_Click()
    For i=5 To 1 Step -0.8
    Print Int(i);
    Next i
End Sub
```

运行程序，单击命令按钮，窗体上显示的内容为(　　)。

A. 5 4 3 2 1 1　　B. 5 4 3 2 1
C. 4 3 2 1 1　　D. 4 4 3 2 1 1

24. 在窗体上画1个命令按钮，并编写如下事件过程：

```
Private Sub Commandl Click()
    Dim a(3,3)
    For m=1 To 3
    For n=1 To 3
    If n=m Or n=4-m Then
        a(m,n)=m+n
    Else
        a(m,n)=0
  End If
    Print a(m,n);
    Next n
    Print
    Next m
End Sub
```

运行程序，单击命令按钮，窗体上显示的内容为(　　)。

A. 2 0 0　　B. 2 0 4　　C. 2 3 0　　D. 2 0 0
　0 4 0　　　0 4 0　　　3 4 0　　　0 4 5
　0 0 6　　　4 0 6　　　0 0 6　　　0 5 6

25. 设有以下函数过程：

```
Function fun(a As Integer,b As Integer)
    Dim c AS Integer
    If a<b Then
        c=a: a=b: b=c
    End If
    c=0
    DO
        c=c+a
    Loop Until C Mod b=0
    fun=c
End Function
```

若调用函数 fun 时的实际参数都是自然数，则函数返回的是(　　)。

A. a、b 的最大公约数　　B. a、b 的最小公倍数

C. a 除以 b 的余数　　D. a 除以 b 的商的整数部分

26. 窗体上有 1 个名称为 Text1 的文本框；1 个名称为 Timer1 的计时器控件，其 Interval 属性值为 5000，Enabled 属性值是 True。Timer1 的事件过程如下：

```
Private Sub Timer1_Timer()
    Static flag As Integer
        If flag=0 Then flag=1
        flag=-flag
        If flag=1 Then
            Text1.ForeColor=&HFF&          '&HFF&为红色
    Else
        Text1.ForeColor=&HC000$            '&HC000&为绿色
    End If
End Sub
```

以下叙述中正确的是(　　)。

A. 每次执行此事件过程时，flag 的初始值均为 0

B. flag 的值只可能取 0 或 1

C. 程序执行后，文本框中的文字每 5 秒改变一次颜色

D. 程序有逻辑错误，Else 分支总也不能被执行

27. 为计算 $1+2+2^2+2^3+2^4+\cdots+2^{10}$ 的值，并把结果显示在文本框 Text1 中，若编写如下事件过程：

```
Private Sub Command1 Click()
    Dim a%，S%，k%
    s=1
    a=2
    For k=2 To 10
        a=a*2
        s=s+a
    Next k
    Text1.Text=s
End Sub
```

执行此事件过程后发现结果是错误的，为能够得到正确结果，应做的修改是(　　)。

A. 把 s=1 改为 s=0

B. 把 For k=2 To 10 改为 For k=1 To 10

C. 交换语句 s=s+a 和 a=a*2 的顺序

D. 同时进行 B、C 两种修改

28. 标准模块中有如下程序代码：

```
Public x As Integer，Y As Integer
Sub var_pub()
    x=10 : y=20
End Sub
```

在窗体上有 1 个命令按钮，并有如下事件过程：

```
Private Sub Commandl_Click()
    Dim x As Integer
    Call var_pub
    x=x+100
    y=y+100
    Print x; y
End Sub
```

运行程序后单击命令按钮，窗体上显示的是(　　)。

A. 100 100　　　　B. 100 120

C. 110 100　　　　D. 110 120

29. 设 a、b 都是自然数，为求 a 除以 b 的余数，某人编写了以下函数：

```
Function fun(a As Integer,b As Integer)
 While a>b
    a=a-b
    Wend
    fun=a
End Function
```

在调试时发现函数是错误的。为使函数能产生正确的返回值，应做的修改是(　　)。

A. 把 a=a－b 改为 a=b－a　　　　B. 把 a=a－b 改为 a=a\b

C. 把 While a>b 改为 While a<b　　　　D. 把 While a>b 改为 While a>=b

30. 下列关于通用对话框 CommonDialog1 的叙述中，错误的是(　　)。

A. 只要在“打开”对话框中选择了文件，并单击“打开”按钮，就可以将选中的文件打开

B. 使用 CommonDialog1.ShowColor 方法，可以显示“颜色”对话框

C. CancelError 属性用于控制用户单击“取消”按钮关闭对话框时，是否显示出错警告

D. 在显示“字体”对话框前，必须先设置 CommonDialog1 的 Flags 属性，否则会出错

31. 在利用菜单编辑器设计菜单时，为了把组合键“Alt + X”设置为“退出(X)”菜单项的访问键，可以将该菜单项的标题设置为(　　)。

A. 退出(X&)　　　　B. 退出(&X)

C. 退出(X#)　　　　D. 退出(#X)

32. 在窗体上画 1 个命令按钮和 1 个文本框，其名称分别为 Command1 和 Text1，再编写如下程序：

```
Dim ss As String
Private Sub Text1_KeyPress(KeyAscii As Integer)
    If Chr(KeyAscii)<>""Then ss=ss+Chr(KeyAscii)
End Sub
Private Sub Command1_Click()
    Dim m As String，i As Integer
    For i=Len(ss) To 1 Step-1
            m=m+Mid(ss,i,1)
    Next
    Text1.Text=UCase(m)
End Sub
```

程序运行后，在文本框中输入“Number 100”，并单击命令按钮，则文本框中显示的是(　　)。

A. NUMBER 100　　　　B. REBMUN

C. REBMUN 100　　　　D. 001 REBMUN

33. 窗体的左右两端各有 1 条直线，名称分别为 Line1、Line2；名称为 Shape1 的圆靠在左边的 Line1 直线上(见右图)；另有 1 个名称为 Timer1 的计时器控件，其 Enabled 属性值是 True。要求程序运行后，圆每秒向右移动 100，当圆遇到 Line2 时则停止移动。为实现上述功能，某人把计时器的 Interval 属性设置为 1000，并编写了如下程序：

```
Private Sub Timer1 Timer()
        For k=Line1.X1 To Line2.X1 Step 100
            If Shape1.Left+Shape1.Width<Line2.X1 Then
                Shape1.Left=Shape1.Left+100
            End If
```

```
        Next k
    End Sub
```

运行程序时发现圆立即移动到了右边的直线处，与题目要求的移动方式不符。为得到与题目要求相符的结果，下列修改方案中正确的是(　　)。

A. 把计时器的Interval属性设置为1

B. 把For k=Line1.X1 To Line2.X1 Step 100和Next k两行删除

C. 把For k=Line1.X1 To Line2.X1 Step 100改为For k=Line2.X1 To Line1.X1 Step 100

D. 把If Shape1.Left+Shape1.Width<Line2.X1 Then改为If Shape1.Left<Line2.X1 Then

34. 下列有关文件的叙述中，正确的是(　　)。

A. 以Output方式打开一个不存在的文件时，系统将显示出错信息

B. 以Append方式打开的文件，既可以进行读操作，也可以进行写操作

C. 在随机文件中，每个记录的长度是固定的

D. 无论是顺序文件还是随机文件，其打开的语句和打开方式都是完全相同的

35. 窗体如图1所示。要求程序运行时，在文本框Text1中输入一个姓氏，单击“删除”按钮(名称为Command1)，则可删除列表框List1中所有该姓氏的项目。若编写以下程序来实现此功能：

```
Private Sub Command1_Click()
    Dim n%,k%
    n=Len(Text1.Text)
    For k=0 To List1.ListCount-1
        If Left(List1.List(k),n)=Text1.Text Then
            List1.RemoveItem k
    End If
    Next k
End Sub
```

在调试时发现，如输入“陈”，可以正确删除所有姓“陈”的项目，但输入“刘”，则只删除了“刘邦”、“刘备”两项，结果如图2所示。这说明程序不能适应所有情况，需要修改。正确的修改方案是把For k=0 To List1.ListCount －1改为(　　)。

A. For k=List1.ListCount －1 To 0 Step －1

B. For k=0 To List1.ListCount

C. For k=1 To List1.ListCount －1

D. For k=1 To List1.ListCount

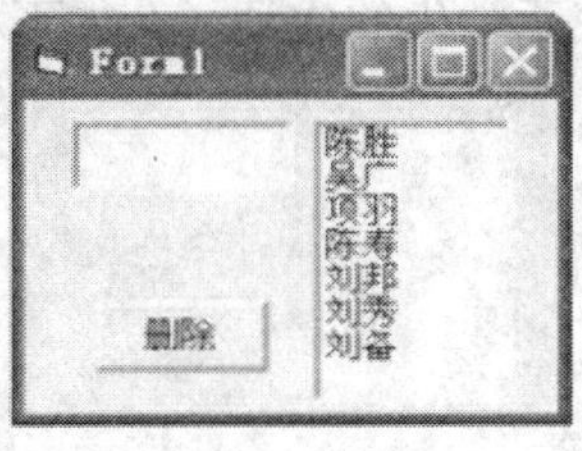

图1

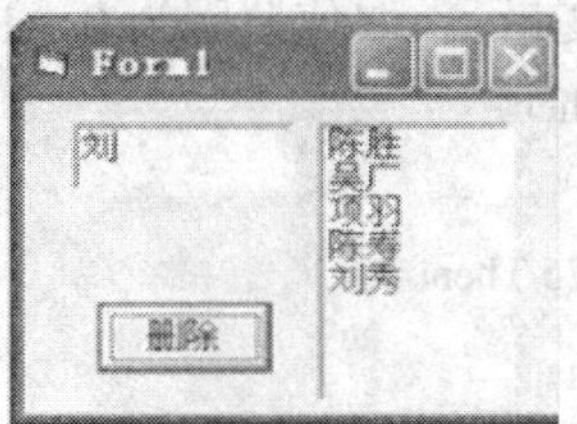

图2

二、填空题(每空 2 分，共 30 分)

1. 某二叉树有 5 个度为 2 的结点以及 3 个度为 1 的结点，则该二叉树中共有__【1】__个结点。

2. 程序流程图中的菱形框表示的是__【2】__。

3. 软件开发过程主要分为需求分析、设计、编码与测试四个阶段，其中__【3】__阶段产生“软件需求规格说明书”。

4. 在数据库技术中，实体集之间的联系可以是一对一或一对多，或多对多的，那么“学生”和“可选课程”的联系为__【4】__。

5. 人员基本信息一般包括身份证号、姓名、性别、年龄等。其中可以作为主关键字的是__【5】__。

6. 工程中有 Form1、Form2 两个窗体。Form1 窗体外观如图 1 所示。程序运行时，在 Form1 中名称为 Text1 的文本框中输入一个数值(圆的半径)，然后单击命令按钮“计算并显示”(其名称为 Command1)，则显示 Form2 窗体，且根据输入的圆的半径计算圆的面积，并在 Form2 的窗体上显示出来，如图 2 所示。如果单击命令按钮时，文本框中输入的不是数值，则用信息框显示“请输入数值数据!”。

图 1

图 2

```
Private Sub Command1 C1ick()
 If Text1.Text="" Then
 MsgBox "请输入半径!"
 ElseIf Not IsNumeric(__【6】__)Then
 MsgBox"请输入数值数据!"
 Else
 r=Val(__【7】__)
 Form2.Show
__【8】__Print "圆的面积是"&3.14*r*r
 End If
End Sub
```

7. 设有整型变量 s，取值范围为 0～100，表示学生的成绩。有如下程序段：

```
If s>=90 Then
 Level="A"
ElseIf s>=75 Then
 Level="B"
ElseIf s>=60 Then
 Level="C"
```

```
Else
 Level="D"
End If
```

下面用Select Case结构改写上述程序，使两段程序所实现的功能完全相同。

```
Select Case s
 Case 【9】 >=90
 Level="A"
 Case 75 To 89
 Level="B"
 Case 60 To 74
 Level="C"
 Case 【10】
 Level="D"
【11】
```

8. 窗体上有名称为Command1的命令按钮。事件过程及两个函数过程如下：

```
Private Sub Command1_C1ick()
 Dim x As Integer, y As Integer, z
 x=3
 y=5
 z=fy(y)
 Print fx(fx(x)), y
End Sub
Function fx(ByVal a As Integer)
 a=a+a
 fx=a
End Function
Function fy(ByRef a As Integer)
 a=a+a
 fy=a
End Function
```

运行程序，并单击命令按钮，则窗体上显示的2个值依次是 【12】 和 【13】 。

9. 窗体上有名称为Command1的命令按钮及名称为Text1、能显示多行文本的文本框。程序运行后，如果单击命令按钮，则可打开磁盘文件c:\test.txt，并将文件中的内容(多行文本)显示在文本框中。下面是实现此功能的程序，请填空。

```
Private Sub Command1_Click()
 Text1=""
 Number=FreeFile
 Open "c:\test.txt" For Input As Number
 Do While Not EOF( 【14】 )
```

```
    Line Input#Number, s
    Text1.Text=Text1.Text+ 【15】 +Chr(13)+Chr(10)
    Loop
    Close Number
  End Sub
```

2010年3月全国计算机等级考试二级VB笔试试题

一、选择题(每题2分，共70分)

1. 下列叙述中正确的是(　　)。

A. 对长度为n的有序链表进行查找，最坏情况下需要比较的次数为n

B. 对长度为n的有序链表进行对分查找，最坏情况下需要比较的次数为(n/2)

C. 对长度为n的有序链表进行对分查找，最坏情况下需要比较的次数为(log2n)

D. 对长度为n的有序链表进行对分查找，最坏情况下需要比较的次数为(nlog2n)

2. 算法的时间复杂度是指(　　)。

A. 算法的执行时间　　B. 算法所处理的数据量

C. 算法程序中的语句或指令条数　　D. 算法在执行过程中所需要的基本运算次数

3. 软件按功能可以分为应用软件、系统软件和支持软件(或工具软件)，下面属于系统软件的是(　　)。

A. 编辑软件　　B. 操作系统　　C. 教务管理系统　　D. 浏览器

4. 软件(程序)调试的任务是(　　)。

A. 诊断和改正程序中的错误　　B. 尽可能多地发现程序中的错误

C. 发现并改正程序中的所有错误　　D. 确定程序中错误的性质

5. 数据流程图(DFD图)是(　　)。

A. 软件概要设计的工具　　B. 软件详细设计的工具

C. 机构化方法的需求分析工具　　D. 面向对象方法的需求分析工具

6. 软件生命周期可以分为定义阶段、开发阶段和维护阶段。详细设计属于(　　)。

A. 定义阶段　　B. 开发阶段

C. 维护阶段　　D. 上述三个阶段

7. 数据库管理系统中负责数据模式定义的语言是(　　)。

A. 数据定义语言　　B. 数据管理语言

C. 数据操作语言　　D. 数据控制语言

8. 在学生管理的关系数据库中，存取一个学生信息的数据单位是(　　)。

A. 文件　　B. 数据库

C. 字段　　D. 记录

9. 数据库设计中，用E-R图来描述信息结构但不涉及信息在计算机中的表示，它属于数据库设计的(　　)。

A. 需求分析阶段　　B. 逻辑设计阶段

C. 概念设计阶段　　　　D. 物理设计阶段

10. 有两个关系R和T如下：

R

A	B	C
a	1	2
b	2	2
c	3	2
d	3	2

T

A	B	C
c	3	2
d	3	2

则由关系R得到关系T的操作是(　　)。

A. 选择　　B. 投影　　C. 交　　D. 并

11. 在VB集成环境中要结束一个正在运行的工程，可单击工具栏上的一个按钮，这个按钮是(　　)。

A. ↩　　B. ▸　　C. ✎　　D. ■

12. 设x是整型变量，与函数IIf(x>0,−x,x)有相同结果的代数式是(　　)。

A. |x|　　B. −|x|　　C. x　　D. −x

13. 设窗体文件中有下面的事件过程：

```
Private Sub Command1_Click()
    Dim s
    a%=100
    Print a
End Sub
```

其中变量a和s的数据类型分别是(　　)。

A. 整型，整型　　　　B. 变体型，变体型

C. 整型，变体型　　　　D. 变体型，整型

14. 下面(　　)属性肯定不是框架控件的属性。

A. Text　　B. Caption　　C. Left　　D. Enabled

15. 下面不能在信息框中输出“VB”的是(　　)。

A. MsgBox "VB"　　　　B. x=MsgBox("VB")

C. MsgBox("VB")　　　　D. Call MsgBox "VB"

16. 窗体上有一个名称为Option1的单选按钮数组，程序运行时，当单击某个单选按钮时，会调用下面的事件过程：

```
Private Sub Option1_C1ick(Index As Integer)
    ...
End Sub
```

下面关于此过程的参数Index的叙述中正确的是(　　)。

A. Index为1表示单选按钮被选中，为0表示未选中

B. Index的值可正可负

C. Index的值用来区分哪个单选按钮被选中

D. Index表示数组中单选按钮的数量

17. 设窗体中有一个文本框 Text1，若在程序中执行了 Text1.SetFocus，则触发(　　)。

A. Text1 的 SetFocus 事件　　B. Text1 的 GotFocus 事件

C. Text1 的 LostFocus 事件　　D. 窗体的 GotFocus 事件

18. VB 中有 3 个键盘事件：KeyPress、KeyDown、KeyUp，若光标在 Text1 文本框中，则每输入一个字母(　　)。

A. 这 3 个事件都会触发　　B. 只触发 KeyPress 事件

C. 只触发 KeyDown、KeyUp 事件　　D. 不触发其中任何一个事件

19. 下面关于标准模块的叙述中错误的是(　　)。

A. 标准模块中可以声明全局变量

B. 标准模块中可以包含一个 Sub Main 过程，但此过程不能被设置为启动过程

C. 标准模块中可以包含一些 Public 过程

D. 一个工程中可以含有多个标准模块

20. 设窗体的名称为 Form1，标题为 Win，则窗体的 MouseDown 事件过程的过程名是(　　)。

A. Form1_MouseDown　　B. Win_MouseDown

C. Form_MouseDown　　D. MouseDown_Form1

21. 下面正确使用动态数组的是(　　)。

A.
```
Dim arr() As Integer
…
ReDim arr(3,5)
```

B.
```
Dim arr() As Integer
…
ReDim arr(50)As String
```

C.
```
Dim arr()
…
ReDim arr(50) As Integer
```

D.
```
Dim arr(50) As Integer
…
ReDim arr(20)
```

22. 下面是求最大公约数的函数的首部：

```
Function gcd(ByVal x As Integer, ByVal y As Integer) As Integer
```

若要输出 8、12、16 这三个数的最大公约数，下面正确的语句是(　　)。

A. Print gcd(8,12)，gcd(12,16)，gcd(16,8)

B. Print gcd(8,12,16)

C. Print gcd(8)，gcd(12)，gcd(16)

D. Print gcd(8,gcd(12,16))

23. 有下面的程序段，其功能是按图 1 所示的规律输出数据。

```
Dim a(3,5) As Integer
For i=1 To 3
 For j=1 To 5
  A(i,j)=i+j
  Print a(i,j);
 Next j
 Print
Next i
```

```
2 3 4 5 6
3 4 5 6 7
4 5 6 7 8
```

图 1

```
2 3 4
3 4 5
4 5 6
5 6 7
6 7 8
```

图 2

若要按图 2 所示的规律继续输出数据，则接在上述程序段后面的程序段应该是(　　)。

A.
```
For i=1 To 5
    For j=1 To 3
      Print a(j,i);
    Next
    Print
    Next
```

B.
```
For i=1 To 3
    For j=1 To 5
      Print a(j,i);
    Next
    Print
    Next
```

C.
```
For j=1 To 5
    For i=1 To 3
      Print a(j,i);
    Next
    Print
    Next
```

D.
```
For i=1 To 5
    For j=1 To 3
      Print a(i,j);
    Next
    Print
    Next
```

24. 窗体上有一个 Text1 文本框及一个 Command1 命令按钮，并有以下程序：

```
Private Sub Command1_Click()
  Dim n
  If Text1.Text<>"23456" Then
    n=n+1
    Print "口令输入错误" & n & "次"
  End If
End Sub
```

希望程序运行时得到下面左图所示的效果，即：输入口令，单击“确认口令”命令按钮，若输入的口令不是“123456”，则在窗体上显示输入错误口令的次数。但上面的程序实际显示的是右图所示的效果，程序需要修改。下列修改方案中正确的是(　　)。

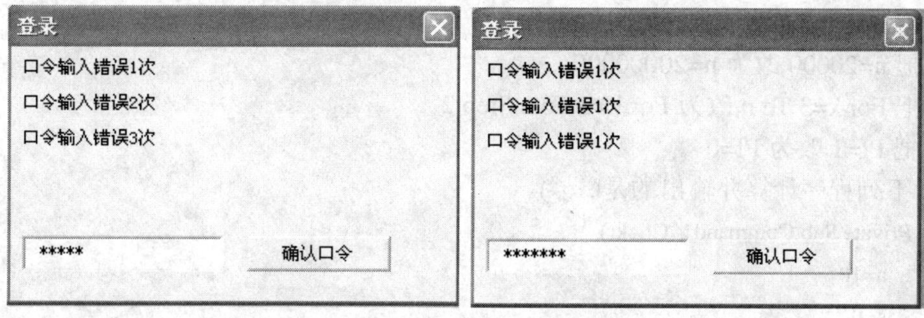

A. 在 Dim n 语句的下面添加一句：n=0

B. 把 Print "口令输入错误" & n & "次"改为 Print "口令输入错误" +n+"次"

C. 把 Print "口令输入错误" & n & "次"改为 Print "口令输入错误"&Str(n)&"次"

D. 把 Dim n 改为 Static n

25. 要求当鼠标在图片框 P1 中移动时，立即在图片框中显示鼠标的位置坐标。下面能正确实现上述功能的事件过程是(　　)。

A.
```
Private Sub P1_MouseMove(Button AS Integer,Shift As Integer,X As Single, Y As Single)
    Print X, Y
End Sub
```
B.
```
Private Sub P1_MouseDown(Button AS Integer,Shift As Integer,X As Single, Y As Single)
    Picture.Print X, Y
End Sub
```
C.
```
Private Sub P1_MouseMove(Button AS Integer, Shift As Integer, X As Single, Y As Single)
    P1.Print X, Y
End Sub
```
D.
```
Private Sub Form_MouseMove(Button AS Integer,Shift As Integer,X As Single, Y As Single)
    P1.Print X, Y
End Sub
```

26. 计算 π 的近似值的一个公式。

某人编写下面的程序用以计算并输出 π 的近似值：

```
Private Sub Command1_Click()
  PI=1
  Sign=1
  n=20000
  For k=3 To n
    Sign=-Sign/k
    PI=PI+Sign/k
  Next k
  Print PI*4
End Sub
```

运行后发现结果为 3.22751，显然，程序需要修改。下列修改方案中正确的是(　　)。

A. 把 For k=3 To n 改为 For k=1 To n

B. 把 n=20000 改为 n=20000000

C. 把 For k=3 To n 改为 For k=3 To n Step 2

D. 把 PI=1 改为 PI=0

27. 下列程序计算并输出的是(　　)。

```
Private Sub Command1_Click()
  a=10
  s=0
  Do
  s=s+a*a*a
  a=a-1
```

```
    Loop Until a<=0
    Print s
  End Sub
```

A. 13+23+33+…+103 的值　　B. 10!+…+3!+2!+1!的值

C. (1+2+3+…+10)3 的值　　D. 10 个 103 的和

28. 若在窗体模块的声明部分声明了如下自定义类型和数组：

```
Private Type rec
  Code As Integer
  Caption As String
End Type
Dim arr(5) As rec
```

则下面的输出语句中正确的是(　　)。

A. Print arr.Code (2), arr.Caption (2)　　B. Print arr.Code, arr.Caption

C. Print arr (2).Code, arr (2).Caption　　D. Print Code (2), Caption (2)

29. 设窗体上有一个通用对话框控件 CD1，希望在执行下列程序后，打开如图所示的文件对话框：

```
Private Sub Comand1_Click()
  CD1.DialogTitle="打开文件"
  CD1.InitDir="C:\"
  CD1.Filter="所有文件|*.*|Word 文档|*.doc|文本文件|*.Txt"
  CD1.FileName=""
  CD1.Action=1
  If CD1.FileName=""Then
    Print"未打开文件"
  Else
    Print"要打开文件"& CD1.FileName
  End If
End Sub
```

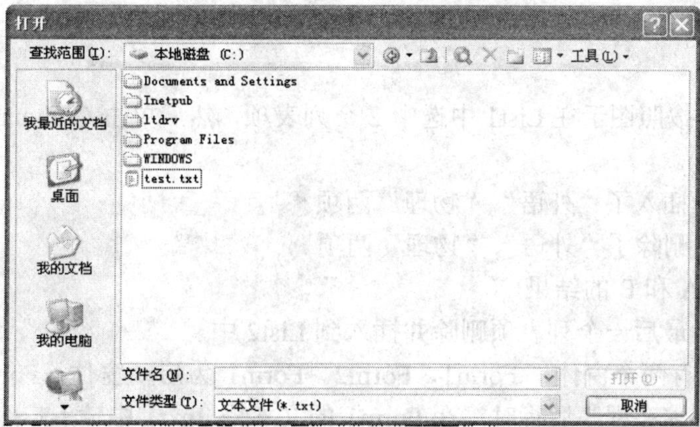

但实际显示的对话框中列出了 C:\下的所有文件和文件夹，“文件类型”一栏中显示的是“所有文件”。下面的修改方案中正确的是(　　)。

A. 把 CD1.Action=1 改为 CD1.Action=2

B. 把“CD1.Filter=”后面字符串中的“所有文件”改为“文本文件”

C. 在语句 CD1.Action=1 的前面添加 CD1.FilterIndex=3

D. 把 CD1.FileName=""改为 CD1.FileName="文本文件"

30. 下列程序运行时，若输入 395，则输出结果是(　　)。

```
Private Sub Comand1_Click()
  Dim x%
  x=InputBox("请输入一个 3 位整数")
  Print x Mod 10,x\100,(x Mod 100)\10
End Sub
```

A. 3 9 5　　B. 5 3 9　　C. 5 9 3　　D. 3 5 9

31. 窗体上有 List1、List2 两个列表框，List1 中有若干列表项(见图)，并有下面的程序：

```
Private Sub Comand1_Click()
  For k=List1.ListCount-1 To 0 Step-1
  If List1.Selected(k) Then
  List2.AddItem List1.List(k)
  List1.RemoveItem k
  End If
  Next k
End Sub
```

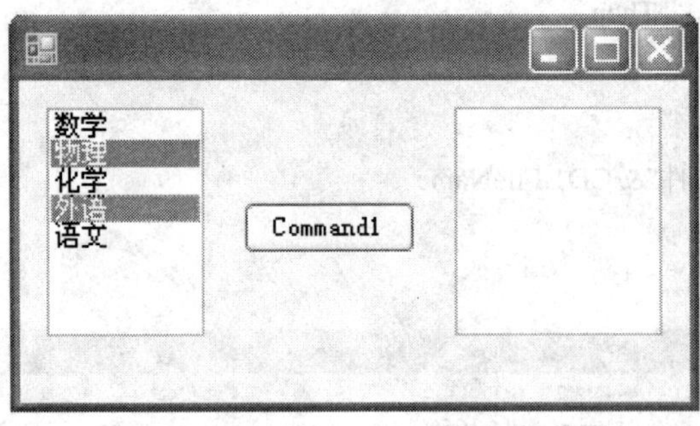

程序运行时，按照图示在 List1 中选中 2 个列表项，然后单击 Command1 命令按钮，则产生的结果是(　　)。

A. 在 List2 中插入了“外语”、“物理”两项

B. 在 List1 中删除了“外语”、“物理”两项

C. 同时产生 A 和 B 的结果

D. 把 List1 中最后一个列表项删除并插入到 List2 中

32. 设工程中有两个窗体：Form1、Form2。Form1 为启动窗体，Form2 中有菜单。其结构如表所示。要求在程序运行时，在 Form1 的文本框 Text1 中输入口令并按回车键(回车

键的ASCII码为13)后，隐藏Form1，显示Form2。若口令为“Teacher”，所有菜单项都可见；否则看不到“成绩录入”菜单项。为此，某人在Form1窗体文件中编写如下程序：

```
Private Sub Text1_KeyPress(KeyAscii As Integer)
  If KeyAscii=13 Then
    If Text1.Text="Teacher" Then
      Form2.input.visible=True
    Else
      Form2.input.visible=False
    End If
  End If
Form1.Hide
Form2.Show
End Sub
```

菜单结构

标题	名称	级别
成绩管理	Mark	1
成绩查询	Query	2
成绩录入	Input	3

程序运行时发现刚输入口令时就隐藏了Form1，显示了Form2，因此程序需要修改。下列修改方案中正确的是(　　)。

A. 把Form1中Text1文本框及相关程序放到Form2窗体中

B. 把Form1.Hide、Form2.Show两行移到2个End If之间

C. 把If KeyAscii=13 Then改为If KeyAscii="Teaeher" Then

D. 把2个Form2.input.Visible中的“Form2”删去

33. 某人编写了下面的程序，希望能把Text1文本框中的内容写到out.txt文件中。

```
Private Sub Comand1_Click()
  Open "out.txt" For Output As #2
  Print "Text1"
  Close #2
End Sub
```

调试时发现没有达到目的，为实现上述目的，应做的修改是(　　)。

A. 把Print "Text1"改为Print #2,Text1

B. 把Print "Text1"改为Print Text1

C. 把Print "Text1"改为Write "Text1"

D. 把所有#2改为#1

34. 窗体上有一个名为Command1的命令按钮，并有下面的程序：

```
Private Sub Comand1_Click()
  Dim arr(5) As Integer
  For k=1 To 5
    arr(k)=k
  Next k
  prog arr()
  For k=1 To 5
    Print arr(k)
  Next k
  End Sub
  Sub prog(a() As Integer)
    n=Ubound(a)
    For i=n To 2 step -1
      For j=1 To n-1
        if a(j)<a(j+1) Then
          t=a(j):a(j)=a(j+1):a(j+1)=t
      End If
      Next j
    Next i
 End Sub
```

程序运行时，单击命令按钮后显示的是(　　)。

A. 12345　　B. 54321

C. 01234　　D. 43210

35. 下列程序运行时，若输入“Visual Basic Programming”，则在窗体上输出的是(　　)。

```
Private Sub Comand1_Click()
  Dim count(25) As Integer, ch As String
    ch=Ucase(InputBox("请输入字母字符串"))
  For k=1 To Len(ch)
    n=Asc(Mid(ch,k,1))-Asc("A")
  If n>=0 Then
    Count(n)=Count(n)+ 1
  End If
  Next k
    m=count(0)
  For k=1 To 25
    If m<count(k) Then
      m=count(k)
    End If
  Next k
```

```
Print m
End Sub
```

A. 0　　　　B. 1

C. 2　　　　D. 3

二、填空题(每空2分，共30分)

1. 一个队列的初始状态为空。现将元素A、B、C、D、E、F、5、4、3、2、1依次入队，然后再依次退队，则元素退队的顺序为__【1】__。

2. 设某循环队列的容量为50，如果头指针front=45(指向队头元素的前一位置)，尾指针rear=10(指向队尾元素)，则该循环队列中共有__【2】__个元素。

3. 设二叉树如下：

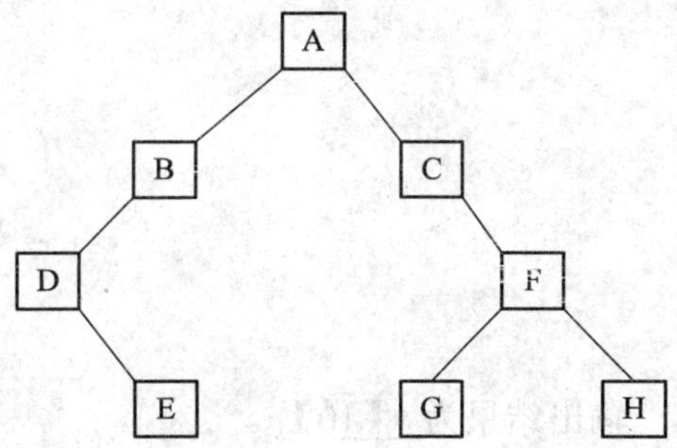

对该二叉树进行后序遍历的结果为__【3】__。

4. 软件是__【4】__、数据和文档的集合。

5. 有一个学生选课的关系，其中学生的关系模式为：学生(学号，姓名，班级，年龄)，课程的关系模式为：课程(课号，课程名，学时)，其中两个关系模式的键分别是学号和课号，则关系模式选课可定义为：选课(学号，__【5】__，成绩)。

6. 为了使复选框禁用(即呈现灰色)，应把它的Value属性设置为__【6】__。

7. 在窗体上画一个标签、一个计时器和一个命令按钮，其名称分别为Label1、Timer1和Command1，如图1所示。程序运行后，如果单击命令按钮，则标签开始闪烁，每秒钟“欢迎”二字显示、消失各一次，如图2所示。以下是实现上述功能的程序。

```
Private Sub Form_Load()
  Label1.Caption="欢迎"
  Timer1.Enabled=False
  Timer1.Interval= 【7】
End Sub
Private Sub Timer1_Timer()
  Label1.Visible= 【8】
End Sub
Private Sub command1_Click()
  【9】
End Sub
```

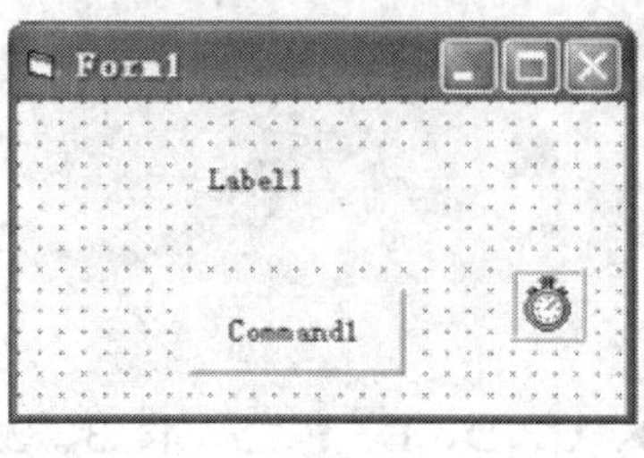

图 1

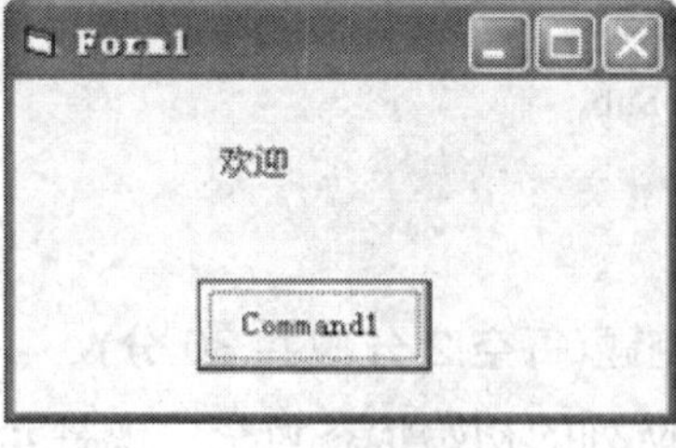

图 2

8. 有如下程序：

```
Private Sub Form_Click()
  n=10
  i=0
  Do
    i=i+n
     n=n-2
  Loop While n>2
  Print i
End Sub
```

程序运行后，单击窗体，输出结果为__【10】__。

9. 在窗体上画一个名称为 Command1 的命令按钮，然后编写如下程序：

```
Option Base 1
Private Sub Command1_Click()
  Dim a(10) As Integer
  For i=1 To 10
    a(i)=i
  Next
  Call swap ( 【11】 )
  For i=1 To 10
    Print a(i);
  Next
End Sub
Sub swap(b() As Integer)
   n=Ubound(b)
  For i=1 To n / 2
    t=b(i)
    b(i)=b(n)
    b(n)=t
    【12】
  Next
End Sub
```

该程序的功能是：通过调用过程swap，调换数组中数值的存放位置，即a(1)与a(10)的值互换，a(2)与a(9)的值互换，……

10. 在窗体上画一个文本框，其名称为Text1，在属性窗口中把该文本框的MultiLine属性设置为True，然后编写如下的事件过程：

```
Private Sub Form_Click()
  Open "d:\test\smtext1.Txt" For Input As #1
  Do While Not 【13】
    Line Input #1, aspect$
    Whole$=whole$+aspect$+Chr$(13)+Chr$(10)
  Loop
  Text1.Text=whole$
  【14】
  Open "d:\test\smtext2.Txt" For Output As #1
  Print #1, 【15】
  Close #1
End Sub
```

运行程序，单击窗体，将把磁盘文件smtext1.txt的内容读入内存并在文本框中显示出来，然后把该文本框中的内容存入磁盘文件smtext2.txt。

2008年～2010年全国计算机二级考试VB笔试试题及参考答案

2008年4月全国计算机等级考试二级VB笔试试题参考答案

一、选择题

1～5	C	A	B	B	A
6～10	C	B	B	D	C
11～15	D	A	B	C	B
16～20	C	C	C	C	A
21～25	C	D	A	D	D
26～30	A	C	C	B	A
31～35	A	C	A	D	B

二、填空题

(1) 输出	(2) 16	(3) 24	(4) 二维表
(5) 数据定义语言	(6) X>6	(7) 16	(8) a()
(9) 10	(10) n = n−1	(11) All File(*.*)	(12) D:\temp\tel.txt
(13) FOR	(14) #2	(15) NOTEOF(1)	

2009 年 3 月计算机等级考试二级 VB 笔试试题答案

一、选择题

1～5	D	D	C	D	C
6～10	A	B	A	A	C
11～15	D	B	B	C	A
16～20	D	B	A	B	D
21～25	A	D	B	D	C
26～30	A	D	B	C	C
31～35	A	A	B	C	A

二、填空题

(1) 19	(2) 白盒	(3) 顺序结构	(4) 数据库管理系统
(5) 菱形	(6) 100	(7) Line1.x1	(8) Image1.Left
(9) KeyAscii	(10) Combo1.Text	(11) Input	(12) ch
(13) Len(mystr)	(14) 1	(15) a(k)	

2009 年 9 月全国计算机等级考试二级 VB 笔试试题答案

一、选择题

1～5	C	B	D	A	B
6～10	A	C	B	C	D
11～15	C	D	A	C	D
16～20	D	A	C	B	C
21～25	A	C	A	B	D
26～30	C	D	B	D	A
31～35	B	D	B	C	A

二、填空题

(1) 14	(2) 逻辑判断	(3) 需求分析	(4) 多对多
(5) 身份证号	(6) Text1.Text	(7) Text1.Text	(8) Form2
(9) Is	(10) Else	(11) End Select	(12) 12
(13) 10	(14) Number	(15) s	

2010 年 3 月全国计算机等级考试二级 VB 笔试试题答案

一、选择题

1～5	A	D	B	A	C
6～10	B	A	D	B	A
11～15	D	B	C	A	D

16～20	C	B	A	B	A
21～25	A	D	A	D	C
26～30	C	A	C	C	B
31～35	C	B	A	B	D

二、填空题

(1) A,B,C,D,E,F,5,4,3,2,1　(2) 15　(3) EDBGHFCA　(4) 程序

(5) 课号　(6) 2　(7) 500　(8) Not label1.visible

(9) Timer1.Enabled=Ture　(10) 28　(11) a()或 a　(12) n=n-1

(13) EOF(1)　(14) Close#1　(15) Text1.Text 或 Text1

附录B　字符 ASCII 码

标准 ASCII 码表

字　符	十进制	八进制	十六进制	字　符	十进制	八进制	十六进制
(nul)	0	0	0x00	@	64	100	0x40
(soh)	1	1	0x01	A	65	101	0x41
(stx)	2	2	0x02	B	66	102	0x42
(etx)	3	3	0x03	C	67	103	0x43
(eot)	4	4	0x04	D	68	104	0x44
(enq)	5	5	0x05	E	69	105	0x45
(ack)	6	6	0x06	F	70	106	0x46
(bel)	7	7	0x07	G	71	107	0x47
(bs)	8	10	0x08	H	72	110	0x48
(ht)	9	11	0x09	I	73	111	0x49
(nl)	10	12	0x0a	J	74	112	0x4a
(vt)	11	13	0x0b	K	75	113	0x4b
(np)	12	14	0x0c	L	76	114	0x4c
(cr)	13	15	0x0d	M	77	115	0x4d
(so)	14	16	0x0e	N	78	116	0x4e
(si)	15	17	0x0f	O	79	117	0x4f
(dle)	16	20	0x10	P	80	120	0x50
(dc1)	17	21	0x11	Q	81	121	0x51
(dc2)	18	22	0x12	R	82	122	0x52
(dc3)	19	23	0x13	S	83	123	0x53
(dc4)	20	24	0x14	T	84	124	0x54
(nak)	21	25	0x15	U	85	125	0x55
(syn)	22	26	0x16	V	86	126	0x56
(etb)	23	27	0x17	W	87	127	0x57
(can)	24	30	0x18	X	88	130	0x58
(em)	25	31	0x19	Y	89	131	0x59
(sub)	26	32	0x1a	Z	90	132	0x5a
(esc)	27	33	0x1b	[	91	133	0x5b

续表

字　符	十进制	八进制	十六进制	字　符	十进制	八进制	十六进制
(fs)	28	34	0x1c	\	92	134	0x5c
(gs)	29	35	0x1d	]	93	135	0x5d
(rs)	30	36	0x1e	^	94	136	0x5e
(us)	31	37	0x1f	_	95	137	0x5f
(sp)	32	40	0x20	`	96	140	0x60
!	33	41	0x21	a	97	141	0x61
"	34	42	0x22	b	98	142	0x62
#	35	43	0x23	c	99	143	0x63
$	36	44	0x24	d	100	144	0x64
%	37	45	0x25	e	101	145	0x65
&	38	46	0x26	f	102	146	0x66
'	39	47	0x27	g	103	147	0x67
(	40	50	0x28	h	104	150	0x68
)	41	51	0x29	i	105	151	0x69
*	42	52	0x2a	j	106	152	0x6a
+	43	53	0x2b	k	107	153	0x6b
,	44	54	0x2c	l	108	154	0x6c
-	45	55	0x2d	m	109	155	0x6d
.	46	56	0x2e	n	110	156	0x6e
/	47	57	0x2f	o	111	157	0x6f
0	48	60	0x30	p	112	160	0x70
1	49	61	0x31	q	113	161	0x71
2	50	62	0x32	r	114	162	0x72
3	51	63	0x33	s	115	163	0x73
4	52	64	0x34	t	116	164	0x74
5	53	65	0x35	u	117	165	0x75
6	54	66	0x36	v	118	166	0x76
7	55	67	0x37	w	119	167	0x77
8	56	70	0x38	x	120	170	0x78
9	57	71	0x39	y	121	171	0x79
:	58	72	0x3a	z	122	172	0x7a
;	59	73	0x3b	{	123	173	0x7b
<	60	74	0x3c	|	124	174	0x7c
=	61	75	0x3d	}	125	175	0x7d
>	62	76	0x3e	~	126	176	0x7e
?	63	77	0x3f	(del)	127	177	0x7f

附：各控制字符的功能

控制字符	功　能	控制字符	功　能	控制字符	功　能
NUL	空	VT	垂直制表	SYN	空转同步
SOH	标题开始	FF	走纸控制	ETB	信息组传送结束
STX	正文开始	CR	回车	CAN	作废
ETX	正文结束	SO	移位输出	EM	纸尽
EOY	传输结束	SI	移位输入	SUB	换置
ENQ	询问字符	DLE	空格	ESC	换码
ACK	承认	DC1	设备控制 1	FS	文字分隔符
BEL	报警	DC2	设备控制 2	GS	组分隔符
BS	退一格	DC3	设备控制 3	RS	记录分隔符
HT	横向列表	DC4	设备控制 4	US	单元分隔符
LF	换行	NAK	否定	DEL	删除

附录C 内 部 函 数

函 数 名	函 数 作 用	语 法 结 构
CreateObject	创建对 Active 对象的引用	CreateObject(class)
GetObject	返回对 Active 对象的引用	GetObject([pathname][,class])
Array	返回一个包含数组的 Variant	Array(arglist)
LBound	返回数组维可用的最小下标	LBound(arrayname[,dimension])
UBound	返回数组维可用的最大下标	UBound(arrayname[,dimension])
Asc	返回字符串首字符的 ASCII 码	Asc(string)
Val	将字符类型的数据转换成数值类型	Val(string)
CurDir	返回当前的路径	CurDir[(drive)]
Dir	返回文件名、文件夹名	Dir(pathname[,attributes])
FileDateTime	返回文件创建、修改后的日期和时间	FileDateTime(pathname)
FileLen	返回文件的长度，单位是字节	FileLen(pathname)
GetAttr	返回文件或文件夹的属性	GetAttr(pathname)
EOF	测试文件的结尾	EOF(filenumber)
FileAttr	返回文件的打开方式	FileAttr(filenumber,returntype)
FreeFile	返回使用的文件号	FreeFile(rangenumber)
Input	返回打开的文件中的字符	Input(number,[#]filenumber)
$Loc	返回打开文件当前的读/写位置	$Loc(filenumber)
LOF	返回打开文件的大小，以字节为单位	LOF(filenumber)
Seek	返回打开文件当前的读/写位置	Seek(filenumber)
QBColor	返回对应颜色值的 RGB 颜色值	QBColor(color)
RGB	返回表示一个 RGB 颜色值	RGB(red,green,blue)
IsArray	返回变量是否为一个数组	IsArray(varname)
IsDate	返回表达式是否可以转换为日期	IsDate(expr)
IsEmpty	返回变量是否已经初始化	IsEmpty(expr)
IsError	返回表达式是否为一个错误值	IsError(expr)
IsMissing	返回表达式是否已经传递给过程	IsMissing(expr)
IsNull	返回表达式是否不含任何有效数	IsNull(expr)
IsNumeric	返回表达式的运算结果是否为数值	IsNumeric(expr)

续表一

函 数 名	函 数 作 用	语 法 结 构
IsObject	返回表示符是否表示对象变量	IsObject(identifier)
Abs	返回参数的绝对值	Abs(number)
Atn	返回参数的反正切值	Atn(number)
Cos	返回参数的余弦值	Cos(number)
Exp	返回参数 e 的幂	Exp(number)
Int、Fix	返回参数的整数部分	Int(number)、Fix(number)
Log	返回参数的自然对数值	Log
Rnd	返回一个包含的随机数	Rnd(number)
Sgn	返回参数的正负号	Sgn(number)
Sin	返回参数的正弦值	Sin(number)
Sqr	返回参数的平方根	Sqr(number)
Tan	返回参数的正切值	Tan(number)
Format	用于格式表达式的指令格式化	Format(expr[,format[,firstdayofweek[,firstweekofyear]]])
Tab	与 Print#语句或 Print 方法一起使用，对输出进行定位	Tab(n)
Spc	与 Print#语句或 Print 方法一起使用，对输出进行定位	Spc(n)
Instr	返回一个字符串在另一个字符串中最先出现的位置	Instr([start,]string1,string2[,compare])
LCase	将字符串中的字母转换成小写字母	LCase(string)
Left	返回字符串中从左边算起指定数量的字符	Left(string,length)
Len	返回字符串中字符个数	Len(string)
LTrim	返回没有前导空格的字符串	LTrim(string)
RTrim	返回没有尾随空格的字符串	RTrim(string)
Trim	返回没有前导空格和尾随空格的字符串	Trim(string)
Mid	返回字符串中指定数量的字符	Mid(string,start[,length])
Right	返回字符串从右边算起指定数目的字符	Right(string,length)
Space	返回指定数目的空格	Space(number)
Str	将数值类型的数据转换为字符串	Str(number)
StrComp	返回字符串比较的结果	StrComp(string1,string2[,compare])
String	返回指定长度重复字符的字符串	String(number,character)

续表二

函数名	函数作用	语法结构
UCase	将字符串中的字母转换成大写字母	UCase(string)
Date	返回系统日期	Date
DateAdd	返回一个日期加上一个时间间隔的时间	DateAdd(interval,number,date)
DateDiff	返回指定日期间的时间间隔	DateDiff(interval,date1,date2[, firstdayofweek[,firstweekofyear]])
DatePart	返回已知日期的指定时间部分	DatePart(interval,date[,firstdayofweek[, firstweekofyear]])
DateSerial	返回年、月、日的时间	DateSerial(year,month,day)
DateValue	返回一个 Variant(Date)	DateValue(date)
Day	返回表示某月中的某一日	Day(date)
Hour	返回表示某天中的某一钟点	Hour(time)
Minute	返回表示某时中的某分钟	Minute()time
Month	返回某年中的某月	Month(date)
Now	返回计算机系统设置的日期和时间	Now
Second	返回某分钟之中的某个秒	Second(time)
Time 函数	设置系统的时间	Time
Time 语句	返回从午夜开始计时到当前时间经过的秒数	Time=time
TimeSerial	返回具有时、分、秒的时间	TimeSerial(hour,minute,second)
WeekDay	返回代表某个日期是星期几的整数	WeekDay(date[,firstdayofweek])
Year	返回表示年份的整数	Year(date)
Error	返回对应于已知错误号的错误信息	Error(errornumber)
IIf	根据表达式的值，来执行两部分中的一个	IIf(expr,truepart,falsepart)
InputBox	在一个对话框中显示信息，等待用户输入信息或按下按钮	InputBox(prompt[,title][,default][,xpos][,ypos] [,helpfile,context])
MsgBox	在对话框中显示消息，等待用户单击按钮，并返回一个 Integer，告诉用户单击哪一个按钮	MsgBox(prompt[,buttons][,title][,helpfile, context])
Shell	执行一个可执行文件，如果成功的话，代表这个程序的任务 ID；若不成功，则返回 0	Shell(pathname[,windowstyle])
TypeName	返回一个 String，提供有关变量的信息	TypeName(varname)
VarType	返回一个 Integer，指出变量的子类型	VarType(varname)

附录D　颜色常数

颜色常数	值	描　述
vbBlack	&H0	黑色
vbRed	&HFF	红色
vbGreen	&HFF00	绿色
vbYellow	&HFFFF	黄色
vbBlue	&HFF0000	蓝色
vbMagenta	&HFF00FF	洋红
vbCyan	&HFFFF00	青色
vbWhite	&HFFFFFF	白色
vbScrollBars	&H80000000	滚动条颜色
vbDesktop	&H80000001	桌面颜色
vbActiveTitleBar	&H80000002	活动窗口标题栏颜色
vbInactiveTitleBar	&H80000003	非活动窗口标题栏颜色
vbMenuBar	&H80000004	菜单背景颜色
vbWindowBackground	&H80000005	窗口背景颜色
vbWindowFrame	&H80000006	窗口框架颜色
vbMenuText	&H80000007	菜单上文字的颜色
vbWindowText	&H80000008	窗口内文字的颜色
vbTitleBarText	&H80000009	标题、尺寸框和滚动箭头内文字的颜色
vbActiveBorder	&H8000000A	活动窗口边框的颜色
vbInactiveBorder	&H8000000B	非活动窗口边框的颜色
vbApplicationWorkspace	&H8000000C	多文档界面(MDI)应用程序的背景颜色
vbHighlight	&H8000000D	控件内选中项的背景颜色
vbHighlightText	&H8000000E	控件内选中项的文字颜色
vbButtonFace	&H8000000F	绘在命令按钮正面的颜色
vbButtonShadow	&H80000010	绘在命令按钮边缘的颜色
vbGrayText	&H80000011	变灰的(无效的)文字
vbButtonText	&H80000012	揿压按钮上文字的颜色
vbInactiveCaptionText	&H80000013	非活动标题内文字的颜色

续表

颜 色 常 数	值	描 述
vb3DHighlight	&H80000014	三维显示元素的高亮颜色
vb3DDKShadow	&H80000015	三维显示元素的最暗阴影颜色
vb3DLight	&H80000016	低于 vb3DHighlight 的三维次高亮颜色
vb3DFace	&H8000000F	文字表面的颜色
vb3DShadow	&H80000010	文字阴影的颜色
vbInfoText	&H80000017	提示窗内文字的颜色
vbInfoBackground	&H80000018	提示窗内背景的颜色

参考文献

[1] 匡松，缪春池. Visual Basic 程序设计实用教程. 北京：人民邮电出版社，2008.

[2] 李雁翎，周东岱，潘伟. Visual Basic 程序设计教程. 北京：人民邮电出版社，2010.

[3] 罗朝盛. Visual Basic 程序设计实用教程. 北京：人民邮电出版社，2010.